高职高专公共基础课系列教材

物 理

第2版

主　编　王英杰　于　璐
副主编　邵晓琴　张玉湘
参　编　邹　彬　段荣寿　芦　晨
　　　　田明元　范思立　巩小平
　　　　王雪婷
主　审　杜　力

机械工业出版社

本书是高职高专公共基础课系列教材。内容包括机械运动、热运动、电磁学、光学及原子核物理等基础知识。

全书以语言通俗、内容简单、结构精炼、知识够用和理论联系实际为编写目标，在课程内容方面体现出科学性、基础性和实用性的有机统一。在教学内容上力求做到知识介绍具有典型性和启发性，并借助例题、习题、实验、拓展知识、观察与思考等，使学生通过学习、思考及训练活动，进一步理解和掌握物理基础知识，达到举一反三、触类旁通的目的。

本书既可作为五年制高职工科各专业的物理教材，也可作为三年制高职工科各专业、职工大学、成人和电视大学的物理教材。

图书在版编目(CIP)数据

物理/王英杰，于璐主编. —2 版. —北京：机械工业出版社，2011.8(2024.10 重印)
ISBN 978-7-111-34608-1

Ⅰ.①物… Ⅱ.①王…②于… Ⅲ.①物理学—高等职业教育—教材 Ⅳ.①O4

中国版本图书馆 CIP 数据核字(2011)第 095025 号

机械工业出版社(北京市百万庄大街 22 号　邮政编码 100037)
策划编辑：李大国　责任编辑：李大国　责任校对：陈立辉
封面设计：王伟光　责任印制：单爱军
北京虎彩文化传播有限公司印刷
2024 年 10 月第 2 版第 22 次印刷
184mm×260mm・18 印张・443 千字
标准书号：ISBN 978-7-111-34608-1
定价：42.00 元

电话服务　　　　　　　网络服务
客服电话：010-88361066　机　工　官　网：www.cmpbook.com
　　　　　010-88379833　机　工　官　博：weibo.com/cmp1952
　　　　　010-68326294　金　书　网：www.golden-book.com
封底无防伪标均为盗版　机工教育服务网：www.cmpedu.com

前　言

物理是高职高专学生的一门重要的公共基础课。为了满足五年制高职教育教学需要,从五年制高职教育教学的特点、培养目标和素质教育出发,在参照教育部2009年颁布的《中等职业学校物理教学大纲》和高等学校工程专科基础课程委员会修订的"高等学校工程专科物理学课程教学基本要求"的基础上编写了本书。在编写过程中从教学目标、课程体系、教学内容、教学形式、教学方法等方面出发,并力求做到语言通俗、内容简单、结构精炼、知识够用和理论联系实际,使课程内容体现出科学性、基础性和实用性的有机统一。编写本书的主要目的是：

（1）满足五年制高职教育教学需要。

（2）通过教学活动,引导学生形成科学的实验方法、思维方法,提高创新能力和合作、交流、探讨能力。

（3）使学生具备比较全面的物理基础理论知识,激发探索自然的兴趣,提高科学素养。

（4）引导学生善于将物理理论知识运用于实践活动,学会利用理论知识分析和解决日常生活和学习中遇到的自然现象和实际问题。

（5）反映物理方面的新知识、新技术、新工艺、新材料、新设备,并积极面向学生的就业岗位要求,加强职业能力培养,突出职业教育特色。

为了不断提高《物理》教材的编写质量,从2008年开始,在广泛征求各院校意见的基础上,组织了《物理》教材的编写工作。这次《物理》教材编写的基本原则和思路是：总结前人的教学经验,广泛吸取各类教材的长处,做到与中学文化课合理地衔接,适应学生的实际状况,联系现代科学技术和实际应用,将深奥的物理理论知识科普化、通俗化、形象化、直观化和系统化,做到"加强基础、突出应用、反映前沿"。

在教学内容上尽力做到深入浅出,讲清讲透,在知识介绍上具有典型性和启发性,并借助例题、习题及实验等,使学生通过学习、思考及训练活动,进一步理解和掌握物理基础知识,达到举一反三、触类旁通的目的。

在课后适当地安排了"拓展知识"、"物理科学实例"等阅读材料,反映一些物理知识在高新技术与实际生活及生产中的应用。目的在于拓展学生的知识面、延伸课堂教学范围以及使学生能够从感性方面认识物理与其他科学技术的关系,提高学生学习物理课程的兴趣。

本书建议课时（总课时64学时）分配见下表：

章	建议课时	章	建议课时	章	建议课时
绪论	2	第四章	4	第八章	4
第一章	4	第五章	6	第九章	4
第二章	6	第六章	4	第十章	4
第三章	2	第七章	4	第十一章	4

章	建 议 课 时	章	建 议 课 时	章	建 议 课 时
第十二章	4	第十五章	2	实验	课堂或课外
第十三章	4	第十六章	4		
第十四章	4	第十七章	4		
总　　计			70(包括实验)		

(续)

　　本书由王英杰、于璐任主编，王英杰负责本书的筹划、定位、修改和统稿。邵晓琴、张玉湘任副主编。邹彬编写了绪论、第一章、第二章和第三章；段荣寿编写了第四章和第五章；王雪婷编写了第六章；于璐编写了第七章、第八章和第九章；芦晨编写了第十章；邵晓琴编写了第十一章、第十二章和第十三章；张玉湘编写了第十四章和第十五章；王美玉编写了第十六章和第十七章。

　　本书由杜力主审，最后由高等职业技术教育《物理》教材编写组审定通过。

　　目前，对于如何编好五年制高职《物理》教材，编者仍在不断探索和实践。尽管做了很大努力，但限于编者的经验和水平，书中缺点和不完善之处在所难免，恳请同行和读者予以批评和指正。

编者

目 录

前言
绪论 ·· 1

第一章 直线运动 ·· 5
第一节 机械运动 质点 ·· 5
第二节 运动的时空描述 ·· 6
第三节 匀速直线运动 速度 ·· 8
第四节 变速直线运动 平均速度和瞬时速度 ·································· 9
第五节 匀变速直线运动 加速度 ··· 10
第六节 匀变速直线运动的速度和位移 ··· 13
第七节 匀变速直线运动的规律 ·· 14
第八节 自由落体运动 ·· 16
物理科学应用实例 ·· 18
你会了吗? ·· 19
复习题 ··· 20

第二章 牛顿运动定律 ··· 22
第一节 牛顿第一定律 力 ·· 22
第二节 重力 弹力 摩擦力 ·· 24
第三节 牛顿第三定律 ·· 28
第四节 物体受力分析 ·· 30
第五节 力的合成 ·· 31
第六节 力的分解 ·· 35
第七节 牛顿第二定律 ·· 38
第八节 力学单位制 ·· 42
第九节 牛顿运动定律的简单应用 ··· 43
第十节 牛顿力学的适用范围 ··· 46
第十一节 近代物理简介 ·· 46
物理科学应用实例 ··· 49
你会了吗? ·· 50
复习题 ·· 50

第三章 冲量与动量 ··· 52
第一节 动量 冲量 动量定理 ·· 52
第二节 动量守恒定律 ··· 54
物理科学应用实例 ·· 57
你会了吗? ··· 58

复习题 …………………………………………………………………… 58

第四章　机械能 …………………………………………………………… 60
　　第一节　功 ……………………………………………………………… 60
　　第二节　功率 …………………………………………………………… 62
　　第三节　动能　动能定理 ……………………………………………… 64
　　第四节　势能 …………………………………………………………… 66
　　第五节　机械能守恒定律 ……………………………………………… 68
　　物理科学应用实例 ……………………………………………………… 70
　　你会了吗？ ……………………………………………………………… 71
　　复习题 …………………………………………………………………… 71

第五章　曲线运动　万有引力定律 ……………………………………… 73
　　第一节　曲线运动 ……………………………………………………… 73
　　第二节　运动的合成 …………………………………………………… 74
　　第三节　平抛运动 ……………………………………………………… 75
　　第四节　匀速圆周运动 ………………………………………………… 77
　　第五节　向心力　向心加速度 ………………………………………… 79
　　第六节　力矩与力矩的平衡 …………………………………………… 83
　　第七节　万有引力定律 ………………………………………………… 85
　　第八节　人造地球卫星　宇宙速度 …………………………………… 86
　　物理科学应用实例 ……………………………………………………… 87
　　你会了吗？ ……………………………………………………………… 89
　　复习题 …………………………………………………………………… 89

第六章　机械振动与机械波 ……………………………………………… 91
　　第一节　简谐振动 ……………………………………………………… 91
　　第二节　单摆与单摆的周期 …………………………………………… 94
　　第三节　受迫振动　共振 ……………………………………………… 96
　　第四节　机械波　横波　纵波 ………………………………………… 98
　　第五节　波长、频率、波速的关系 …………………………………… 100
　　第六节　波传播过程中发生的现象 …………………………………… 102
　　物理科学应用实例 ……………………………………………………… 107
　　你会了吗？ ……………………………………………………………… 107
　　复习题 …………………………………………………………………… 108

第七章　分子运动论　理想气体 ………………………………………… 110
　　第一节　分子运动论的基本论点 ……………………………………… 110
　　第二节　固体 …………………………………………………………… 114
　　第三节　液体 …………………………………………………………… 116
　　第四节　气体 …………………………………………………………… 120
　　物理科学应用实例 ……………………………………………………… 126
　　你会了吗？ ……………………………………………………………… 127

复习题……………………………………………………………………………………… 127
第八章　流体力学基础知识 ………………………………………………………… 129
　　第一节　液体内部的压强　帕斯卡定律……………………………………………… 129
　　第二节　理想流体　稳流……………………………………………………………… 130
　　第三节　流体连续性方程……………………………………………………………… 131
　　第四节　伯努利方程…………………………………………………………………… 132
　　第五节　伯努利方程的简单应用……………………………………………………… 134
　　物理科学应用实例……………………………………………………………………… 135
　　你会了吗？……………………………………………………………………………… 136
　　复习题…………………………………………………………………………………… 136
第九章　热量与功 …………………………………………………………………… 138
　　第一节　内能　热传递　热量………………………………………………………… 138
　　第二节　物态变化时的潜热…………………………………………………………… 141
　　第三节　热力学第一定律……………………………………………………………… 145
　　第四节　能量守恒定律………………………………………………………………… 146
　　第五节　低温技术简介………………………………………………………………… 147
　　第六节　能源的开发、利用和节约…………………………………………………… 148
　　物理科学应用实例……………………………………………………………………… 153
　　你会了吗？……………………………………………………………………………… 154
　　复习题…………………………………………………………………………………… 154
第十章　静电场 ……………………………………………………………………… 156
　　第一节　电荷守恒定律………………………………………………………………… 156
　　第二节　真空中的库仑定律…………………………………………………………… 157
　　第三节　电场强度　电场线…………………………………………………………… 158
　　第四节　电势能　电势　电势差……………………………………………………… 161
　　第五节　等势面　电势差与场强的关系……………………………………………… 163
　　第六节　带电粒子在电场中的运动…………………………………………………… 164
　　第七节　静电场中的导体……………………………………………………………… 165
　　第八节　电容器　电容………………………………………………………………… 167
　　物理科学应用实例……………………………………………………………………… 169
　　你会了吗？……………………………………………………………………………… 170
　　复习题…………………………………………………………………………………… 171
第十一章　直流电路 ………………………………………………………………… 174
　　第一节　电流…………………………………………………………………………… 174
　　第二节　电阻定律……………………………………………………………………… 175
　　第三节　部分电路欧姆定律…………………………………………………………… 177
　　第四节　电阻的连接…………………………………………………………………… 178
　　第五节　电功　电功率………………………………………………………………… 182
　　第六节　电源　电动势………………………………………………………………… 184

第七节　全电路欧姆定律 ·· 185
　第八节　相同电源的串联和并联 ·· 187
　物理科学应用实例 ·· 188
　你会了吗？ ·· 189
　复习题 ·· 189

第十二章　电流的磁场 ·· 192
　第一节　磁场 ·· 192
　第二节　电流形成的磁场 ·· 193
　第三节　磁感应强度　磁通 ·· 196
　第四节　安培定律 ·· 198
　第五节　带电粒子在磁场中的运动 ·· 199
　物理科学应用实例 ·· 202
　你会了吗？ ·· 203
　复习题 ·· 203

第十三章　电磁感应 ·· 206
　第一节　电磁感应现象 ·· 206
　第二节　楞次定律 ·· 207
　第三节　电磁感应定律 ·· 209
　第四节　互感和自感 ·· 211
　物理科学应用实例 ·· 217
　你会了吗？ ·· 219
　复习题 ·· 219

第十四章　电磁振荡和电磁波 ·· 221
　第一节　电磁振荡 ·· 221
　第二节　电磁场和电磁波 ·· 223
　第三节　无线电波的发射、传播和接收 ·· 224
　物理科学应用实例 ·· 227
　你会了吗？ ·· 228
　复习题 ·· 229

第十五章　几何光学 ·· 230
　第一节　光线　光的反射　折射 ·· 230
　第二节　全反射 ·· 233
　第三节　透镜　透镜成像 ·· 236
　第四节　透镜成像公式 ·· 237
　第五节　光学仪器 ·· 238
　物理科学应用实例 ·· 239
　你会了吗？ ·· 241
　复习题 ·· 241

第十六章　光的本性 ·· 243

第一节　光的波动性　色散　电磁波谱 ………………………………… 243
　　第二节　光电效应　光的粒子性　光的波粒二象性 ……………………… 245
　　第三节　激光的特性及应用 ………………………………………………… 247
　　物理科学应用实例 …………………………………………………………… 250
　　你会了吗? …………………………………………………………………… 250
　　复习题 ………………………………………………………………………… 251
第十七章　原子和原子核 ………………………………………………………… 252
　　第一节　核式结构的发现 …………………………………………………… 252
　　第二节　天然放射现象 ……………………………………………………… 255
　　第三节　原子核的人工转变　原子核的组成 ……………………………… 257
　　第四节　放射性同位素 ……………………………………………………… 259
　　第五节　核能 ………………………………………………………………… 261
　　第六节　重核裂变　轻核聚变 ……………………………………………… 262
　　物理科学应用实例 …………………………………………………………… 266
　　你会了吗? …………………………………………………………………… 267
　　复习题 ………………………………………………………………………… 267
复习题参考答案 ………………………………………………………………… 269
参考文献 ………………………………………………………………………… 277

绪　　论

　　物理学是研究物质运动最一般规律和物质基本结构的学科。物理学的研究目的在于帮助人们认识物质运动的基本性质和相互转化的规律，揭示物质不同层次的内部结构。物理学是一门自然科学，也是一门理论与实践高度结合的科学，它在科学技术发展中发挥着极其重要的作用，也是工程技术的重要支柱。因此，学好物理学对将要从事工程技术岗位工作的学生来说是非常重要的。

一、物理学的研究对象

　　世界是由物质组成的，大到日月星辰，小到原子、电子等，都是物质，而一切物质又处于永恒的运动和发展之中。物理学是人类探索自然奥秘，寻求自然界发展规律的学科之一，它研究的是物质最基本、最普遍的运动形式及物质的基本结构。

　　物理学有许多分科，如研究机械运动的力学，研究分子热运动的热学，研究电磁运动的电磁学，研究光的发生、传播及本性的光学，研究原子和原子核内部运动及其结构的原子和原子核物理学等。

　　物理学的研究范围是非常广阔的。从时间尺度来看，物质世界从 10^{18} s⊖ ~ 10^{-25} s⊖，共跨越了 43 ~ 44 个数量级。从空间尺度来看，物理学的最小研究对象是数量级约为 10^{-15} m 的微观粒子，最大研究对象是数量为 10^{26} ~ 10^{27} m 的宇宙，共跨越了 42 ~ 43 个数量级。

二、物理学的地位和作用

　　物理是自然科学的基础之一。物理学的研究成果和研究方法，在自然科学的各个领域都起着重要的作用，成为自然科学研究中的领头学科。研究生物学、化学、地质学等都需要物理，并形成了一些交叉学科，如化学物理和物理化学、生物物理等。目前最活跃、最引人注意的科学课题，如生命科学、宇宙起源、材料科学等，都与物理学的研究成果和研究方法密切相关。例如，用力学的观点研究地壳的运动；通过研究大气的性质和运动来进行天气预报；生物学家沃森和物理学家克里克利用 X 射线衍射的方法确定了 DNA(脱氧核糖核酸)的双螺旋结构(见图 0-1)……

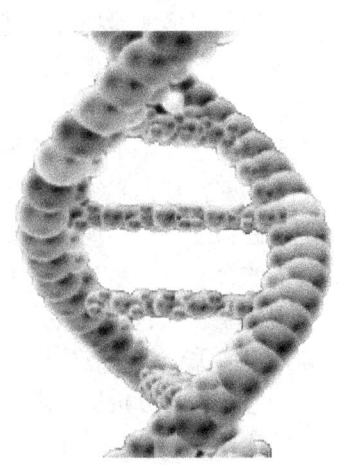

图 0-1　DNA(脱氧核糖核酸)的双螺旋结构

　　物理学对生产力的发展起到了重要的推动作用。18 世纪

⊖ 现代的标准宇宙模型告诉人们，宇宙是在一百多亿年前的一次大爆炸中诞生的，若以 s 为单位，宇宙的年龄大约为 10^{18} s 的数量级。

⊖ 常见粒子中，质子、电子、光子是稳定的粒子，其余都是不稳定的，会发生衰变。有一种微观粒子，寿命很短，只有 10^{-25} s。

以来，科学技术上每一次重大突破，都是与物理学的发展分不开的。18世纪至19世纪，由于物理学对热机和热学理论的研究成果，导致了第一次工业革命，蒸汽机、内燃机的发明和应用，促进了手工生产向机械化大生产的转变，并使陆上和海上较大规模的长途运输成为可能，大大推动了社会发展。19世纪，电磁感应现象的发现以及电磁理论的建立，为发电机、电动机、无线电通信设备的发明制造和第二次工业革命创造了条件。电力的开发与利用，给生产和生活带来深远的影响，使人类社会进入了电气时代。20世纪原子核物理学的研究，向人们展示了一种新的能源——核能，目前人类社会已经进入了核能时代。

物理学是现代技术的重要基础。许多高新技术(如空间技术、现代通信技术、激光技术、现代医疗技术等)的发展都与物理学密不可分。原子能的和平利用加速了能源开发的进程；激光技术的发展与应用，促进了信息技术和机械制造技术的快速发展；微电子学的建立，带动了电子计算机的广泛应用……

三、怎样学好物理学

用著名的物理教育家、苏州大学朱正元教授的话说，"物理就是见物讲理"。"物"即物体及它们之间的相互作用和运动变化；"理"就是从观察和实验出发，总结出客观规律。物理学就是要以客观事实为基础来讲述物体运动的道理。因此，要学好物理，首先要具备科学的态度，掌握科学的方法，然后做好实验，理解物理概念，认识物理规律，并运用基本规律分析和解决实际问题。

物理是一门实验科学。物理概念的建立，物理定律、定理和规律的发现，都是在大量实验事实的基础上，通过对现象的观察、分析、研究及归纳过程总结出来的。因此，做好物理实验是学好物理学的重要环节。为了做好实验，在实验前一定要充分预习实验指导书，明确实验目的，弄懂实验原理，了解仪器的性能和使用方法，搞清实验步骤；实验中要独立操作，认真观察现象，正确地记录实验数据；实验后要认真处理数据，分析误差产生原因，去伪存真，得出科学合理的结论。同时，在老师做演示实验时，要在老师的指导下分析所观察到的现象，建立基本概念，得出应有的结论。

要学好物理，必须理解物理概念和基本规律。学物理首先要概念清楚，否则，就不可能真正掌握物理知识。现在所接触的公式和计算方法，从数学上讲是比较简单的，但是，只有对公式的含义、适用范围、单位、物理量间的关系、计算方法等都有较深刻的理解，才能顺利应用这些公式和知识去分析和解决实际问题。而认真听讲，认真阅读课本，是学好物理概念和规律的关键。只有这样，才能更准确地理解物理概念，深入掌握物理规律的内容和适用范围，同时培养分析、推理、抽象和概括的能力，并学会掌握科学的思想方法。

要学好物理，必须注重理论知识的应用。做练习是应用物理知识的一种重要方式之一。做练习贵在精，不在多，每做一题，务求真正弄懂，务求有所收获。下面是我国物理学家严济慈先生的一段话，希望同学们记住他的教诲。"做习题可以加深理解，融会贯通，锻炼思考问题和解决问题的能力。一道习题做不出来，说明你还没有真懂；即使所有的习题都做出来了，也不一定说明你全懂了，因为你做习题有时只是在凑公式而已。如果知道自己懂在什么地方，不懂在什么地方，还能设法去弄懂它，到了这种地步，习题就可以少做。"

要有意识地利用所学的物理知识解释或分析日常工作和生活中遇到的物理现象(如力矩、摩擦力、电磁感应、光现象等)，了解所接触到的设备(如激光手术台、CT机等)或仪器(如自动温度控制仪器、自控仪器、超声波探伤仪等)的基本工作原理等。这样做不仅能够提高科学素养，还能巩固所学的物理知识，达到学以致用，触类旁通。

四、误差

在物理实验中，经常要对一些物理量进行测量，而测得的数据与被测量的真实值不可能完全一致，总会出现不同程度的偏差，这种现象称为**误差**。

1. 误差的产生

（1）系统误差　受仪器精度、实验方法、个人读数的习惯以及环境变化等影响，总会引起多次测量结果偏大或偏小，这种误差称为**系统误差**。例如，电表的零点未校准而大于零点，那么，用它来进行测取数据，则每次的读数总是偏大的。系统误差是有规律的，只要找出原因，就可加以修正。

（2）偶然误差　排除了系统误差，仍然存在测量结果或偏大或偏小的情况，这种误差称为**偶然误差**。实验表明：偶然误差中偏大或偏小的机会是均等的。因此，可以通过进行多次测量，取平均值作为测量结果，从而大大减小偶然误差。

（3）过失误差　由于观察者测量技巧不熟练或粗心大意及违规操作而引起的误差称为**过失误差**。实验过程中，应尽量避免过失误差。

2. 误差的表示

通常在写出实验结果时，还要写出这一结果的误差大小。例如，对某一圆棒的长度 l 进行了 3 次测量，测得的结果见表 0-1。

表 0-1　测量圆棒长度数据记录表

第一次测量长度 l_1	第二次测量长度 l_2	第三次测量长度 l_3
2.32m	2.33m	2.37m

圆棒长度的算术平均值 $\bar{l}$ 最接近于棒的真实长度，如下式所示

$$\bar{l} = \frac{l_1 + l_2 + l_3}{3} = 2.34\text{m}$$

计算测量误差就是以算术平均值 $\bar{l}$ 作为真实长度，并与测量结果加以比较。

（1）绝对误差　测量值与真实值之间的差值，称为**绝对误差**。若用 $\bar{X}$ 表示多次测量的平均值，x_i 表示第 i 次的测量值，则绝对误差可表示为 $|x_i - \bar{X}|$。

圆棒长度 l 各次测量结果的绝对误差见表 0-2。

表 0-2　测量圆棒长度的绝对误差记录表

第一次测量绝对误差 $|l_1 - \bar{l}|$	第二次测量绝对误差 $|l_2 - \bar{l}|$	第三次测量绝对误差 $|l_3 - \bar{l}|$
0.02m	0.01m	0.03m

（2）平均绝对误差　各次绝对误差的平均值，称为**平均绝对误差**，用 Δx 表示，则

$$\Delta x = \frac{|x_1 - \bar{X}| + |x_2 - \bar{X}| + \cdots + |x_i - \bar{X}|}{i}$$

圆棒长度测量结果的平均绝对误差是

$$\Delta l = \frac{(0.02 + 0.01 + 0.03)\,\text{m}}{3} = 0.02\,\text{m}$$

(3) **平均相对误差** 平均绝对误差与被测量平均值的百分比，称为**平均相对误差**，它表示测量的精密程度，用 δx 表示，δx 越小，表示测量的精密度越高。

$$\delta x = \frac{\Delta x}{\overline{X}} \times 100\%$$

圆棒长度测量结果的平均相对误差是

$$\delta l = \frac{0.02}{2.34} \times 100\% \approx 1\%$$

3. 测量结果的表示

在物理实验中，通常把测量数据记录为如下形式

$$x = \overline{X} \pm \Delta x$$

例如，原棒长度的测量值应记录为

$$l = (2.34 \pm 0.02)\,\text{m}$$

五、有效数字

在测量和数字计算中，确定用几位数字来反映测量结果或计算结果的正确程度是很重要的，认为保留的位数越多越精确的看法也是错误的。由于测量仪器精度的限制，无论读数如何正确，测量结果的精确程度也不可能超过仪器的精度范围。例如，用毫米刻度尺测得物体的长度为 16.8mm，由于尺上最小刻度为 1mm，可以断定其中末位数 "8" 是估读出来的，是不可靠的，"8" 前面的数字才是可靠的；若用游标卡尺去测量该物体，得到的数据是 16.82mm，由于游标卡尺能测量出的最小长度为 0.02mm，所以 "8" 是可靠的。可见，仪器的最小刻度表示的量值越小，测量结果就越精确。由最小刻度线直接读出来的数是准确的，称为**可靠数字**。但是当待测的量是在两条最小刻度线之间时，只能用肉眼估计出来，因此这个数字是不可靠的，称为**可疑数字**。可疑数字连同前几位可靠数字，在测量中都是有效的，称为**有效数字**。例如，上述数据中，16.8mm 具有 3 位有效数字，16.82mm 具有 4 位有效数字。对有效数字的应用，有以下规定：

1) 一切非零数字都是有效数字。例如，1.235mm 是 4 位有效数字。

2) 两个非零数字之间的 "0" 都是有效数字。例如，11.208mm 是 5 位有效数字。

3) 非零数字后面的 "0" 是有效数字，不能随便去掉。例如，1.5kg 与 1.50kg 是不同的，前者是 2 位有效数字，后者是 3 位有效数字。

4) 非零数字前面的 "0" 不是有效数字，它只与单位的变换有关。例如，0.6328μm，0.00006328cm 和 0.0000006328m，都是 4 位有效数字。为方便起见，可将其写成指数形式：$6.328 \times 10^{-1}\mu\text{m}$，$6.328 \times 10^{-5}\text{cm}$ 和 $6.328 \times 10^{-7}\text{m}$。指数不计入有效数字的位数。

第一章 直线运动

在我们周围到处可以看到物体的运动，如河水在奔流，鸟儿在飞翔，树叶在摇动，车辆在行驶，机器在运转……自然界的一切物体都在不停地运动。辩证唯物主义指出，运动是物质存在的形式，就是说没有不运动的物体。运动是绝对的。要认识物质世界，就要研究物质运动的时空变化，并掌握其变化规律。

本章主要阐述以下内容：①用位移来描述物体位置的变动；②用速度来描述运动的快慢和运动方向；③用加速度来描述速度改变的快慢程度；④研究物体做匀变速运动时，速度与时间的关系以及位移与时间的关系，即匀变速物体的运动规律。

第一节 机械运动 质点

机械运动 在自然界中，一切物体都在不停地运动。如飞舞的流萤、奔驰的骏马、刺破夜空的流星、角逐在绿茵场上的足球健儿等，尽管这些现象的性质各不相同，但却有一个共同的特征——物体的位置随时间在变动。一个物体相对另一个物体的位置变动称为**机械运动**（mechanical motion），简称运动。宇宙中的一切物体，大到天体、小到分子和原子都处在永恒的运动中。那些看起来不动的物体，如远处的高山、近处的大楼，只不过是相对于地面不动而已，其实它们都是随着地球一起运动的。"坐地日行八万里，巡天遥看一千河"，说的就是这个道理。

参考系 由于一切物体都在运动，所以在观察和研究一个物体运动的时候，必须选定另外的物体作为标准，参考这个标准来对物体的运动进行研究。例如，房屋、树木是静止的，行驶的汽车是运动的，都是以地面作参考标准来说的。坐在行驶的汽车里的乘客以为自己是静止的，在车厢里走动的乘务员在运动，路旁的树木在向后退，这些都是以车厢作标准来说的。在描述物体的运动时，选来作为参考标准的另外的物体，称为**参考系**（reference frame）。

选择不同的参考系来观察同一运动，观察的结果是不同的。例如，坐在行驶的汽车里的乘客，如果选择站牌作为参考系，那么他是运动的；如果选择驾驶员作为参考系，那么他是静止的。可见，虽然运动是绝对的，但对运动的描述是相对的。因此，在说明物体运动时，必须明确指出这种运动是相对于哪一个参考系来说的。在以后的讨论中，如果不特别指明，则是以地面或静止在地面上的物体作为参考系。

质点 任何物体都有一定的大小和形状。一般说来，物体运动时它的各个部分的运动情况是不同的，物体的大小和形状在所研究的现象中起的作用是不能忽略的。但是，在某些情况下，为了使问题简化，可以不考虑物体的形状和大小。例如，一列火车从天津开往北京，当讨论火车的运行速度或运行时间这类问题时，由于列车的长度比天津至北京之间的距离小得多，就可以不予考虑。当讨论地球的公转时，由于地球的直径（约 1.3×10^4 km）比地球和太阳之间的距离（约 1.5×10^{12} km）小得多，也可以不考虑地球的形状和大小。在这些情况下，可以把物体看做一个有质量的点，或者说，可以用一个有质量的点来代替整个物体。这种用来代替物体的有质量的点称为**质点**(*mass point*)。

质点是经过科学抽象的理想模型。所谓**理想模型**,就是人们为了某种特定的目的,而对研究对象所作的一种简化性的描述。物理学中常常把所研究的客观实体抽象为理想化模型,或把所研究的物理过程抽象为理想化过程模型。这种理想化模型能将研究对象简单化,突出其主要特征。质点是物理学中最简单也是最重要的理想化物理模型。以后,在物理知识学习中遇到的原理、定律等,都是针对特定的物理模型建立的。

一个物体能否看成质点,要根据问题的具体情况而定。研究一列火车在两地间运行,如前所述,可以把列车视为质点;如果研究列车通过某一标志所用的时间,就必须考虑列车的长度,而不能把列车视为质点。当研究地球的公转时,可以把地球视为质点;可是当研究地球的自转时,就不能忽略地球的大小和形状,当然也不能把地球当做质点了。

运动的质点通过的路线(或点的连线),称为质点运动的**轨迹**(*contrail*)。质点运动的轨迹是直线的运动称为**直线运动**(*rectilinear motion*);质点运动的轨迹是曲线的运动称为**曲线运动**(*curvilinear motion*)。这一章主要研究直线运动。

思考与练习

1. 用行驶的汽车作参考系,路旁的电线杆的运动情况怎样?
2. 当你坐在教室里听课时,你是静止的还是运动的?
3. 在什么情况下,运动的物体可看做质点?

第二节 运动的时空描述

任何物质的运动都是在时间和空间中进行的。运动不能脱离空间,也不能脱离时间。研究物体的运动,就要知道物体的运动位置怎样随时间和时刻而变动。因此,时空是不可分割的描述运动的要素。

时间(*time*)**和时刻**(*moment*) 在物理学中,时间和时刻是两个不同的概念,既有区别,又有联系。**时刻**是指某一瞬时;**时间**是指两个时刻之间的间隔。例如,火车6点从天津站开出,7:14到达北京站,这里的6点和7点14分就是火车开出和到达的时刻,这两个时刻之间相隔74分钟就是火车所经历的时间。即时刻与位置对应,时间与路程对应。

1年、1秒、0.1秒都是时间。一段时间的起始时刻称为**初时刻**,终止时刻称为**末时刻**。例如,第2秒初和第2秒末,分别是第2秒这1秒内的初时刻和末时刻,如图1-1所示。第2秒初和第1秒末是同一时刻的两种不同的叫法。第1秒和第2秒是时序有先后的相等时间,都是1秒的时间。

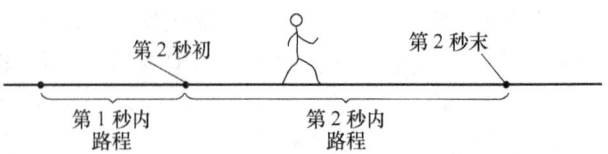

图1-1 时间与时刻示意图

在国际单位制中,时间的单位是秒,符号是 s。

路程(*path*)**和位移**(*displacement*) 由北京去上海,可以选择不同的交通路线,可以乘火车,也可以乘飞机,还可以乘火车或汽车再换乘轮船。这些公路、铁路及空中或海上航线的长度都不相同,但是就位置变动来说,总是由初位置北京到东南方向直线距离约为1080km

的末位置上海。

路程和位移是两个不同的物理量。**路程**是指物体所通过的实际轨迹的长度(图 1-2 中的弧线$\overset{\frown}{OM}$)。为了反映位置变化的实际效果，在物理学中引进了位移这个物理量。设质点由初位置 O，经过一段时间运动到末位置 M，从初位置 O 指向末位置 M 的有向线段 $\overrightarrow{OM}$，就表示质点在这段时间内发生的**位移**，如图 1-2 所示。

在国际单位制中，路程与位移的单位是米，符号是 m。路程只有大小没有方向，是标量。位移是矢量，不仅有大小，还有方向。图 1-2 中的有向线段 $\overrightarrow{OM}$ 的长度就表示位移的大小，有向线段 $\overrightarrow{OM}$ 的方向表示位移的方向。通常用 s 表示位移。只有做单向直线运动的物体，位移的大小才等于路程。

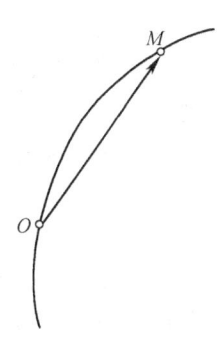

图 1-2 位移和路程示意图

【课外模拟实践】 某人向东走了 10m，然后继续向东走了 8m，则他所走过的路程一共是 18m，位移是向东 18m(即现在的位置是在原来位置的东边 18m)，数值上都是 18m，因而路程与位移是相等的；如果这人先向东走 10m，再向西走 8m，则他所走过的路程仍然是 18m，但位移却只有向东 2m(即现在的位置是在原来位置的东边 2m)，因而路程与位移是不相等的。

又如，竖直向上抛一个小球后，过一会小球又落回到你手中。假如小球到达的最大高度是 5m，则小球经历的路程是 10m，而位移则是 0m，因为小球又落回到你手中了，经过这段时间小球的位置并没有发生变化。

你正确认识了"路程"与"位移"的区分了吗？

标量(*scalar quantity*)**和矢量**(*vector*) 只有大小而没有方向的物理量称为**标量**，如路程、长度、时间、质量、温度、功、功率等都是标量。求几个标量的和，只需采用代数运算。两个同类的标量，只要数值大小相等，则它们是相等的。

物理学中既有大小又有方向的物理量称为**矢量**，如位移、速度、加速度、力等都是矢量。求矢量的和，需要按平行四边形定则进行。矢量可以用一根带箭头的线段表示，线段按一定的标度画出，线段的长度表示矢量的大小，箭头的指向表示矢量的方向。

两个矢量只有在大小相等而且方向相同时，它们才是相等的(见图 1-3a)；若两个矢量大小相等但方向不同(见图 1-3b)，或大小不等但方向相同(见图 1-3c)，这样的两个矢量是不相等的。

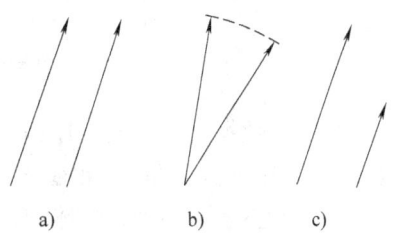

图 1-3 两个矢量的比较

如果被运算的矢量都在一条直线上，则可以沿着这些矢量的直线选定一个正方向，规定凡是与正方向相同的矢量都取正值，凡是方向与正方向相反的矢量都取负值。这样就可用一个带正号或负号的数值将矢量的大小和方向表示出来，它们之间的运算也就可以采用简单的代数方式运算了。

例如，有两个力 F_1 和 F_2 同时作用在某一物体上，并且 F_1 和 F_2 在同一直线上，如图1-4所示，可以用加法运算计算出 F_1 和 F_2 的合力 F 的大小。

$$F = F_1 + F_2 = 10\text{N} + (-6\text{N}) = 4\text{N}$$

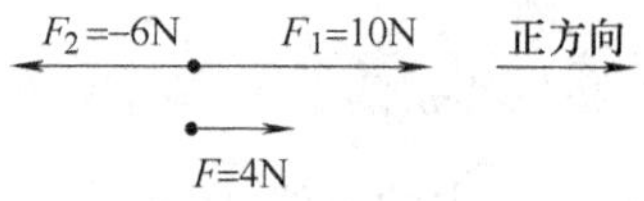

图1-4 两个位于同一直线上的力的计算

思考与练习

1. 火车站服务处都有《旅客列车时刻表》出售，它为什么不称为《旅客列车时间表》？城市内出租汽车，司机是按位移还是按路程收费的？
2. 质点绕半径为2m的圆形轨道运动半圈，它的路程是_____m，位移的大小是_____m。
3. 简述位移和路程的区别和联系。
4. 我国运动员王军霞在1996年第26届奥运会上创造了女子5000m奥运会记录14分59.88秒，并获得冠军。这个成绩的数据是时间还是时刻？

第三节 匀速直线运动 速度

速度是描述运动物体位置变化快慢和方向的物理量，用符号 ***v*** 表示。在国际单位制中，速度的单位是"米每秒"，符号是 m/s。

速度不但有大小，而且有方向，是矢量。速度的大小在数值上等于单位时间内位移的大小，速度的方向与物体运动的方向相同。

匀速直线运动 物体在一条直线上运动，如果在任意相等的时间里位移相等，则这种运动就称为**匀速直线运动**。例如，研究一辆汽车在一段平直公路上运动的情况，可以在公路旁每隔100m站一名拿着停表的观测者，记下汽车到达每个观察者的时间，测量结果见表1-1。

表1-1 汽车到达每个观察者的时间

位移量/m	0	100	200	300	400
时间/s	0	5	10	15	20

从表中数据可以看出，在相等的时间里汽车的位移是相等的。在每5s的时间里位移都是100m，在每10s的时间里位移都是200m。

在匀速直线运动中，物体的位移与发生此位移的时间成正比，其比值是一个恒量。在不同的匀速直线运动中，这个比值是不同的。比值越大，表示物体运动的越快。因此，可以用这个比值的大小表示质点运动的快慢程度。

在匀速直线运动中，位移 s 与发生该位移所用的时间 t 之比，称为匀速直线运动的**速度**，用 ***v*** 表示。计算公式是

$$\boldsymbol{v} = \frac{s}{t} \tag{1-1}$$

速度与时间的关系也可以用图像表示出来，这种图像称为**速度—时间图像**(v–t 图像)，简称**速度图像**。在匀速直线运动中，任一时刻的速度都相同，如图1-5所示。

从匀速直线运动的速度图像中，不仅可以看出速度的大小，而且可以求出位移的大小。运动物体在时间 t 内的位移大小 s = vt，在速度图像中对应着边长分别为 v 和 t 的一块矩形面积，如图 1-6 所示。理论可以证明，这个结论不仅适用于匀速直线运动，也适用于变速直线运动。

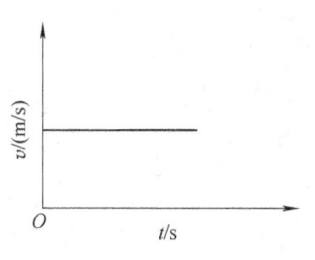

图 1-5 匀速直线运动的
速度—时间图像

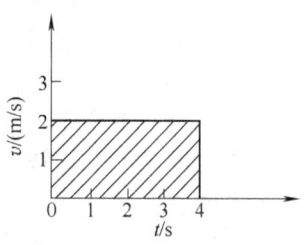

图 1-6 匀速直线运动
位移量图解

思考与练习

1. 匀速直线运动有何特点？速度的方向和物体运动的方向有何关系？速度的大小反映物体的什么性质？有人说匀速直线运动就是速度不变的运动，这话对吗？

2. 物体做匀速直线运动，在 5s 内的位移大小是 10m，那么在 10s 内的位移大小是 _____ m，它的速度大小是 _____ m/s。

第四节　变速直线运动　平均速度和瞬时速度

变速直线运动　在人们的日常工作和生活中看到的直线运动，往往不是匀速直线运动。例如，飞机起飞时，运动越来越快，在相等的时间里位移量是不相等的；火车进站时，运动越来越慢，在相等的时间里位移量也是不相等的。

物体在一条直线上运动，如果在相等的时间里位移量不相等，这种运动就称为**变速直线运动**。在生产实践和日常生活中，对于变速直线运动的快慢，可以用平均速度来描述。

在变速直线运动中，运动物体的位移 s 与发生该位移所用时间 t 的比值，称为这段位移内的**平均速度**(average velocity)。平均速度用 $\bar{v}$ 表示，其计算公式是

$$\bar{v} = \frac{s}{t} \tag{1-2}$$

在变速直线运动中，不同位移内的平均速度一般是不同的，因此，必须指明求出的平均速度是对哪段位移来说的。

例1　在北京 2008 年第 29 届奥运会上，牙买加飞人博尔特（见图 1-7）创造的男子百米世界纪录是 9.69s。假设博尔特前 5.0s 内跑了 46m，求他在全程和前后两段时间内的平均速度的大小。

解　依题意，运动员在后段 4.69s 跑了 54m。依据公式(1-2)，可得三段的平均速度大小为

全程：$\bar{v} = \dfrac{s}{t} = \dfrac{100\text{m}}{9.69\text{s}} = 10.32\text{m/s}$

前段：$\bar{v}_1 = \dfrac{46\mathrm{m}}{5.0\mathrm{s}} = 9.20\mathrm{m/s}$

后段：$\bar{v}_2 = \dfrac{54\mathrm{m}}{4.69\mathrm{s}} = 11.51\mathrm{m/s}$

答：博尔特在全程的平均速度是 10.32m/s；在前段的速度是 9.20m/s；在后段的速度是 11.51m/s。

平均速度可以反映做变速直线运动的物体在某一段位移内运动的平均快慢程度，只能粗略地描述物体的运动状况。如果要精确地描述变速直线运动的状况，就需要知道物体经过每一时刻（或每一位置）时运动的快慢程度。运动物体经过某一时刻（或某一位置）的速度，称为**瞬时速度**（*instantaneous velocity*），简称**速度**（*velocity*）。匀速直线运动的速度，也就是它在每一时刻的瞬时速度。运动物体在某一时刻的瞬时速度的方向，与物体在该时刻的运动方向相同。瞬时速度的大小，称为**瞬时速率**，简称**速率**（*speed*）。

图 1-7　牙买加飞人博尔特

技术上通常用速度计来测量瞬时速率。图 1-8 所示为汽车的速度计，指针所指的数值，就是某一时刻汽车的瞬时速率。如果指针在某一时刻指向 70km/h，就表示汽车在这一时刻的速度是 70km/h。在从天津开往北京的特快列车上，在每节车厢里都有一个电子显示屏，在显示屏上可以显示出列车在某一时刻的瞬时速率，如"现在时刻 6 点 45 分，列车当前的速率是 228km/h"，表明列车在 6 点 45 分那个时刻，其运行速度的大小是 228km/h。

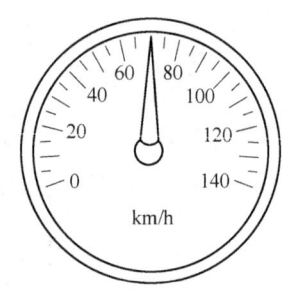

图 1-8　汽车速度计示意图

思考与练习

1. 做变速直线运动的物体的平均速度与做匀速直线运动的物体的速度有什么不同？做匀速直线运动的物体，它在各点的瞬时速度是否相同？它的平均速度与各点的瞬时速度在数值和方向上有什么关系？

2. 子弹以 600m/s 的速度从枪口飞出，指的是＿＿＿＿速度，飞机从北京飞到上海的飞行速度是 600m/s，指的是＿＿＿＿速度，公路上的速度限制牌限制的是汽车的＿＿＿＿速度。

3. 一质点从 A 点出发，沿着正西方向用 0.5s 运动了 4m 到达 B 点，接着又用 0.5s 向正东运动了 3m 到达 C 点，则该质点第一个 0.5s 内的平均速度大小是＿＿＿＿，其速度方向是＿＿＿＿；整个 1s 内的平均速度大小是＿＿＿＿，其速度方向是＿＿＿＿。

4. 某人在百米跑道上先以 6m/s 的速度大小跑了 60m，然后又以 8m/s 的速度大小跑完了剩余的 40m，则这个人通过百米跑道所需的时间是＿＿＿＿，其奔跑的平均速度大小是＿＿＿＿。

第五节　匀变速直线运动　加速度

变速直线运动的特点是瞬时速度随着时间而变化，而且比较复杂。物体做变速直线运动的形式包括两种：一种是做匀变速直线运动，另一种是做非匀变速直线运动。匀变速直线运动是一种最简单的变速直线运动。

在汽车做变速运动时,注视速度计,记下间隔相等的各时刻的速率值,见表1-2。

表1-2 汽车在不同时刻的速率值

时刻/s	0	5	10	15	20
速率/(km/h)	20	30	40	50	60

从表1-2中可以看出,汽车每隔5s,速度大小增加10km/h,即在相等的时间内,速度大小的改变是相等的。

物体沿直线运动,如果在任意相等的时间内,速度大小的变化量(增加或减小)都相等,这种运动就称为**匀变速直线运动**。

上述汽车的运动就是匀变速直线运动,它的速度大小随着时间而均匀增加,通常把这种运动称为**匀加速直线运动**。若一个物体的速度大小随时间均匀减小,则把这种运动称为**匀减速直线运动**。

常见的变速直线运动,速度大小不一定是均匀改变的,而是非匀变速直线运动。但是,有些变速运动很接近于匀变速运动,可以当做匀变速运动来处理。例如,发射炮弹时炮弹在炮筒里的运动,火车、汽车等交通工具在开动后或停止前的一段时间内的运动,石块从不太高的地方下落的运动,石块被竖直向上抛出后向上的运动等,都可以看做匀变速直线运动。

加速度 不同的变速运动,速度大小改变的快慢是不同的。运动员投铅球时,铅球的速度大小可以在0.2s内由零增加到17m/s,它每秒速度大小的增加量等于

$$\frac{17-0}{0.2}\text{m/s}^2 = 85\text{m/s}^2$$

迫击炮射击时,炮弹在炮筒中的速度大小在0.005s内就可以由零增加到250m/s,它每秒速度大小的增加量等于

$$\frac{250-0}{0.005}\text{m/s}^2 = 5\times10^4\text{m/s}^2$$

可见,炮弹的速度改变比铅球的速度改变要快得多。为了描述速度改变的快慢,引入加速度概念。

加速度是表示速度改变快慢的物理量。我们把速度的改变量与发生这一改变所用时间的比值,称为**加速度**(acceleration),通常用 a 表示。若用 $\boldsymbol{v}_0$ 表示物体开始时刻的速度(初速度),用 $\boldsymbol{v}_t$ 表示经过一段时间 t 后的速度(末速度),速度的改变量是 $\boldsymbol{v}_t - \boldsymbol{v}_0$,则

$$a = \frac{\boldsymbol{v}_t - \boldsymbol{v}_0}{t} \tag{1-3}$$

在国际单位制中,加速度的单位是 m/s^2,读作"米每二次方秒"。

加速度不但有大小,而且有方向,也是矢量。加速度的大小在数值上等于单位时间内速度的改变量,加速度方向与速度方向同在一条直线上。选取初速度 $\boldsymbol{v}_0$ 的方向为正方向,如果速度大小增加,末速度值 $\boldsymbol{v}_t$ 大于初速度值 $\boldsymbol{v}_0$,则加速度是正值,这时加速度的方向与初速度的方向相同;如果速度大小减小,末速度值 $\boldsymbol{v}_t$ 小于初速度值 $\boldsymbol{v}_0$,则加速度是负值,这时加速度的方向与初速度的方向相反,如图1-9所示。

在匀变速直线运动中,速度的大小是均匀变化的,比值 $\frac{v_t - v_0}{t}$ 是恒定的,加速度的大小

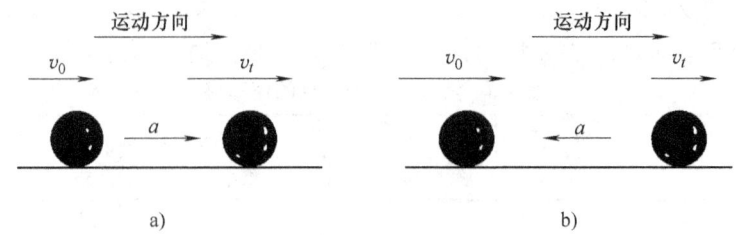

图 1-9 加速度的方向
a) 匀加速直线运动 b) 匀减速直线运动

不变,方向也不变,因此,匀变速直线运动是加速度大小不变的运动。加速度大小为零的运动是匀速直线运动。

值得注意的是,加速度的大小只与速度变化的快慢有关,与速度本身的大小无关。速度大,加速度不一定大,如匀速飞行的高空侦察机,尽管它的速度大小能够接近 1000m/s,但它的加速度大小却为零;相反,速度小,加速度也可能很大,如枪筒里的子弹,在火药刚刚爆发的时刻,尽管子弹的初速度大小接近于零,但它的加速度大小却可以达到 $4 \times 10^5 \mathrm{m/s^2}$。

例 2 做匀变速直线运动的火车在 50s 内速度大小从 8m/s 增加到 18m/s,求火车的加速度。

解 选取火车初速度的方向为正方向,已知 $v_0 = 8\mathrm{m/s}$,$v_t = 18\mathrm{m/s}$,$t = 50\mathrm{s}$,则

$$a = \frac{v_t - v_0}{t} = \frac{18 - 8}{50} \mathrm{m/s^2} = 0.2 \mathrm{m/s^2}$$

答:火车的加速度大小是 $0.2\mathrm{m/s^2}$,加速度的方向与初速度的方向相同。

例 3 汽车紧急制动时,速度的大小在 2s 内由 10m/s 减小到零,制动这段时间内汽车的运动可视为匀变速直线运动,求汽车的加速度。

解 选取初速度的方向为正方向,已知 $v_0 = 10\mathrm{m/s}$,$v_t = 0$,$t = 2\mathrm{s}$,则

$$a = \frac{v_t - v_0}{t} = \frac{0 - 10}{2} \mathrm{m/s^2} = -5\mathrm{m/s^2}$$

答:汽车的加速度大小是 $5\mathrm{m/s^2}$,加速度的方向与初速度的方向相反。

思考与练习

1. 速度和加速度的物理意义不同,速度表示_____变化的快慢程度,加速度表示_____的变化快慢程度。

2. 两物体的加速度大小分别是 $a_1 = 2\mathrm{m/s^2}$ 和 $a_2 = -3\mathrm{m/s^2}$,则它们的大小比较是:_____大_____小。

3. 做直线运动物体,只要它的加速度大小不为零,则( )。
A. 它的速度大小一定增加
B. 它的速度大小一定减小
C. 它的速度大小一定不变
D. 它的速度大小一定改变

4. 在直线运动中,关于加速度,下列说法正确的是( )。
A. 物体的速度值大,它的加速度值一定大
B. 物体的速度为零,它的加速度一定为零
C. 物体的速度变化量大,它的加速度一定大
D. 物体的速度变化量为零,它的加速度一定为零

第六节　匀变速直线运动的速度和位移

匀变速直线运动的速度　匀变速直线运动的速度公式可以从加速度的定义得出。由公式(1-3)可得

$$v_t = v_0 + at \qquad (1\text{-}4)$$

公式(1-4)就是匀变速直线运动的速度公式，它表示了匀变速直线运动的速度与时间的关系。这种关系也可以用图像来表示。从学过的数学知识知道，在公式(1-4)中，v_t是t的一次函数，所以它的速度—时间图像(v-t图像)是一条倾斜的直线，如图1-10所示。

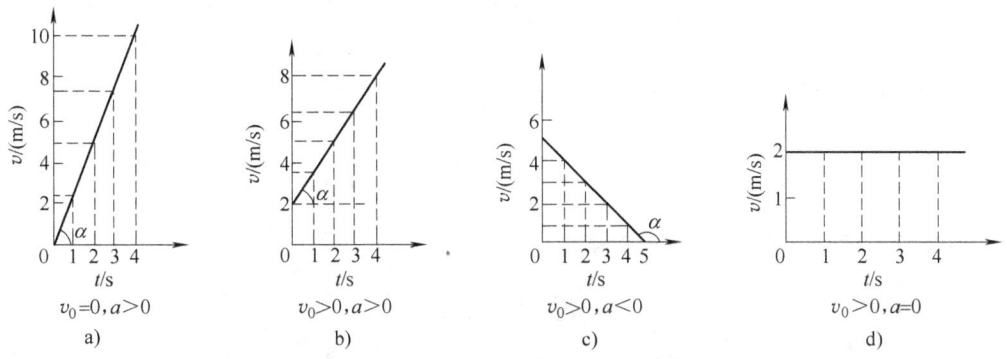

图1-10　匀变速直线运动的速度—时间关系图像

例4　汽车在紧急制动时，加速度的大小是6m/s^2，如果必须在2s内停下来，汽车行驶的最大允许速度是多少?

分析　汽车必须在2s内停下来，这就要求汽车最迟在制动后两秒末的速度大小变为零，即$v_t = 0$。汽车制动时做匀减速运动，加速度方向与初速度方向相反，取初速度的方向为正方向，则加速度的大小为负值，即$a = -6\text{m/s}^2$。运动时间$t = 2\text{s}$。根据公式(1-4)求出初速度v_0，就是汽车行驶的最大允许速度。

解　由公式(1-4)可得

$$v_0 = v_t - at = [0 - (-6) \times 2]\text{m/s} = 12\text{m/s}$$

答：汽车行驶的最大允许速度为12m/s。

匀变速直线运动的位移大小　根据公式(1-2)可知，$s = \bar{v}t$。由于匀变速直线运动的速度大小是均匀改变的，它在时间t内的平均速度$\bar{v}$就等于时间t内的初速度值v_0和末速度值v_t的平均值，即

$$\bar{v} = \frac{v_0 + v_t}{2}$$

把上式代入$s = \bar{v} \cdot t$中，得到

$$s = \frac{(v_0 + v_t)t}{2}$$

再将$v_t = v_0 + at$代入上式后，得到

$$s = v_0 t + \frac{1}{2}at^2 \qquad (1\text{-}5)$$

公式(1-5)就是匀变速直线运动的位移公式，它反映了匀变速直线运动的位移大小和时

间之间的关系。

例5 一辆汽车原来匀速行驶，然后以 1m/s² 的加速度大小加速行驶，经 12s 的时间行驶了 180m，求汽车开始加速时的初速度大小？

分析 在这个问题里，汽车加速时，速度越来越大，加速度的方向与初速度的方向相同，取初速度的方向为正方向，则加速度为正值，即 $a = 1\text{m/s}^2$。行驶时间 $t = 12\text{s}$ 和行驶距离 $s = 180\text{m}$ 也都是已知的，则由位移公式(1-5)可解出 v_0，即为汽车开始加速时的初速度大小。

解 由公式(1-5)可以得出

$$v_0 = \frac{s - \frac{1}{2}at^2}{t}$$

代入已知数据得

$$v_0 = \frac{180 - \frac{1}{2} \times 1 \times 12^2}{12} \text{m/s} = 9\text{m/s}$$

答： 汽车开始加速时的初速度大小是 9m/s。

思考与练习

1. 关于匀减速直线运动的下列论述，正确的是（　　）。
   A. 速度越来越小，位移越来越小　　　B. 速度越来越小，位移越来越大
   C. 加速度越来越小，位移越来越大　　D. 速度越来越小，加速度越来越小
2. 汽车在紧急制动时加速度的大小是 8m/s²，如果必须在制动后 2s 内停下来，它制动时的最大允许速度是_____ m/s，制动后汽车能继续滑行_____ m。
3. 火车在斜坡顶点的速度是 8m/s，在下坡时得到 0.2m/s² 的加速度，如果火车通过斜坡的时间是 10s，则斜坡的长度是_____ m。
4. 某物体由静止开始做匀加速直线运动，第 1s 内通过的路程是 3m，则它在最初 3s 内通过的位移是 _____ m，在第 3s 内通过的位移为_____ m；第 2s 末的速度为_____ m/s，第 3s 初的速度是_____ m/s；整个运动过程中的加速度是_____ m/s。

第七节　匀变速直线运动的规律

两个基本公式　速度公式(1-4)和位移公式(1-5)是匀变速直线运动的两个基本公式，反映了匀变速直线运动的基本规律。

利用这两个基本公式，还可以推导出另外一个很有用的公式。由速度公式(1-4)得 $t = \frac{v_t - v_0}{a}$，代入位移公式(1-5)，化简后可得

$$v_t^2 - v_0^2 = 2as \tag{1-6}$$

公式(1-6)是推导公式，其中不含有时间 t，它直接反映了 v_0、v_t、a 和 s 之间的关系，在解决某些问题时用起来比较方便。

当物体从静止开始做匀变速直线运动时，即 $v_0 = 0$，公式(1-4)、(1-5)、(1-6)就可简化为

第一章　直线运动

$$v_t = at \qquad s = \frac{1}{2}at^2 \qquad v_t^2 = 2as$$

例6　飞机以45m/s的速度着陆，在跑道上滑行30s后停止。如果飞机在跑道上滑行的过程看做匀变速直线运动，求飞机在滑行过程中的加速度和向前滑行的距离。

分析：已知飞机在跑道上滑行时初速度$v_0 = 45$m/s，末速度$v_t = 0$以及滑行时间$t = 30$s，利用匀变速直线运动的速度公式(1-4)就可以求出加速度a，再将加速度a代入位移公式(1-5)，即可求出飞机向前滑行的距离s。

解　由公式 $a = \dfrac{v_t - v_0}{t}$ 可得

$$a = \frac{0 - 45}{30}\text{m/s}^2 = -1.5\text{m/s}^2$$

再由 $s = v_0 t + \dfrac{1}{2}at^2$，可得

$$s = \left[45 \times 30 + \frac{1}{2} \times (-1.5) \times 30^2\right]\text{m} = 675\text{m}$$

答：飞机在跑道上滑行过程中的加速度大小是1.5m/s^2，加速度的方向与初速度方向相反；滑行的距离是675m。

例7　火车以5m/s的速度在平直的铁轨上匀加速行驶500m时，速度增加到15m/s，求火车通过这段位移需要多少时间？

分析：本题已知初速度大小$v_0 = 5$m/s、末速度大小$v_t = 15$m/s和位移量$s = 500$m，要求火车运动的时间，只由速度公式(1-4)或位移公式(1-5)均不能求解，需要根据题意和运动规律列出两个方程，组成方程组再求解。

解法1
$$v_t = v_0 + at \tag{1}$$
$$s = v_0 t + \frac{1}{2}at^2 \tag{2}$$

由方程式(1)得$at = v_t - v_0$，代入方程式(2)中，得

$$s = v_0 t + \frac{1}{2}at^2 = v_0 t + \frac{1}{2}(v_t - v_0)t = \frac{1}{2}(v_t + v_0)t$$

$$t = \frac{2s}{v_t + v_0} = \frac{2 \times 500}{15 + 5}\text{s} = 50\text{s}$$

解法2

$$\bar{v} = \frac{v_0 + v_t}{2} = \frac{5 + 15}{2}\text{m/s} = 10\text{m/s}$$

又由$s = \bar{v}t$可得

$$t = \frac{s}{\bar{v}} = \frac{500}{10}\text{s} = 50\text{s}$$

答：火车通过这段位移需要的时间是50s。

例8　发射枪弹时，枪弹在枪筒中的运动可以看做匀加速直线运动，如果枪弹的加速度大小是$5.0 \times 10^5 \text{m/s}^2$，枪筒长0.64m，求枪弹射出枪口时的速度大小？

分析：枪弹在枪筒中的运动可以看做初速度为零的匀加速直线运动，枪筒的长度就是这个匀加速直线运动的位移s，枪弹射出枪口时的速度就是这段位移的末速度v_t。根据题目所

给的条件，已知：$v_0=0$，$s=0.64\text{m}$，$a=5.0\times10^5\text{m/s}^2$，使用推导公式(1-6)，便可求出$v_t$。

解 由公式(1-6)，可得$v_t^2=2as$，所以
$$v_t=\sqrt{2as}=\sqrt{2\times5.0\times10^5\times0.64}\,\text{m/s}=800\text{m/s}$$

答：枪弹射出枪口时速度大小是800m/s。

思考与练习

1. 匀变速直线运动的速度和位移公式是什么？推导公式是什么？
2. 汽车以10m/s的速度大小运动，制动后的加速度是-5m/s^2，汽车前进距离是（　　）
   A. 7.5m　　　B. 10m　　　C. 15m　　　D. 22.5m
3. 汽车的加速度性能是反映汽车性能的重要标志。汽车从一定初速度v_0加速到一定的末速度v_t，所用的时间越少，表明它的加速度性能越好。表1-3是三种型号汽车的加速度性能的实验数据，求它们的加速度。

表1-3　三种型号汽车的加速度性能的实验数据

汽车型号	v_0/(km/h)	v_t/(km/h)	t/s	a/(m/s^2)
某型号高级轿车	20	50	7	
某型号4吨载货汽车	20	50	38	
某型号8吨载货汽车	20	50	50	

4. 一辆汽车在平直的公路上匀速行驶，后来以1.0m/s^2的加速度经过12s行驶了$1.9\times10^2\text{m}$。汽车开始加速时的速度是多大？12s末的速度是多大？

第八节　自由落体运动

自由落体运动　物体自由下落的运动是一种常见的运动。挂在线上的重物，如果把线剪断，它就在重力的作用下沿着竖直方向下落。从手中释放的石块，在重力的作用下也沿着竖直方向下落。那么，不同物体下落的快慢是否相同呢？

在同一高度同时释放面积相等的一片金属片和一张纸片，可以看到金属片比纸片下落得快。从观察结果似乎可以得出结论：物体下落的快慢是由它们的重量的大小决定的，物体越重，下落得越快。

但是，科学之所以是科学，在于它不满足于经验，而是要借助于可复现和可信赖的实验。把硬币和羽毛放在一根玻璃管的底部，并抽去管里的空气，然后把它倒竖起来（见图1-11），可以看到，硬币和羽毛同时到达管的另一端，并非重量越大下落得越快。1971年，阿波罗飞船登上无大气的月球后，宇航员做了使羽毛和重锤从同一高度同时释放的实验，无数观众从荧光屏上看到：它们并排下降，同时落到月面上。可见，重量不同的物体下落快慢的不同，主要是由于空气阻力不同造成的。

物体只在重力作用下从静止开始下落的运动，称为**自由落体运动**。严格说来，这种运动只有在没有空气的空间里才能发生。但是，在有空气的空间里，如果空气阻力的作用比重力小很多，可以忽略不计，那么物体的下落可以近似地看成是自由落体运动。

图1-12是自由落体(小球)运动时的频闪照片，照片上相邻的像是相隔1/30s的时间拍

摄的。从照片上可以看出，在相等的时间间隔里，小球下落的位移越来越大，这表明小球的速度越来越大，即小球是在做加速运动。

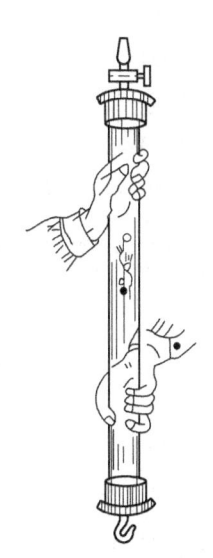

图 1-11　自由落体实验

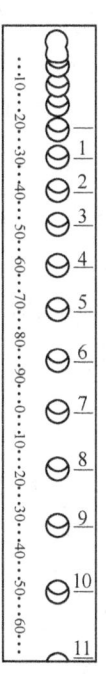

图 1-12　自由落体（小球）运动时的频闪照片

早在 17 世纪，伽利略在仔细研究过物体下落的运动后指出：自由落体运动是初速度为零的匀加速直线运动。

自由落体加速度　同一地点，从同一高度同时自由下落的物体，同时到达地面。这就是说，这些初速度为零的匀加速直线运动，在相同的时间里发生了相等的位移，根据 $s=\dfrac{1}{2}at^2$ 可知，它们的加速度必定相同。

在同一地点，一切物体在自由落体运动中的加速度都相同。加速度跟物体的质量、大小或形状无关。这个加速度称为**自由落体加速度**，也称为**重力加速度**（acceleration of gravity），通常用 g 来表示。

重力加速度的方向是竖直向下的，它的大小可以用实验方法来测定。通过精准的实验发现，在地球上不同的地方，g 的大小略有不同，表 1-4 列出了地球上不同纬度处的重力加速度。

表 1-4　地球上不同纬度处的重力加速度

地点	赤道	广州	上海	北京	北极
纬度	0°	23°06′	30°12′	39°56′	90°
$g/(\mathrm{m/s^2})$	9.780	9.788	9.794	9.801	9.832

纬度越大的地方，重力加速度的值越大。在同一纬度处，高度越高的地方，重力加速度

的值越小。在通常的计算中，可以把 g 取作 9.8m/s^2。在粗略的计算中，还可以把 g 取作 10m/s^2。

由于自由落体运动是初速度为零的匀加速直线运动，所以匀变速直线运动的基本公式以及它们的推导公式都适用于自由落体运动，只要把这些公式中的 v_0 取作零，并且用 g 来代替加速度 a，用 y 来代替 s 就行了。

$$v_t = gt \qquad y = \frac{1}{2}gt^2 \qquad v_t^2 = 2gy$$

例9 每一星球上的物体，都受到该星球的重力作用，而且在自由下落时具有与该星球相应的重力加速度。设宇航员在月球上做实验时，使一小球从离月球表面高 $y = 1.5\text{m}$ 的位置自由下落，并测得下落时间 $t = 1.36\text{s}$。求月球上的重力加速度 g' 以及小球落地的速度 v_t。

分析：由于已知下落的高度 y 和下落的时间 t，由位移公式 $y = \frac{1}{2}gt^2$ 可求得重力加速度，由速度公式 $v_t = gt$ 可求得小球落地的速度。

解 由公式 $y = \frac{1}{2}gt^2$ 可得 $g = \frac{2y}{t^2}$，所以

$$g' = \frac{2y}{t^2} = \frac{2 \times 1.5}{1.36^2}\text{m/s}^2 = 1.62\text{m/s}^2$$

$$v_t = gt = 1.62 \times 1.36\text{m/s} = 2.20\text{m/s}$$

答：月球上的重力加速度大小约为 1.62m/s^2，小球落地的速度大小约为 2.20m/s。

由本题还可推出

$$\frac{g'}{g} = \frac{1.62}{9.8} \approx \frac{1}{6}$$

即月球上的重力加速度 g' 约为地球上重力加速度 g 的 $\frac{1}{6}$。

思考与练习

1. "重力加速度是个定值"这个论断对吗？为什么？
2. 轻重不同的两个物体，在同一地方，从同一高度自由下落到地面上，所用的时间是否相同？它们的加速度是否相同？落地时速度是否相同？
3. 一个从 _____ m 高处自由落下的物体到达地面时的速度是 39.2m/s，落到地面用了 _____ s。
4. 自由下落的物体在某点的速度是 19.6m/s，在另一点的速度是 39.2m/s，则这两点之间的距离是 _____ m。

物理科学应用实例

用光波当尺 人类经过长期实践终于找到了一把精确的尺，这把尺就是五彩缤纷的光——光波。光是一种波，它与广播电台的电波类似。不同波长的光波具有不同的颜色，它们的波长都很短。

1960年第11届国际计量大会上，决定采用氪86光当尺，精确度可以达到 $0.001\mu\text{m}$，约相当于一根头发的直径的十万分之一。至此，世界各地都可以制造氪灯，不必去国际计量局核对米尺了。

随着科学技术的快速发展，为了适应宇宙航行、计算机、激光等新技术的需要，人们开始向纳米级（即 10^{-9}m 级）进军了。有些工艺要求切除的厚度相当于原子或分子直径的大小。氪 86 光尺，就跟不上 20 世纪 70 年代后的科学技术发展要求了。

随着激光的出现，氪灯就逊色了。激光的颜色非常纯，波长也很稳定。用激光的波长当尺，从理论上推算，可以比氪 86 同位素灯精确 100 万倍。1969 年用激光测量地球和月亮之间的距离，长达 38 万多千米，误差只有几米。最近的测量，已经可以精确到几厘米了！

用激光测量地球与月亮之间的距离，在人类登上月球以后达到了 2cm 以下的精度。宇航员在月球上放了一座激光反射器——它就像一面镜子，光线照到上边，它就能把光线按原路线反射回去。科学工作者在地球上用激光器打出一束激光，激光打到反射器上又沿着原路回来，通过计算激光来回奔跑用的时间，就可以量出地球与月亮之间的距离。大家知道：光速 = 3×10^8 m/s，距离 = 速度 × 时间。那么，地球和月球之间的距离就是光速乘以激光从地球到月球所用的时间（这个时间恰好是激光往返时间的一半）。用数学公式表示就是

$$地球与月球之间的距离 = \frac{激光往返时间}{2} \times 光速。$$

用电子计算机进行计算，在控制室的显示仪器上就能很快地显示出这段距离是

$$377985654.32\cdots m。$$

利用人造地球卫星还可对大地进行测量。前几年科学家们通过激光测量就发现日列岛的位置比地图位置偏离了 400m。

激光是一把能"上天下海"的好尺子，用起来得心应手，精巧准确。近年来，各种激光尺相继诞生，如激光比长仪、激光二坐标仪等。

1983 年 10 月，联合国度量衡组织在巴黎举行会议，规定了新的"米"的定义：光在真空中 1/299792458s 所走的距离定为一个标准米。

测定这 1/299792458s 需要极其精密的钟。因此，要了解我们生存的物质世界，不仅有一把尺来测量空间，还要有一座钟来测量时间。空间和时间的测量是物理学的基础。

你会了吗？

1. 什么叫参考系？研究物体的运动，为什么一定要选参考系？
2. 什么条件下可以把物体看做质点？什么情况下不能把物体看做质点？举例说明。
3. 描述质点的位置变动的物理量是什么？什么是位移？怎样表示位移？位移和路程有什么区别？在什么情况下位移的大小等于路程？
4. 物体做匀速直线运动时，哪些物理量随时间而变化？物体做匀变速直线运动时，哪些物理量随时间而变化？
5. 物理学中用什么物理量描述物体运动的快慢？什么是变速直线运动的平均速度和瞬时速度？
6. 瞬时速度恒定的直线运动是什么运动？瞬时速度随时间而改变的直线运动是什么运动？从速度的改变和时间的关系来看，变速直线运动可以分成哪两类运动？什么叫匀变速直线运动？
7. 物理学中用什么物理量来描述物体速度改变的快慢？什么是加速度？加速度恒定的

直线运动是什么运动？根据什么来确定加速度的正负号？

8. 有哪些描述匀变速直线运动规律的公式？

9. 什么是自由落体运动？它的特点是什么？它的加速度 g 有多大？方向如何？

10. 有哪些描述自由落体运动规律的公式？

复 习 题

一、填空题（将正确答案填写在横线上）

1. 以 5m/s 的速度匀速直线运动的物体，它在各段时间内的平均速度是_____m/s；每一时刻的瞬时速度是_____m/s。

2. 物体做直线运动，在第 1s 内位移是 1m，第 2s 内位移是 2m，第 3s 内位移是 3m，在前 2s 内的平均速度是_____m/s；后 2s 内的平均速度是_____m/s；在 3s 内的平均速度是_____m/s。

3. 物体从静止开始做匀变速直线运动，第 1s 内的位移是 1m，则它的加速度大小是_____m/s^2，2s 末的速度是_____m/s。

4. 用下面的方法可测出井口到井里水面的深度：让一个小石块从井口自由下落，经过 1.5s 后听到石块落水声，则井口到水面的深度是_____m。（忽略声音传播所用时间）

5. 从静止开始做匀加速直线运动的物体，前 10s 内通过的距离为 50m。这个物体在前 2s 内的位移是_____m；第 2s 内的位移是_____m；第 10s 末的速度为_____m/s；第 11s 内将通过的位移是_____m。

二、单项选择题（将正确答案的序号填写在圆括弧内）

1. 下列情况中的物体不能看成质点的是(　　)。
   A. 研究人造地球卫星的环绕运动　　　B. 京广线上行驶的火车
   C. 足球场上运动的足球　　　　　　　D. 计算使转向盘转动的力矩

2. 从手中向上抛出一个石子，达到 2m 高后又落回手中，则这石子所经过的路程和位移大小分别是(　　)。
   A. 4m，0m　　　B. 0m，4m　　　C. 2m，2m　　　D. 4m，4m

3. 关于路程和位移的关系，下面说法中错误的是(　　)。
   A. 物体沿直线向某一方向运动时，它通过的路程就是位移
   B. 物体沿直线向某一方向运动时，它通过的路程等于位移的大小
   C. 物体通过的路程不等，但位移却可能相同
   D. 物体的路程虽然很大，但位移却可能很小

4. 物体从甲地向乙地做直线运动，前一半路程的速度大小是 v_1，后一半路程的速度大小是 v_2，则全程中的平均速度的大小是(　　)。
   A. $v_1 + v_2$　　　B. $\dfrac{v_1 + v_2}{2}$　　　C. $\dfrac{v_1 v_2}{v_1 + v_2}$　　　D. $\dfrac{2v_1 v_2}{v_1 + v_2}$

5. 骑自行车的人以 4m/s 的速度从坡顶驶下，在下坡过程中得到 0.2m/s^2 的加速度，则在开始下坡后的第 10s 内的平均速度是(　　)。
   A. 5.9m/s　　　B. 88m/s　　　C. 2m/s　　　D. 3m/s

6. 一物体从 H 高处自由下落。当其速度达到着地时速度的一半时，其下落的高度是（　　）。

　　A. $\dfrac{H}{2}$　　　　B. $\dfrac{H}{4}$　　　　C. $\dfrac{3H}{4}$　　　　D. $\dfrac{H}{12}$

7. 一辆以20m/s的速度大小匀速行驶的汽车紧急制动后获得4m/s²的加速，则汽车制动后6s内的位移量是（　　）。

　　A. 48m　　　　B. 50m　　　　C. 100m　　　　D. 40m

8. 一物体由静止开始沿长为 L 的光滑斜面从顶端下滑，它滑到底端时的速度是 v，当它的速度是 $\dfrac{v}{2}$ 时，它滑下的斜面长度是（　　）。

　　A. $\dfrac{L}{2}$　　　　B. $\dfrac{L}{4}$　　　　C. $\dfrac{L}{\sqrt{2}}$　　　　D. $\dfrac{L}{\sqrt{2}-1}$

三、判断题（正确的画"√"，错误的画"×"）

1. "太阳升起和太阳落下"是以地球为参考系而言的。（　　）
2. 一个做匀速直线运动的物体，它的速度是不变的。（　　）
3. 一个做加速直线运动的质点，当它的加速度逐渐减小时，它的速度逐渐增大。（　　）
4. 物体向前运动时，可能具有向后的加速度。（　　）
5. 物体的速度为零时，其加速度一定为零。（　　）
6. 物体在做匀变速直线运动时，它的平均速度总是初速度跟末速度之和的一半。（　　）
7. 由于物体在月球上的重力加速度比在地球上的小，因此，一个人在月球上一定比在地球上跳得高。（　　）

四、计算题

1. 一辆汽车原来的速度大小是18m/s，在一段下坡路上以0.5m/s²的加速度做匀加速运动。求加速行驶了20s时的速度大小。

2. 有一辆做匀加速直线运动的汽车，经过路旁相距50m远的两根电线杆用了5s。在经过第二根电线杆时的速度为15m/s，求它的加速度和经过第一根电线杆的速度。

3. 在不太宽的路面上，公共汽车以64.8km/h的速度行驶，司机看见前面的马车突然停在约30m远处，于是司机立即制动，但汽车经过3s才停止。问汽车能否撞上马车？（设制动后汽车做匀减速直线运动）

4. 火车在两站间正常行驶，一般可看做匀速运动。一位同学根据车轮通过两端铁轨交接处发出的响声来估测火车的速度。他从车轮的某一次响声开始计时，并同时数车轮响声的次数，它在45s时间内共听到63次响声。一般每根铁轨长12.5m。根据这些数据，你能估测出火车的速度是多少吗？（这也是铁路员工常用来估算火车行驶速度的一种方法）

5. 一个物体从塔顶上自由下落，在到达地面前最后1秒内的位移是整个位移的 $\dfrac{9}{25}$，求塔高。

第二章 牛顿运动定律

第一章我们学习了怎样描述物体的运动，但是没有进一步讨论物体为什么会做这样或那样的运动。要讨论这个问题，必须知道运动与力的关系。在力学中只研究物体怎样运动，不涉及物体运动状态改变原因的分科，称为运动学。研究物体运动与力的关系的分科，称为动力学。动力学的奠基人是英国科学家牛顿。牛顿在1687年出版了他的名著《自然哲学的数学原理》。在这部著作中，牛顿提出了三条运动定律，这三条运动定律总称为牛顿运动定律，它们是整个动力学的基础。本章要学习的就是牛顿运动定律。

第一节 牛顿第一定律 力

牛顿第一定律 在17世纪以前，人们普遍认为力是维持物体运动的原因。用力推车，车子才能前进，停止用力，车子就要停下来。古希腊的哲学家亚里士多德提出：必须有力作用在物体上，物体才能运动，没有力的作用，物体就要静止下来。

亚里士多德关于"运动和力"的观点是错误的。17世纪意大利著名物理学家伽利略根据实验纠正了这个错误观点。伽利略指出：力不是维持物体运动的原因。

牛顿在伽利略等人的研究基础上，经过长期的实践和探索总结出：**一切物体总保持匀速直线运动状态和静止状态，直到有外力迫使它改变这种状态为止。**

这就是**牛顿第一定律**（*Newton first law*）。物体保持原来的匀速直线运动或静止状态的性质称为**惯性**（*inertia*）。牛顿第一定律又称为**惯性定律**。

【观察与分析】 应用牛顿第一定律可以解释很多现象。例如，当汽车突然开动的时候，汽车里的乘客会向后面倾倒。这是因为汽车开始前进时，乘客的下半身随车前进，而上半身由于惯性仍在保持静止状态，因此，汽车突然起动时乘客会向后面倾倒。相反，当汽车突然制动时，乘客就会向前倾倒，这也是由于惯性作用的缘故。

一切物体在任何情况下都具有惯性，惯性是物体的固有属性。物体的运动并不需要力来维持。

任何物体都与周围的物体有相互作用，不受外力作用的物体是不存在的，所以牛顿第一定律所描述的是一种理想化的状态。在实际问题中，人们所看到的匀速直线运动状态或静止状态，都是物体在平衡力作用下的结果。

力（*force*） 在中学已经学过，**力**是物体之间的相互作用。例如，马拉车（见图2-1），马对车施加了力；手提篮子，手对篮子施加了力；桌上物品对桌子施加了压力等。力就是在这种物体对物体的作用中产生的。

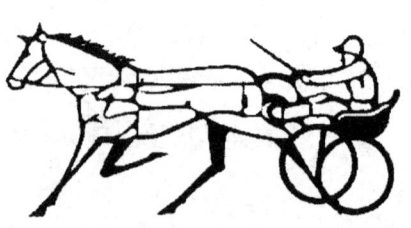

图2-1 马拉车

通常把前者称为施力物体，把后者称为受力物体。

从大量的事实中可以看到，力具有这样的作用效果：力不仅可以使受力物体的运动状态发生变化，也可以使受力物体的形状和体积发生变化。

力对物体的作用效果与力的大小、方向及力的作用点有关。通常把力的大小、方向及力的作用点称为**力的三要素**。力是有大小和方向的量，所以力是矢量。

力可以用一根带箭头的线段来表示。线段是按一定比例(标度)画出的，它的长短表示力的大小，它的指向表示力的方向，箭头或箭尾表示力的作用点，力的方向所沿的直线称为**力的作用线**。这种表示力的方法，称为**力的图示**，如图2-2所示。

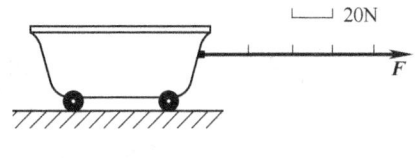

图 2-2 力的图示

力的种类较多，按力的性质进行分类，有重力、弹力、摩擦力、分子力、电磁力等；按力的作用效果进行分类，有拉力、压力、支持力、动力、阻力等。作用效果不同的力，性质可能相同，如拉力、压力、支持力实际上都是弹力，只是作用效果不同。性质不同的力其作用效果可能相同，如不论是什么性质的力，作用效果是加快物体运动的力，就可称它为动力；作用效果是阻碍物体运动的力，就称它为阻力。

在国际单位制中，力的单位是牛顿，简称牛(N)。过去常用的力的单位是千克力(kgf)，它与牛顿的关系是

$$1\text{kgf} = 9.8\text{N}$$

力的作用效果 力可以使物体发生形变。例如，手用力拉弹簧，弹簧发生变形而伸长；用力拉弓，弓就发生弯曲。在力的作用下，物体发生形状或体积改变的现象称为**形变**。此外，力还可以改变物体的运动状态，即改变物体运动速度的大小和方向。例如，原来静止的足球被踢出去时，足球就在力的作用下，由静止状态变为运动状态；给运动的足球施加一阻力，足球就可以停下来；沿直线滚动的铁球，在经过侧面的磁铁时，因其受到磁铁的吸引力作用会改变运动方向。总之，力的作用效果是使受力物体的形状或物体的运动状态发生变化。

力的特性 大量事实说明，力具有如下三个基本特性：

(1) 力不能脱离物体而单独存在　一个物体受到力的作用，一定有另一个物体施加了这种作用。前者是受力物体，后者是施力物体。因此，力不能离开物体而单独存在。

(2) 力总是成对出现　当甲物体受到乙物体施加的力的作用时，乙物体一定会同时受到甲物体的作用。因此，物体之间的相互作用都是同时成对出现的。

(3) 力不仅有大小，而且还有方向和作用点　每个力总是沿一定的方向作用于物体。例如，人推木箱的力是向前的，地面对木箱的阻力是向后的，用同样大小的力沿不同的方向及在不同的作用点去推木箱，力的作用效果是不同的。如图2-3所示，同样一个力 F，在图2-3a所示的情况下，木箱可能会移动；在图2-3b所示的情况下，木箱可能就推不动；在图2-3c所示的情况下，木箱就有可能滚动。

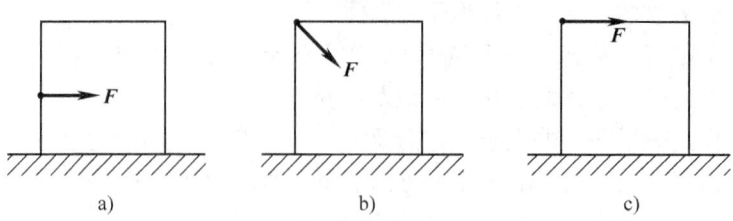

　　　　a)　　　　　　　b)　　　　　　　c)

图 2-3　力的方向和作用点

思考与练习

1. 关于惯性的概念，下述说法中正确的是(　　)。
   A. 物体只有运动时，才有惯性
   B. 物体只有静止时，才有惯性
   C. 质量小的物体惯性小，质量大的物体惯性大
   D. 物体受到的作用力大时惯性大，物体受到的作用力小时惯性小
2. 地球自西向东转，为什么我们向上跳起来以后还落回原地？
3. 物体保持原来的匀速直线运动或静止状态的性质称为＿＿＿＿。牛顿第一定律又称为＿＿＿＿定律。
4. 力是物体之间的相互＿＿＿＿。力的＿＿＿＿、＿＿＿＿及力的作用点称为力的三要素。
5. 力的种类较多，按力的性质进行分类，有＿＿＿＿力、＿＿＿＿力、＿＿＿＿力、分子力、电磁力等。

第二节　重力　弹力　摩擦力

重力　地球上的一切物体都要受到地球的吸引，这种由于地球吸引而使物体受到的力，称为**重力**(gravity)。

重力不仅有大小，而且有方向。从物体总是沿着竖直方向自由下落到地面的事实可以看到：重力的方向总是竖直向下的。

重力的大小可以用弹簧秤测出。物体静止时对弹簧秤的拉力(见图 2-4)大小等于物体受到的重力。

重力 G 的大小跟物体的质量 m 成正比。重力 G 跟物体的质量 m 的关系式是

$$G = mg$$

一个物体的各部分都要受到重力的作用。从效果上看，可以认为各部分受到的重力作用集中于一点，这一点称为物体的**重心**(center of gravity)。

质量均匀分布的物体(均匀物体)，重心的位置只与物体的形状有关。有规则形状的均匀物体，它的重心就在几何中心上。例如，均匀直棒的重心在棒的中心，均匀球体的重心在球心，均匀圆柱的重心在轴线的中心，如图 2-5 所示。

对于形状不规则的物体，可用悬吊法求出它的重心，如图 2-6 所示。先在 A 点将物体悬

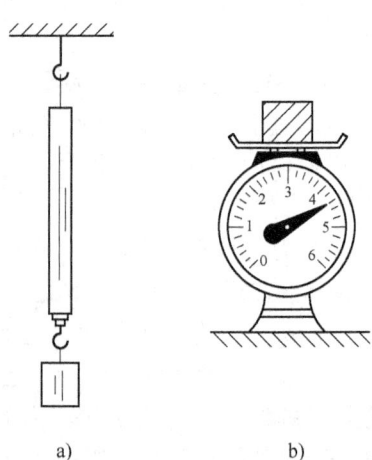

　　　　a)　　　　　　　b)

图 2-4　弹簧秤测量重力示意图

吊起来，当物体平衡时，它的重力与悬绳对它的拉力一定作用在同一竖直线上，所以，物体的重心一定在通过 A 点的悬绳的延长线 AB 上。采用相同方法，在 D 点用绳子将物体悬吊起来，物体的重心也一定在直线 DE 上，而直线 AB 与直线 DE 的交点 C 就是物体的重心。

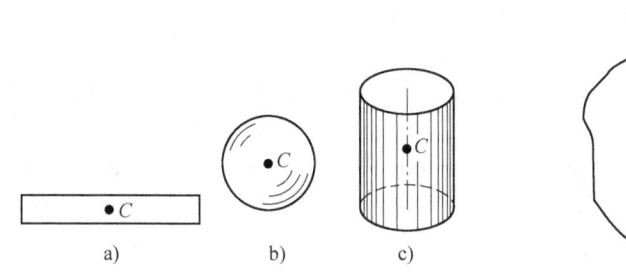

图 2-5 均匀物体的重心
a）均匀直棒 b）均匀球体 c）均匀圆柱

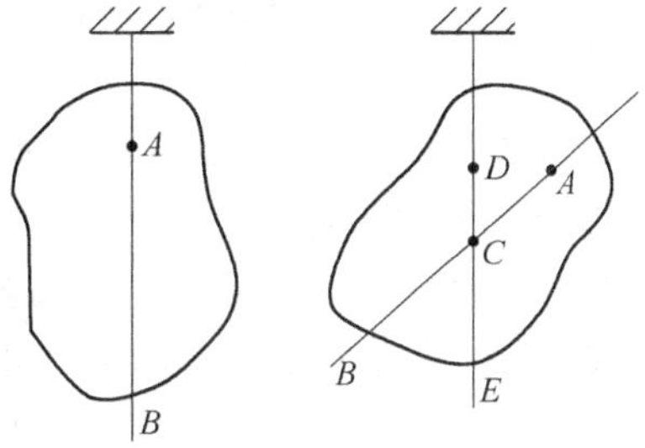

图 2-6 形状不规则物体的重心

物体的重心位置越高，支撑面越小，重力作用线距支撑面的边线距离越小，稳定性越差，稍有移动，重心就会越出支撑面而使物体翻倒。由于物体总有自发地使重心降低的趋势，所以，物体的重心越低越稳定。例如，在设计高层建筑时以及货物在堆放与运输过程中，需要设法扩大建筑物的支撑面和降低货物的整体重心以确保其稳定性。

【分析与思考】 "不倒翁"（见图 2-7）是一种形状像人，而在造型和重量上制成一经触动就摇摆然后恢复直立状态的玩具。试分析"不倒翁"不倒的力学原理。自己动手做一个"不倒翁"。思考一下不倒翁的力学原理在人们的生产和生活中可有哪些应用？

弹力 被拉长或压缩的弹簧对与它接触的小车产生力的作用，可以使小车运动起来，如图 2-8 所示。用一根细竹竿去拨动水中的木头，可以看到细竹竿变得弯曲了，与此同时，木头也由于受到了竹竿的作用而开始移动，如图 2-9 所示。物体发生伸长、缩短、弯曲等形状或体积的变化的现象，称为**形变**。上面的例子说明，发生形变的物体，由于自身需要恢复原状，对与它接触的物体产生力的作用，这种力称为**弹力**(elastic force)。

图 2-7 "不倒翁"玩具

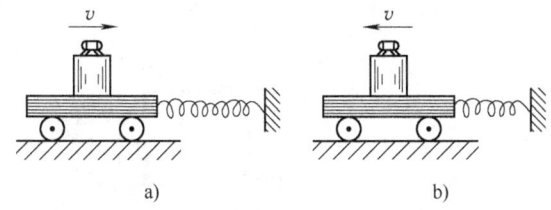

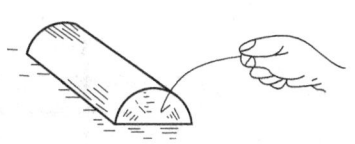

图 2-8 变形弹簧与小车运动方向示意图
a）被拉长的弹簧使小车向右运动 b）被压缩的弹簧使小车向左运动

图 2-9 木头受到竹竿弹力作用

不仅细竹竿、弹簧等能发生形变，任何物体都能发生形变。弹力是一种接触力，只有在物体间直接接触并发生形变时才能产生，而且弹力的大小与物体的形变大小有关。发生形变的物体，在外力停止作用后能够恢复原状的形变称为**弹性形变**。如果外力超出了一定限度，物体形变过大，超过一定限度，即使撤出外力，物体也不能恢复原状，这个限度称为**弹性限度**。

英国物理学家胡克发现：在弹性限度内，弹簧的弹力 F 的大小与弹簧的伸长（或缩短）的长度 x 成正比，这个结论称为**胡克定律**，其数学表达式是

$$F = kx \tag{2-1}$$

其中，k 为弹簧的劲度系数，简称为劲度。劲度系数由弹簧的材料、形状、长短、粗细等因素决定，单位是"牛每米"，符号是 N/m。

弹簧一般用于减振、夹紧、自动复位、测力和储存能量等方面。弹簧的种类很多，常用的有螺旋弹簧、涡卷弹簧和板弹簧，如图 2-10 所示。

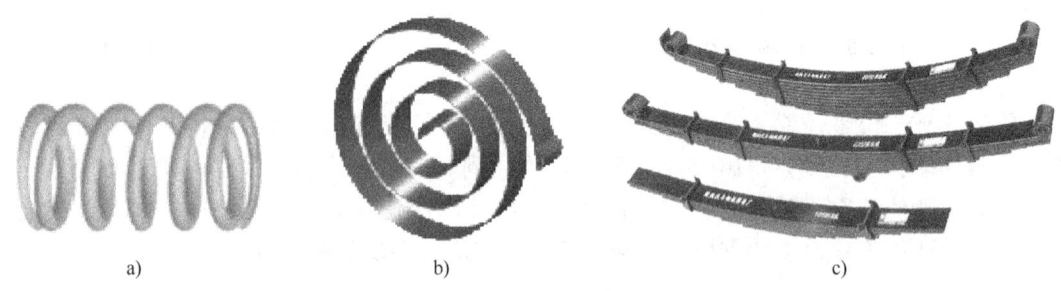

图 2-10　常用弹簧
a）螺旋弹簧　b）涡卷弹簧　c）板弹簧

放在水平桌面上的书，由于重力的作用而压迫桌面，使书和桌面同时发生微小的变形。对桌面产生垂直于桌面向下的弹力 F_P，这就是书对桌面的压力；桌面由于发生微小的变形，对书产生垂直于桌面向上的弹力 F_N，这就是桌面对书的支持力，如图 2-11 所示。

平常说的拉力、压力、支持力、绳子的张力等都是弹力。弹力的方向总是与引起形变的外力方向相反。

滑动摩擦力（*sliding friction force*）　摩擦力是在两个互相接触的物体之间产生的。当一个物体在另一个物体表面上相对于另一个物体滑动的时候，要受到另一个物体阻碍它相对滑动的力，这种力称为**滑动摩擦力**。滑动摩擦力的方向总与接触面相切，并且与物体的相对运动的方向相反（见图 2-12）。实验表明：滑动摩擦力 F_f 的大小与物体受的支持力 F_N 的大小成正比，即

$$F_f = \mu F_N \tag{2-2}$$

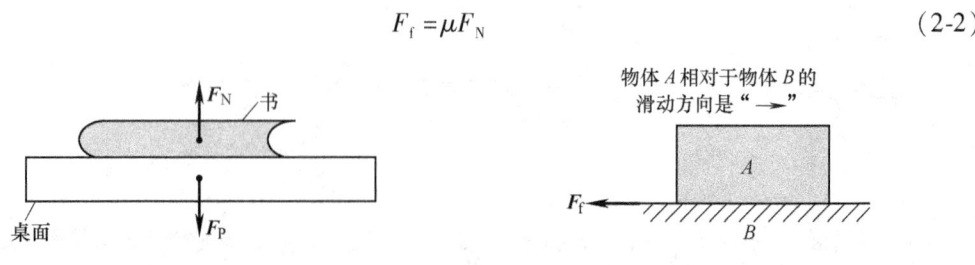

图 2-11　放在水平桌面上的书受力分析图　　图 2-12　物体 A 与物体 B 之间的摩擦力

其中，μ 称为**动摩擦因数**（*dynamic friction factor*），其大小与相互接触物体的材料的性质和接触面的粗糙程度有关。几种常见材料间的动摩擦因数见表 2-1。

表 2-1　几种常见材料间的动摩擦因数

序　号	材　料	动摩擦因数	序　号	材　料	动摩擦因数
1	钢-钢	0.25	5	钢-冰	0.02
2	木-木	0.30	6	木头-冰	0.03
3	木-金属	0.20	7	橡皮轮胎-路面(干)	0.71
4	皮革-铸铁	0.28			

静摩擦力(*silent friction force*)　两个相互接触、相对静止的物体，当沿着接触面有相对滑动趋势时，也会产生一种阻碍相对滑动趋势的力，这个力称为**静摩擦力**。其方向与接触面相切，与相对运动趋势的方向相反，如图 2-13 所示。

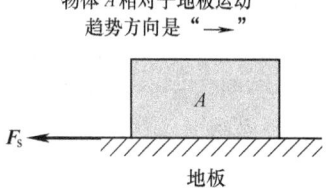

图 2-13　物体 A 与地板之间的静摩擦力

静摩擦力大小随外力的增大而增大。用手推木箱，而木箱不动，此时桌子与地板间的静摩擦力和推力大小相等、方向相反，彼此平衡。当推力增大木箱仍然不动时，说明静摩擦力大小随着推力增大而增大。但是静摩擦力的增大有一个限度，静摩擦力的最大值称为**最大静摩擦力**。当推力大于最大静摩擦力时，木箱开始滑动。滑动时的滑动摩擦力略小于最大静摩擦力。

摩擦力的利与弊　走路、夹东西、开车、机器的传动和制动，都离不开摩擦力的帮助。为增大摩擦力，常在物体的接触面上设置一些凹凸不平的花纹(如鞋底、轮胎、传动带等)；单、双杠运动员经常在手上擦上些碳酸镁粉末，以防打滑。另一方面，人们又必须尽量减少机器中零部件之间的摩擦力及其所引起的磨损，以保持机器原有的精度和功能，延长机器的使用寿命。现代交通工具磁悬浮列车，就是利用磁场使列车与铁轨之间脱离接触而达到减小摩擦力的。

【拓展知识】

气垫技术

摩擦使机器零件磨损，不但缩短了机器的寿命，而且还白白地耗去了可贵的能源。人类一直在探索如何减小摩擦，其中气垫技术就是人们研究出的减小摩擦的新技术。现代工业中已创造出了空气气垫轴承，这种轴承在工作时在轴颈与轴承之间形成一层高压空气薄膜，即气垫，轴颈悬浮在气垫上旋转，使轴在转动中产生的摩擦阻力几乎为零。采用空气气垫轴承的离心机其转速可高达 30～40 万转每分钟，这是任何其他轴承所望尘莫及的。

思考与练习

1. 放在桌面上的书，它对桌面的压力大小等于它受到的重力。能不能说书对桌面的压力就是书所受到的重力？为什么？

2. 下面说法正确的是(　　)。
  A. 只有发生弹性形变的物体，才会对与它接触的物体产生弹力作用
  B. 两个靠在一起的物体，它们相互间一定有弹力作用

C. 压力、支持力和拉力都是弹力

D. 弹力的方向总是与接触面垂直

3. 一根弹簧的劲度系数是 100N/m，当伸长的长度为 2cm 时，弹簧的弹力有多大？另一根弹簧的劲度系数是 2000N/m，当缩短的长度为 2cm 时，弹簧的弹力有多大？

4. 用 20N 的水平力拉着一块重量为 40N 的砖，可以使砖在水平地面上匀速滑动。求砖和地面之间的动摩擦因数。

5. 要使 400N 重的桌子在水平地面上移动，最小需要 130N 的水平拉力。桌子移动后，使它保持匀速直线运动，只要用 128N 的拉力就行了。那么，桌子对地面的压力是_____N，桌子与地面间的最大静摩擦力是_____N，桌子与地面间的动摩擦因数是_____。

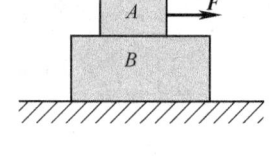

6. 试分析图 2-14 中物体 B 所受摩擦力的方向（A 静止）。

图 2-14

【小制作】 利用物体总有自发地使其重心最低的趋势，查阅相关资料，自制一个可以自动爬坡的双锥体。

第三节　牛顿第三定律

作用力与反作用力　力是物体对物体的作用，只要有力发生，就一定要有受力物体和施力物体。例如，用手拉弹簧，弹簧受到手的拉力，同时弹簧发生形变，手也受到弹簧的拉力；在水面上放两个软木塞，一个软木塞上放一个小磁铁，另一个软木塞上放一个小铁条，如图 2-15 所示。可以看到，由于小磁

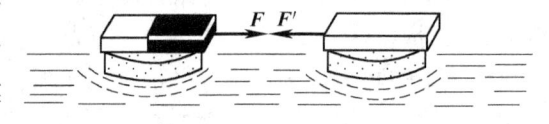

图 2-15　磁铁与铁条相互吸引

铁和小铁条相互吸引，两个软木塞相向运动起来；地球和地面上的物体之间的作用也是相互的。地面上的物体受到地球的引力（重力），地球也要受到地面上的物体的引力，只是因为地球是个庞然大物，当物体落向地球时，地球看起来是静止的。

观察和实验表明，两个物体之间的作用总是相互的。当一个物体对另一个物体有力的作用时，另一物体同时对这个物体也有力的作用。为叙述方便，把两个物体之间的相互作用力中的一个力称为**作用力**，另一个力称为**反作用力**。图 2-16 画出了三对作用力与反作用力。

作用力与反作用力之间存在什么样的关系呢？牛顿从大量的实验中总结出如下结论：**两个物体之间的作用力和反作用力总是大小相等，方向相反，沿一条直线，分别作用在两个物体上**。这就是**牛顿第三定律**（Newton third law）。

【温馨提示】 在理解和应用牛顿第三定律时，应该注意以下几点：

（1）作用力和反作用力总是同性质的力：或同为弹力，或同为摩擦力等。

（2）作用力和反作用力总是同时存在，同时对等变化，同时消失。

（3）作用力和反作用力方向相反，总是分别作用在两个不同的物体上，根本不存在相互平衡问题。所谓一对平衡力，是对作用于同一物体上的两个力而言。

牛顿第三定律在生活和生产中应用广泛。例如，人走路时用脚蹬地，脚对地面施加一个作用力，地面同时给脚一个反作用力，使人前进；轮船的螺旋桨旋转时，用力向后推水，水同时给螺旋桨一个反作用力，推动轮船前进；汽车的发动机驱动后轮转动，由于轮胎和地面间有摩擦，车轮向后推地面，地面给车轮一个向前的作用力，使汽车前进，汽车的牵引力就是这样产生的。

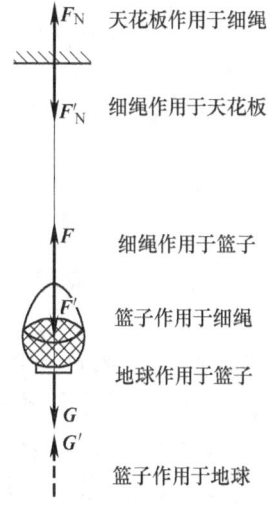

图 2-16　作用力与反作用力

【拓展知识】

气　垫　船

气垫船在行驶时，船体可以离开水面，它的速度比普通船要高几倍。目前世界上大型气垫船载客可达上千人，时速达 300km/h。那么，是什么力把数百吨重的船托离水面的呢？

其实，气垫船的船体能够离开水面就是利用了牛顿第三定律。气垫船装有几台很大的鼓风机，鼓风机产生的压缩空气，由船底四周的环形通道以很高的速度向下喷出，由于水面的阻挡，气流在船底积聚形成气垫，使船体得到一个向上的反作用力(或升力)。当这个反作用力足以托起船体重量时，船体就被托离水面。由于水面和船体之间形成一层高压空气垫子，所以这种船被命名为气垫船。由于物体同空气的摩擦要比同水的摩擦小得多，气垫船向前运动时只受空气阻力，所以气垫船能在水面上高速滑行。

世界上第一艘载人气垫船是由英国工程师克里斯托弗·科克雷尔在 1959 年 5 月研制成功的。气垫船(见图 2-17)不仅能在水面航行，也可以在沼泽、沙漠或冰面上平稳地行驶。

图 2-17　气垫船

思考与练习

1. 两人在一测力计的两侧，各用49N的力对拉，测力计上的示数是_____。
2. 关于作用力和反作用力，下列哪个说法是错误的(　　)。
   A. 大小相等方向相反，作用在一条直线上　　B. 同时存在，同时消失
   C. 作用在同一物体上　　D. 一定是同性质的力

3. 下面的几种运动中，没有利用作用力和反作用力获得力的是(　　)。
   A. 喷气式飞机的飞行 B. 人走路
   C. 在水中划船前进 D. 地球绕太阳的旋转
4. 竖直电线下吊一盏电灯，电灯与哪些物体间有相互作用力？它为什么能静止不动？

第四节　物体受力分析

一个物体常常要与几个物体同时发生相互作用，当这个物体对它周围几个物体产生作用力时，也受到了周围几个物体对它产生的作用力。所以在研究力学问题时，首先应弄清被研究物体的受力情况。同时，在具体分析某个物体的受力情况时，应先把这个物体从与它发生相互作用的物体中隔离开来，找出周围物体对它的每一个作用力，确定这些作用力的作用方向和作用点，并且用力的图示把这些力一一表示出来。这就是通常说的**受力分析**和**受力图**。

水平面上的物体　有一个在水平桌面上运动的木块，它的运动速度逐渐减小，最后停止在桌面上。木块在运动过程中，除了要受到重力 G 和支持力 F_N 的作用以外，还要受到桌面对它的滑动摩擦力 F_f 的作用，滑动摩擦力的方向与木块相对桌面的运动方向相反，对木块的运动起阻碍作用。木块的受力图如图 2-18 所示。

如果用绳子沿水平方向拉着木块在水平桌面上运动，这时，木块除了受重力 G、支持力 F_N 和滑动摩擦力 F_f 外，还受到绳子的拉力 F，如图 2-19 所示。木块一共受四个力的作用。

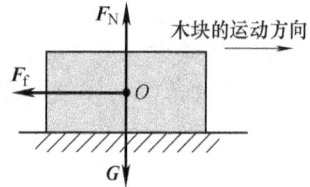 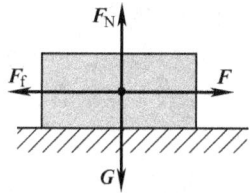

图 2-18　水平桌面上运动木块的受力图　　图 2-19　水平桌面上受拉运动木块的受力图

斜面上的物体　若有一木块沿着光滑斜面下滑，它会受到哪些力的作用呢？很明显，木块要受到竖直向下的重力 G 和斜面对木块产生的支持力 F_N，这个支持力的方向垂直于斜面向上，如图 2-20 所示。

那么，木块为什么能够沿斜面下滑呢？这主要是因为木块受到了重力作用，重力使物体产生了下滑的效果，而实际上并不存在着"下滑力"。力是物体对物体的作用，如果没有施力物体存在，木块是不会无缘无故地受到力的作用的。所以，在分析物体的受力情况时，不能凭主观想象，更不能人为地去制造力。

假如木块沿着不光滑的斜面下滑，木块除了受到重力 G 和支持力 F_N 的作用外，还受到滑动摩擦力 F_f 的作用。滑动摩擦力 F_f 的方向与木块相对于斜面运动的方向相反，即指向沿斜面向上的方向，如图 2-21 所示。

连接体　几个物体通过某种方式连接起来，其中一个物体运动，使其他物体也随之运动，这样的几个物体所组成的体系，称为**连接体**。

例如，水平气垫导轨上的滑块 A，用细绳跨过定滑轮与砝码 B 相连，就构成一连接体。如图 2-22a 所示。

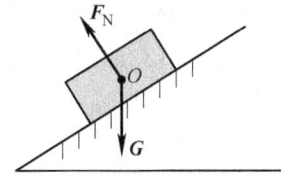
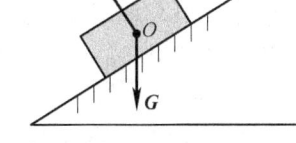

图 2-20　光滑斜面上木块受力图　　　　图 2-21　非光滑斜面上木块受力图

分析连接体的受力情况时，往往需要把各物体隔离出来，分析每个物体的受力情况。先把滑块 A 隔离出来，它的受力情况如图 2-22b 所示。滑块 A 受三个力的作用：向下的重力 G_A，向上的支持力 F_N，向右的拉力 F_T。

同样，把砝码 B 隔离出来，它的受力情况如图 2-22c 所示。

当绳子的质量以及绳子与滑轮间的摩擦力忽略不计时，滑块 A 受到的拉力 F_T 与砝码 B 受到的上拉力 F_T' 是一对作用力与反作用力。

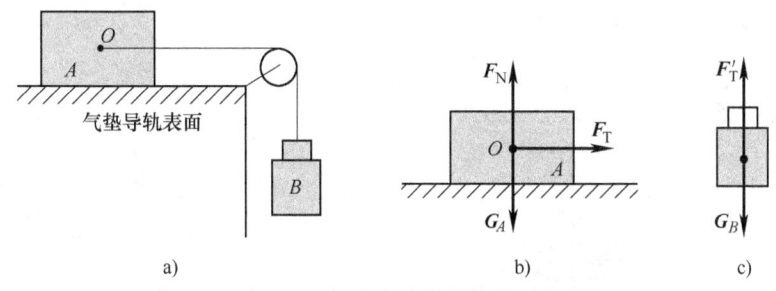

图 2-22　气垫实验中物体的受力分析
a) 气垫实验示意图　b) 物体 A 受力分析图　c) 砝码 B 受力分析图

【温馨提示】　从上述各例中可以看出，分析物体受力情况和画受力图的过程大致可按下列思路进行：

(1) 先把被研究的物体从周围物体中隔离出来，画出其示意图。

(2) 分析物体受力情况时，应根据力是物体间的相互作用这一概念去分析，不能多画一个力，也不能少画或画错一个力。可按重力、弹力和摩擦力的顺序逐步分析，将各个力按方向和大小示意地画在物体上。

思考与练习

1. 在具体分析某个物体的受力情况时，应先把这个物体从与它发生相互作用的物体中_____开来，找出周围物体对它的每一个_____力，确定这些作用力的作用方向和作用点，并且用力的_____把这些力一一表示出来。这就是通常说的受力分析和受力图。

2. 一个同学分析一沿斜面匀速前进物体的受力情况，并画出了该物体的受力图，如图 2-23 所示。他画得对吗？为什么？

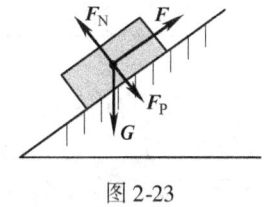

图 2-23

第五节　力 的 合 成

力的合成　在大多数实际问题里，物体不只受到一个力，而是同时受到几个力的作用。

一个物体受到几个力共同作用的时候，常常可以求出这样一个力，这个力产生的效果与原来几个力共同作用产生的效果是相同的。如图2-24所示，一盏灯可用两种不同方式悬吊。显然，拉力 F_1 和 F_2 的共同作用，与拉力 F_R 的单独作用有着相同的效果——都与重力 G 相平衡，从而使电灯稳定悬吊。

一个力如果它产生的效果与几个力共同作用产生的效果相同，这个力就称为几个力的**合力**（resultant of force），而几个力就称为这个力的**分力**（component of force）。求几个力的合力称为**力的合成**（composition of force）。

几个力如果都作用在物体的同一点，或者它们的作用线相交于同一点，则称为**共点力**（concurrent force）。

通过实验证明：两个互成角度的共点力，它们的合力的大小和方向可以用表示这两个力的线段作为邻边所画出的平行四边形的对角线来表示，这个规则称为**平行四边形定则**，如图2-25所示。平行四边形定则不仅适用于力的合成，而且也适用其他矢量的合成。

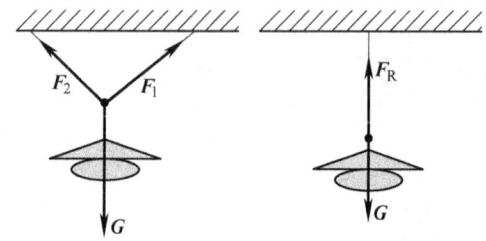

图2-24 灯悬挂方法及其受力分析

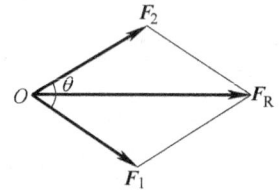

图2-25 平行四边形定则

根据力的平行四边形定则作图，可以看出，力 F_1 和 F_2 的合力 F_R 的大小和方向随着 F_1 和 F_2 之间的夹角而变化，大体情况见表2-2。

表2-2 两个分力大小不变但不同夹角时的合力

F_1 与 F_2 形成的角度（范围）	合力值 F_R 与分力值 F_1 和 F_2 的关系	F_1 与 F_2 形成的角度（范围）	合力值 F_R 与分力值 F_1 和 F_2 的关系
$\theta = 0°$	$F_R = F_1 + F_2$	$90° < \theta < 180°$	$F_R < \sqrt{F_1^2 + F_2^2}$
$0° < \theta < 90°$	$F_R > \sqrt{F_1^2 + F_2^2}$	$\theta = 180°$	$F_R = |F_1 - F_2|$
$\theta = 90°$	$F_R = \sqrt{F_1^2 + F_2^2}$		

由表2-2可以看出，当 $\theta = 0°$，即 F_1 与 F_2 方向相同时，合力 F_R 也与它们同向，并达到最大值 $F_R = F_1 + F_2$。当 $\theta = 180°$，即 F_1 与 F_2 方向相反时，F_R 与较大的分力同向，并达到最小值 $F_R = |F_1 - F_2|$；特别是，若 $F_1 = F_2$，则 $F_R = 0$，这时称为**两个共点力的平衡**。

【温馨提示】 只有当分力在同一直线上时，合力的数值才可以用普通的加减法来计算。

如果有两个以上的共点力作用在物体上,我们也可以应用平行四边形定则求出它们的合力。具体方法是:首先,求出任意两个力的合力,再求出这个合力与第三个力的合力,直到把所有的力都合成进去,最后得到的结果就是所有这些力的合力。如图 2-26 所示,力 F 就是力 F_1、F_2、F_3 的合力,而且合力 F 的大小与合成的顺序无关。

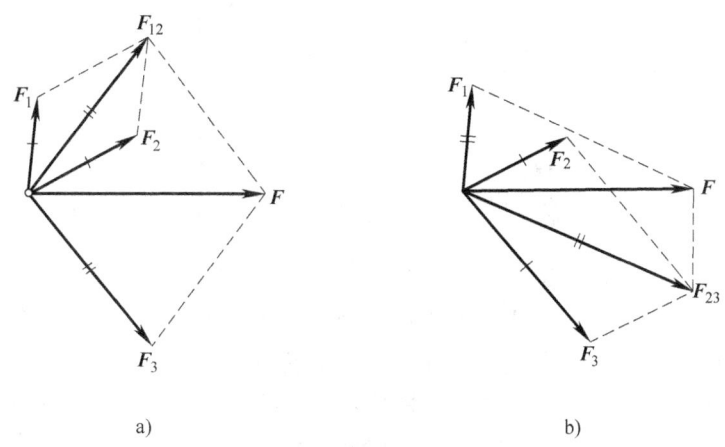

图 2-26 多个共点力合成结果与合成顺序无关

共点力作用下物体的平衡条件 一个物体处于平衡状态是指物体保持静止,或者处于匀速直线运动状态。那么,在共点力作用下物体如何才能保持平衡呢?

物体在两个共点力作用下,如果这两个力大小相等,方向相反,则物体保持平衡。根据力的合成法则可知,这两个力的合力为零。可见,物体在两个共点力作用下的平衡条件是合力为零。

那么,物体在三个共点力作用下保持平衡的条件是什么呢?如图 2-27a 所示,质点 A 在三个共点力 F_1、F_2、F_3 作用下处于平衡状态。可以用平行四边形定则,求出任意两个力(F_1 和 F_2)的合力是 F',这样就可以把"三个力平衡"转化为"两个力平衡"。显然 F_3 和 F' 是一对平衡力,它们的合力为零。同理,F_2 和 F_3 的合力 F'''' 也是 F_1 的平衡力,如图 2-27b 所示。

综上所述,有如下结论:物体在三个共点力作用下,物体平衡的条件是合力为零,而且其中任何一个力是其他几个力的合力的平衡力。

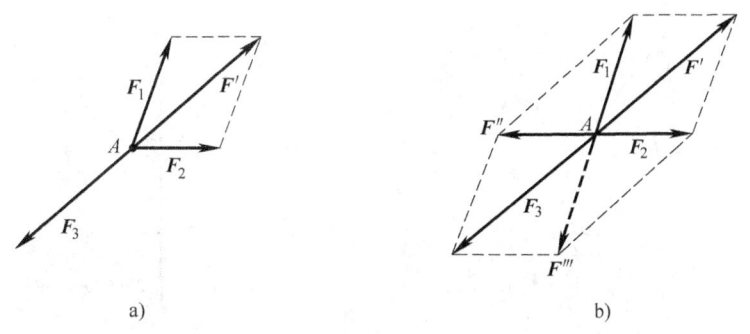

图 2-27 物体在三个共点力作用下保持平衡的条件分析

如果建立了直角坐标系,就可以把各个力沿坐标轴正交分解,当物体处于平衡状态时,则两个坐标轴上的合力都为零，如图 2-28a、b 所示。

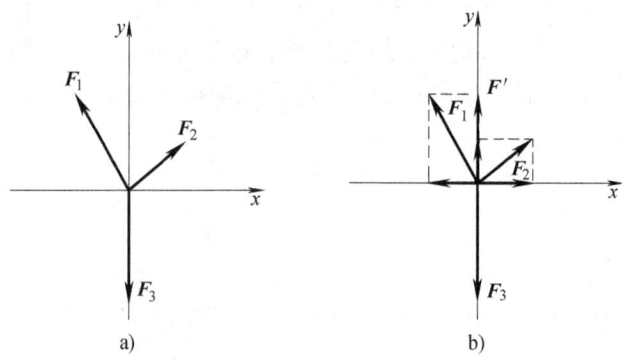

图 2-28 三个共点力正交分解时的平衡条件分析

由于物体在几个共点力作用下保持平衡，因此，其中任意一个力与其余几个力的合力大小相等，方向相反，这个力又称为其余几个力的平衡力。

共点力的平衡在工程技术上有着广泛的应用，如桥梁、建筑物、机械设备等都要求保持平衡状态，所以，研究物体的平衡是一个很广阔的科研领域。

例1 如图 2-29 所示，重量 $G=3N$ 的气球同时受到风的水平推力 $F_1=12N$，以及空气浮力 $F_2=8N$。求气球所受的合力 F_R。

解 由图 2-27 可知，气球受到三个力作用：气球的重力 G，水平向右的风力 $F_1=12N$，空气向上的浮力 $F_2=8N$。

先合成 F_2 和 G，可得一个向上的力 $F_3=(8-3)N=5N$；根据勾股定理得

$$F_R = \sqrt{F_3^2 + F_1^2} = \sqrt{144+25}N = 13N$$

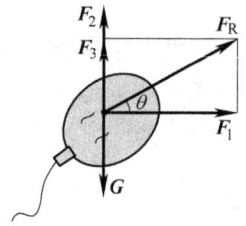

图 2-29 计算气球的合力

合力与水平方向的夹角是 $\tan\theta = \dfrac{F_3}{F_1} = \dfrac{5N}{12N} = \dfrac{5}{12}$，得 $\theta \approx 22.6°$

答：气球所受到的合力大小是 13N，合力与水平方向的夹角约为 22.6°。

例2 图 2-30 所示为两个定滑轮组，物体 K 重 20N，物体 L 重 15N，两滑轮之间的绳子上悬挂物体 M，当 $\alpha=90°$ 时，三个物体都处于平衡状态。求物体 M 的重量。

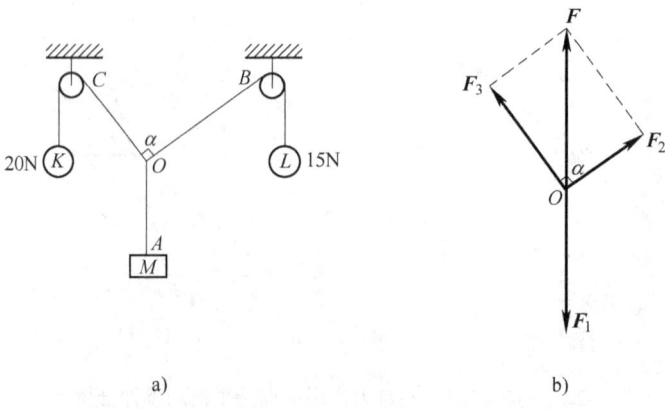

图 2-30 定滑轮组

解 由图 2-30a 可知，O 点受到 OA、OB、OC 三段绳子的拉力 F_1、F_2、F_3 的作用。当各物体处于静止状态时，$F_2 = 15\text{N}$，$F_3 = 20\text{N}$，F_1 等于物体 M 的重力。O 点在拉力 F_1、F_2、F_3 的作用下处于平衡状态，它们的合力等于零，即 F_2 和 F_3 的合力 F 与 F_1 大小相等、方向相反。因此，只要求出 F_2 和 F_3 的合力 F，就可以知道物体 M 的重量。

作 O 点的受力分析图（见图 2-30b），用平行四边形定可求出 F_2 和 F_3 的合力 F，同时由于 F_2 与 F_3 之间的夹角 $\alpha = 90°$，所以

$$F = \sqrt{F_2^2 + F_3^2} = \sqrt{15^2 + 20^2}\text{N} = 25\text{N}$$

根据共点力平衡条件可知，力 F 与 F_1 大小相等且方向相反，即物体 M 的重量是 25N。

第六节 力 的 分 解

物体在几个力的共同作用下，有时只产生一个作用效果；而有时物体只受一个力的作用，却产生了几个作用效果。

如图 2-31a 所示，把一个物体挂在两根绳 MO 和 NO 上，绳子必然对悬挂点 O 产生一个竖直向上的拉力 F，F 的大小恰好与物体的重量相等。由于重力的作用，使这两绳同时受到了如图 2-31b 所示的沿 MO 和 NO 方向的拉力 F_1 和 F_2。物体的重力产生的效果可以由这两个力来代替。

如果几个力共同作用的效果，与一个力产生的效果相同，则几个力就称为这个力的**分力**。求一个已知力的分力，称为**力的分解**（resolution of force）。本书只讨论分解为两个分力的问题。

力的分解是力的合成的逆运算，同样遵循力的平行四边形定则。只是现在要根据对角线来求平行四边形的两个邻边。如果不加限制，同一条对角线可作出无数个平行四边形（见图 2-32）。但在处理实际问题时，可以根据已知力所产生的实际效果（形变、运动等），先判定出两个分力的方向，然后进行分解。图 2-33 表示力在限制条件下被分解的情况。

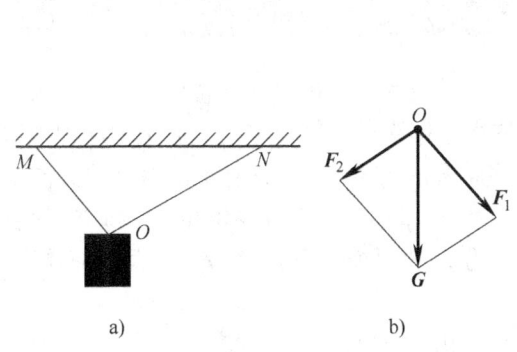

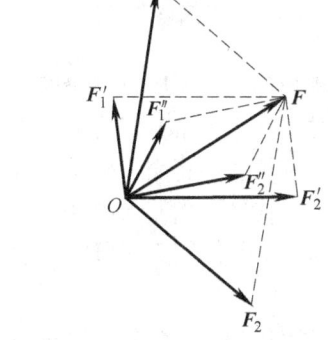

图 2-31 悬挂物体受力分析示意图　　图 2-32 一个力分解出若干对分力的示意图

把一个已知力沿两个互相垂直的方向分解的方法，称为正交分解法。运用正交分解法时，通常需要引入平面直角坐标系。如图 2-34 所示，放在水平面上的物体受到一个斜上方的拉力 F 的作用，F 与水平方向的夹角是 θ。这个力产生两个效果：水平向前拉物体，同时竖直向上拉物体，因此，力 F 可以分解为沿水平方向的分力 F_x 和沿竖直方向的分力 F_y，两个分力的大小是：$F_x = F\cos\theta$，$F_y = F\sin\theta$。

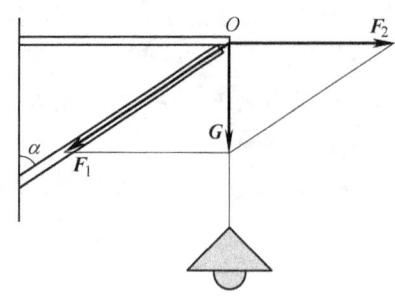
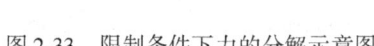
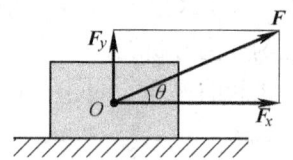

图 2-33　限制条件下力的分解示意图　　　　图 2-34　力 F 的正交分解法

如图 2-35 所示，放在光滑斜面上的物体，受到竖直向下的重力作用，重力产生两个效果：使物体沿着斜面下滑，同时使斜面受到压力。因此，重力 G 可以分解为这样两个力：平行于斜面使物体下滑的力 G_x，垂直于斜面使物体压紧斜面的力 G_y，重力的这两个分力的大小是：$G_x = G\sin\theta$，$G_y = G\cos\theta$。

可以看出，当斜面倾角 θ 增大时，G_x 增大，G_y 减小。汽车上坡时，力 G_x 阻碍汽车前进；汽车下坡时，力 G_x 使汽车运动加快。因此，建造高大的桥梁时，如南京长江大桥（见图 2-36）需要造很长的引桥，以减小桥面的坡度，确保行车的方便和安全。

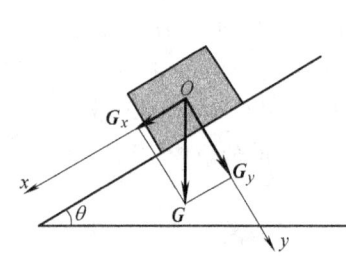

图 2-35　光滑斜面上物体重力 G 的分解图　　　　图 2-36　南京长江大桥

前面讲过，在求多个共点力的合力时，可以依次运用平行四边形定则，但是用这种求法进行运算比较麻烦。用正交分解法求合力，就是将原有的力沿 x、y 两个互相垂直的方向进行分解，然后用代数运算分别求出 x、y 方向的合力 F_x 和 F_y，最后再求出 F_x 和 F_y 的合力 F。物体的平衡条件用正交分解来表示，就是合力 F 的两个分力 F_x 和 F_y 的大小都是零：即 $F_x = 0$，$F_y = 0$。

例 3　倾角为 θ 的斜面上，物块受重力 G、支持力 F_N 和摩擦力 F_f 作用，如图 2-37 所示，求它们的合力。

解　选择如图所示的 x 和 y 方向，把重力 G 分解为

$$G_x = G\sin\theta, \quad G_y = G\cos\theta$$

则 x 和 y 方向上的合力分别是

$$F_x = G_x - F_f, \quad F_y = G_y - F_N$$

从本题中可以看出，即使物体沿斜面方向不平衡，它在

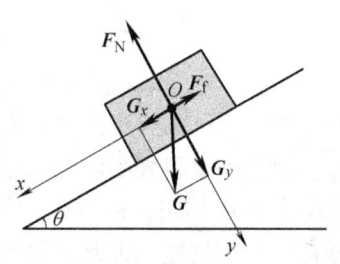

图 2-37　例 3 图

垂直斜面方向是平衡的，即 $F_y=0$，所以，F_x 就等于合力 F，即 $F=F_x=G\sin\theta-F_f$。

例 4 木箱重 600N，放在水平地面上，一个人用大小为 200N 与水平方向成 30°向上的力拉木箱，木箱沿地平面匀速运动，求木箱受到的摩擦力和地面所受压力。

解 木箱受到重力 G，地面对它的支持力 F_N 和摩擦力 F_f 及人的拉力 F 四个力的作用，如图 2-38 所示。

力 F 产生两个效果：沿水平方向拉木箱，沿竖直方向提木箱。将力 F 进行正交分解，则

$$F_x = F\cos30° = 200\times0.866\text{N} = 173\text{N}$$
$$F_y = F\sin30° = 200\times0.5\text{N} = 100\text{N}$$

因为木箱在 x 方向处于平衡，由平衡条件可知，木箱在 x 方向的合力为零，即

$$F_x - F_f = 0 \qquad F_f = F_x = 173\text{N}$$

又因为木箱在 y 方向也处于平衡，所以

$$F_N + F_y - G = 0$$
$$F_N = G - F_y = (600-100)\text{N} = 500\text{N}$$

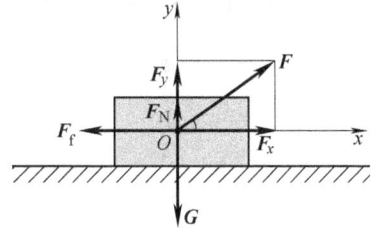

图 2-38 例 4 图

因为地面所受压力 F_N' 与木箱所受支持力 F_N 是作用力与反作用力，其大小相等、方向相反，所以 $F_N' = F_N = 500\text{N}$。

【拓展知识】

斜 拉 桥

设计与建造桥梁需要多方面的科学知识，其中物理中的力学知识尤为重要。古代建桥者运用物理知识设计和建造的拱桥，具有造型秀美和便于通航的优点，与现代的彩虹桥有着异曲同工之妙。目前，随着物理科学的发展，特别是力学的发展和应用，极大地促进了世界桥梁建筑的进步和发展，出现了新的建桥技术（如斜拉桥等），创造出了许多世界建桥奇迹。

斜拉桥（见图 2-39）是现代大跨度桥梁的重要的结构形式，特别是在跨越峡谷、海湾、大江、大河等不易修筑桥墩的地方架设大跨径的特大桥梁时，往往都选择斜拉桥。斜拉桥由拉索、索塔、主梁和桥面组成，桥面荷载经主梁传给拉索、再由拉索传到索塔。

可以说，斜拉桥是根据力的合成与分解原理设计和建造的。斜拉桥上安装了许多斜拉索，通过拉索可以将桥面的负荷巧妙地加在两只大桥墩上。斜拉桥由于充分利用了钢材的抗拉性能和混凝土材料的抗压性能而使其结构形式非常合理，因此，比梁式桥的跨越能力更大，是大跨度桥梁的最主要桥型。目前世界上最大跨度的斜拉桥是 2008 年建造的中国苏通大桥，跨径达 1088m。斜拉桥是如何将拉索下桥面的负荷巧妙地加在两只大桥墩上的呢？

原来在斜拉桥的每一座桥塔两侧安装了许多斜拉索对称地牵拉着桥梁，它们好像一个人双手各携等重的物体，本身可以达到平衡。每两条对称的拉索对索塔的拉力如图 2-40 所示，由于每条拉索的拉力相等，两条拉索与索塔的夹角也相等，根据平行四边形法则，两条拉索的拉力的合力垂直向下压在索塔顶上，再通过索塔传递到塔基上。这样索塔便不会受到水平拉倒的分力，这种结构不但节省建材，而且安全稳定。

图 2-39 斜拉桥

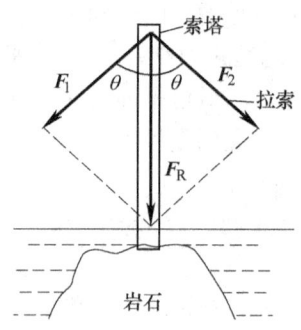

图 2-40 斜拉桥受力分析图

思考与练习

1. 把重 100N 的物体放在与水平面成 30°角的光滑斜面上，则物体受到沿斜面向下的力的大小是_____N，垂直于斜面的力的大小是_____N。

2. 水平地面上一木箱重 500N，受到与水平方向成 30°角的向上拉力 100N，求拉力沿竖直方向和水平方向的两个分力的大小以及地面对木箱的支持力。

3. 有一木箱在水平地面上滑动，在下面几种情况下，所受摩擦最小的是(　　)。
A. 用水平力推它走　　　B. 用倾斜向上的力拉它走
C. 用倾斜向下的力推它走　D. 用水平力拉它走

4. 竖直向下的 180N 的力分解成两个分力，如果其中一个分力在水平方向上，其大小等于 240N。求另一个分力的大小和方向。

5. 进行单杠训练时，为什么双臂夹角越大，感觉越费劲呢？

6. 要将 10t 的集装箱匀速吊到大货轮的货仓中去，但码头上只有能吊 7t 的起重机。如果用 2 台起重机，吊绳成一定角度吊起集装箱，问吊绳之间的夹角能否大于 90°？

第七节　牛顿第二定律

【观察与思考】　火车在出发时，由于受到机车的牵引力作用，会由静止状态开始逐步加速；同样火车在受到制动力作用时，速度会逐渐减小到零。可以看出，力是使物体运动状态发生变化的原因。物体的运动状态发生变化时，速度发生变化，说明物体有了加速度。由此可见，力是使物体产生加速度的原因，那么，物体的加速度与哪些因素有关呢？

牛顿第二定律说明了加速度与其质量和所受外力三者之间的关系。它是从大量事实中归纳出来的客观规律，是运动学和动力学的桥梁。**质量**(mass)是指示物体所含物质的多少。通过本节的学习，可以加深对质量的理解。下面通过实验来讨论牛顿第二定律。

加速度和力的关系　图 2-41 所示装置是定量研究加速度和力的关系的一种实验装置，其中滑块与气垫导轨、细绳与轻滑轮间的摩擦力均可忽略，可以认为滑块所受拉力 F 的大小等于砝码的重量。至于滑块的加速度 a，则可以利用两个光电门测出滑块在先后两个位置的速度 v_0 和 v_t，并量得两位置的距离 s，就可以根据公式

$$a = \frac{v_t^2 - v_0^2}{2s}$$

计算出来。当然,加速度也可用其他实验方法来测算。

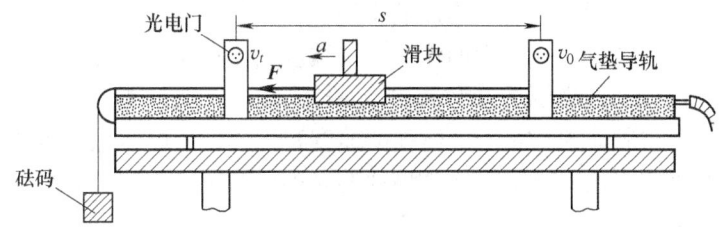

图 2-41 研究牛顿第二定律的实验

通过增减砝码来改变滑块 m 所受的外力 F,同时测定所产生的加速度 a,当加速度 a_1 和 a_2 分别对应于拉力 F_1 和 F_2 时,有 $a_1:a_2 = F_1:F_2$,说明 a 与 F 之间成正比:$a \propto F$。

一般说来,一个物体往往不只受到一个力的作用,当物体同时受到几个力的共同作用时,总可以找出这几个外力的合力来等效代替它们。因此,在关系式 $a \propto F$ 中,F 是作用在物体上的外力的合力。实验还表明,a 的方向总与合外力 F 的方向相同。例如,水平地拉动平面上的静止物体时,向哪一方向用力,物体就向哪一方向运动起来。

加速度和质量的关系　在图 2-41 所示的实验中,保持砝码的重量不变,改变滑块质量 m 的大小,然后测定其加速度,当加速度 a_1 和 a_2 分别对应于质量 m_1 和 m_2 时,则有 $a_1:a_2 = m_2:m_1$,说明 a 与 m 之间成反比关系:$a \propto \frac{1}{m}$。

牛顿第二定律　物体的加速度与所受的外力的合力成正比,跟物体的质量成反比,加速度方向跟合外力的方向相同,这就是**牛顿第二定律**(*Newton second law*)。

牛顿第二定律也可以用数字公式来表示,这就是

$$a \propto \frac{F_{合}}{m} \text{ 或 } F_{合} \propto ma$$

上式可改写成等式 $F = kma$,式中 k 是比例常数。如果公式中的物理量选择合适的单位,可以使 $k=1$,从而使公式简化。前面已经讲过,在国际单位制中力的单位是牛顿。其实,牛顿这个单位就是根据牛顿第二定律定义的:使质量是 1kg 的物体产生 1m/s² 加速度的力,称为 1N。即

$$1N = 1kg \cdot m/s^2$$

可见,如果都用国际制单位,则 $k=1$,上式简化为

$$F_{合} = ma \tag{2-3}$$

这就是牛顿第二定律的公式。

牛顿第二定律说明:只有受到外力的作用,物体才具有加速度。外力恒定不变时,加速度也恒定不变;外力随着时间改变时,加速度也随着时间改变。在某一时刻,外力停止作用,加速度随即消失,物体由于具有惯性,将保持该时刻的运动状态不再改变。

重力加速度是物体在重力作用下所产生的加速度,如果用 G 表示物体的重力,用 m 表示物体质量,用 g 表示重力加速度,根据牛顿第二定律可以得到 $G = mg$。

因为地球上同一地方的重力加速度都相同，若有两个质量分别是 m_1 和 m_2 的物体，则它们的重力大小分别是 $G_1 = m_1 g$ 和 $G_2 = m_2 g$，所以 $G_1/G_2 = m_1/m_2$。这就是说，在地球同一地方，物体的重力大小与它的质量成正比，如果两物体的重力大小相等，则它们的质量也相等。根据这个道理，可以用天平称出物体的质量。

由牛顿第二定律可知，在相同力的作用下，质量大的物体加速度小，也就是说，质量大的物体的速度不易改变。这说明质量大的物体保持其速度不变的能力大，即惯性大。质量小的物体的加速度大，也就是说质量小的物体的速度容易改变，即质量小的物体保持其速度不变的能力小，即惯性小。由此可见，物体惯性的大小可以用其质量的大小来表示，所以，质量是物体惯性的量度。

【知识应用】 在实际工作中，常常通过改变质量来增大或减小惯性。例如，当要求物体的运动状态不容易改变时，应尽可能地增大物体的质量，使其惯性增大。车间里的机床固定在很重的机座上，就是为了增大惯性，从而减小振动或避免因意外的碰撞而移动位置；歼击机的质量要尽可能地小，战斗前还要抛掉副油箱，就是为了减小惯性，提高空战时的灵活性。

例 5 质量是 400kg 的物体，在 $F = 196$N 的水平拉力作用下，沿地面滑动。如果物体受到的阻力是 98N，求物体所获得的加速度。

解 物体受到四个力的作用：重力 G、地面的支持力 F_N、阻力 F_f 及水平拉力 F，如图 2-42 所示。因物体在竖直方向上处于静止状态，所以，竖直方向上的合力为零。取物体运动的方向为 x 轴的正方向。

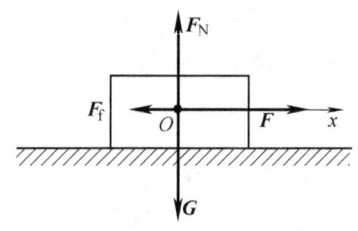

图 2-42 例 5 图

物体在水平方向上的合力大小

$$F_合 = F - F_f = (196 - 98)\text{N} = 98\text{N}$$

由 $F_合 = ma$，得

$$a = \frac{F_合}{m} = \frac{F - F_f}{m} = \frac{98}{400}\text{m/s}^2 = 0.245\text{m/s}^2$$

答：物体所得到的加速度大小为 0.245m/s^2，方向与 x 轴正方向相同。

例 6 质量是 1kg 的物体，以 0.4m/s 的初速度沿水平桌面向右匀减速滑动，该物体滑动 1m 的距离后停止。求作用在该物体上的摩擦力。

解 物体受三个力作用：重力 G、桌面对物块的支持力 F_N 和摩擦力 F_f，如图 2-43 所示。

因为物体在竖直方向上处于静止状态，所以，竖直方向上的合力为零。

取物体的运动方向是 x 轴的正方向，由 $F_合 = ma$ 得

$$F_合 = F_f = ma = m\frac{v_t^2 - v_0^2}{2s} = 1 \times \frac{0 - 0.4^2}{2 \times 1}\text{N} = -0.08\text{N}$$

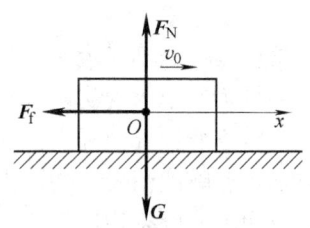

图 2-43 例 6 图

答：作用在该物块上的摩擦力是 0.08N，其中"-"表示摩擦力方向与初速度方向相反。

例7 一名滑雪者从静止状态开始沿山坡做匀加速下滑，在 5s 内下滑 57m，山坡的倾角是 30°，滑雪者和他的全部装备的总质量是 50kg，求滑雪者下滑时受到的摩擦力。

分析：此题是根据物体的运动情况来求物体的受力情况。滑雪者沿山坡的斜面做初速度为零的匀加速直线运动，而加速度可以根据 $s = \frac{1}{2}at^2$ 来求出。这个加速度是由于受到合外力而产生的，所以，要根据牛顿第二定律 $F_合 = ma$ 来求。欲解此题，首先要分析清楚滑雪者的受力情况。

根据力的产生条件得知，滑雪者受到三个力的作用：重力 G、斜面的支持力 F_N 和滑动摩擦力 F_f，如图 2-44 所示。从力的作用效果看，重力 G 实际上应分解成两个分力 F_1（平行于斜面向下）和 F_2（垂直于斜面向下）。滑雪者在垂直于斜面的方向上没有加速度，这是因为 F_2 与 F_N 彼此平衡，求合力时可不考虑它们。但在沿平行于斜面的方向上，合力 $F_合 = F_1 - F_f$ 却产生了平行于斜面向下的加速度。因此，应用牛顿第二定律就能解出物体受到的摩擦力。

解 由 $s = \frac{1}{2}at^2$ 得

$$a = \frac{2s}{t^2} = \frac{2 \times 57}{5^2}\text{m/s}^2 = 4.56\text{m/s}^2$$

根据牛顿第二定律 $F_合 = ma$ 得

$$F_1 - F_f = ma$$
$$mg\sin 30° - F_f = ma$$

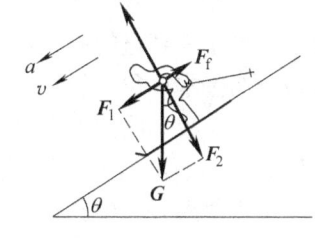

图 2-44 例 7 图

所以，$F_f = mg\sin 30° - ma = \left(50 \times 9.8 \times \frac{1}{2} - 50 \times 4.56\right)\text{N} = 17\text{N}$

答：滑雪者下滑时受到的摩擦力大小是 17N，方向沿斜面向上。

思考与练习

1. 使质量 $m = 10$kg 的物体产生 $= 0.5\text{m/s}^2$ 加速度的力的大小是 _____ N；若 $F = 20$N，则这个力可使质量 $m = 50$kg 的物体产生的加速度的大小是 _____ m/s^2。

2. 关于牛顿第二定律下列哪个说法正确（　　）。
A. 加速度的方向只由合外力的方向决定
B. 加速度的大小只由合外力的大小决定
C. 加速度的大小只由质量决定
D. 物体先产生加速度后受力

3. 在光滑水平面上，物体受到一个逐渐减小的力作用，力的方向与速度方向相同，则物体的（　　）。
A. 加速度越来越大，速度越来越大
B. 加速度越来越小，速度越来越小
C. 加速度越来越大，速度越来越小
D. 加速度越来越小，速度越来越大

4. 伞兵和他所携带的武器共重 850N，未张开降落伞时以 8.5m/s^2 的加速度匀加速下降，求空气对它的阻力。当张开降落伞后又开始匀速下降，空气对它的阻力多大？

5. 用弹簧秤沿水平方向拉着物体匀速运动时，弹簧秤示数是 0.6N。当拉着物体以 0.8m/s^2 做匀加速直线运动时，弹簧秤示数是 2.2N。由此测得物体的质量是多少？

6. 一质量为 $2.5 \times 10^3 \text{kg}$ 的汽车行驶在水平道路上，若汽车发动机的最大牵引力是 $1.0 \times 10^4 \text{N}$，汽车行驶时所受阻力是汽车重量的 0.2 倍，求汽车所能达到的最大加速度是多少？

7. 用吊车匀速地吊起一质量为 $2.0 \times 10^3 \text{kg}$ 的机械设备，需要对机械设备施加多大的力？如果使机械设备以 0.2m/s^2 的加速度竖直向上运动，又需要多大的拉力？

第八节　力学单位制

力学中的物理量很多，如位移、路程、时间、速度、加速度、质量和力等。每一个物理量都有单位，这些单位之间有没有联系呢？

用公式 $v = \dfrac{s}{t}$ 来计算速度，如果位移用 m 作单位，时间用 s 作单位，求出的速度的单位就是 m/s。同样，用公式 $F = ma$ 来求力，如果质量用 kg 作单位，加速度用 m/s^2 作单位，求出的力的单位就是 $\text{kg} \cdot \text{m/s}^2$，也就是 N。

可见物理公式在确定物理量的数量关系的同时，也确定了物理量的单位关系。因此，可以选定几个物理量的单位作为**基本单位**。在力学中，选定长度、质量和时间这三个物理量的单位作为基本单位。利用基本单位可以导出其余物理量单位。选定这三个物理量的不同单位，可以组成不同的力学单位制。在国际单位制（国际代号是 SI）中，取 m（长度单位），kg（质量单位）、s（时间单位）作为基本单位。本书采用国际单位制。

根据物理公式中其他物理量与这几个物理量的关系，可推导出其他物理量的单位。例如，选定了位移的单位 m 和时间的单位 s，利用公式 $v = \dfrac{s}{t}$ 可以推导出速度的单位 m/s；利用公式 $a = \dfrac{v_t - v_0}{t}$ 可以推导出加速度的单位 m/s^2。如果再选定质量的单位 kg，利用公式 $F = ma$ 就可以推导出力的单位 N。这些推导出来的单位称为**导出单位**。基本单位和导出单位一起组成了单位制。

在引用物理公式进行计算和变换时，等号两边的单位必须一致。例如，公式 $v_t^2 - v_0^2 = 2as$ 右边的单位是 $(\text{m/s})^2 = \text{m}^2/\text{s}^2$，正好与左边的单位一致。当然，单位一致并不能保证公式是正确的，但单位不一致却完全可以肯定公式是有错误的。因此，可以利用单位是否一致，来检查等公式是否成立。

思考与练习

1. 力学中的三个基本物理量是_____、_____、_____。国际单位制中，它们的单位分别是_____、_____、_____。

2. 利用基本单位可以导出其余_____单位，这些推导出来的单位称为_____。

3. 汽车以 10m/s 的速度行驶，制动后经 2s 停下来，已知汽车的质量是 2t，求汽车所受到的制动力是多大？

第九节　牛顿运动定律的简单应用

牛顿第二定律确定了力、质量和加速度的关系，因此，若已知运动物体的受力情况，便可以应用牛顿第二定律求出加速度。如果再知道物体运动的初始条件，就可以根据运动学公式求出物体在任意时刻的位置和速度，从而确定物体的运动情况。同样，如果已知物体的运动情况，就可以利用运动学公式先求出物体的加速度，然后应用牛顿第二定律来确定物体的受力情况。在解答动力学问题时，牛顿第二定律常需要同牛顿第一、第三定律结合起来使用。

例8 一个静止在水平面上的物体，质量是2kg，它在水平方向受到4.4N的拉力，若物体与平面的滑动摩擦力 $F_f = 2.2N$，求物体在第4s末时的速度和4s内通过的位移。

分析：本题是根据已知的受力情况来求物体的运动情况，所以必须先分析清楚物体的受力情况，才能解题。图2-45是物体受力情况示意图，物体共受到四个力的作用：水平方向的拉力 F、滑动摩擦力 F_f、竖直方向的重力 G 和平面对物体的支持力 F_N，因为 F_N 和 G 互相平衡，所以，物体沿竖直方向没有加速度产生；在水平方向因受到的合力 $F_合 = F - F_f$ 不为零，因此，物体要产生加速度，加速度的方向与合外力方向相同，即与 F 的方向相同。因此，根据牛顿第二定律 $F_合 = ma$ 就可以求出加速度。

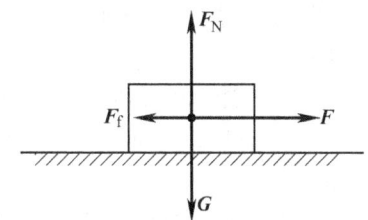

图 2-45　例 8 图

解 根据牛顿第二定律 $F_合 = ma$ 和 $F_合 = F - F_f$ 得出

$$F - F_f = ma$$

所以
$$a = \frac{F - F_f}{m} = \frac{4.4 - 2.2}{2} m/s^2 = 1.1 m/s^2$$

根据速度公式
$$v_t = at = 1.1 \times 4 m/s = 4.4 m/s$$

由位移公式得
$$s = \frac{1}{2}at^2 = \frac{1}{2} \times 1.1 \times 4^2 m = 8.8 m$$

答：物体在第4s末的速度是4.4m/s，在4s内通过的位移是8.8m。

例9 一人质量是60kg，站在升降机里的磅秤（见图2-46）上。求以下三种情况，磅秤上指示的读数是多少？（1）当升降机以2m/s的速度匀速上升时；（2）当升降机以 $0.5m/s^2$ 的加速度匀加速上升时；（3）当升降机以 $0.5m/s^2$ 的加速度匀加速下降时。

分析：这道题必须用牛顿第二定律和第三定律结合起来解。磅秤上指示的读数表示磅秤秤台上所受的正压力，也就是人对磅秤的正压力。如果选磅秤作为研究对象，不能确定正压力的大小，所以可以选择人作为受力分析对象。人受到两个力的作用：一个是重力 G（竖直向下，并且 $G = mg$），另一个是磅秤对人的支持力 F_N（竖直向上）。

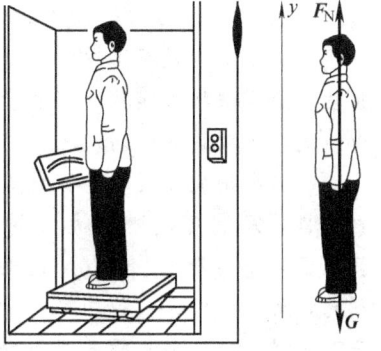

图 2-46　例 9 图

解 选取 y 轴的正方向向上，假设人的质量是 m，升

降机的加速度也就是人的加速度 a，根据牛顿第二定律及所选的坐标，可以列出人的运动公式是

$$F_N - G = ma$$

所以
$$F_N = G + ma = mg + ma = m(g + a)$$

(1) 当升降机以2m/s的速度匀速上升时，$a = 0$，所以

$$F_N = m(g + a) = mg = 60 \times 9.8\text{N} = 588\text{N}$$

(2) 当升降机以0.5m/s^2的加速度匀加速上升时，$a = 0.5\text{m/s}^2$，所以

$$F_N = m(g + a) = 60 \times (9.8 + 0.5)\text{N} = 618\text{N}$$

(3) 当升降机以0.5m/s^2的加速度匀加速下降时，$a = -0.5\text{m/s}^2$，所以

$$F_N = m(g + a) = 60 \times (9.8 - 0.5)\text{N} = 558\text{N}$$

根据牛顿第三定律，磅秤对人的支持力 F_N 与人对磅秤的正压力 F_N'（磅秤上指示的读数）是一对作用力与反作用力，大小相等，方向相反，所以，只要求出 F_N 的大小就能得到 F_N' 的大小。

从上述计算可以看出如下结果：

(1) 当升降机匀加速上升时，磅秤上指示的读数大于物体所受的重力 G，该现象称为**超重**。

载人航天器在上升时，宇航员能够很明显地感觉到超重现象。此外，在飞机起飞时，人们也能感觉到超重现象。

(2) 当升降机匀加速下降时，磅秤上指示的读数小于物体所受的重力 G，该现象称为**失重**。特别是当升降机以重力加速度 g 下降时，磅秤上指示的读数将为零，该现象称为**完全失重**。

载人航天器在返回地面时，宇航员能够很明显地感觉到失重现象。此外，在过山车快速下降、飞机降落、高空跳伞、速降滑雪等情况下，也能感觉到失重现象。

应该指出的是：不论是在"超重"情况下，还是在"失重"情况下，地球对物体的重力 G 始终存在，而且大小没有改变。

【失重现象联想】 人造地球卫星、宇宙飞船、航天飞机等航天器进入轨道后，其中的人和物将处于完全失重状态。

你能够想象出失重条件下发生的现象吗？在宇宙飞船中物体会飘在空中；液滴呈绝对球形；宇航员（见图2-47）站着睡觉和躺着睡觉一样舒服；走路务必小心，稍有不慎，将"上不着天，下不着地"；食物要做成块状或糊状，以免食物的碎渣"漂浮"在空中，进入宇航员的眼睛、鼻孔……

人类利用失重现象能做什么呢？在完全失重的空间里，科学家们可以进行大量的生物、生理、生化、物理、医学等实验，并能取得地面上进行同样实验无法达到的效果。据报道，美国一产妇在完全失重的飞船里曾产下一男孩，该男孩所表现出的智力和体力远远超过了同龄儿童，被美国人戏称为"小超人"。下面几个事例

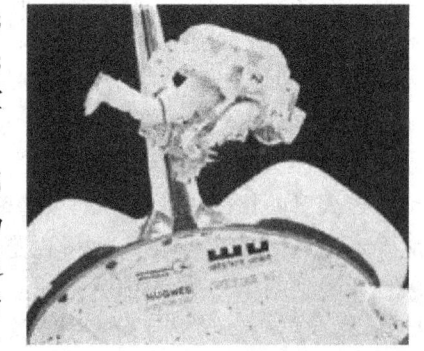

图2-47 宇航员舱外行走

虽然还没有完全实现，但科学家们正在努力探索，也许不久的将来就会实现。

在失重条件下，熔化的金属液滴，形状呈绝对球形，冷却后可以成为理想的滚珠。而在地面上，用现代技术制成的滚珠，并不呈绝对球形，这是造成轴承磨损的重要原因之一。

玻璃纤维(一种很细的玻璃丝，直径为几十微米)是现代光纤通信的主要材料。在地面上不可能制成很长的玻璃纤维，因为没等到液态的玻璃丝凝固，它就会被重力的作用拉成小段，而在太空轨道上，可以制造出几百米长的玻璃纤维。

在太空轨道上，可以制成一种新的泡沫材料——泡沫金属。在失重条件下，在液态金属中通以气体，气泡将不"上浮"，也不"下沉"，会均匀地分布在液态金属中，凝固后就成为泡沫金属，如轻得像软木塞似的泡沫钢，用它做机翼，又轻又结实。

电子技术中所用的晶体，在地面上生长时，由于受重力的影响，晶体的大小受到限制，而且还会受到容器的污染，在失重条件下，晶体的生长是均匀的，生长出来的晶体也比较大。在不久的将来，如果能在太空建立起工厂，生产出砷化镓的纯晶体，它要比现有的硅晶体优越得多，将会引起电子技术的重大突破。

在太空失重条件下，建立空间工厂，生产地面上难以生产的产品，已经不再是幻想，科学家们已经在太空中进行了多种实验。目前，完全失重的空间里还有许多未被发现的领域，各国宇航局都力图率先在这些领域取得突破性进展，为此发达国家的宇航局也曾向世人征求可在飞船里进行实验的方案。例如，北京市一名中学生曾设计出一个方案：即研究在完全失重条件下，人的思维反应速度是不变、变快还是变慢。该方案受到了发达国家宇航局的关注。如果同学们在这方面有什么奇思妙想，不妨与我国宇航部门联系，希望将来在我国的飞船上进行你们的太空实验方案。

牛顿运动定律是机械运动的基本规律，它在实践中有着广泛应用。无论是利用火箭发射人造地球卫星，还是探索原子的秘密都离不开牛顿运动定律。牛顿运动定律是物理学和科学技术的基础。

思考与练习

1. 一质量为120kg的物体，原来做匀速直线运动，它的速度是10m/s，在受到恒定的阻力后，物体经过4s停止运动，求物体所受阻力的大小？

2. 一个质量是100g的运动物体，初速度是1m/s，在方向与初速度方向相同、大小是2N的力作用下，第3s末的速度是多少？

3. 一辆速度是4m/s的自行车，在水平公路上匀减速地滑行40m后停止。如果自行车和人的总质量是100kg，则自行车受到的阻力是多大？

4. 一辆质量是2000kg的货车，在水平公路上匀速行驶。司机突然紧急制动，使货车匀减速停了下来，从制动开始到停下来，货车驶过的路程是15m。已知货车所受的制动力是12×10^3N，求货车制动前的速度大小？

5. 气球及所带物体共重120N，以5m/s的速度匀速上升。在离地面490m高处，气球上一重20N的物体自动脱离气球，求物体脱离气球10s时，气球距地面的高度(空气阻力不计，$g = 10m/s^2$)。

第十节　牛顿力学的适用范围

自17世纪以来，以牛顿运动定律为基础的经典力学不断发展，取得了巨大成就，并在科学研究和生产技术中获得了广泛应用。经典力学与天文学相结合，建立了天体力学；经典力学与工程实践相结合，建立了应用力学（如水利学、材料力学、结构力学等）。从地面上各种物体的运动到天体的运动，从大气的流动到地壳的变动；从拦河筑坝、修建桥梁到设计各种机械；从人力车到汽车、火车、飞机等现代交通工具的运动；从投出篮球到发射导弹和人造卫星——所有这些都服从经典力学规律。经典力学理论在如此广阔的领域里与实际相符合，证明了牛顿运动定律的正确性。

但是，牛顿定律与一切物理定律一样，也有一定的适用范围。

处理宏观物体的低速运动（指远小于光速的运动）问题，经典力学是完全适用的。20世纪初，著名物理学家爱因斯坦提出了狭义相对论（简称相对论），改变了经典力学的一些结论。在经典力学中，物体的质量是固定不变的，而相对论指出物体的质量要随着其运动速度的增大而增大，当速度 $v=0.8c(c=3\times10^8 \text{m/s})$ 时，物体的质量约增大到原质量的1.7倍。这时，经典力学就不适用了。

20世纪初期，物理学的研究深入到微观世界，人们发现了电子、质子、中子等微观粒子。微观粒子不仅具有粒子性，而且还具有波动性，它们的运动规律不能用经典力学来说明，也就是说，经典力学不适用于微观粒子。

相对论和量子力学的出现，说明人类对自然界的认识更加深入，而并不表示经典力学失去了意义。物理学的发展，使人们认识到经典力学有它的适用范围：经典力学只适用于解决宏观物体的低速运动问题，不能用来处理高速运动问题；经典力学只适用于宏观物体，一般不适用于微观粒子的运动问题。

第十一节　近代物理简介

19世纪末，随着人们对光学和电磁理论的深入研究，逐步暴露出了经典力学的局限性，尤其是对于速度接近光速的宏观物体（或原子、电子等微观粒子）的运动，都无法用经典力学来解释，从而导致了相对论力学和量子力学的诞生。

狭义相对论简介　1905年，出生于德国的美籍物理学家阿尔伯特·爱因斯坦（1879—1955）发表了狭义相对论。这个理论指出在宇宙中唯一不变的是光线在真空中的速度，其他任何事物——速度、长度、质量和经过的时间，都随观察者的参考系（特定观察）而变化。该理论解决了许多困扰了物理学家们很长时间的问题。

狭义相对论的两个假设　1905年，爱因斯坦发表了狭义相对论的奠基性论文《论动体的电动力学》，从一个完全崭新的角度出发，提出了狭义相对论的两个假设。下面的考虑是以相对性原理和光速不变原理为依据的，这两条原理规定如下：

（1）在不同的惯性参考系中，一切物理定律的数学表达式都是相同的。这个假设通常称为**爱因斯坦相对性原理**。

（2）真空中的光速在不同的惯性参考系中都是相同的，与光源的运动和观察者的运动没有关系。这个假设通常称为**光速不变原理**。

光速的近代测定值是 $c = (299792458 \pm 1.2)\,\text{m/s}$，近似值是 $3 \times 10^8\,\text{m/s}$。光速是运动的极限，也是能量和信息传输的上限，这是由相对论得到的一个重要结论。

爱因斯坦关于狭义相对论的两个假设构成了狭义相对论的基础，为近代物理学的发展做出了巨大贡献。

相对论的时空观　在牛顿经典力学中，人们把空间和时间看做彼此独立的，即时间间隔和空间（如物体的长度）在各惯性系看来都是相同的，不会因为一个惯性系相对另一个惯性系的运动而变化。这种把时间、空间与运动彼此分离的观点称为**绝对时空观**。牛顿经典力学就是以绝对时空观为基础发展起来的。与经典力学绝对时空观不同，狭义相对论认为空间、时间的量度是相对的。

相对时间　狭义相对论认为时间不是绝对的。爱因斯坦指出，随着物体（观察者所见到的）线性运动速度的加快，时间会变慢。使用同步原子钟已证实了这个结论的正确性，将一个钟表留在地面上，而携带另一个钟表以很快速度移动（如在喷气式飞机上），随后进行比较，静止的钟表总比快速运动的钟表稍微快一点，这就是**时间延缓**。

相对长度　在经典力学中，两点之间的距离或物体的长度是不随参照系而变化的，是绝对的，与观察者的运动无关。而在狭义相对论中，同一物体的长度，在不同的惯性系中却有不同的测量结果，如图 2-48 所示。

物体相对观察者（在 O' 参照系中）静止时，其长度的测量值最大，而当物体相对于观察者（在 O 参照系中）以速度 v 运动时，在物体的运动方向上，物体长度的测量值只有原长度的 $\sqrt{1-\left(\dfrac{v}{c}\right)^2}$ 倍。但垂直相对速度方向的长度则是不变的。可以看出，对于相对运动比光速慢得多的参照系来说，物体的长度可近似为绝对量。

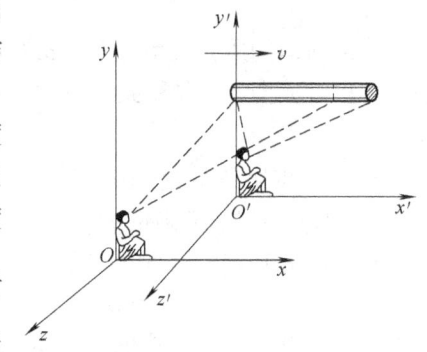

图 2-48　相对长度

爱尔兰物理学家乔治·佛兹杰拉德（1851—1901）提出，物质会在运动的方向上收缩（或缩小），这意味着从一个静止观察者的角度，一枚以接近光速运行的火箭所表现出的长度会比它静止时更短，尽管乘坐火箭的人看来并没有什么两样。爱因斯坦指出，任何物体以光速运动时，其长度将会缩短为零。

总之，狭义相对论指出时间和空间的量度与参照系的选择有关。时间和空间是相互联系的，不存在孤立的时间，也不存在孤立的空间。有物质才有空间和时间，空间和时间与物质的运动状态有关。时间和空间（长、宽和高）一起构成一个四维空间框架，称为**时空关联集**。

质量与速度的关系　在经典力学中，物体的质量不依赖于质点运动的速度，为一常量。但是在相对论中，与长度和时间依赖于物体运动的速度那样，质量也不是常量。质量会随物体运动速度的变化而变化。爱因斯坦证明，物体的质量 m 是随其运动速度而变化的，二者之间有如下关系：

$$m = \frac{m_0}{\sqrt{1-\left(\dfrac{v}{c}\right)^2}}$$

这个关系式通常称为**质量与速度关系式**。式中 m_0 是物体在相对静止的惯性系中测出的质量，称为**静止质量**。m 是物体相对观察惯性系有速度 v 时的质量，称为**相对论性质量**或**动质量**。从上式可以看出，物体的质量会随着物体运动速度的增大而增大。

由质量与速度关系式可以看出：当运动物体的速度远小于光速时，相对论性质量 m 与静止质量 m_0 没有多大差别，因此，在经典力学中可以认为物体的质量是不变的绝对量。

质量与能量的关系 爱因斯坦从他的狭义相对论中推导出等式 $E = mc^2$，他用这个等式解释了质量和能量是等价的。质量和能量是同一种物质的不同形式，称为**质能**。质量和能量之间有着密切联系，即使在物体静止时，它本身也蕴藏着巨大的能量。例如，1kg 的物体包含的静止能量是 9×10^{16} J，而汽油的燃烧值只有 4.6×10^7 J。核能的释放和应用就是相对论质能关系的一个重要验证，也是质能关系的重要应用。如果一个系统的质量发生变化，则这时能量必有相应的变化量 ΔE，并且 $\Delta E = \Delta mc^2$。同时质能不会消失，只不过以另一种形式被释放。

爱因斯坦的质能关系是狭义相对论的一个重要结论。在日常现象中，能量的变化一般都不大，所以人们不易觉察到相应的质量变化。但是在研究核反应时，实验却完全验证了质能关系。

例 10 太阳向四周空间不断地辐射能量，每秒钟相应的质量亏损是 4.5×10^9 kg。试计算：(1) 太阳每秒钟辐射的能量是多少？；(2) 一年内太阳相应的静止质量亏损是多少？

解 (1) 由质量与能量关系式得，每秒钟太阳辐射的能量是

$$\Delta E = \Delta mc^2 = 4.5 \times 10^9 \times (3 \times 10^8)^2 \text{J} = 4.05 \times 10^{26} \text{J}$$

(2) 一年内太阳相应的静止质量亏损是

$$\Delta m = (365 \times 24 \times 60 \times 60 \times 4.5 \times 10^9) \text{kg} = 1.42 \times 10^{17} \text{kg}$$

由此可见，一年内太阳辐射的能量和相应的静止质量亏损是非常巨大的！

量子力学简介 19 世纪末和 20 世纪初，物理学研究深入到微观世界，人类发现了电子、质子、中子等微观粒子，而且发现微观粒子不仅具有粒子性，同时还具有波动性，它们的运动规律在很多情况下不能用经典力学来说明。

20 世纪 20 年代，量子力学建立了。**量子力学**是研究微观粒子的运动规律的物理学分支学科。它主要研究原子、分子、凝聚态物质，以及原子核和基本粒子的结构、性质。它能够正确地描述微观粒子运动的规律性，并与相对论一起构成了现代物理学的理论基础。量子力学不仅是近代物理学的基础理论之一，而且在化学等相关学科和许多近代技术中都得到了广泛的应用。

由于微观粒子具有波粒二象性，微观粒子所遵循的运动规律就不同于宏观物体的运动规律，描述微观粒子运动规律的量子力学也就不同于描述宏观物体运动规律的经典力学。当粒子的大小由微观过渡到宏观时，它所遵循的规律也由量子力学过渡到经典力学。

量子力学与经典力学的差别首先表现在对粒子的状态和力学量的描述及其变化规律上。在量子力学中，粒子的状态用波函数来描述，它是坐标和时间的复数函数。在粒子

速度不太大的非相对论情况下，粒子状态随时间变化的规律，即波函数所满足的运动方程是薛定谔方程；在粒子速度很大的相对论情况下，薛定谔方程由狄拉克方程和克莱因—戈登方程取代。

玻尔关于氢原子能级的概念可以自然地从量子力学推出，而不再是人为的假设。不但如此，量子力学在原子、分子、固体及微观粒子的碰撞等众多问题上，都得到了与实验符合得很好的结果。

量子力学后来又有了发展，在高能情况下，粒子的转化是一种普遍现象，所有粒子必须用统一的方式处理。为了这种需求，在量子力学的基础上出现了量子场论。量子场论已经成为粒子物理、统计物理、凝聚态物理和核物理中的基本理论工具。

思考与练习

1. 在宇宙飞船上有一立方体，飞船以接近光速的速度脱离地球飞行。如果分别从地球上和飞船上观察此立方体，所观察到的立方体形状是一样的吗？
2. 火箭上的人看地球上的米尺长度是收缩的，那么，地球上的人看火箭上的米尺长度是伸长的吗？
3. 在实验室中测得电子的质量是 $3m_0$（m_0 是电子的静止质量），试计算电子的运动速度是多少？

物理科学应用实例

帆船逆风而行

依靠风力航行的帆船，曾经是水上重要的交通工具。顺风行驶，自然"一帆风顺"，但碰到逆风时经验丰富的船长也能驾船扬帆前进。

帆船逆风行驶时，船头的方向与风的方向成一个角度。当风斜着吹在帆面（见图2-49）上时，总要产生一个垂直作用在帆面上的压力 F_N。它对船有两个分力作用：一个分力是使帆船有横向运动的趋势，但由于船身的侧面积比较大，船在这个方向运动遇到水的阻力很大，实际上风力在这个方向的作用几乎被全部抵消了；另一个分力使船沿着船向运动。因此，帆船就是依靠风力的这种作用逆风前进的。

逆风行船时，由于船头不能正对着风向前进，帆船要沿着"之"字形路线，左右迂回前进。其实这种利用逆风行船的驾驶方法我们的祖先早就掌握了，并纵横于碧波万顷的南中国海和印度洋，创造了航海史上的奇迹。

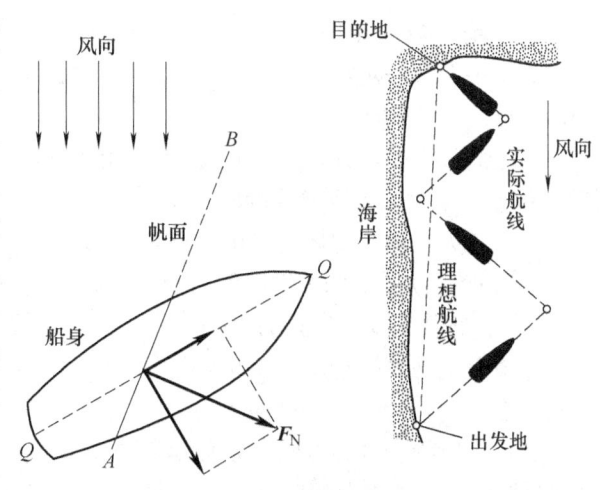

图 2-49　帆船逆风行驶示意图

你会了吗？

1. 什么是力？怎样做力的图示？从力的性质看，力学中经常遇到的力有哪几种？
2. 重力是怎样产生的？它的大小和方向是怎样的？有规则形状的均匀物体，其重心的位置在哪里？不规则形状的物体，其重心的位置是如何确定的？
3. 弹力是在什么条件下产生的？为什么说拉力、压力和支持力都是弹力？它们的方向是怎样的？
4. 滑动摩擦力是在什么情况下产生的？它的方向是怎样的？它的大小怎样计算？
5. 力的合成要按照什么定则来进行？这个定则的内容是什么？
6. 什么是力的正交分解？当一个物体在斜面上时，它的重力是怎样分解的？
7. 牛顿第一定律的内容是什么？为什么说牛顿第一定律正确地揭示了运动和力的关系？
8. 为什么说物体的运动不需要力来维持，力是物体运动状态改变的原因吗？为什么说物体的质量是物体惯性大小的量度？
9. 牛顿第二定律的内容是什么？写出它的表达式。用牛顿第二定律解决力学问题时，为什么首先要分析物体的受力情况？
10. 牛顿第三定律的内容是什么？为什么说作用力和反作用力不能相互平衡？
11. 单位制在物理计算中有什么作用？
12. 牛顿运动定律的适用范围是什么？

复 习 题

一、填空题（将正确答案填写在横线上）

1. 由牛顿第一定律可知，_____是物体运动状态改变的原因，_____是产生加速度的原因。
2. 地面上有一副杠铃重 500N，有人用 400N 的力抓住杠铃并向上提，则杠铃受到的支持力是_____N，杠铃受到的合力是_____N。
3. 共点力作用下物体的平衡状态是：保持_____；平衡条件是：_____。
4. 当质量为 m 的物体沿倾斜角为 θ 的斜面匀速下滑时，物体与斜面间的动摩擦因数是_____，物体所受的摩擦力大小是_____，其方向是_____。
5. 地板上站着一个体重 600N 的人，当电梯以 $2m/s^2$ 加速度加速上升时，人对电梯地板的压力是_____N。（$g = 10m/s^2$）
6. 物体所受合外力方向与物体运动方向相同时，物体做_____运动；物体所受合外力方向与物体运动方向相反时，物体做_____运动。

二、单项选择题（将正确答案的序号填写在圆括弧内）

1. 关于力与运动关系的下述说法中，正确的是(　　)。
   A. 静止的物体一定不受外力
   B. 物体所受合外力越大，其运动速度也越大
   C. 物体运动本身不需要力，改变物体的运动才需要力

D. 力是维持运动的原因

2. 互相垂直的两个共点力，其大小分别是30N和40N，这两个力的合力的是(　　)。
A. 70N　　　　　B. 10N　　　　　C. 50N　　　　　D. 不确定

3. 如果一个力使物体从静止开始运动，则可以说此力使物体产生了(　　)。
A. 速度　　　　　B. 加速度　　　　C. 瞬时速度　　　D. 运动

4. 下列说法哪种是正确的是(　　)。
A. 物体运动速度等于零，则合外力等于零
B. 物体的运动速度越大，则物体所受合外力越大
C. 物体所受合外力方向必与物体运动方向一致
D. 以上三种说法都不确定

5. 一个质量是40kg的物体，放置在水平桌面上，今用300N竖直向上的力去提它，则物体的加速度大小是(　　)。
A. 0　　　　　　B. $2.5m/s^2$　　　C. $7.5m/s^2$　　　D. $10m/s^2$

三、判断题(正确的画"√"，错误的画"×")

1. 两个力一样大，就一定有相同的作用效果。(　　)
2. 摩擦力的方向总是平行于接触面。(　　)
3. 30N和50N的两个力的合力大小一定是80N。(　　)
4. 合力一定大于每个分力。(　　)
5. 放在斜面上的物体，同时受到重力、下滑力、正压力和摩擦力的作用。(　　)
6. 只有当物体不受外力或所受外力的合力为零时，物体才具有惯性。(　　)
7. 物体加速度的方向总是与合外力的方向相同。(　　)
8. 甲、乙两队拔河，甲胜乙负，这是因为甲队拉绳子的力比乙队拉绳子的力大。(　　)

四、计算题

1. 有一质量为2000kg的汽车，在12000N牵引力作用下从车站开出，经过20s时速度是36km/h，设汽车做匀加速直线运动，求这段时间内汽车所通过的路程及所受阻力。(g按$10m/s^2$计算)

2. 质量为600kg的升降机，用$3m/s^2$的加速度匀加速上升，然后匀速上升，最后以$3m/s^2$的加速度匀减速下降。设升降机在运动过程中受到的阻力是92N。问在这三种情况下，钢绳的拉力的大小？(g按$9.8m/s^2$计算)

3. 一个木箱沿着粗糙斜面匀加速下滑，初速度$v_0=0$，在$t=5s$内木箱滑下10m，斜面倾角$\theta=30°$，求木箱与斜面之间的动摩擦因数μ。(g按$9.8m/s^2$计算)

第三章 冲量与动量

在第二章中讨论了牛顿运动定律及其适用范围,知道了在宏观、低速条件下力所产生的加速度,从而计算出给定时间内的末速度等问题。在某些特殊情况下,如用球棒击球或踢足球时,力的作用只持续一小段时间;另外,在日常生活中还会发现一些现象,如建筑工地要用大网来接住从高处落下的物体,玻璃器皿要放在有海绵、纸屑或泡沫塑料的包装箱内等。对于这些问题或现象将在本章中进行讨论和分析。

第一节 动量 冲量 动量定理

动量 在研究牛顿第二定律时,发现用同样的力作用于不同质量的物体,在相同的时间内,质量较小的物体的速度变化大,质量较大的物体的速度变化小。例如,使一列火车和一个乒乓球速度变化的难易程度明显不同。这表明不同质量的物体的速度变化的难易程度是不同的。因此,在研究物体运动状态变化时就自然会把 m、v 共同考虑。物体的质量 m 和速度 v 的乘积称为**动量**($momentum$),由符号 p 表示,即

$$p = m\boldsymbol{v} \tag{3-1}$$

动量是描述物体机械运动状态的物理量。动量是矢量,它的方向与物体的速度方向相同。动量的单位是千克·米/秒,国际符号是 $kg \cdot m/s$。

冲量 牛顿第二定律表达了物体所受合外力与其加速度之间的关系。而要使物体的速度发生一定的变化,必须有力持续作用一段时间才行。例如,一列火车由静止状态出发,达到规定的行驶速度,如果用牵引力较小的机车牵引,则所需牵引加速的时间就长;如果用牵引力较大的机车牵引,则所需牵引加速的时间就短。这表明物体运动状态的变化与作用在物体上的力及力作用的时间两个因素有关。力 $\boldsymbol{F}$ 和力的作用时间 t 的乘积称为冲量($impulse$)用符号 $\boldsymbol{I}$ 表示。

$$\boldsymbol{I} = \boldsymbol{F}t \tag{3-2}$$

冲量是矢量,它的方向与力的方向相同。冲量的单位是牛·秒,国际符号是 $N \cdot s$。

动量定理($theorem\ of\ momentum$) 研究了动量和冲量的概念后,再看看它们之间是否存在一定的关系。由牛顿第二定律

$$\boldsymbol{F}_{合} = m\boldsymbol{a}$$

将加速度公式 $\boldsymbol{a} = \dfrac{\boldsymbol{v}_t - \boldsymbol{v}_0}{t}$ 代入上式,得

$$\boldsymbol{F}_{合} = m\dfrac{\boldsymbol{v}_t - \boldsymbol{v}_0}{t}$$

等式两边同乘以 t 得

$$\boldsymbol{F}_{合}t = m\boldsymbol{v}_t - m\boldsymbol{v}_0 \tag{3-3}$$

公式(3-3)的左端是合外力 $\boldsymbol{F}_{合}$ 在时间 t 内的冲量;右端中的 $m\boldsymbol{v}_t$ 是物体的末动量,

而 mv_0 是物体的初动量，$mv_t - mv_0$ 就是物体动量的改变量。公式(3-3)表明：在一段时间内，物体动量的改变量，等于在这段时间内作用在物体上合外力的冲量。这个结论称为**动量定理**。

例1 如图 3-1 所示，投手投出的棒球以 20m/s 速度飞向击球员，被球棒击中后以 40m/s 的速度反向运动，球和棒的接触时间是 10^{-3}s，球的质量是 0.15kg，计算球在碰撞期间所受到的冲量和平均力。

解 取棒球的初速度方向为正方向，则棒球的初动量 $mv_0 = 0.15\text{kg} \times 20\text{m/s} = 3\text{kg·m/s}$

末动量 $mv_t = 0.15\text{kg} \times (-40) = -6$ (kgm/s)

图 3-1 棒球运动员

则冲量 $Ft = mv_t - mv_0 = (-6-3)\text{kg·m/s} = -9\text{kg·m/s}$

其中，"-"号表示冲量的方向与初速度方向相反。

平均力 $F = \dfrac{mv_t - mv_0}{t} = \dfrac{-9}{0.001}\text{N} = -9 \times 10^3 \text{N}$

其中，"-"号表示平均力的方向与初速度的方向相反。

动量定理表明物体动量的变化量是由作用在物体上的合外力和力的作用时间两个因素决定的，动量的变化量的方向总是与冲量的方向(即合力的方向)相同。

从动量定理可以看出：当物体的动量变化量一定时，如果力的作用时间越短，则作用力越大；反之，力的作用时间越长，则作用力越小。根据这一定理，生产生活中经常采用延长力的作用时间的办法来减小力的冲击作用。例如，建筑工地上人们常用安全网接住从高处跌落的人，搬运玻璃器皿时总是在包装箱内填充海绵、纸屑、泡沫塑料等，这样做都是为了延长力的冲击时间，减小力对人或物品的冲击作用；在车辆和机械设备中广泛使用的缓冲器和减震器通过使用弹簧、橡胶、气囊等来增加冲击力的作用时间，从而达到减小冲击力的目的。相反，有些时候则采用减小力的冲击时间的办法来增大冲击力，如打击、碰撞、爆炸、击球、打桩、锻造、冲压等过程中，则要用减小力的作用时间来增大冲击力。

【**课外观察与分析**】

1. 运输鸡蛋或陶瓷等易碎物品时，一般采取什么措施？为什么？
2. 从一处硬平地跳往另一处硬平地，再从硬平地跳往软沙坑，体会一下自己受到的冲力大小有何不同。你能用动量定理解释造成这个差别的原因吗？

例2 质量为 10g 的子弹，水平速度是 820m/s，射穿木块后速度仍为原来的方向，数值减为 720m/s，子弹在木板中运动的时间是 2×10^{-4}s，求木板对子弹的平均阻力大小。

解 设子弹的运动方向为正方向，由 $Ft = mv_t - mv_0$ 得

$$F = \frac{mv_1 - mv_0}{t} = \frac{0.010 \times 720 - 0.010 \times 820}{2 \times 10^{-4}} \text{N} = -5 \times 10^3 \text{N}$$

答：木板对子弹的平均阻力是 $5 \times 10^3 \text{N}$。

【**生活常识**】 汽车司机在驾驶时，必须系安全带，以防止出现紧急制动时造成人身伤害。因为安全带紧贴身体，当汽车(或飞机)因意外而减速时，人体受安全带的拉力，由于安全带具有适度的弹性，故能延长受力时间，从而减小了人体所受到的冲击力。据香港运输处调查结果显示，汽车前座乘客若不使用安全带，其意外伤亡的机会是8.7%，而使用安全带时则降为3.3%。

思考与练习

1. 动量的单位是_____，大小 $p =$ _____，它的方向与_____的方向相同；冲量的单位是_____，大小 $I =$ _____，它的方向与_____的方向相同。
2. 质量2kg的物体，速度由4m/s变为-6m/s，所需冲量是_____。
3. 甲乙两物体质量之比是1:2，速度之比是3:1，则它们的动量之比是( )。
   A. 3:2   B. 2:3   C. 6:1   D. 1:6
4. 质量是2000t的列车，以速度 $v_0 = 72$km/h的速度行驶，它的动量是_____kg·m/s。要使它在30s内停止，则需要的制动力是_____N。
5. 解释下列现象：
   (1) 人从高处跳下时，应屈腿落地；
   (2) 棒球运动员戴着厚而软的手套接球；
   (3) 将铁钉钉入木板，采用使劲压钉子的方法，不如用锤子敲击钉子方便。
6. 用5kg大锤把道钉打进铁道的枕木中，打击前大锤的速度是5m/s，如果它们相互作用的时间是0.01s，求大锤的平均打击力。
7. 鸟与飞机相撞，轻则飞鸟破窗而入，将机上人员撞伤，重则机毁人亡。在低空中避免飞鸟撞机是机场人员时刻关心的一个重要问题。小小的飞鸟与飞机相撞，为什么会产生如此巨大的影响呢？如果鸟的质量是0.3kg，迎面水平飞向飞机的速度是4m/s，撞上飞机后随飞机以300m/s的水平速度运动，撞击时相互作用的时间是0.001s，你能算出鸟对飞机的撞击力有多大吗？

第二节 动量守恒定律

当一个物体受到另一个物体的作用发生动量变化时，另一个物体也同时受到这个物体的作用，动量也会发生变化。如果把这两个物体看成一个系统，在这个系统不受外力或合外力可以忽略的条件下，系统中两物体之间只有一对相互作用的力(即系统的内力)引起两物体动量的变化。

如图3-2所示，质量分别是 m_1、m_2 的两个小球发生碰撞前的速度分别是 v_{10}、v_{20} ($v_{10} > v_{20}$)，发生碰撞后的速度分别是 v_1、v_2，发生碰撞时，m_1 受到的冲击力是 F_{21}，方向向左；

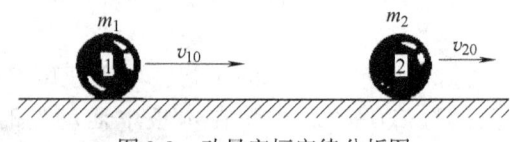

图3-2 动量守恒定律分析图

m_2 受到的冲击力是 F_{12}，方向向右。设碰撞时相互接触的时间是 t，选向右为正方向，则根据动量定理则有

对 m_1 来说：$-F_{21}t = m_1v_1 - m_1v_{10}$

对 m_2 来说：$F_{12}t = m_2v_2 - m_2v_{20}$

两式相加，根据牛顿第三定律可知 $F_{21} = -F_{12}$，得

$$0 = m_1v_1 - m_1v_{10} + m_2v_2 - m_2v_{20}$$

移项后

$$m_1v_{10} - m_1v_1 = m_2v_2 - m_2v_{20}$$

上式还可以变换成

$$m_1v_{10} + m_2v_{20} = m_1v_1 + m_2v_2 \tag{3-4}$$

公式(3-4)表明，m_1、m_2 的总动量并未因碰撞而损失，碰撞前后总动量保持不变。

对于由两个物体组成的系统，如果只有相互作用的内力而外力作用为零，则这个系统的总动量保持不变，这个结论称为**动量守恒定律**(law of conservation momentum)。

近代的科学实验和理论分析都表明，自然界中大到天体的相互作用，小到质子、中子、电子等基本粒子间的相互作用，都遵守动量守恒定律。

动量守恒定律是自然界中最重要、最普通的客观规律之一。可以证明，动量守恒定律对于多个物体组成的体系中的一切机械运动，不管这些物体运动的方向是否在同一直线上，只要系统不受外力(或合外力为零)，动量守恒定律都是适用的。当然在实际问题中，当系统受到的合外力(如摩擦力或其他阻力等)远远小于系统的内力时，也可忽略外力，近似地应用动量守恒定律处理实际问题。台球球体之间的相互碰撞、飞行中的手榴弹爆炸等就是很好的例子。由于动量是矢量，所以在研究动量守恒时要特别注意进行的是矢量运算。

【趣味故事】 阿伯拉罕·马哈巴先生轶事

阿伯拉罕·马哈巴先生提着一大桶油穿过沙特阿拉伯一个结冰的湖，湖面非常滑，马哈巴先生摔倒了，并把一大桶油全洒在冰面上，由于冰和油太滑了，以至他的鞋和冰之间几乎没有摩擦力，从而就得不到使他向前的力了。正当他坐在那里一筹莫展时，湖岸上的一只狗看见他并"汪汪"叫着嘲笑他，马哈巴先生气愤地脱下一只鞋使劲向狗投去，结果他滑到了与狗相对的彼岸。想一想，这是什么道理呢？

例 3 以 1000m/s 速度飞行的 5g 子弹，击中位于无摩擦桌面上的 1kg 的木块，如果子弹嵌入木块中，它们共同的运动速度是多少。

解 将子弹和木块看成是一个系统，木块在竖直方向的重力与其支持力是平衡力，水平方向上又无摩擦，因此，可应用动量守恒定律来解题，即：

$$m_1v_{1t} + m_2v_{2t} = m_1v_{10} + m_2v_{20}$$

子弹击中木块后，子弹与木块的运动速度相同，都是 v，即

$$(m_1 + m_2)v = m_1v_{10} + m_2v_{20}$$

$$v = \frac{m_1v_{10} + m_2v_{20}}{m_1 + m_2} = \frac{0 + 0.005 \times 1000}{1 + 0.005}\text{m/s} = 4.99\text{m/s}$$

答：它们共同的运动的速度是 4.99m/s，其运动方向与子弹原飞行的方向相同。

例4 一辆小车的质量是40kg，以2m/s的速度在水平轨道上运动。坐在车上的质量是60kg的男孩，以相对地面3m/s的水平速度从车后向小车运动的相反方向跳下，男孩跳下后，小车的运动速度是多少？

解 将小车与人看成是一个系统，可以在忽略小车与地面摩擦力的情况下使用动量守恒定律，以小车前进方向为正方向，则人跳下车时的速度 $v_{2t} = -3\text{m/s}$。

$$m_1 v_{1t} + m_2 v_{2t} = (m_1 + m_2) v_0$$

$$v_{1t} = \frac{(m_1 + m_2) v_0 - m_2 v_{2t}}{m_1} = \frac{(40+60) \times 2 - 60 \times (-3)}{40}$$

$$= 9.5 \text{m/s}$$

答：男孩跳下后，小车的运动速度是9.5m/s，其方向与原来的运动方向相同。

【拓展知识】

反冲运动

发射炮弹的一瞬间，炮身会发生猛烈的后退运动，我们把发射现象中产生的后退运动称为**反冲运动**。反冲运动是一种常见运动。春节期间燃放的"冲天炮"就是利用反冲运动制作的。冲天炮固定在竹竿上，一旦引火线燃着了火药，炮的下端就会快速喷出燃气，燃气的反冲作用使炮的纸壳和竹竿在几秒钟内升上天空，如图 3-3 所示。

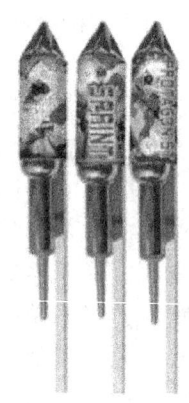

图 3-3 烟花爆竹 "冲天炮"

火箭升空也是一种反冲运动。现代火箭主要由壳体和燃料两大部分组成。圆筒形的壳体上端有封闭的尖顶，下端尾部有喷管，燃料燃烧时产生的高温高压气体以很高的速度从喷管向后喷出，产生的巨大反冲作用使火箭向前高速运动。

思考与练习

1. 动量守恒定律对于多个物体组成的体系中的一切机械运动，不管这些物体运动的方向是否在同一直线上，只要系统不受_____力(或_____外力为零)，动量守恒定律都是适用的。

2. 下列几种现象中动量不守恒的是(　　)。
   A. 在光滑的水平面上两物体相遇
   B. 在静止于光滑水平面上的汽车中，人从车头走到车尾
   C. 飞行中的手榴弹炸成两块
   D. 运动员推出铅球

3. 一质量 $m = 39.5\text{kg}$ 的男孩，穿冰鞋站在光滑的冰面上，当他接住一个以 $v_0 = 20\text{m/s}$ 的水平速度抛来的0.5kg的球以后，他获得的速度是多少？

4. 一颗手榴弹以20m/s的速度在空中水平飞行，炸成两块后，其质量之比是2∶8。较大的一块以80m/s的速度沿原方向飞行，求质量较小的一块飞行的速度大小和方向。

5. 设大炮质量是1t，炮弹的质量是2.5kg，如果大炮水平发射时炮身的后退速度是1m/s，求炮弹的射出速度。

6. 一条静止在水面上的船，其质量是120kg，船上有一质量为80kg的人，当人以2m/s的速度向东走动时，船将如何运动？

物理科学应用实例

动量定理的应用 对于空手道高手表演的赤手劈木块现象可以用动量定理来解释。手的标准质量约为 0.7kg,一个空手道高手的最大劈砍速度大约是 10m/s,接触物体的时间约为 5×10^{-3}s。假设手在碰撞到物体后停住了($v_t = 0$),那么,由动量定理得

$$Ft = mv_t - mv_0$$

$$F = \frac{mv_t - mv_0}{t} = \frac{0.7 \times 0 - 0.7 \times 10}{5 \times 10^{-3}} \text{N} = -1.4 \times 10^3 \text{N}$$

据说真正的空手道高手可以达到 2.5×10^3N 的劈力,而木块一般只能承受 670N 的力。因此,任何人只要经过适当的训练,就能进行一定层次的"空手道"表演。

动量守恒定律的应用 发射火箭是动量守恒定律的一个具体应用。我国是世界上使用火箭技术最早的国家,早在宋代就有了火箭。宋人在特制的粗大箭羽上缚上火药筒,斜置于战车上。点燃火药筒,火箭便向敌方射去,射程可达 200 多米。现代火箭的名称由此而来。古今火箭,虽然基本原理没有改变,但现代火箭的内部结构变得越来越复杂了。火箭的头部装上炸弹或核弹头,就成了射向敌方的武器。火箭的头部装上卫星及各种科学仪器,它就能为宇航和科研服务,所以,现代火箭是服务于军事及科研的一种运载工具。

现代载送卫星的火箭是应用动量守恒定律使火箭产生反冲运动而升空的。装好燃料的火箭静止在发射台上,火箭与燃料构成的系统初动量为零,当火箭发动机向下喷发燃气时,应用动量守恒可知,火箭向上获得运动速度。如果火箭燃气喷射的比率是恒定的,火箭将在相反的方向上受到一个恒定的推力。假如 v 是燃气相对火箭的速度,m 是火箭在时间 t 内排出的燃气的质量,则燃气动量的变化量是 mv,由动量守恒定律可知,火箭动量的变化量与此相同,但方向相反,作用在火箭上的推力是

$$F = \frac{mv}{t}$$

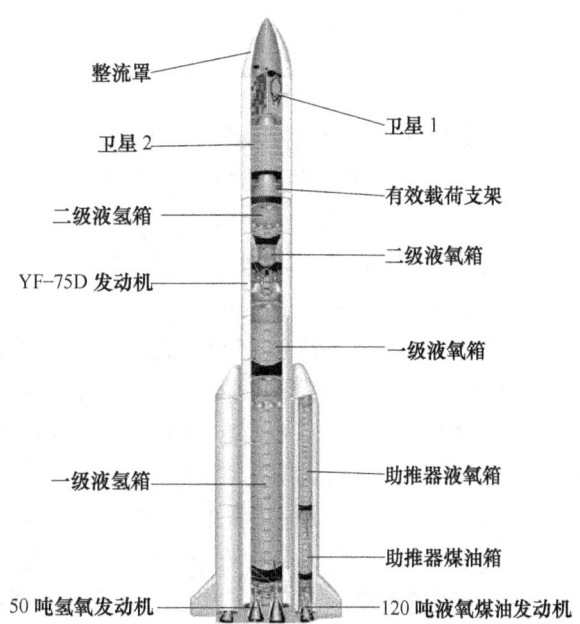

图 3-4 火箭外形结构示意图

火箭飞行所能达到的最大速度就是燃料燃尽时火箭能够获得的速度。在现代技术条件下一级火箭远不能达到航天器所需要的速度,往往需要采用三级火箭(见图 3-4)。当一级火箭燃料用完后,可及时把空壳抛掉,使火箭总质量减小,让下一级火箭为航天器提供更高的速度。

你会了吗？

1. 动量的定义是什么？动量的方向是怎样规定的？
2. 冲量的定义是什么？冲量的方向是怎样规定的？
3. 动量定理的内容是什么？举出几个应用动量定理的实例。
4. 动量守恒定律的内容是什么？动量守恒定律在什么条件下成立？它的适用范围是什么？在碰撞和爆炸一类问题中，常有外力作用，在什么情况下可认为动量守恒？
5. 在两物体碰撞过程中，根据物体碰撞的具体情况可将碰撞分为三类。

（1）完全弹性碰撞 这种碰撞不但动量守恒，而且系统动能守恒，所以常用如下关系解题：

$$m_1 v_{10} + m_2 v_{20} = m_1 v_1 + m_2 v_2$$

$$\frac{1}{2} m_1 v_{10}^2 + \frac{1}{2} m_2 v_{20}^2 = \frac{1}{2} m_1 v_1^2 + \frac{1}{2} m_2 v_2^2$$

（2）完全非弹性碰撞 这种碰撞动量守恒，碰撞后系统内几个物体结合在一起运动，拥有相同的末速度，因此，有如下关系

$$m_1 v_{10} + m_2 v_{20} = (m_1 + m_2) v$$

（3）非完全弹性碰撞 这种碰撞介于上述两种碰撞之间，这里不进行研究。

复 习 题

一、填空题（将正确答案填写在横线上）

1. 质量为 m，速度为 v 的质点，在半径为 R 的水平圆周上做匀速圆周运动，当质点运动半周时，合力产生的冲量大小是_____。
2. 两动量相等的汽车行驶在同样的路面上，其质量分别为 m_1、m_2，且 $m_1 > m_2$，同时关闭发动机后，滑行距离较远的是_____。
3. 质量为 m 的小球，以速度 v 投向竖直墙壁，碰撞后又以原速度大小弹回，设球与墙作用时间是 t，则球受到的冲量是_____，受到的平均冲力大小是_____。
4. 质量是 10g 的子弹，以 500m/s 的速度水平射入质量是 1kg 并置于水平面上的木块里，则此木块和子弹的共同速度是_____。
5. 质量是 5kg 的物体，从静止开始自由下落 4.9m 的过程中，所受到的冲量是_____。
6. 自由下落的物体，在 1 秒末和 3 秒末的动量之比是_____。

二、单项选择题（将正确答案的序号填写在圆括弧内）

1. 一运动物体只受到大小不变的阻力作用，使该物体停下来所需的时间决定于物体的（   ）。
   A. 质量　　　　　B. 动量　　　　　C. 速度　　　　　D. 能量
2. 下列那个量不是矢量（   ）。
   A. 动量　　　　　B. 质量　　　　　C. 速度　　　　　D. 加速度
3. 从同一高度落下的玻璃杯，掉在水泥地上易碎，而掉在地毯上不易碎，这是因为掉

在水泥地上时( )。

　　A. 受到的冲量大　　B. 受到的冲力大　　C. 动量的变化量大　　D. 动量大

4. 质量相等的甲、乙两物体，从同样高度由静止开始向下运动，甲做自由落体运动，乙沿倾角30°的光滑斜面运动，则它们落地时( )。

　　A. 动量相同　　B. 动量大小相同　　C. 速度相同　　D. 所用时间相同

5. 质量10kg的物体，受到40N·s的冲量，则该物体动量的变化量是( )。

　　A. 6kg·m/s　　B. 10kg·m/s　　C. 40kg·m/s　　D. 400kg·m/s

6. 一个中子以 $v_{10} = 2 \times 10^7$ m/s 的速度与静止的氧原子核发生碰撞后，又以 $v_1 = 1.7 \times 10^7$ m/s 的速度反弹回来。已知氧原子核质量是中子质量的16倍，则氧原子核的速度 v_2 是( )。

　　A. 2.3×10^6 m/s　　B. 0　　C. 1.875×10^5 m/s　　D. 3.7×10^6 m/s

三、判断题（正确的画"√"，错误的画"×"）

1. 物体所受合外力的冲量越大，物体的动量越大。( )
2. 物体所受合外力的冲量越大，物体的动量改变量越大。( )
3. 质量大的物体，动量也一定大。( )
4. 内力不可能改变系统的动量。( )
5. 若系统动量守恒，则系统内各物体的动量均不变。( )
6. 任何碰撞过程，系统的总动量都守恒。( )

四、计算题

1. 在测试钢板时，常用如下办法：质量是20g的钢球，自4.9m高处自由落到钢板上，被钢板弹回1.3m高，若钢球与钢板接触时间是0.02s，求钢球对钢板的平均冲力。（g 按 9.8m/s² 计算）

2. 质量是 m 的物体在重力作用下沿倾角为30°的光滑斜面滑下，试用动量定理推导其经过 t 时间的速度是多少？

3. 质量是10kg的物体以10m/s的速度做直线运动，沿直线方向受到一个恒力作用4s后，速度变为 −2m/s。求：(1) 物体受到的冲量；(2) 物体受到力的大小和方向；(3) 物体受到该恒力前后的动量。

4. 一条静止的质量是120kg的船上有一质量80kg的人，当人以2m/s的速度向东走动时，船将如何运动。

5. 在平直的铁轨上，一节质量是40t的车厢以3m/s的速度与前面一节质量是60t，以2m/s的速度沿同一方向滑行的车厢挂接，则它们挂接后的共同速度是多少？

第四章 机 械 能

自然界中存在着多种形式的能,如机械能、化学能、电能、光能、风能、热能、核能等。人类在长期的实践与研究中,逐步建立了各种形式的能量概念和度量方法,并且发现不同形式的能量可以互相转化,在转化过程中遵守能量守恒定律。

物理学中的能量是指物体具有的做功本领,简称**能**。与物体机械运动有关的能量称为**机械能**。机械能是动能与势能的总和,其中势能分为重力势能和弹性势能。动能与势能可以相互转化。

例如,打桩机的锤子被举高后落下时能够将桩打入地下,是因为锤子的重力势能对桩做了功;飞行的子弹能射穿木板,是因为子弹的动能对木板做了功;起重机吊起重物,是因为起重机对重物做了功;机车牵引列车前进,是因为机车对列车做了功……虽然这些做功物体在外形上有很大的区别,但它们都具有与机械运动有关的机械能(动能与势能)。

力作用于物体的过程,不仅与物体的速度、动量等的变化有关,而且还与其他物理量(如功、功率、动能、势能等)的变化联系在一起。本章将在运动与力的知识基础上,介绍功、功率、动能、势能、机械能守恒等相关知识。

第一节 功

在中学了解了有关功的初步知识,知道功和能量是有密切联系的。下面看一个简单的例子:一个人将一个木箱从一楼搬到了二楼,就可以说人对木箱做了功。物理学中功是这样定义的:一个物体受到力的作用,如果在力的方向上发生一段位移,这个力就对物体做了**功**(work)。

功由两个因素决定:一个是力,一个是受力物体在力的方向上的位移。具备了这两个因素,就说力对物体做了功,缺少任何一个因素,都不能有功。例如,起重机对货物施加向上的拉力,并使货物产生了向上的位移,这时拉力对货物做了功;机车对列车施加了向前的牵引力,并使列车向前产生了位移,这时牵引力对列车做了功,而地面虽然对列车有向上的支持力,但却没有使列车产生向上的位移,故支持力没有对列车做功。如果一个物体靠惯性而不靠受力来产生位移,同样也没有做功。

那么,力对物体所做的功如何计算呢?力学中规定:功是力 F 与沿着力的方向上位移 s 的乘积。如图 4-1a 所示,当力的方向跟物体运动的方向一致时,功等于力的大小与位移大小的乘积,即

$$W = Fs$$

式中,W 表示力所做的功,单位是 J;F 表示作用力的大小,单位是 N;s 表示物体在作用力方向上的位移大小,单位是 m。

如图 4-1b 所示,当力的方向跟物体运动的方向有一夹角 α 时,将力 F 正交分解为两个分力 $F_1 = F\cos\alpha$ 和 $F_2 = F\sin\alpha$,F_2 与位移方向垂直,对物体不做功,F_1 与位移方向一致,

第四章 机械能

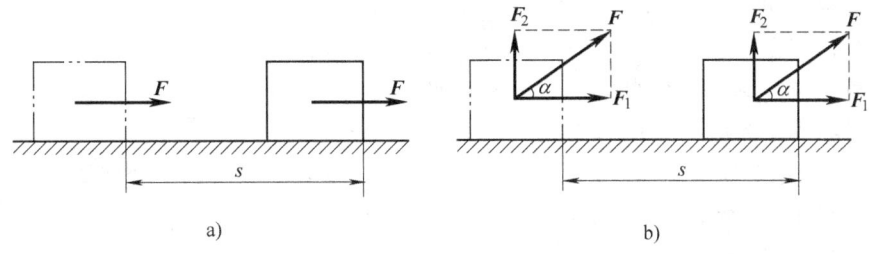

图 4-1 功的计算
a) 力的方向跟物体运动的方向一致 b) 力的方向跟物体运动的方向有一夹角 α

这时力 F 对物体所做的功是

$$W = Fs\cos\alpha \tag{4-1}$$

这就是说，力对物体所做的功等于力的大小、位移的大小、力和位移的夹角的余弦这三者的乘积。

功是无方向的标量。功的单位是由力的单位与位移的单位决定的。在国际单位制中，功的单位是焦耳，符号是 J，$1J = 1N \cdot m$。功与能是密切联系的。

正功和负功　现在从功的定义出发讨论做正功和做负功问题，如图 4-2 所示。

当 $0° \leq \alpha < 90°$ 时，$\cos\alpha > 0$，则 W 是正值，即力对物体做正功。例如，人拉小车前进，拉力对小车做的就是正功。

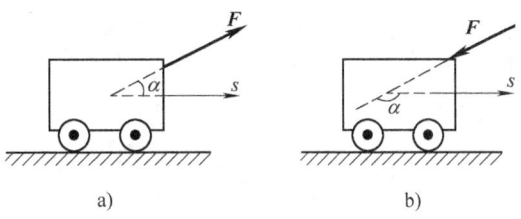

图 4-2 做正功和做负功
a) 力对物体做正功 b) 力对物体做负功

当 $\alpha = 90°$ 时，$\cos\alpha = 0$，则 $W = 0$，即力对物体不做功。例如，列车的支持力就对列车不做功。

当 $90° < \alpha \leq 180°$ 时，$\cos\alpha < 0$，则 W 是负值，即力对物体做负功，也可以说物体克服阻力做功。例如，阻力（摩擦力）对物体就做负功。

因为功是标量，可以直接进行代数加减，所以当物体在几个力的共同作用下发生一段位移 s 时，合外力对物体所做的功等于各分力对物体所做功的代数和。

例 1　如图 4-3 所示，物体重 98N，在与水平方向成 37°向上的拉力作用下沿水平面移动了 10m。已知物体与水平面间的动摩擦因数是 0.2，拉力的大小是 100N，（$\cos 37° = 0.8, \sin 37° = 0.6$）求：

(1) 作用在物体上的各力对物体所做的总功；
(2) 合力对物体所做的功。

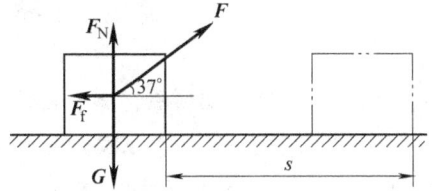

图 4-3 例 1 图

分析：物体共受四个力的作用：重力 G、支持力 F_N、拉力 F 和摩擦力 F_f。由于重力、支持力与运动方向垂直，对物体不做功，即 $W_G = 0$，$W_N = 0$，所以，只需求出拉力和摩擦力所做的功即可。

解　(1) 拉力做的功是：$W_F = Fs\cos 37° = 100 \times 10 \times 0.8 J = 800 J$

摩擦力的大小是：$F_f = \mu F_N = \mu(G - F\sin 37°) = 0.2 \times (98 - 100 \times 0.6)N = 7.6N$

摩擦力做的功是：$W_f = F_f s\cos 180° = -F_f s = -7.6 \times 10\text{J} = -76\text{J}$

各力对物体做的总功是：$W_总 = W_G + W_N + W_F + W_f = (0 + 0 + 800 - 76)\text{J} = 724\text{J}$

(2) 作用在物体上的合力是：$F_合 = F\cos 37° - F_f = (100 \times 0.8 - 7.6)\text{N} = 72.4\text{N}$

合力对物体做的功是：$W_合 = F_合 s = 72.4 \times 10\text{J} = 724\text{J}$

答：(1)作用在物体上的各力对物体做的总功是724J。(2)合力对物体做的功也是724J。

例2 如图4-4所示，操作员用10.0N的恒力施于割草机，如果手柄与运动方向所成的角度是30°，当割草机通过90.0m时，操作员所做的功是多少？

解 根据功的定义：$W = Fs\cos\theta$ 代入数据

$$W = 10.0 \times 90.0 \times \cos 30°\text{J} = 779.4\text{J}$$

答：当割草机通过90.0m时，操作员多做的功是779.4J。

图4-4 例2图

物体做功的本领越大，它所具有的能量越多。在衡量物体具有多少能量时，我们可以看它实际能做多少功，因此，功是能量转化的量度和途径。同时，能是标量，能和功的单位是相同的，在国际单位制中都是焦耳。

思考与练习

1. 决定功的两个因素是什么？
2. 沿倾角15°的斜坡上行的汽车受到哪些力的作用？其中哪些力做正功？哪些力做负功？哪些力不做功？
3. 质量1.0kg的物体，受到与斜面平行的大小等于50N的力的作用，并沿斜面向上前进了5m，斜面的倾角是30°，该物体在运动过程中受到5.0N摩擦力。试求作用在物体上的各力对物体所做的功以及合力所做的功。
4. 建筑工人匀速地将10kg的大理石竖直举高1.8m，求其所做的功有多少？
5. 电力机车牵引列车的牵引力是$7.0 \times 10^4\text{N}$，它前进时受到的阻力是$3.0 \times 10^4\text{N}$，当列车前进200m时，求牵引力所做的功和阻力所做的功。
6. 以200N的力拉一小货车，使它匀速前进100m，如果拉力与地面的夹角是30°，求拉力所做的功。

第二节 功 率

功率 高速电梯将重物搬上楼比人工搬运同样的重物快得多；两台机器完成同样的功，其中做功时间较少的机器，完成要快些。因此，为了合理评价和选用机械设备，必须把机械设备完成功W及其所用时间t综合进行考虑，即必须考虑机械设备做功的快慢。功率就是表示做功快慢程度的物理量。功(W)与完成这个功所用的时间(t)的比值，称为**功率**(power)。其定义式是

$$P = \frac{W}{t} \tag{4-2}$$

功率的单位是由功和时间的单位决定的，在SI制中，功率的单位是瓦特，简称瓦，符号是W。

$$1W = 1J/s$$

工程技术上常用千瓦作为功率的单位，$1kW = 1000W$。

如果物体在力的方向上的速度是 v，因 $P = \dfrac{W}{t} = F\dfrac{s}{t}$，又因 $\dfrac{s}{t} = v$，得

$$P = Fv \tag{4-3}$$

这就是说，力 F 的功率等于力 F 和沿着力的方向上速度 v 的乘积。如果公式(4-3)中的 v 是平均速度，则由公式(4-3)求出的 P 是平均功率；如果 v 是瞬时速度，则由公式(4-3)求出的 P 是瞬时功率。一般机器上都标有额定功率和输出功率，其中**输出功率**是指机器对外做功的功率；**额定功率**是指机器在正常工作时所能达到的最大输出功率。

在机器正常工作时，由公式 $P = Fv$ 可知，在功率一定的条件下，力和速度成反比，即在功率一定的条件下速度越小，力就越大；反之，速度越大，力就越小。汽车行驶过程中的换挡就是根据这个道理操作的。在汽车功率一定的前提下，当汽车上坡时，因需要较大的牵引力 F，这时就必须加大油门，同时用换挡的办法减小车速 v；在平地上行驶时，因需要较小的牵引力，可通过换挡办法使汽车保持高速行驶。

例3 已知列车的额定功率是 $600kW$，列车以 $v_1 = 5m/s$ 的速度匀速行驶，所受阻力是 $F_1 = 5 \times 10^3 N$；在额定功率下列车以最大速度行驶时，所受阻力是 $F_2 = 5 \times 10^4 N$，求

（1）列车以 $v_1 = 5m/s$ 的速度匀速行驶时的实际输出功率 P_1；

（2）在额定功率下，列车的最大行驶速度 v_{max}。

分析：（1）当列车匀速行驶时，牵引力 F 与阻力 F_1 平衡，实际输出功率是 $P_1 = F_1 v_1$。

（2）在额定功率下，当牵引力大于阻力时，合力会产生加速度，使列车的速度增大。因为在一定的额定功率下，牵引力随着速度的增大而减小，即牵引力是变力。因此，列车的加速度也随着速度的增大而减小，列车做非匀变速运动。只要加速度没有减小到零，列车就仍有加速度，速度还要增大，牵引力继续减小，直到牵引力减小到与阻力平衡为止，此时 $a = 0$，速度不再增大而达到最大值。

解 （1）列车匀速行驶时，牵引力 F 与阻力 F_1 平衡，$F = F_1 = 5 \times 10^3 N$。

实际输出功率为 $P_1 = Fv_1 = 5 \times 10^3 \times 5 W = 2.5 \times 10^4 W$

（2）$F = F_2 = 5 \times 10^4 N$，由 $P_{额} = F_2 v_{max}$ 得

$$v_{max} = \dfrac{P_{额}}{F_2} = \dfrac{6 \times 10^5}{5 \times 10^4} m/s = 12 m/s$$

答：（1）列车匀速行驶时的实际输出功率是 $2.5 \times 10^4 W$；（2）在额定功率下列车的最大行驶速度是 $12 m/s$。

例4 电动机带动水泵把水抽到 $80m$ 高的水池，每秒钟内抽送水的体积是 $4.0 m^3$。求水泵的功率是多大？电动机 1 小时内所做的功是多少？

解 （1）水的密度 $\rho = 1.0 \times 10^3 kg/m^3$，每秒钟抽送的水的质量是

$$m = \rho v = 1.0 \times 10^3 \times 4.0 kg = 4.0 \times 10^3 kg$$

水泵电动机做的功是：$W = mgh$，则功率

$$P = \dfrac{W}{t} = \dfrac{mgh}{t} = \dfrac{4 \times 10^3 \times 9.8 \times 80}{1} W = 3.14 \times 10^6 W$$

（2）1 小时内做的功是

$$W = Pt = 3.14 \times 10^6 \times 3.6 \times 10^3 \text{J} = 1.13 \times 10^{10} \text{J}$$

答：水泵的功率是 $3.14 \times 10^6 \text{W}$；1 小时内做的功是 $1.13 \times 10^{10} \text{J}$。

思考与探讨

1. 有一位消防战士，从第 1 层楼到第 5 层楼运送物品，第一次他用了 15s，第二次他用了 30s，他前后两次克服重力做的（　　）。
   A. 功相等，功率也相等　　　　B. 功不相等，功率也不相等
   C. 功相等，但功率不相等　　　D. 功不相等，功率相等

2. 质量是 75kg 的人用 5min 从一座 30 层大厦的第 1 层登上了第 20 层，如果大厦每层层高是 3.5m，这个人上楼共做了多少功？功率是多大？

3. 汽车发动机的额定功率是 $6 \times 10^4 \text{W}$，行驶时所能达到的最大速度是 15m/s。求汽车行驶时受到的阻力是多大？

4. 用汽车起重机（见图 4-5）把重 $2.0 \times 10^4 \text{N}$ 的重物从地面匀速地提升 5m 高度，钢丝绳的拉力对重物所做的功是多少？如果把货物以 $a = 1.0 \text{m/s}^2$ 的加速度匀加速地提升到 5m 高度，钢丝绳的拉力对重物所做的功又是多少？（$g = 10.0 \text{m/s}^2$）

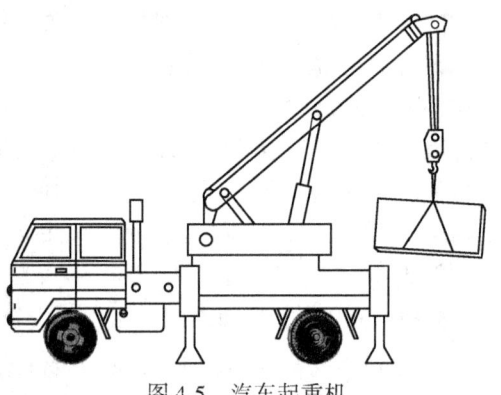

图 4-5　汽车起重机

第三节　动能　动能定理

物体由于运动而具有的能量称为**动能**（kinetic energy）。以锤子钉钉子为例，挥动锤子的速度越快，锤子的质量越大，钉子被钉入木头就越深，说明锤子做功本领越大，也说明锤子具有的动能越大。可见，物体的动能与它的质量和速度有关。下面从牛顿第二定律出发进行研究。

根据牛顿第二定律，得

$$a = \frac{F}{m} \tag{1}$$

又因为

$$2as = v_t^2 - v_0^2 \tag{2}$$

将式(1)代入式(2)得

$$2\frac{F}{m}s = v_t^2 - v_0^2$$

经过整理，得

$$Fs = \frac{1}{2}mv_t^2 - \frac{1}{2}mv_0^2 \tag{4-4}$$

公式(4-4)的左侧就是力对物体所做的功，右侧的 $\frac{1}{2}mv_t^2$、$\frac{1}{2}mv_0^2$ 分别是与质量和速度有关的新物理量，即运动中末状态动能和初状态动能。而 $\frac{1}{2}mv_t^2 - \frac{1}{2}mv_0^2$ 正是动能的改变量。这一关系被称为**动能定理**（theorem of kinetic energy）。由此可以得到以下结论：运动物体的动

能等于物体的质量与速度平方乘积的一半。决定动能大小的是质量与速度。动能常用符号 E_k 表示。动能是标量,在国际单位制中,其单位是焦耳(J)。动能的表达式是

$$E_k = \frac{1}{2}mv^2$$

动能定理:合外力对物体所做的功等于物体动能的改变量。其表达式是

$$W = E_{kt} - E_{k0} = \Delta E_k \tag{4-5}$$

若合外力对物体做正功,即 $W > 0$,则物体动能增加;若合外力对物体做负功(物体克服阻力做功),即 $W < 0$,则物体动能减少;若合外力不做功,即 $W = 0$,则物体动能保持不变。

动能定律是在恒力和直线运动条件下推导出的,但是,在使用该定理时,不要求出物体运动过程中每一点的运动状态,而且它也适用于非恒力及进行曲线运动的物体。

例 5 一质量是 5g 的子弹,以 800m/s 的速度飞行;一质量是 60kg 的人,以 5m/s 的速度奔跑,试比较哪个动能大?

解 子弹的动能是:$E_{k1} = \frac{1}{2}m_1v_1^2 = \frac{1}{2} \times 5 \times 10^{-3} \times 800^2 \text{J} = 1.6 \times 10^3 \text{J}$

人的动能是:$E_{k2} = \frac{1}{2}m_1v_2^2 = \frac{1}{2} \times 60 \times 5^2 \text{J} = 7.5 \times 10^2 \text{J}$

答:子弹的动能大。

例 6 如图 4-6 所示,质量是 2g 的子弹,以 400m/s 的速度水平射入厚度是 5mm 的木板,射穿木板后,子弹的速度变为 100m/s,求:(1)子弹克服阻力做了多少功?(2)木板对子弹的平均阻力为多大?

分析:本题中子弹受到重力和木板的阻力作用,重力与阻力相比小得多,可以忽略。

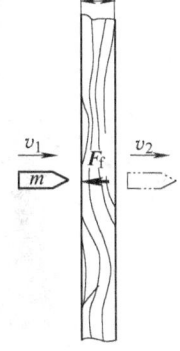

图 4-6 例6图

解 (1)根据动能定理,阻力所做的功是

$$W_f = \frac{1}{2}mv_t^2 - \frac{1}{2}mv_0^2 = \frac{1}{2}m(v_t^2 - v_0^2)$$
$$= \frac{1}{2} \times 2.0 \times 10^{-3} \times (100^2 - 400^2) \text{J} = -150 \text{J}$$

(2)木板对子弹的平均阻力方向与运动方向相反,由 $W_f = F_f s$ 得

$$F_f = \frac{W_f}{s} = -\frac{150}{5 \times 10^{-3}} \text{N} = -3.0 \times 10^4 \text{N}$$

答:(1)子弹克服阻力做了 150J 的功;(2)木板对子弹的平均阻力是 $3.0 \times 10^4 \text{N}$。

思考与练习

1. 合外力对物体做正功时,物体的动能如何变化?物体克服阻力做功,其动能是增加还是减少?物体动能的变化量与它克服阻力做的功二者有什么关系?

2. 如何用动能定理解释运动的汽车速度越大,越难停下来?

3. 溜冰者在获得 4m/s 的速度后停止用力,在平滑的冰面上前进了 80m 后停止。求冰刀与冰面的摩擦因数 μ(g 取 10m/s²)。

4. 质量为 0.5kg 的小球,从离地面 20m 高处落下,着地时小球的速度是 18m/s,求小球下落过程中空

气对小球的平均阻力。

5. 质量是 2kg 的物体自由下落,经过 5s 后,物体的动能是多少?

6. 质量是 3t 的飞机,在跑道上滑行了 600m 后,以 60m/s 的速度起飞,如果飞机滑行时受到的阻力是飞机所受重力的 0.02 倍,则飞机发动机的牵引力大小?

第四节 势 能

势能 动能是与物体质量和速度有关的能量,但是还有一种与物体的相对位置相联系的能量,这种能量称为**势能**(*potential energy*)。例如,一个从高处落下的夯,它在下落时能将地面打实,即对地面做功;将一个弹簧压缩或拉长,弹簧也会因恢复原长而对其他物体做功;水从高处落下,能推动水轮机而做功。这些现象都说明夯、弹簧及水具有能。

重力势能和弹性势能都是势能。以后还将在热学和电学中分别学习分子势能和电势能。一般来说,当物体间以引力、斥力、弹力等相互作用时,由于物体之间相对位置决定的能量,都称为势能。

重力势能 物体由于受到地球的吸引而具有的与它的高度有关的能量称为**重力势能**。例如,三峡大坝(见图 4-7)的水流自高处流下时,带动发电机发电;建房时用举起的木桩打夯等,都是重力势能的具体体现。决定物体重力势能大小的是其高度和质量。

图 4-7 三峡大坝

弹性势能 物体因弹性形变而具有的能量称为**弹性势能**。任何发生弹性变形的物体,在它恢复原来形状的过程中,都能对外界做功。例如,机械式钟表中卷紧的发条带动钟表机件运转;拉弯的弓或上弦的弩;体育项目中的撑杆跳;汽车减振器的减振作用等,都是弹性势能的具体体现。决定弹簧势能大小的是其劲度系数与形变量,可以证明弹簧的弹性势能(证明从略)为

$$E_p = \frac{1}{2}kx^2 \tag{4-6}$$

式中,E_p 表示弹簧的弹性势能;x 表示弹簧的形变(即伸长量或压缩量);k 表示弹簧的劲度系数。

重力势能计算 根据牛顿第一定律,为把一个物体从地面以恒定速度提升起来,要施加一个与重力大小相等的力。如果物体提升的高度为 h,提升物体所做的功就是 mgh。在物体

的动能没有改变的情况下，这些功去哪里了呢？原来这些功变成了物体的重力势能，即

$$E_p = mgh = Gh \tag{4-7}$$

式中，E_p 表示物体的重力势能；h 表示物体离地面的高度；G 表示物体所受的重力，$G = mg$。

从公式(4-7)中可以看出，相同质量的物体放于不同位置，其做功的本领是不同的。由于在研究重力势能时，重力势能的大小是相对于一个重力势能为零的位置，即相对于零势能面而言的，因此，在分析和计算重力势能时，必须先选定零势面，只有这样才能找出物体相对于零势面的高度 h，再将重力势能表达为物体重量 mg 和它距离零势面高度 h 的乘积。由于选择的零势面不同，同一高度的一个物体就会有不同的重力势能。例如，在图 4-8a 中，物体的重力势能是 $E_p = mgh_1$；而在图 4-8b 中，物体的重力势能是 $E_p = mgh_2$，这就是重力势能的相对性。

做功是能量变化的途径和度量。重力做功与重力势能变化的关系也是要分析的一个重要问题。如图 4-9 所示，质量是 m 的物体，在重力作用下由 h_1 处下落到 h_2 处的过程中，重力对物体做的功是

$$W_G = mg(h_1 - h_2) = mgh_1 - mgh_2, \quad 即 \quad W_G = E_{p1} - E_{p2}$$

分析上式可知，当重力对物体做正功($W_G > 0$)，即物体下降时，重力势能减小；当重力对物体做负功($W_G < 0$)，即物体上升时，重力势能增加。

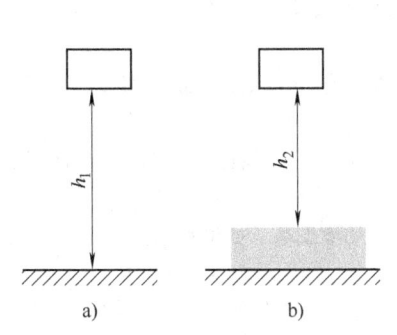

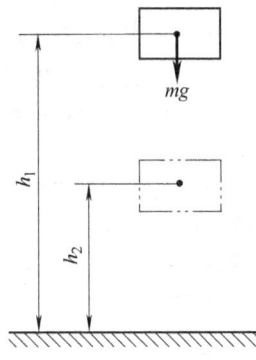

图 4-8　重力势能与零势面的关系　　　　图 4-9　重力做功与重力势能之间的变化关系

例 7　质量是 5.0kg 的物体，在 10.0m 高处和 5.0m 高处的重力势能各是多少？当物体从 10.0m 高处落到 5.0m 高处过程中重力势能减少了多少？重力对物体做了多少功？

解
$$E_{p1} = mgh_1 = 5.0 \times 9.8 \times 10 \text{J} = 490 \text{J}$$
$$E_{p2} = mgh_2 = 5.0 \times 9.8 \times 5.0 \text{J} = 245 \text{J}$$
$$E_{p1} - E_{p2} = (490 - 245) \text{J} = 245 \text{J}$$
$$W_G = mg(h_1 - h_2) = 5.0 \times 9.8 \times (10.0 - 5.0) \text{J} = 245 \text{J}$$

答：重力势能减少 245J；重力对物体做了 245J 功。

例 8　如图 4-10 所示，工人把质量 150kg 的货物沿着长 3.0m，高 1.5m 的木板匀速地推上货车，货物增加的重力势能是多少？在不计摩擦力的情况下，工人沿木板斜面推货物所做的功是多少？重力做功是多少？(g 取 10m/s)

解
$$E_{pB} - E_{pA} = mgh_B - mgh_A = mgh_B$$
$$= 150 \times 10 \times 1.5 \text{J} = 2250 \text{J}$$

$$W_F = Fs = mg\sin xs = 150 \times 10 \times (1.5/3) \times 3 \text{J} = 2250 \text{J}$$
$$W_G = -mgh = -150 \times 10 \times 1.5 \text{J} = -2250 \text{J}$$

答：货物增加的重力势能是2250J；工人沿斜面推货物所做的功是2250J；重力做了2250J的负功。

图4-10 例8图

例9 有一弹簧的劲度系数是28N/m，该弹簧在外力作用下，其长度由1.2m变为1.5m，求弹簧的弹性势能是多少？

解 弹簧的伸长量是 $x = (l_1 - l_0) = (1.5 - 1.2)\text{m} = 0.3\text{m}$，故弹簧的弹性势能是

$$E_p = \frac{1}{2}kx^2 = \frac{1}{2} \times 28 \times 0.3^2 \text{J} = 1.26 \text{J}$$

答：弹簧的弹性势能是1.26J。

值得注意的是，x 为弹簧的形变量，即净伸长量或净压缩量，而不是弹簧的终了长度。

思考与练习

1. 举重运动员把质量是125kg的杠铃举高2m，杠铃获得的重力势能是_____。

2. 质量是60kg的人沿着长200m，倾角是30°的石梯坡路登上坡顶，重力对他做的功是_____，他克服重力所做的功是_____，他的重力势能增加了_____。

3. 质量是1kg的物体和重力是1N的另一物体，相对地面都具有1J的重力势能，那么，它们相对地面的高度各是多少？

4. 电信安装工将平放在地上长7m、重5000N、重心距离粗端3m的电线杆竖立起来，试计算电信安装工至少需对电线杆做多少功。

5. 如果将某弹簧压缩4cm，需要100N的力，计算该弹簧的劲度系数。如果将该弹簧压缩10cm，弹簧所具有的弹性势能是多少？

6. 某弹簧的劲度系数是2000N/m，原长是20cm。在弹性限度内，先将弹簧从20cm拉长到25cm，然后继续拉长到28cm。在两次拉长过程中，弹簧的弹性势能各变化了多少？

第五节 机械能守恒定律

做功可以改变物体的动能和势能，那么，在运动过程中动能和势能之间是否可以发生相互转换呢？回答是肯定的。下面将研究一种特定情况下的动能与势能相互转换的规律。

如图4-11所示，设一质量为 m 的物体，在只受重力的作用下，由 h_1 处落到 h_2 处。如果物体在 h_1 处的速度是 v_1，在 h_2 处的速度是 v_2，那么，根据动能定理，重力对物体所做的功应等于物体动能的改变量，即

$$W_G = \frac{1}{2}mv_2^2 - \frac{1}{2}mv_1^2$$

又因为 $W_G = mgh_1 - mgh_2$，所以

$$mgh_1 - mgh_2 = \frac{1}{2}mv_2^2 - \frac{1}{2}mv_1^2 \tag{4-8}$$

公式(4-8)说明，在只有重力做功的条件下，物体动能的增加量等于其重力势能的减少量。公式(4-8)也可表述成下面的形式

$$mgh_1 + \frac{1}{2}mv_1^2 = mgh_2 + \frac{1}{2}mv_2^2 \qquad (4\text{-}9)$$

即
$$E_{p1} + E_{k1} = E_{p2} + E_{k2} \qquad (4\text{-}10)$$

或
$$E_1 = E_2$$

这表明，在只有重力做功的条件下，物体的动能和势能是可以相互转换的，但转换过程中物体的机械能保持恒定，这一规律称为**机械能守恒定律**(law of conservation mechanical energy)。

例 10 在不计空气阻力的情况下，以 10m/s 的速度从地面竖直向上抛一个小球，求：(1) 小球能达到的最大高度；(2) 当小球动能与势能相等时，小球位于什么高度？

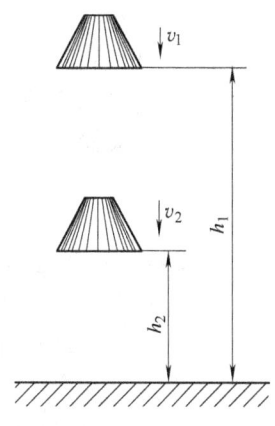

图 4-11 势能与动能之间的变化关系

解 在不计空气阻力的条件下，小球上升过程中只有重力做功，小球的机械能守恒，根据机械能守恒定律：$E_{p1} + E_{k1} = E_{p2} + E_{k2}$。

(1) 以地面为零势面，得

$$0 + \frac{1}{2}mv_0^2 = mgh + 0$$

$$h = \frac{v_0^2}{2g} = \frac{10^2}{2 \times 9.8}\text{m} = 5.1\text{m}$$

(2) 以地面为零势面，得

$$0 + \frac{1}{2}mv_0^2 = mgh' + \frac{1}{2}mv^2$$

又因为 $mgh' = \frac{1}{2}mv^2$，所以

$$\frac{1}{2}mv_0^2 = 2mgh'$$

$$h' = \frac{v_0^2}{4g} = \frac{10^2}{4 \times 9.8}\text{m} = 2.55\text{m}$$

答：小球能达到的最大高度是 5.1m；当小球的动能与势能相等时，小球位于 2.55m 的高度。

例 11 一物体从静止开始，沿着四分之一的光滑圆弧轨道(见图 4-12)从 A 点滑到最低点 B。已知圆的半径 $R = 1.98$m，求物体滑到 B 点时的速率。

解 物体受重力和支持力两个力，其中支持力与位移垂直不做功，只有重力做功，因此，物体的机械能守恒：$E_{p1} + E_{k1} = E_{p2} + E_{k2}$。

选 B 点为零势位，得

$$mgR + 0 = 0 + \frac{1}{2}mv^2$$

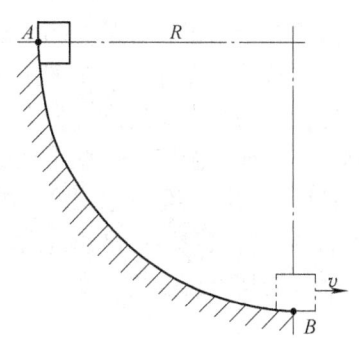

图 4-12 例 11 图

$$v = \sqrt{2gR} = \sqrt{2 \times 9.8 \times 1.98} \text{m/s} = 6.23 \text{m/s}$$

由以上两题可见，如果物体满足只有重力做功这个条件，就可适用机械能守恒定律。而且应用机械能守恒定律解题时，只需考虑过程的初状态和末状态，而不必考虑这两个状态之间的中间过程及路径，因此，可简化解题过程，比较方便。

思考与练习

1. 下面列举的各个实例中哪些情况机械能是守恒的？说明理由。
   （1）跳伞员带着张开的降落伞在空气中匀速下落；
   （2）抛出的手榴弹或标枪在空中运动（不计空气阻力）；
   （3）拉着一个物体沿光滑的斜面上升（不计空气阻力）；
   （4）用细线拴着一个小球，使小球在竖直面内做圆周运动（不计空气阻力）；
   （5）小球在光滑水平上运动，碰到弹簧后，将弹簧压缩后又被弹回来。
2. 一物体从距地面 40m 的高处自由落下，物体的质量是 2kg，经过几秒后，该物体的动能和重力势能相等？此时物体的速度是多大？
3. 竖直上抛一物体，其初速度是 30m/s，求该物体上升的最大高度是多少？
4. 一物体以 5m/s 的速度沿水平面运动，然后冲上一光滑倾斜面。试计算物体沿光滑斜面能上升多高？
5. 在 8m 高处抛出一物体，已知物体落地时的速度是 20m/s，求物体抛出时的速度是多大？

物理科学应用实例

生活和生产实践中都离不开能量的释放、转换和利用。能量可以从一种形式转换为另一种形式或从一个物体转移到另一个物体上。在宇宙中或在任何孤立的系统中总能量是保持不变的，能量转换和守恒定律是自然界最基本的规律之一。

机械能守恒定律是物理学三大守恒定律中的能量守恒定律在特定条件下的具体体现。该定律在日常生活和生产中有着广泛的应用，如游乐场里的过山车就是最典型的例子。

图 4-13 所示是游乐场里的过山车，其工作原理是：先用牵引装置将游客乘坐的过山车拉到斜面轨道的最高处，在过山车积累了一定的重力势能后，从最高处释放，让过山车沿着轨道滑下来，在此过程中重力势能转换为动能，使过山车以很大的速度冲向环形轨道的内侧，只要速度达到一定标准，游客可头朝下通过最高点而不掉下来，看似很惊险，实际上是有惊无险。因为过山车由重力势能转换为动能这一过程是不需外界附加牵引力的，所以只要在修建过山车时将加速用的斜轨道设计得足够高，就一定能够获得通过环形轨道最高点所需的速度。

图 4-13　过山车

你会了吗？

本章定量地讨论了功、能量以及功和能的关系，学习了动能定理和机械能守恒定律，以及应用能量转化和守恒的观点处理问题。下面几个问题请你思考一下：

1. 做功的两个必要因素是什么？功的计算公式是什么？
2. 什么情况下做正功？什么情况下做负功？
3. 什么是功率、瞬时功率？它们的计算公式是什么？
4. 什么是动能？动能的计算公式是什么？动能定理的内容是什么？
5. 什么是重力势能？重力势能的计算公式是什么？重力势能的变化与重力做功有什么关系？
6. 机械能守恒定律的内容是什么？在什么情况下机械能守恒定律成立？你能举出几种机械能守恒的实例吗？

复 习 题

一、填空题（将正确答案填写在横线上）

1. 铅球运动员在投掷铅球时，铅球出手时的速度是 10m/s。如果已知铅球的质量是 5kg，那么，运动员掷铅球过程中对铅球做了_____功。

2. 质量是 20kg 的物体的运动速度是 10m/s，它的动能是_____；如果将它的质量减半，速度增加一倍，则变化后的物体的动能是_____。

3. 质量是 20kg 的小车在光滑的水平路面上行进了 2.5m，速度从 10m/s 增大到 12m/s，则小车受到的水平推力是_____N。

4. 质量是 2kg 的物体，从距地面 10m 高处落到沙堆里，在陷入 0.3m 处静止。在这一过程中，重力对物体做了_____功，物体的重力势能减小了_____，二者之间的关系是_____。（g 取 9.8m/s）

二、单项选择题（将正确答案的序号填写在圆括弧内）

1. 汽车匀速上坡，机械能增加，这是由于（　　）。
   A. 汽车克服重力做功　　　　　　B. 汽车克服摩擦力做功
   C. 汽车克服正压力做功　　　　　D. 汽车牵引力做功

2. 物体 m 从 h 高处自由落下，当落到 $\frac{1}{2}h$ 时，动能是（　　）。
   A. mgh　　　　B. $\frac{1}{2}mgh$　　　　C. $\frac{1}{4}mgh$　　　　D. 无法确定

3. 一个物体从光滑的斜面上端由静止开始下滑，当物体下滑所用的时间是滑到坡底所用时间的一半时，物体的重力势能与动能之比是（　　）。
   A. 1∶1　　　　B. 2∶1　　　　C. 3∶1　　　　D. 4∶1

4. 甲、乙、丙三辆汽车的质量之比是 1∶2∶3。如果它们的动能都相等，受到的制动力也相等，则它们制动的距离之比是（　　）。

A. 1∶2∶3　　　　B. 3∶2∶1　　　　C. 1∶1∶1　　　　D. 1∶4∶9

三、判断题(正确的画"√",错误的画"×")

1. 功是矢量。(　　)
2. 重力在任何情况下对物体都不做功。(　　)
3. 物体的速度为零,它的动能一定为零。(　　)
4. 速度大的物体,它的动能一定大。(　　)
5. 某力对物体做功为零,物体的位移一定为零。(　　)
6. 物体克服重力做功,物体的重力势能增加。(　　)

四、计算题

1. 一个质量 $m=2$kg 的物体,受到与水平方向成 30°角向上的拉力 $F_1=10$N,在水平地面上移动 $s=2$m,物体与地面间的动摩擦因数 $\mu=0.3$。求(1)拉力对物体所做的功;(2)摩擦力对物体所做的功;(3)外力对物体所做的总功。(g 取 9.8m/s)

2. 质量是 4t 的载货汽车,在 5.0×10^3N 力的牵引下做直线运动,速度由 10m/s 增加到 20m/s,如果汽车运动过程中受到的平均阻力是 2.0×10^3N,求汽车速度发生上述变化所通过的路程(建议分别用动能定理、牛顿运动定律及运动学公式进行计算)。

3. 如图 4-14 所示,一个物体从高 h 的光滑斜面滑到水平面上,由于受到摩擦阻力的作用,在平面上滑行了距离 s 后停止运动。求物体与水平面间的滑动摩擦因数(建议用两种以上的方法求解)。

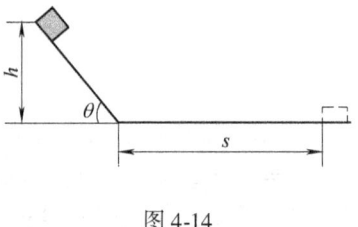

图 4-14

第五章 曲线运动 万有引力定律

前面研究了物体做直线运动的情况，而物体普遍发生的却是曲线运动，如扔出去的石子，发射的炮弹，运动员掷出的铁饼，地球、月球、人造地球卫星沿轨道的运动等都是曲线运动，曲线运动要比直线运动复杂。

本章将着重研究平抛运动和匀速圆周运动这两种最简单、最基本的曲线运动，并探讨运动的合成和分解。最后，讨论自然界的一条普遍规律——万有引力定律。

第一节 曲线运动

曲线运动的条件 物体在什么情况下做曲线运动（curvilinear motion）呢？先来观察下面的实验。如图 5-1 所示，从斜面滚到桌面上的钢球，如果没有磁铁作用，它将沿图中虚线做直线运动；如果在虚线一侧放置一块磁铁，钢球会因为受到与运动方向不一致的磁力吸引而做曲线运动。

实验表明，当运动物体所受合外力的方向与它的速度方向不在同一直线上时，物体就做曲线运动。

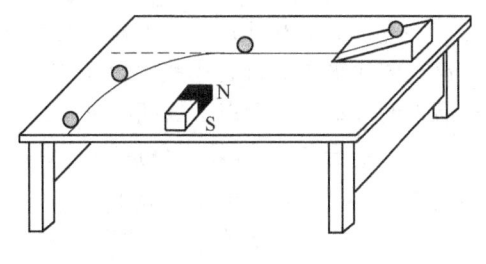

图 5-1 曲线运动演示图

由于运动物体的加速度方向与它所受合外力的方向相同，所以，做曲线运动的物体，它的加速度方向与它的速度方向不在同一直线上。

物体做曲线运动的条件也可以根据牛顿第二定律来说明。如果合外力的方向与物体速度的方向在同一直线上，产生的加速度的方向也在这条直线上，物体就做直线运动。如果物体所受合外力的方向与速度的方向不在一条直线上，这时合外力不但可以改变速度的大小，而且还可以改变速度的方向，即使物体做曲线运动。

曲线运动的速度方向 物体做曲线运动时，它的运动方向（即速度方向）时刻在变化着，那么，在曲线运动中各点的速度方向是如何变化呢？

在用砂轮磨削刀具或工件时，可以看到火花沿着砂轮边缘的切线方向飞出，如图 5-2a 所示。拴在绳子上做圆周运动的小球，如果绳子突然断开，小球会因失去做曲线运动的条件而立即沿曲线的切线方向飞出，如图 5-2b 所示。

由此可得出：在曲线运动中，质点在某点的速度方向就是该点的切线方向（指向质点前进的一侧）。

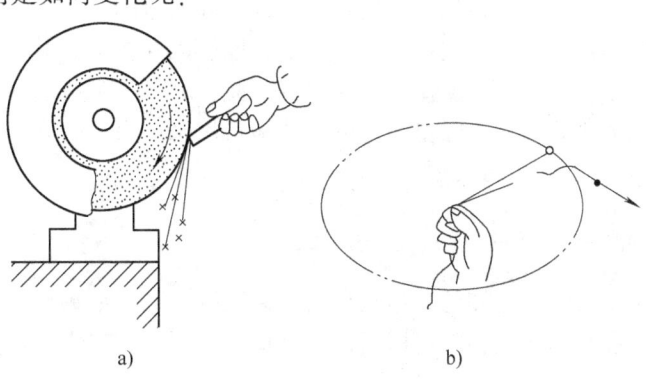

图 5-2 曲线运动物体的方向

速度是矢量,既有大小,又有方向,不论速度的大小是否改变,只要速度的方向发生改变,就表示速度矢量发生了改变,也就具有了加速度。曲线运动中速度的方向时刻在改变,所以曲线运动是变速运动。

思考与练习

1. 当运动物体所受合外力的方向与它的_____方向不在同一直线上时,物体就做曲线运动。做曲线运动的物体,它的加速度方向与它的_____方向也不在同一直线上。在曲线运动中,质点在某点的速度方向就是该点的_____方向。

2. 曲线运动中速度的方向时刻在_____,所以曲线运动是_____运动。

第二节 运动的合成

分运动与合运动 通过观察和研究各种运动的情况就会发现,某一个运动往往是由两个以上的各自独立的运动合成的。如图 5-3 所示,一只在河中的小船,一面向垂直于河岸的方向航行,一面又随水流向下游运动。如果河水不流动,经过一段时间以后,小船将从 A 点运动到 B 点;如果小船没有开动,经过一段相同的时间,小船会随水流从 A 点运动到 D 点,在流动的河水中航行时小船实际上参与了以上两种运动。在这段时间内,小船从 A 点到 C 点所做的运动,就是以上这两个分运动的合运动。

运动的合成 如果一个运动被看做是由两个以上的分运动合成的,那么,就能依据已知分运动的具体情况来求合运动。由于运动的位移、速度和加速度都是矢量,所以,当求两个不在一条直线上的分运动经过一段时间后的合运动的位移、速度和加速度时,可以根据平行四边形定则来进行计算。

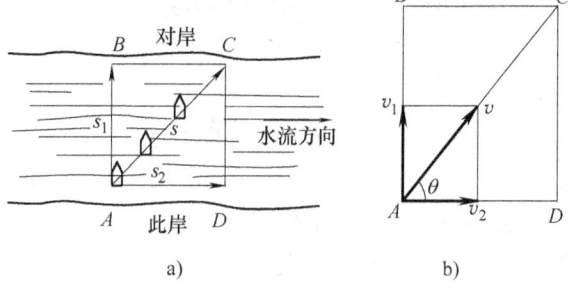

图 5-3 小船运动轨迹示意图

在小船过河的例子中,以 AB、AD 这两个分位移为邻边的平行四边形对角线 AC,就是根据平行四边形定则求出的小船运动的合位移(见图 5-3a)。

同样,在根据小船航行的速度 v_1 和河水的流速 v_2 求合运动的速度 v 时,也要应用平行四边形定则。首先要按照所选定的标度,以 A 为起点作 v_1 和 v_2 的图示(见图 5-3b),并以 v_1 和 v_2 为邻边作平行四边形,然后再作通过 A 点的对角线 v,这就是所求运动的合速度。合速度的大小和方向可通过一定的方法测量出来。由于 v_1 和 v_2 互相垂直,所以,可以用勾股定理求出合速度 v,即 $v = \sqrt{v_1^2 + v_2^2}$。此外,合速度 v 的方向可以用它与 v_2 间的夹角 θ 来表示,因为 $\tan\theta = \dfrac{v_1}{v_2}$,所以,$\theta = \arctan \dfrac{v_1}{v_2}$。

当两个已知的分运动在同一条直线上时,如果要求经过某一段时间后的合运动的位移、速度和加速度,就可以根据具体情况把矢量和变为代数和来求解。

例如,初速度不为零的匀加速直线运动的位移 $s = v_0 t + \dfrac{1}{2}at^2$,就可以看成由在同一直线上的两个分运动的位移 s_1 和 s_2 合成的。其中一个分运动是速度为 v_0 的匀速直线运动经过时间 t 以后的位移 $s_1 = v_0 t$；另一个分运动则是初速度为零的匀加速直线运动经过时间 t 以后的位移 $s_2 = \frac{1}{2}at^2$。由于这两个分运动的方向相同，所以，合位移的大小等于这两个分位移大小之和，而方向与分位移的方向相同。

总之，只要知道了运动中的两个分运动的矢量，无论是位移、速度还是加速度，都可以根据具体情况求出它们的合运动。

思考与练习

1. 当两个已知的分运动同在一条直线上时，如果要求经过某一段时间后的合运动的位移、速度和_____时，就可以根据具体情况把矢量和变为_____和来求解。

2. 只要知道了运动中的两个分运动的_____量，无论是位移、_____还是加速度，都可以根据具体情况求出它们的合运动。

第三节 平 抛 运 动

平抛运动　将物体以一定的初速度沿水平方向抛出，若不考虑空气阻力，则物体只在重力作用下运动，这种运动称为**平抛运动**。

【演示实验】　用小锤击打金属弹簧片（图5-4），使 A 球在极短的时间内，速度从零增加到某一值，并沿水平方向飞出做平抛运动；与此同时，B 球也被释放，做自由落体运动。

实验表明，A 球在平抛运动过程中，一方面由于惯性沿水平方向前进，另一方面因重力作用而下落，而且水平抛出时的速度越大，在落地前沿水平方向运动的距离就越远。但无论怎样改变 A 球的初速度大小，A 球和 B 球总是同时落地，从而说明平抛运动在竖直方向上的运动是自由落体运动。

通过频闪照相的方法可以更精细地研究平抛运动。图5-5所示是一幅平抛物体与自由落

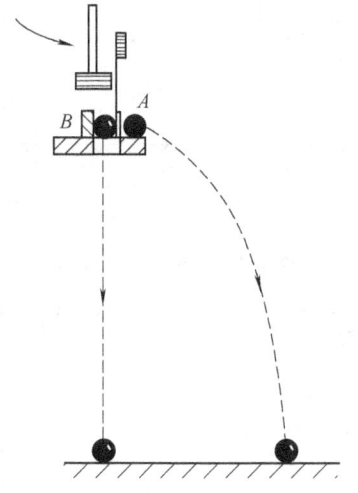

图 5-4　运动叠加原理演示实验图

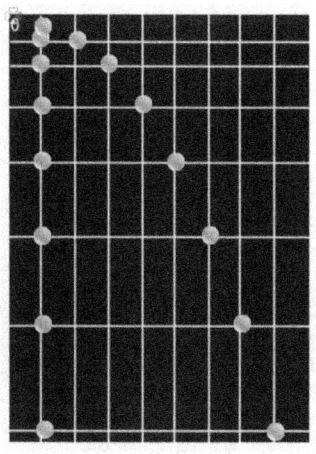

图 5-5　平抛运动和自由落体运动的频闪照片

体对比的频闪照片。可以看出，尽管两个球在水平方向的运动不同，但它们在竖直方向上的运动是相同的，即经过相等的时间，落到相同的高度。仔细测量平抛出去的球在相同的时间里前进的水平距离，可以证明平抛运动的水平分运动是匀速的。

由此可见，平抛运动是由彼此独立的、又互相影响的两个分运动所合成的运动。其中一个运动是沿水平方向的匀速直线运动；另一个运动是竖直向下的自由落体运动。

平抛运动的规律 既然平抛运动可以分解为水平方向的匀速直线运动和竖直方向的自由落体运动，就可以分别算出平抛运动在任一时刻 t 的位置坐标 x 和 y。取水平方向为 x 轴，其正方向与初速度 v_0 的方向相同；取竖直方向为 y 轴，其正方向向下。取抛出点是坐标原点，加速度方向与 y 轴正方向相同，所以是正值，即 $a=g$。物体在任何时刻 t 的位置坐标可由下面的公式求出：

$$x = v_0 t \tag{5-1}$$

$$y = \frac{1}{2}gt^2 \tag{5-2}$$

根据这两个公式可求出任一时刻物体的位置，用平滑曲线把这些位置连起来，就得到平抛运动的轨迹，这个轨迹是一条抛物线。图 5-6 所示为 $v_0=20\text{m/s}$ 平抛物体运动的轨迹。

平抛物体在 t 秒末的水平分速度 v_x 和竖直速度 v_y 可由下面的公式求出

$$v_x = v_0 \tag{5-3}$$

$$v_y = gt \tag{5-4}$$

例1 飞机在高出地面 490m 的高度以 250m/s 的速度水平飞行，为了使飞机上投下的炸弹落在指定的目标上，飞机应在与轰炸目标的水平距离多远的地方开始投弹？（不计空气阻力，g 取 9.8m/s^2）

分析：水平飞行的飞机上落下的炸弹，在离开飞机时具有与飞机相同的水平速度，因而炸弹做平抛运动，即炸弹同时进行自由落体运动和水平运动。轰炸目标在地面上，炸弹落到地面所经过的时间 t 是由竖直方向的运动决定的，在这段时间内，如果炸弹在水平方向通过的距离等于飞机投弹时离目标的水平距离，则炸弹命中目标，如图 5-7 所示。

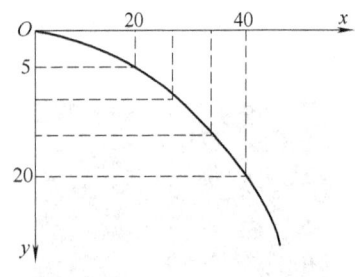

图 5-6　平抛物体运动轨迹

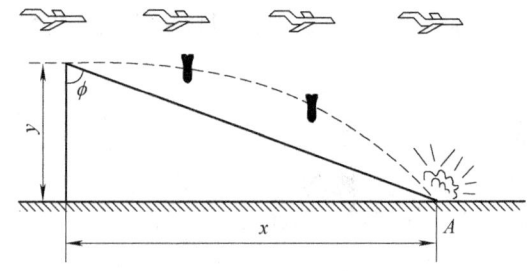

图 5-7　飞机投弹示意图

解 由 $y=\frac{1}{2}gt^2$ 可以求出炸弹飞行的时间是 $t=\sqrt{\dfrac{2y}{g}}$，在这段时间内，炸弹通过的水平距离是

$$x = v_0 t = v_0 \sqrt{\frac{2y}{g}}$$

代入已知的数据得

$$x = 250 \times \sqrt{\frac{2 \times 490}{9.8}} \text{m} = 2.5 \times 10^3 \text{m}$$

答：应在离轰炸目标的水平距离 2.5×10^3 m 处投弹。

思考与练习

1. 平抛运动属于( )。
A. 匀速运动　　　　B. 匀变速直线运动　　　　C. 匀变速运动　　　　D. 非匀变速运动
2. 在距地面 44.1m 高的一点，以 10m/s 的速度沿水平方向抛出一颗石子，则石子经过 _____ s 落地，它落地时的水平距离是 _____ m。（不计空气阻力，g 取 9.8m/s^2）
3. 降落伞在下落一段时间后的运动是匀速的，无风时某跳伞员竖直下落，着地时的速度是 5m/s。现在有风，风使他以 4m/s 的速度沿水平方向运动，他将以多大的速度着地？画出速度合成的图示。
4. 飞机以 100m/s 的速度水平飞行，在 245m 高的空中向地面投掷物品，问需提前多长时间投掷才能使物品落到指定的地点？飞机开始投掷时距地面目标的水平距离是多少？（忽略空气阻力，g 取 10m/s^2）

第四节　匀速圆周运动

日常生活中经常看到物体进行圆周运动，如钟表指针的转动、车轮的转动、机械设备中齿轮和轴的转动、切削加工时工件的转动、游乐场摩天轮的转动、月球围绕地球的圆周（近似）运动等。圆周运动是一种常见的曲线运动，最简单的圆周运动是匀速圆周运动。

匀速圆周运动　质点沿圆周运动时，如果在相等的时间里通过的圆弧长度相等，这种运动就称为**匀速圆周运动**（uniform circular motion）。

质点做匀速圆周运动时，每经过一定的时间，就沿圆周运动一圈，即每经过一定的时间，运动重复一次。所以，这样的运动是一种周期性运动。下面介绍描述圆周运动的几个物理量。

周期　质点做匀速圆周运动时，沿圆周运动一周所需的时间称为**周期**（period），常用字母 T 来表示。T 越大，表示质点旋转得越慢。在国际单位制中它的单位是秒，符号是"s"。

频率　做匀速圆周运动的物体在 1s 内完成圆周运动的周数称为**频率**（frequency）。频率常用字母 f 表示。在国际单位制中，频率的单位是赫兹，符号是"Hz"。如果物体沿圆周每秒钟转一周，则它的转动频率就称为 1 赫兹。物体做匀速圆周运动的频率也称为**转速**（rotate speed）。

周期和频率都是描述做匀速圆周运动的物体运动快慢的物理量。

如果物体在单位时间内沿圆周运动 f 周，则它运动一周所用的时间就是 $\dfrac{1}{f}$，所以

$$T = \frac{1}{f} \text{ 或 } f = \frac{1}{T}$$

角速度　质点匀速圆周运动的快慢也可以用角速度来描述。质点在圆周上运动的越快，连接运动质点和圆心的半径在同样的时间内转过的角度就越大。如图 5-8 所示，在匀速圆周运动中，连接运动质点和圆心的半径所转过的角度 φ 与所用时间 t 的比值，

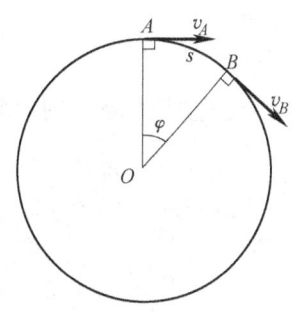

图 5-8　角速度计算示意图

称为匀速圆周运动的**角速度**(*angular velocity*)。角速度用符号 ω 表示,其单位是弧度每秒(rad/s)。角速度的计算公式是

$$\omega = \frac{\varphi}{t}$$

由于圆心角 φ 与弧长 s 成正比,所以对某一确定的匀速圆周运动来说,φ 与 t 的比值 ω 是恒定不变的。由于质点转动一周所转过的角度等于 2π,而所用的时间是一个周期 T,所以

$$\omega = \frac{2\pi}{T} \text{ 或 } \omega = 2\pi f$$

【职业常识】 在工程技术上经常使用转速来表示物体转动的快慢。转速是转动物体在单位时间内转过的周数(或转数),用符号 n 表示,单位是 r/s(转/秒)或 r/min(转/分钟)。在以 r/s 为单位的情况下,转速与周期的关系是 $T = \frac{1}{n}$;角速度与转速的关系是 $\omega = 2\pi n = 2\pi f$。

线速度 质点匀速圆周运动的快慢还可以用线速度来描述。做匀速圆周运动的质点通过的圆弧弧长 s 与通过这段圆弧长所用时间 t 的比值称为匀速圆周运动的**线速度**(*linear velocity*)。线速度用符号 v 表示,其单位是米每秒(m/s)。线速度的计算公式是

$$v = \frac{s}{t} = \frac{2\pi R}{T} = 2\pi R f$$

线速度是质点做圆周运动时的瞬时速度。线速度是矢量,不仅有大小,而且有方向。线速度的方向就在圆周的切线方向上,如图5-8所示。

在匀速圆周运动中,质点在各个时刻的线速度的大小都相同,但线速度的方向是不断变化的,因此匀速圆周运动是一种变速运动,这里的"匀速"是指速率不变的意思。

线速度与角速度之间的关系式

$$v = \omega R$$

这个公式表明:线速度 v 的大小等于角速度 ω 与半径 R 的乘积。

例2 人造地球卫星绕地球的运动可近似地看做匀速圆周运动。若卫星离地面的高度是 $9 \times 10^5 \text{m}$,绕地球一周的时间是 1h 40min,求卫星运动的角速度和线速度的大小。(假设地球半径是 $6 \times 10^6 \text{m}$)

分析:人造地球卫星做匀速圆周运动的半径是地球半径加上人造地球卫星距地面的高度,即

$$R = (6.4 \times 10^6 + 9 \times 10^5) \text{m} = 7.3 \times 10^6 \text{m}$$

卫星绕地球运动的周期是

$$T = 1\text{h}40\text{min} = 6.0 \times 10^3 \text{s}$$

依公式 $\omega = \frac{2\pi}{T}$ 和 $v = \omega R$,得

$$\omega = \frac{2 \times 3.14}{6.0 \times 10^3} \text{rad/s} \approx 1.05 \times 10^{-3} \text{rad/s}$$

$$v = 1.05 \times 10^{-3} \times 7.3 \times 10^6 \text{m/s} \approx 7.64 \times 10^3 \text{m/s}$$

答： 卫星运动的角速度约为 1.05×10^{-3} rad/s，其线速度约为 7.64×10^3 m/s。

思考与练习

1. 质点做匀速圆周运动时，每经过一定的时间，质点就沿圆周运动_____圈，即每经过一定的时间，运动重复_____次。
2. 描述物体做匀速圆周运动的物理量有哪几个？它们之间的关系是怎样的？
3. 匀速圆周运动是一种（　　）。
   A. 匀速运动　　B. 匀变速直线运动　　C. 匀变速运动　　D. 非匀变速运动
4. 手表秒针上各点的周期、角速度、线速度是否相同？
5. 质点沿_____运动时，如果在相等的时间里通过的_____长度相等，这种运动就称为匀速圆周运动。
6. 质点做匀速圆周运动时，沿圆周运动一周所用的时间称为_____，符号是_____，在国际单位制中，单位是_____。
7. 物体做匀速圆周运动时，下列说法中错误的是（　　）。
   A. 线速度不变　　B. 角速度不变　　C. 周期不变　　D. 频率不变
8. 如果钟表走慢了，它的周期是变长了还是变短了？
9. 一小球沿半径 2m 的圆周做匀速圆周运动，小球的速率是 3m/s，则它的角速度 ω 多大？它的转速 n 又是多大？

第五节　向心力　向心加速度

向心力　物体做曲线运动时，必定受到与速度方向不在同一直线上的合外力的作用。匀速圆周运动是曲线运动，做匀速圆周运动的物体必定也受到与速度方向不在同一直线上的合外力的作用。这个合外力是怎样的呢？

【演示实验】　在绳的一端拴一个小球，手执绳的另一端，使小球在水平面内做匀速圆周运动。

通过实验观察可以发现，小球在做匀速圆周运动过程中，始终受到绳的拉力，且拉力的方向总与小球线速度的方向垂直，并指向圆心，如图 5-9 所示。

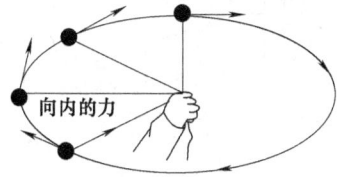 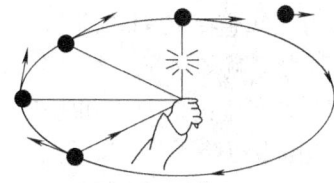

图 5-9　向心力方向示意图

如果松开手或绳被拉断，就会发现小球不再做匀速圆周运动了，而是沿着圆周的切线方向飞出。小球做匀速圆周运动的力是通过绳作用在小球上的拉力实现的。使物体做匀速圆周运动，并与速度方向垂直，沿圆周运动半径指向圆心的力，称为**向心力**（centripetal force）。在匀速圆周运动中，物体的速度方向在不断地改变，就是由于向心力作用的缘故。

如果改变小球的质量 m，小球的转动速度 v 或角速度 ω，向心力 F 将如何变化呢？理论推导证明，做匀速圆周运动物体所需的向心力大小是

$$F = m\frac{v^2}{R} \text{ 或 } F = m\omega^2 R \tag{5-5}$$

公式(5-5)也适用于一般的圆周运动，R 为圆周运动的半径。

应当指出的是，"向心力"并不是一种新类型的力，向心力的名称是根据力的作用效果来命名的。其实任何一种力都可以作为向心力，如重力、弹力、摩擦力或者它们的合力等，只要它能使物体做圆周运动，就可称为向心力。因此，在对做圆周运动的物体进行受力分析时，其分析步骤和方法与前面介绍的一样。如果做圆周运动的物体不只受一个力的作用，则所有外力的合力一定指向圆心，这时合力就是向心力。所以，向心力既可以是一个力，也可以是几个力的合力。向心力是物体做圆周运动的必要条件。向心力的方向始终指向圆心，与物体的运动方向垂直。向心力只改变速度的方向，不改变速度的大小。

【观察与分析】 在铁轨弯道处，外轨道要高于内轨道，火车按规定的速度驶过弯道时，它所受的向心力就是火车的重力和铁轨斜向上的支持力的合力；运动员在跑弯道时，要将身体向圆心倾斜一定角度，也是为了取得合理的向心力，从而快速、稳定地通过弯道；月球绕地球做匀速圆周运的向心力就是地球对月球的吸引力。

杂技艺术"飞车走壁"是骑车人在具有较大坡度的"墙壁"上做圆周运动（见图5-10）。作用在骑车人上的力有：重力 G 和"墙壁"的支持力 F_N，它们的合力 F 就是使骑车人做匀速圆周运动的向心力。

图 5-10 骑车人受力分析图

例3 如图 5-11 所示，质量为 m 的汽车在桥上行驶，假设汽车走到桥中央时，汽车的速度为 v，在下列两种情况下，求汽车对桥的压力。

（1）桥面是凸形的，半径是 R；
（2）桥面是凹形的，半径是 R。

分析：选汽车作为研究对象，先来分析汽车所受的力。知道了桥对汽车的作用力，桥所受的压力也就知道了。经过分析，汽车受到两个力的作用：重力 G 和桥的支持力 F_N（此处摩擦力忽略不计）。当汽车在此处静止不动时，G 和 F_N 相互平衡，合力为零。当汽车在桥上运动经过最高点或最低点时，G 和 F_N 在一条直线上，它们的合力就是使汽车做圆周运动的向心力 F。

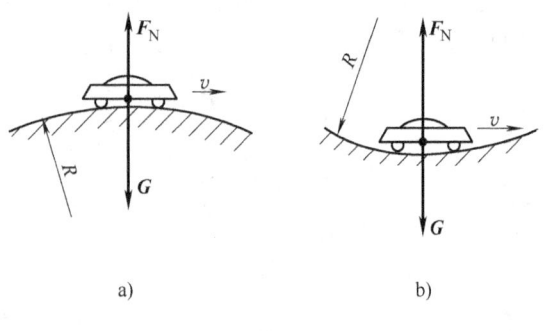

图 5-11 例3图

解 （1）当汽车经过凸面桥时，向心力的方向竖直向下，如图 5-11a 所示。向心力 F 的大小为

$$F = G - F_N = m\frac{v^2}{R}$$

由此可得桥对汽车的支持力 F_N 的大小为

$$F_N = G - F = G - m\frac{v^2}{R}$$

汽车对桥的压力与桥对汽车的支持力是一对作用力和反作用力，大小相等、方向相反。由上式可以看出，当汽车通过凸面桥时，汽车对桥的压力小于汽车的重量 G。

（2）当汽车经过凹面桥时，向心力的方向竖直向上，如图 5-11b 所示。向心力 F 的大小为

$$F = F_N - G = m\frac{v^2}{R}$$

由此可得桥对汽车的支持力 F_N 的大小为

$$F_N = G + F = G + m\frac{v^2}{R}$$

同理，汽车对桥的压力与桥对汽车的支持力大小相等。由上式可以看出，当汽车通过凹面桥时，汽车对桥的压力大于汽车的重量 G。

向心加速度 做圆周运动的物体，在向心力 F 的作用下，必然要产生一个加速度，这个加速度的方向与向心力的方向相同，总是指向圆心。在向心力作用下产生的指向圆心的加速度，称为**向心加速度**（centripetal acceleration）。

根据牛顿第二定律 $F = ma$，以及 $F = m\frac{v^2}{R}$ 和 $F = m\omega^2 R$ 可得到做圆周运动物体的向心加速度的大小为

$$a = \frac{v^2}{R} \text{ 或 } a = \omega^2 R \tag{5-6}$$

在匀速圆周运动中，向心加速度的方向与向心力的方向相同，并始终保持与线速度方向垂直。由于向心加速度的方向随线速度的方向的改变而改变，因此，向心加速度是一个变量。同时，物体做匀速圆周运动时，由于物体在运动方向上没有加速度，所以，线速度的大小保持不变，而向心力作用的结果使物体产生向心加速度，从而改变了线速度的方向。

离心现象 做匀速圆周运动的物体只有时刻受到向心力的作用，才会维持圆周运动。此时，物体所需的向心力应满足关系式 $F = m\frac{v^2}{R}$ 或 $F = m\omega^2 R$。

如果物体的角速度或线速度增大，或者物体受到的向心力变小，则有 $F < m\frac{v^2}{R}$ 或 $F < m\omega^2 R$，那么，物体将不能在原来的圆周上运动，而且物体将逐渐远离圆心而去；如果物体所需的向心力突然消失，即 $F = 0$，那么，物体由于惯性将沿切线方向飞出去，如图 5-12 所示。

做匀速圆周运动的物体，在向心力不足或向心力突然消失时，物体所做的逐渐远离圆心的运动，称为**离心运动**。

离心运动在工程技术中有着广泛的应用，利用离心运动原理制造的机械称为**离心机械**。

例如，离心干燥器是用来甩掉湿性物体中水分的装置，它在纺织厂和家用洗衣机中有着普遍的应用；离心分离器是分离浑浊液体中溶液和固体微粒或分离两种不同密度混合液体的装置，其工作原理是把含有固体微粒的浑浊液体倒入试管中，然后把试管放在能够转动的支架上，如图5-13所示，高速转动支架，试管就跟着高速转动，如果固体微粒密度大，固体微粒就会很快集中在试管底部，这样就把固体微粒与溶液分离开了。此外，牛奶分离器也是根据这个原理将牛奶中的油脂与水分分离的。

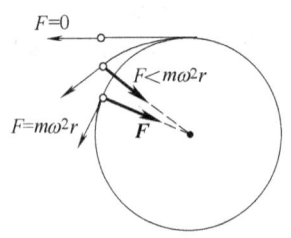

图5-12 离心运动分析示意图

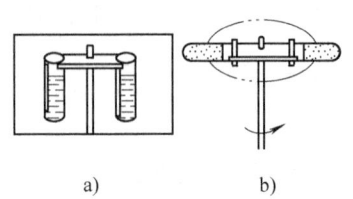

图5-13 离心分离器工作原理示意图
a）静止 b）旋转

任何事物都有两面性，虽然离心现象有着广泛的应用，但有时也会产生危害。例如，在水平公路上行驶的汽车（见图5-14），转弯时所需的向心力是由车轮与路面之间的静摩擦力提供的。如果汽车转弯时车速过大，则所需向心力F就越大，当向心力F大于路面能提供的最大静摩擦力F_{max}时，汽车将做离心运动，从而造成交通事故。因此，汽车在转弯时一定要注意不要超过规定的速度；再如，如果砂轮的转速过大，使得砂轮内黏结剂的黏结力小于做圆周运动所需的向心力，砂轮的某些部分将作离心运动，导致砂轮破裂，从而造成事故，因此，砂轮、飞轮等在运转时都不能超过允许的最大转速。

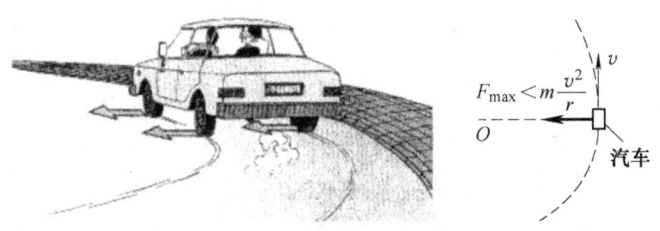

图5-14 公路弯道处行驶的汽车

思考与练习

1. 向心力属于恒力还是变力？
2. 质点做匀速圆周运动时，向心力、向心加速度及线速度三者的方向有何关系？这三个量各有什么特点？
3. 绳的一端拴一重球，手握绳的另一端，重球在光滑的水平桌面上做匀速圆周运动。当角速度一定时，绳子长易断，还是绳子短易断？当线速度一定时，情况又会怎样？为什么？
4. 质量为50g的钢球拴在0.5m长的细绳一端，使其在竖直平面内绕绳的另一端做圆周运动，钢球在最高点的速度是4m/s，在最低点的速度是5m/s，求钢球在最高点和最低点时，细绳受到的拉力各是多大。
5. 为什么游乐场的翻滚过山车以一定的速度通过轨道顶端不会掉下来？是什么力提供了圆周运动的向心力？

6. 我国古典石桥为什么拱形的多，而凹形的少呢？

7. 飞轮的直径是50cm，转速是3.0×10^3 r/min，如果飞轮边缘处有一质量是150g的螺钉，求作用在螺钉上的向心力的大小。

第六节　力矩与力矩的平衡

转动（turn）　力可以使物体发生转动。物体转动时，它的各点都做圆周运动，圆周的中心在同一直线上，这条直线称为**转轴**。门、砂轮、机器的飞轮、电动机的转子等，都是有固定转动轴的物体，它们都能绕转动轴发生转动。能够围绕固定转轴转动的物体称为**有固定转轴的物体**，它们的运动称为**定轴转动**。在力的作用下，如果一个有固定转轴的物体保持静止，则称这个物体处于**转动平衡状态**。

力矩（moment of force）　在日常生产和生活中，常常需要改变物体转动的快慢。怎样才能达到这一目的呢？以推门为例，在离门的转轴不远的地方推门，需要用较大的力才能把门推开，而在离门的转轴较远的地方推门，则用较小的力就能把门推开；用手直接拧螺母，不能把螺母拧紧，而用扳手来拧螺母（见图5-15a），就很容易把螺母拧紧了。通过这些事例可知，使物体发生转动，或改变物体转动的快慢，不仅与力的大小有关，而且与力的作用线到转轴间的垂直距离有关。

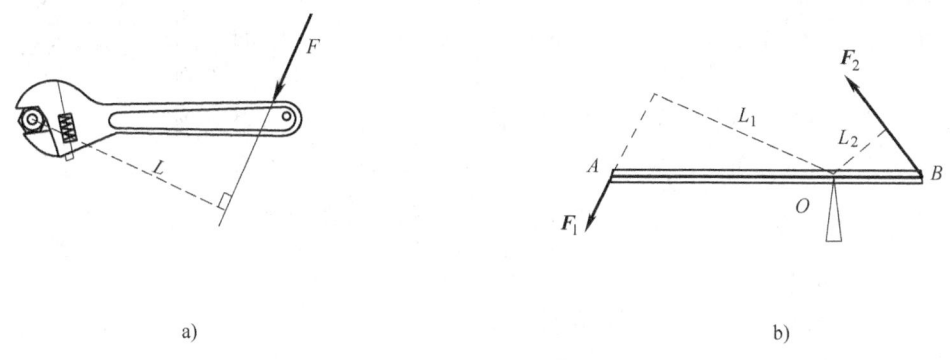

图 5-15　力臂和力矩示意图
a）扳手　b）杠杆

转轴到力的作用线的垂直距离称为**力臂**。如图5-15b 所示，有两个力 F_1 和 F_2 作用在杠杆 AB 上，杠杆的转轴过 O 点垂直于纸面，L_1 是力 F_1 对转轴的力臂，L_2 是力 F_2 对转轴的力臂。力 F 和力臂 L 的乘积称为力对转轴的**力矩**。力矩通常用 M 表示，其计算公式是

$$M = FL \tag{5-7}$$

力矩的单位是由力和力臂的单位决定的。在国际单位制中，力矩的单位是 N·m。

力对物体的转动作用决定于力矩的大小，力矩越大，力对物体的转动作用越大。力为零，力矩也为零，显然不会使物体发生转动。力不为零，但力臂为零，力矩同样为零，这个力对物体就不会有转动的作用。

力矩的平衡　力矩可以使物体沿不同的方向转动，如图5-16中的跷跷板，力 F_1 的力矩 M_1 使杠杆沿逆时针方向转动，力 F_2 的力矩 M_2 使杠杆沿顺时针方向转动。如果这两个力矩的大小相等，杠杆将保持平衡，这是力矩平衡的最简单情形。那么，力矩平衡的一般条件是什

么呢?

实验表明：如果有多个力矩作用在有固定转轴的物体上，当所有使物体沿顺时针方向转动的力矩之和等于所有使物体沿逆时针方向转动的力矩之和时，物体将保持转动平衡。

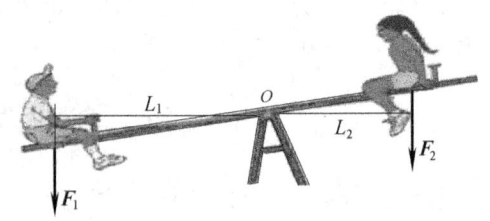

图 5-16 跷跷板

如果把使物体沿逆时针方向转动的力矩规定为正力矩，使物体沿顺时针方向转动的力矩规定为负力矩，则上述结果可表述为：有固定转轴的物体的平衡条件是力矩的代数和等于零，即

$$M_1 + M_2 + M_3 + \cdots = 0 \text{ 或 } M_合 = 0 \tag{5-8}$$

作用在物体上几个力的合力矩为零的情形称为**力矩的平衡**。

力矩平衡在生产和生活中有着广泛的应用，天平和杆秤利用了力矩平衡原理，起重机械中也应用了力矩平衡原理。

例 4 图 5-17 中的 OB 是一根质量均匀的横梁，重量 $G_1 = 80\text{N}$，OB 的一端安在 O 点上，可绕过 O 点且垂直于纸面的轴转动，另一端用钢丝绳 AB 拉着。横梁保持水平，与钢丝绳的夹角 $\theta = 30°$。在横梁的 B 端挂一重物 $G_2 = 240\text{N}$。求钢丝绳对横梁的拉力 F_1 的大小。

分析：横梁 OB 是一个有固定转轴的物体，它在下述三个力矩作用下保持平衡，这三个力矩是：拉力 F_1 的力矩 $F_1 L\sin\theta$，重力 G_1 的力矩 $G_1 \dfrac{L}{2}$，重力 G_2 的力矩 $G_2 L$。因此，根据有固定转轴物体的平衡条件即可求出 F_1 的大小。

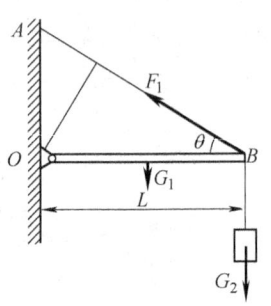

图 5-17 例 4 图

解 根据有固定转轴物体的平衡条件，得

$$F_1 L\sin\theta - G_1 \frac{L}{2} - G_2 L = 0$$

所以

$$F_1 = \frac{G_1 + 2G_2}{2\sin\theta} = \frac{80 + 2 \times 240}{2 \times \dfrac{1}{2}}\text{N} = 560\text{N}$$

答：钢丝绳对横梁的拉力大小是 560N。

思考与练习

1. 火车车轮边缘与制动片之间的摩擦力是 600N，如果车轮的半径是 0.45m，则摩擦力产生的力矩是多大？

2. 以墙上的钉子为支点，把镜框架在钉子上，镜框上端用细绳系在墙上，如图 5-18 所示。试求细绳对镜框的拉力 F 的大小。已知镜框密度均匀，重力是 G，长是 l，镜框与墙的夹角为 θ，细绳与墙面垂直。

3. 图 5-19 所示为一台起重机，起重机与平衡重物共计 $G_1 = 12 \times 10^4\text{N}$，起重机臂重 $G_2 = 2 \times 10^4\text{N}$，其他数据见图中所示。试问起重机最多能吊起多重的货物？（提示：起重机以 O 点为转轴，并保持平衡）

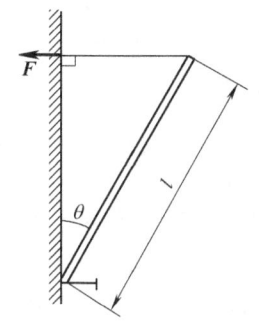

图 5-18　挂在墙壁上的镜框

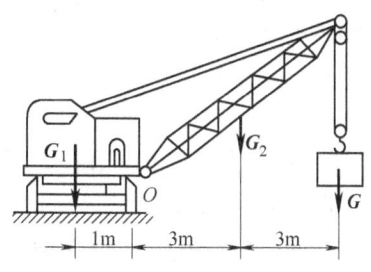

图 5-19　起重机起吊货物示意图

【课外调研活动】　走钢丝的杂技演员，总是用双手横拿着一根又长又重的棍子，请问这是为什么？杂技演员对棍子的长度和质量有什么要求？请查阅相关资料以"物体的平衡"为专题写一篇小论文。

第七节　万有引力定律

在浩瀚的宇宙中有无数大小不一、形态各异的天体，如月亮、地球、太阳、土星（见图5-20）、夜空中的星星、银河系（见图5-21）……由这些无数天体组成的广袤无垠的宇宙始终是人们渴望了解、不断探索的领域。从古到今，天体的运动一直为人们所重视，并进行不断的观察、推测和研究。16 世纪波兰天文学家哥白尼、丹麦天文学家第谷以及德国天文学家开普勒等人，对行星绕日运动进行了长期和细致的观测与计算，找出了行星运动规律。17 世纪英国物理学家牛顿在前人研究成果的基础上，应用力学知识对天体运动进行了深入的研究，成功地解释了天体运动的规律。

图 5-20　土星及其卫星

图 5-21　银河系

牛顿认为太阳对行星的引力是行星围绕太阳运动的原因，并进一步研究了太阳对行星的引力、行星对卫星的引力、地球对地面上物体的引力等，发现它们都是同一种性质的力，遵循相同的规律。同时，牛顿还发现在宇宙中任何物体之间都存在着相互吸引力——**万有引力**（*universal gravitation*），并于 1687 年正式发表了万有引力定律。

万有引力定律　自然界中任何两个物体都是相互吸引的，引力的大小与这两个物体的质量的乘积成正比，与它们之间的距离的二次方成反比，引力的方向在它们之间的连线上，这个定律称为**万有引力定律**(law of universal gravitation)。

如果用 m_1 和 m_2 表示两个质点的质量,用 r 表示它们之间的距离,F 表示这两个质点各自受到的吸引力,那么,万有引力定律可以用下面的公式来表示

$$F = G\frac{m_1 m_2}{r^2} \tag{5-9}$$

公式(5-9)中质量的单位用 kg,距离的单位用 m,力的单位用 N。G 是一个常数,称为引力常量,它适用于任何两个物体,在数值上等于两个质量都是 1kg 的物体相距 1m 时的相互作用力。引力常量的标准值是 $G = 6.67259 \times 10^{-11} \text{N} \cdot \text{m}^2/\text{kg}^2$,通常取 $G = 6.67 \times 10^{-11} \text{N} \cdot \text{m}^2/\text{kg}^2$。

可以推证,质量均匀分布的两个球体间的万有引力,等于质量分别集中在各自球心上的两个质点间的万有引力。

万有引力定律是物体间由于质量而引起的相互吸引力的基本规律。由于万有引力常量的数值很小,所以一般质量较小的物体间的引力是很小的;但是对于天体来说,因它们的质量很大,所以它们之间的引力是相当大的,作为向心力足以使天体做圆周或椭圆运动。

物体间的相互作用总是通过两物体直接接触,或通过中间物体来传递的。在真空中两个物体之间也存在着万有引力。物体之间的万有引力是通过引力场而相互作用的。近代物理学认为,任何物体都在周围空间形成引力场,这种引力场是一种特殊形式的物质。物体同周围引力场的相互作用,引起它们之间的相互吸引。

万有引力定律的发现是 17 世纪自然科学最伟大的成果之一。它把地面上物体运动的规律和天体运动的规律统一起来,对以后物理学和天文学的发展具有深远的影响。它第一次揭示了自然界中一种基本相互作用的规律,在人类认识自然的历史上树立了一座里程碑。

思考与练习

1. 某人的质量 $m = 50\text{kg}$,受到的重力大小是_____ N,他对地球的吸引力的大小是_____ N。
2. 地球半径是 R,地面的重力加速度是 g,则距地面高出 R 的重力加速度是_____;质量是 m 的物体这时所受的重力大小是_____。
3. 设两个物体之间相互吸引力为 F,若将它们之间的距离增大一倍,则它们之间的相互吸引力是( )。
   A. 4F　　　B. 2F　　　C. 0.5F　　　D. 0.25F
4. 两艘货轮相距 $1.0 \times 10^4 \text{m}$,如果它们的质量分别是 $3.0 \times 10^4 \text{t}$ 和 $2.0 \times 10^4 \text{t}$,则它们之间的引力是多大?
5. 一位同学根据向心力公式 $F = m\frac{v^2}{r}$,说如果人造卫星的质量不变,当轨道半径增大到 2 倍时,人造卫星需要的向心力减小为原来的 1/2;另一位同学根据卫星的向心力是对地球的引力,由公式 $F = G\frac{m_1 m_2}{r^2}$ 推断,当轨道半径增大到 2 倍时,人造卫星需要的向心力减小为原来的 1/4。哪位同学的说法对?说错了的同学错在哪里?说明理由。

第八节　人造地球卫星　宇宙速度

地球对周围的物体有引力的作用,因而抛出的物体要落回地面。但是,抛出的初速度越大,物体就会飞得越远。牛顿在思考万有引力定律时就曾设想过,从高山上用不同的水平速

度抛出物体，速度一次比一次大，落地点也就一次比一次离山脚远。如果没有空气阻力，当速度足够大时，物体就永远不会落到地面上来，它将围绕地球旋转。此时，物体受到地球的引力恰好等于物体环绕地球运转所需要的向心力，而成为一颗绕地球运动的人造地球卫星，简称人造卫星。图5-22所示是牛顿著作中所绘的一幅人造卫星飞行的原理图。

人造地球卫星应具有多大的速度，才能绕着地球做匀速圆周运动呢？下面来计算这一速度。设地球的质量是 M，卫星的质量是 m，卫星到地心的距离是 r，卫星运动的速度是 v。由于卫星运动所需的向心力是由万有引力提供的，所以

$$\frac{GMm}{r^2} = \frac{mv^2}{r}$$

由此解出

$$v = \sqrt{\frac{GM}{r}} \qquad (5\text{-}10)$$

图5-22 人造卫星飞行原理示意图

从公式(5-10)中可以看出，卫星距地心越远，它运行的速度越慢。虽然距地面高的卫星运行速度比靠近地面的卫星运行速度小，但是向高轨道发射卫星却比向低轨道发射卫星要困难。因为向高轨道发射卫星，火箭需要克服地球对它的引力做更多的功。

对于靠近地面运行的人造卫星，可以认为此时的 r 约等于地球的半径 R，在公式(5-10)中把 r 用地球半径 R 代入，得

$$v_1 = \sqrt{\frac{GM}{R}} = \sqrt{\frac{6.67 \times 10^{-11} \times 5.89 \times 10^{24}}{6.37 \times 10^6}} \text{m/s} \approx 7.9 \text{km/s}$$

$v_1 \approx 7.9$km/s 就是人造卫星在地面附近绕地球做匀速圆周运动所必须具有的速度，又称**第一宇宙速度**，也称**环绕速度**。

如果人造卫星进入地面附近的轨道速度大于7.9km/s，而小于11.2km/s，它绕地球运动的轨迹就不是圆形，而是椭圆。当物体的速度等于或大于11.2km/s时，卫星就会脱离地球引力的束缚，不再绕地球运行。成为围绕太阳运行的人造卫星，此时它的轨迹是抛物线或双曲线。这个速度称为**第二宇宙速度**，也称为**脱离速度**。

达到第二宇宙速度的物体还受太阳的引力。要想使物体挣脱太阳引力的束缚，飞到太阳系以外的宇宙空间去，必须使它的速度等于或者大于16.7km/s，这个速度称为**第三宇宙速度**，也称为**逃逸速度**，如图5-23所示。

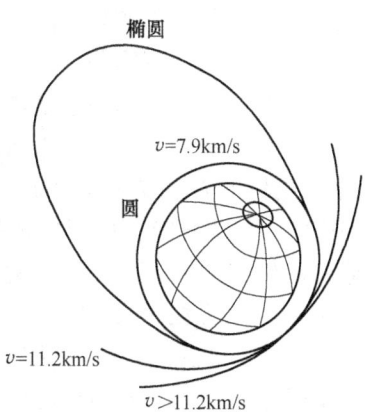

图5-23 人造卫星的轨道与发射速度的关系

物理科学应用实例

发现未知天体 天体是宇宙间各种星体和星际物质的通称，如恒星(包括太阳等)、星云、行星(包括地球火星等)、卫星(包括月球等)、小行星、彗星、流星等。

恒星是由炽热气体组成的、能够自己发光的球状天体或类球状天体。太阳是离地球最近的恒星。古代的天文学家认为恒星在星空的位置是固定的，所以给它起名"恒星"，意思是"永恒不变的星"。其实，恒星并非不动，如太阳就带着整个太阳系在绕银河系的中心不停地高速运动着，只是因为其他恒星离我们实在太遥远了，如果不借助特殊的工具和特殊的方法，很难发现它们在天上的位置变化。

行星是自身不发光的，环绕着恒星运动的天体。一般来说，行星需要具有一定的质量，行星的质量要足够的大（直径必须在 800km 以上，质量必须在 50 亿亿吨以上），以至于它的形状大约是圆球状，质量不够的被称为小行星。行星名字的由来源于它们的位置在天空中不固定，就好像它们在行走一般。

太阳系内肉眼可见的 5 颗行星是：水星、金星、火星、木星、土星。地球是绕太阳公转的行星之一，包括地球在内的九大行星则构成了一个围绕太阳旋转的行星系——太阳系（见图 5-24）。行星本身一般不发光，以表面反射太阳光而发亮。在主要由恒星组成的天空背景上，行星有明显的相对移动。离太阳最近的行星是水星，以下依次是：金星、地球、火星、木星、土星、天王星、海王星、冥王星。

到了 18 世纪，人们已经知道太阳系有 7 颗行星，其中 1781 年发现的第七颗行星——天王星的运动轨道有些"古怪"：根据万有引力定

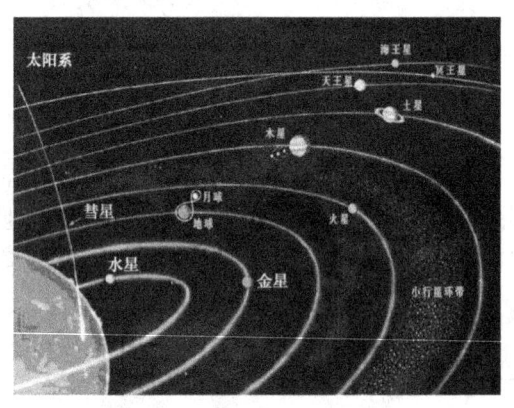

图 5-24　太阳系

律计算出来的轨道与实际观测的结果总有一些偏差。有人据此认为万有引力定律的准确性有问题。但另一些人则推测，在天王星轨道外面还有一颗未发现的行星，它对天王星的吸引使其轨道产生了偏离。到底谁是谁非呢？

英国剑桥大学的学生亚当斯和法国年轻的天文学家勒维耶相信有未知行星的存在。他们根据天王星的观测资料，各自独立地利用万有引力定律计算出这颗"新"行星的轨道。1846 年 9 月 23 日晚，德国的伽勒在勒维耶预言的位置附近发现了这颗行星，人们称其为"笔尖下发现的行星"。后来，这颗行星命名为海王星。

用类似的方法，人们又发现了太阳系及太阳系外的其他天体。1705 年英国天文学家哈雷（1656—1742）根据万有引力定律计算了一颗著名彗星的轨道并正确预言了它的回归。

海王星的发现和哈雷彗星的"按时回归"确立了万有引力定律的地位，也成为科学史上的美谈。诺贝尔物理学奖获得者、物理学家冯·劳厄说："没有任何东西像牛顿引力理论对行星轨道的计算那样，如此有力地树立起人们对年轻的物理学的尊敬。从此以后，这门自然科学成了巨大的精神王国……"

海王星的轨道之外残存着太阳系形成初期遗留的物质，近 100 年来，人们在这里发现了冥王星、卡戎等几个较大的天体。但是，因为距离遥远，太阳的光芒到达那里已经太微弱了，在地球附近很难看出究竟。尽管如此，黑暗寒冷的太阳系边缘依然牵动着人们的心，探索工作从来没有停止过。

人们对于宇宙的认识不是一成不变的。哥白尼时代的宇宙，实际上是指太阳系。随着现

代天文观测手段的不断改进和完善,人们发现银河系是由千亿多颗恒星组成的,太阳只不过是银河系中一颗普通的恒星。近代的观察结果发现:银河系外还有许多像银河系一样的星系,这一系列星系组成了总星系。总星系就是目前人类所认识到的宇宙。

你会了吗?

本章从物体做曲线运动的条件出发,学习了曲线运动的基本知识、运动的合成与分解、平抛运动、匀速圆周运动的基本知识、万有引力定律和人造地球卫星的基本原理。

1. 物体在外力作用下,做曲线运动的条件是什么?
2. 怎样进行运动合成和分解?
3. 平抛运动可以看成哪两个运动的合运动?做平抛运动的物体在空中运动的时间是由什么决定的?它的水平位移又是由什么决定的?
4. 什么叫匀速圆周运动?描述圆周运动的物理量有哪些?它们之间有什么关系?
5. 物体做匀速圆周运动的条件是什么?什么是向心力?什么是向心加速度?它们之间有何关系?
6. 万有引力定律的内容是什么?
7. 人造地球卫星的原理是什么?第一宇宙速度是多少?

复 习 题

一、填空题(将正确答案填写在横线上)

1. 平抛运动可以看做水平方向的_____运动和竖直方向的_____运动的合运动。
2. 钟表上秒针的周期是_____,分针的周期是_____。
3. 匀速转动的轮子边缘有一点 A,距圆心 $R/4$ 处有另一点 B,则 A、B 两点的角速度之比是_____,线速度之比是_____。
4. 一个 3kg 的物体在半径是 2m 的圆周上以 4m/s 的速度运动,向心加速度 $a=$ _____,所需向心力 $F=$ _____。
5. 人造地球卫星的第一宇宙速度是_____,第二宇宙速度是_____,第三宇宙速度是_____。

二、单项选择题(将正确答案的序号填写在圆括弧内)

1. 平抛运动在空中运动的时间决定于( )。
   A. 初速度   B. 距地面高度   C. 物体的质量   D. 初速度和高度
2. 从同一高度沿同方向水平抛出两个物体,它们的初速度之比是1:3,则它们落地时的水平距离之比是( )。
   A. 1:1   B. 1:3   C. 3:1   D. 1:9
3. 物体做匀速圆周运动,不变的量是( )。
   A. 速度   B. 向心加速度   C. 向心力   D. 动能
4. 比较下列物理量,在地球同步卫星的运动与地球自转中不同的是( )。
   A. 线速度   B. 角速度   C. 周期   D. 频率

三、判断题(正确的画"√",错误的画"×")

1. 曲线运动一定是变速运动。( )
2. 直线运动一定是匀速运动。( )
3. 物体在恒力作用下,不可能做曲线运动。( )
4. 平抛运动物体的加速度的大小和方向都不变。( )
5. 匀速圆周运动的向心力不做功。( )
6. 匀速圆周运动的加速度与线速度垂直,并且沿半径指向圆心。( )
7. 绕地球做匀速圆周运动的人造卫星不受重力。( )
8. 地球对月球的吸引力大于月球对地球的吸引力。( )

四、计算题

1. 一载货车和所载的货物总重是 5×10^3 kg,该卡车以 36km/h 的速率通过拱形桥面,桥面的圆弧半径是 50m,求卡车通过桥中央时作用在桥面上的压力是多少。(g 取 10m/s²)

2. 若把一个质量为 36kg 的物体,拿到离地面五分之一地球半径的高空处,这时物体的重力是多少?(g 取 9.8m/s²)

第六章 机械振动与机械波

物体在平衡力作用下可做匀速直线运动；物体在恒力作用下可做匀变速直线运动；物体在大小不变而方向不断改变的向心力作用下可做匀速圆周运动。那么，物体在大小和方向都作周期性变化的回复力作用下，将做什么形式的运动呢？

通过实践与研究发现，物体在大小和方向都做周期性变化的回复力作用下，将作机械振动。其中，简谐振动是最基本、最简单的振动。机械振动现象在生活和生产中随处可见，如钟摆的振动、荡秋千（见图6-1）、树枝的随风摇摆、机床运转时的振动等。通过本章内容的学习，了解简谐振动的特点以及如何描述简谐振动，为认识受迫振动、共振现象及机械波等奠定基础。

图6-1 荡秋千

机械振动与机械波理论是声学、光学、无线电学、电工学等的理论基础，涉及音乐、造船、机械制造、医疗、国防、动物交流、防治噪声污染等方面。认真学习机械振动与机械波知识，可以更好地认识机械振动与机械波的利弊，解释一些与振动相关的自然现象。

第一节 简谐振动

机械振动 如图6-2a所示，在弹簧一端挂一个物体，拉一下物体，它就以原来的平衡位置为中心做上下往复运动。物体在平衡位置附近所做的往复运动，称为**机械振动**，通常简称为**振动**(*vibration*)。

振动现象在自然界中是广泛存在的，如钟摆的摆动（见图6-2b）、声音的传播、水中浮标的上下浮动、担负物品行走时扁担的颤动、地震等，这些现象都是振动。

简谐振动 如图6-3所示，把一个有孔的小球安装在弹簧的一端，弹簧的另一端固定，小球穿在光滑的水平杆上。小球和水平杆之间的摩擦力可忽略不计，弹簧的质量比小球的质量小得多，也可忽略不计。这种理想化的装置称为**弹簧振子**，其中小球称为**振子**。

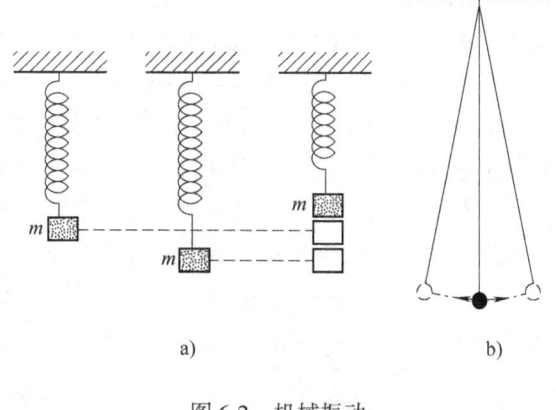

图6-2 机械振动
a) 弹簧振子 b) 钟摆

振子静止在O点时，弹簧没有发生形变，对振子没有弹力的作用，O点是振子的平衡位置，把振子拉到平衡位置右方的A点，然后放开，观察弹簧振子的振动情况。

由实验可以看到，振子以 O 点为中心在水平杆上做往复运动。振子由 A 点开始运动，经过 O 点运动到 A' 点，由 A' 点再经过 O 点回到 A 点，且距离 OA 等于 OA'。此后，振子不停地重复这种往复运动。下面来分析振子的受力的情况。

振子在振动过程中，所受的重力和支持力平衡，对振子的运动没有影响。影响振子运动的只有弹簧的弹力，这个力的方向与振子偏离平衡位置的位移方向相反，总指向平衡位置，它的作用是使振子能返回平衡位置，所以将其称为**回复力**(restoring force)。

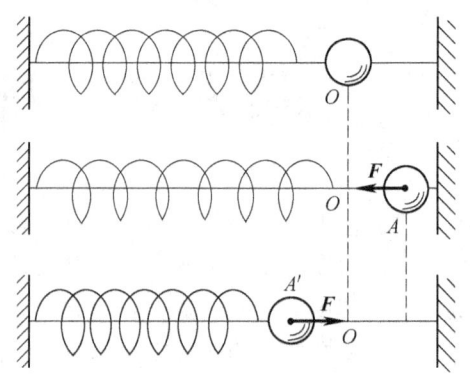

图 6-3 简谐振动实验

根据胡克定律，弹簧的弹力 F 与弹簧的伸长量 x 成正比，即与小球离开平衡位置的距离成正比，即

$$F = -kx$$

式中，k 是比例常数，对于弹簧振子来说，就是弹簧的劲度系数。式中负号表示回复力的方向与振子偏离平衡位置的位移方向相反。

物体在与偏离平衡位置的位移大小成正比且总指向平衡位置的回复力的作用下产生的振动，称为**简谐振动**(simple periodic motion)。

根据牛顿第二定律可知，做简谐振动的物体的加速度与物体偏离平衡位置的位移大小成正比，方向与位移的方向相反，总指向平衡位置。

各种不同的机械振动都需要用位移、速度、加速度等物理量来描述，但是不同的运动具有不同的特点，需要引入不同的物理量来表示这种特点，如描述圆周运动时引入了角速度、周期、转速等物理量。描述简谐振动也需要引入新的物理量，这就是振幅、周期和频率。

振幅 简谐振动的物体总是在一定范围内运动的。如图 6-3 所示，振子在水平杆上的 A 点和 A' 点之间做往复运动，振子离开平衡位置的最大距离是 OA 或者 OA'。振动物体离开平衡位置的最大位移的绝对值，称为简谐振动的**振幅**。在图 6-3 中，OA 或者 OA' 的大小就是弹簧振子的振幅。振幅是表示简谐振动强弱的物理量。

周期和频率 简谐振动具有周期性，在图 6-3 中，如果振子由 A 点开始运动，经过 O 点运动到 A' 点，再经过 O 点回到 A 点，就说它完成了一次**全振动**。此后振子会不停地重复这种往复运动。实验表明，弹簧振子完成一次全振动所用的时间是相同的。

做简谐振动的物体完成一次全振动所需要的时间，称为振动的**周期**。做简谐振动的物体单位时间内完成的全振动的次数，称为简谐振动的**频率**。

周期和频率都是表示振动快慢的物理量。周期越短，频率越高，表示振动越快。若周期用 T 表示，频率用 f 表示，则它们之间的关系是

$$f = \frac{1}{T} \text{ 或 } T = \frac{1}{f}$$

在国际单位制中，周期的单位是秒(s)，频率的单位是赫兹，简称赫，符号是 Hz。

$$1\,\text{Hz} = 1\,\text{s}^{-1}$$

振子完成一次全振动所用的时间是相同的，如果改变弹簧振子的振幅，弹簧振子的周期

或频率是否改变呢?

观察弹簧振子的运动可以发现,开始拉伸(或压缩)弹簧的程度不同,振动的振幅也就不同,但是对同一个振子,振动的频率(或周期)却是一定的。理论和实践证明,弹簧振子的周期由下式确定

$$T = 2\pi\sqrt{\frac{m}{k}} \tag{6-1}$$

由此可见,弹簧振子的周期与质量的二次方根成正比,与弹簧的劲度系数的二次方根成反比,而与振幅无关。公式(6-1)对其他简谐振动也适用,只是 k 的含义有所不同。

简谐振动的频率由振动系统本身的性质决定,如弹簧振子的频率由弹簧的劲度系数和振子的质量决定,与振幅的大小无关,因此,简谐振动的频率又称为振动系统的**固有频率**。

简谐振动的能量 弹簧振子在振动过程中动能和势能不断地发生转化。在平衡位置时,动能最大,势能最小;在位移最大时,势能最大,动能为零。在任意时刻动能和势能的总和,就是振动系统的总机械能。弹簧振子是在弹力或重力的作用下发生振动的,如果不考虑摩擦力和空气阻力,只有弹力或重力做功,那么,振动系统的机械能守恒。振动系统的机械能与振幅有关,振幅越大,机械能就越大。

对简谐振动来说,一旦供给振动系统以一定的能量,使它开始振动,由于机械能守恒,它就以固定的振幅永不停息地振动下去,这种振动称为**自由振动**。简谐振动是一种理想化的振动。

物体做自由振动时,其振幅不随时间变化,是等幅振动,如图 6-4a 所示。物体做自由振动的周期或频率等于本身的固有周期或固有频率。

阻尼振动 实际的振动系统不可避免地要受到摩擦力或其他阻力,即受到阻尼作用。系统克服阻尼作用做功,系统的机械能就要损耗,系统的机械能随着时间的推移而逐渐减少,振动的振幅也逐渐减小,待到机械能耗尽之时,振动就停止了。这种振幅随着时间而逐渐减小的振动,称为**阻尼振动**(*damped vibration*)。图 6-4b 所示是阻尼振动的图像。

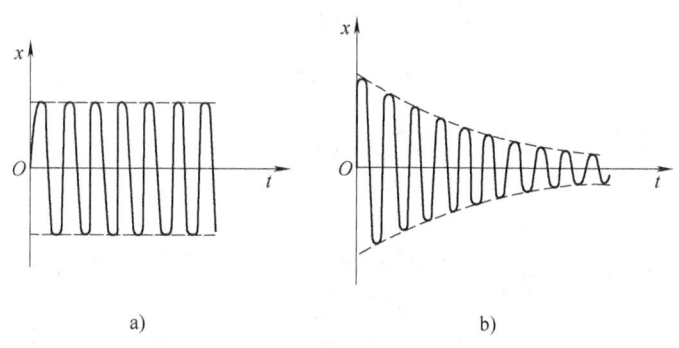

图 6-4 等幅振动与阻尼振动的图像
a) 等幅振动 b) 阻尼振动

振动系统受到的阻尼越大,振幅减小得越快,振动停下来也越快,阻尼过大时,系统将不能发生振动。反之,阻尼越小,振幅减小得越慢。当阻尼很小时,在一段不太长的时间内看不出振幅有明显的减小,就可以把它作为简谐振动来处理,前面关于简谐振动的演示就属于这种情形。

思考与练习

1. 简谐运动有什么特征？为什么说它不是匀变速直线运动？
2. 两个物体的振动周期分别是 0.4s 和 10s，它们的频率是多大？
3. 在图 6-3 中，振子在平衡位置 O 左右各 6cm 的范围内振动。问：(1) 它的振幅是多少？(2) 如果在 5s 内振动 20 次，那么振子的周期和频率各为多少？(3) 如果振子振幅减少到 2cm，那么振子的周期又为多少？(4) 从振子离开平衡位置向右运动开始计时，那么经过 3/4 周期时，振子在什么位置？
4. 弹簧振子的质量 $m = 0.1$ kg，在弹力的作用下，以 $f = 2$ Hz 的频率进行振动。求弹簧的劲度系数 k。

第二节 单摆与单摆的周期

单摆 在生活中经常可以看到悬挂起来的物体在竖直平面内做摆动，如图 6-5 所示。如果悬挂小球的细线的伸缩和质量可以忽略，线长又比球的直径大得多，这样的装置就称为**单摆**(simple pendulum)。单摆是实际摆的理想化的物理模型。

摆球静止在 O 点时，悬线竖直下垂，摆球所受重力 G 和悬线的拉力 F' 彼此平衡，O 点是单摆的平衡位置。拉开摆球，使它偏离平衡位置，然后放开，摆球所受的重力 G 和拉力 F' 不再平衡，在这两个力的共同作用下，摆球将沿着以平衡位置 O 为中点的一段圆弧 AA' 做往复运动。这就是单摆的振动。

在研究摆球沿圆弧运动的情况时，可以不考虑与摆球运动方向垂直的力，而只考虑沿摆球运动方向的力。当摆球运动到任一点 P 时，重力 G 沿圆弧切线方向的分力 $G_1 = mg\sin\theta$ 是沿摆球运动方向的力，正是这个力提供了使摆球振动的回复力。

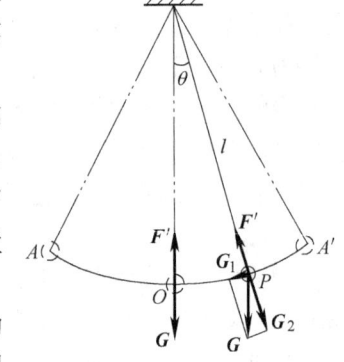

图 6-5 单摆示意图

$$F = G_1 = mg\sin\theta$$

当偏角 θ 很小(5°以下)时，$\sin\theta \approx x/l$，所以单摆的回复力是

$$F = -\left(\frac{mg}{l}\right)x$$

其中，l 是摆长；x 是摆球偏离平衡位置的位移；负号表示回复力 F 与位移 x 的方向相反。由于 m、g、l 都有确定的数值，mg/l 可以用一个常数表示，因此，上式可以写成

$$F = -kx$$

可见，在偏角很小的情况下，单摆所受的回复力与偏离平衡位置的位移成正比，而回复力的方向与位移的方向相反，并且单摆做简谐振动。

单摆振动的周期 单摆的振动周期与哪些因素有关呢？下面通过实验研究这个问题。

取一个摆长约 1m 的单摆，在偏角很小(如 5°以下)的情况下，测出它振动一定次数(如 50 次)所用的时间，算出单摆的振动周期。在偏角更小的情况下，同样测出单摆的振动周期。实验表明，两次测出的振动周期是相等的。大量实验表明，单摆的周期与单摆的振幅没有关系，这种性质称为单摆的**等时性**。

取摆长不同的单摆，分别测出它们的振动周期。实验表明，摆长越长，周期越大。

选用大小相同、质量不同的摆球，重做测定单摆振动周期的实验。实验表明，单摆的振动周期与摆球的质量没有关系。

荷兰物理学家惠更斯(1629—1695)研究了单摆的振动，发现单摆做简谐振动的周期 T 与摆长 l 的二次方根成正比，与重力加速度 g 的二次方根成反比，与振幅、摆球的质量无关，并且确定了如下的单摆振动周期公式

$$T = 2\pi \sqrt{\dfrac{l}{g}} \tag{6-2}$$

单摆有很多用途，如惠更斯利用单摆的等时性发明了带摆的计时器，摆的振动周期可以通过改变摆长来调节，计时很方便。单摆的振动周期和摆长容易用实验准确地测定出来，所以可利用单摆准确地测定各地的重力加速度。

简谐振动的图像　做简谐振动的物体，它的运动情况可以用图像直观地表示出来。

在平面直角坐标系中，用横坐标表示时间 t，用纵坐标表示振动物体对平衡位置的位移 x，选好原点，规定好坐标轴上的标度，根据各个时刻振动物体位移的方向和大小，就可以在坐标平面上确定一系列的点。将这些点用平滑的曲线连接起来，就得出简谐振动的图像。

利用图 6-6 的砂摆装置可以直接演示简谐振动的图像。砂摆装置的主要部分是一个盛砂的漏斗，它在一个固定的竖直平面内振动。在漏斗下面，放一张中央画有一条直线的薄木板(或硬纸板)，在放置薄木板的时候，要使砂摆的平衡位置正好在直线的上方。匀速地拉动薄木板，并且保持木板的直线总是在

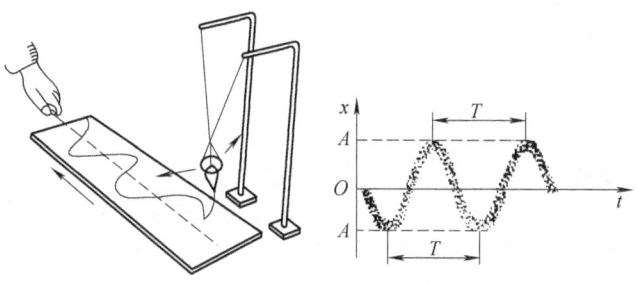

图 6-6　简谐振动的图像

砂摆的平衡位置下方通过。从振动漏斗中漏出的砂流在薄木板上形成的曲线，就显示出砂摆的位移随时间而变化的关系。木板上的直线就是图像的时间轴(根据漏斗的振动周期，还可以确定时间标度)，纵坐标表示漏斗对平衡位置的位移。这条曲线就是漏斗的简谐振动图像，它可以显示漏斗的最大振幅、周期以及漏斗在任意时刻的位移。

从砂流形成的图像上可以看出，简谐振动图像是余弦曲线(或正弦曲线)。

【小制作】　根据所学知识，自己制作一个周期是 2s 的单摆，并利用 $T = 2\pi \sqrt{\dfrac{l}{g}}$ 计算出学校所在地的重力加速度。

思考与练习

1. 一个周期是 T 的单摆，摆长是 l，摆球质量是 m，当把摆长改为 $2l$，摆球质量改为 $2m$ 时，它的振动周期是(　　)。

　　A. T　　　　　　B. $2T$　　　　　　C. $\sqrt{2}T$　　　　　　D. $\dfrac{T}{2}$

2. 把座钟从赤道运到北极，它将变快还是变慢？

3. 假如把单摆和弹簧振子都从地球移到月球上，它们的振动频率是否改变？为什么？

第三节 受迫振动 共振

受迫振动 阻尼振动最终要停下来，那么，怎样才能得到持续的周期性振动呢？最简单的办法是用周期性的外力作用于振动系统，通过外力对系统做功从而补偿系统的能量损耗，使系统持续地振动下去。这种周期性的外力称为**驱动力**（driving force）。物体在周期性的外驱动力作用下的振动称为**受迫振动**（forced vibration）。跳水运动员踩踏跳板时，跳板发生的振动；机器底座在机器运转时发生的振动；定期给时钟摆紧发条等，都是受迫振动的实例。受迫振动的频率与什么有关呢？

【演示实验】 如图6-7所示，当小电动机匀速地转动弹簧振子上的曲轴时，曲轴给弹簧振子以驱动力，使振子做受迫振动。这个实验装置的驱动力的驱动周期与曲轴转动的周期是相同的。用不同的转速匀速地转动曲轴，可以看到，振子做受迫振动的周期总是等于驱动力的周期。

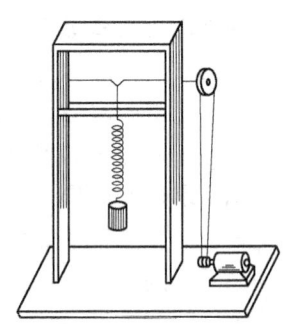

图6-7 受迫振动演示实验装置

实验表明，物体做受迫振动时，振动稳定后的频率等于驱动力的频率，与物体的固有频率没有关系。

共振 虽然物体做受迫振动的频率与物体的固有频率无关，但是当驱动力的频率接近系统的固有频率或与固有频率相差很大时，振动的情况却大为不同。

【演示实验】 如图6-8所示，在一根张紧的绳子上挂几个摆，其中 A、B、G 的摆长相等。当 A 摆振动的时候，通过张紧的绳子给其他各摆施加驱动力，使其余各摆做受迫振动。驱动力的频率等于 A 摆的频率，其他各摆的固有频率决定于摆长。

实验表明：固有频率与驱动力频率相等的 B 摆和 G 摆振幅最大；固有频率与驱动力频率相差最大的 D 摆，振幅最小。

图6-9所示的曲线表示受迫振动的振幅 A 与驱动力的频率 f 之间的关系。可以看出：当驱动力的频率 f 等于振动物体的固有频率 f' 时，振幅最大；驱动力的频率 f 与固有频率 f' 相差越大，则振幅越小。

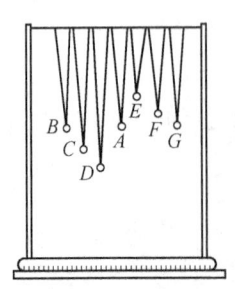

图6-8 共振研究实验装置

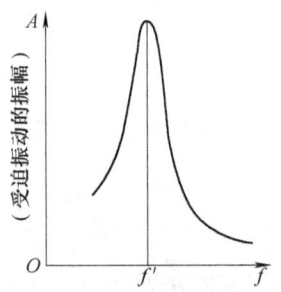

图6-9 受迫振动的振幅与驱动频率的关系曲线

当驱动力的频率等于物体的固有频率时，受迫振动的振幅最大，这种现象称为**共振**(resonance)。

共振现象的应用 共振现象在生产的许多领域都有应用。例如，测定转速的共振转速计就是利用共振原理制作的。在共振转速计的同一支架上固定了许多长度不同的钢片，共振转速计与开动的机器紧密接触，发动机的转动就会引起转速计轻微地振动，这时只有固有频率与发动机的转速一致的那个钢片，才有显著的振幅，读出其固有频率，就可以知道机器的转速。

又如，在修造桥梁时，需要把管柱插入江底作为基础，如果使打桩机打击管柱的频率与管柱的固有频率一致，管柱就发生共振现象而激烈地振动，从而使管柱周围的泥沙松动，因此，管柱就可以比较容易地插入江底。

声音的共鸣 如图 6-10 所示，取两个频率相同的音叉 A 和音叉 B，相隔不远并排放在桌上，打击音叉 A 的叉股，使它发声。过一会儿，用手按住音叉 A 的叉股，使它停止发声，此时，可听到没有被敲响的音叉 B 在发出声音。

如果在音叉 B 的叉股上套上一个套管，改变音叉 B 的固有频率，重做上面的实验，就听不到音叉 B 发出的声音了。

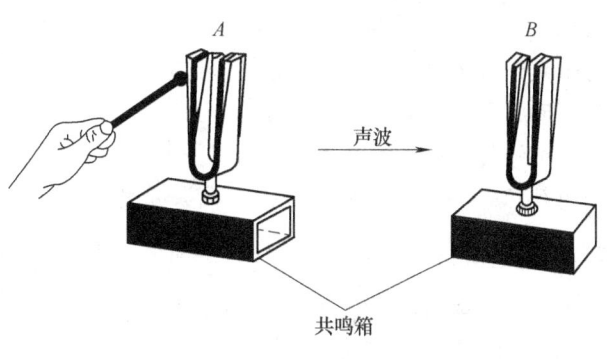

图 6-10　声音共鸣实验

音叉 A 的叉股被敲时产生振动，在空气中激起声波，声波传到音叉 B，给音叉 B 以周期性的驱动力，由于这两个音叉的频率相同，所以，这个周期性的驱动力的频率等于音叉 B 的固有频率，使音叉 B 发生共振，从而发出声音。声音的共振现象通常称为共鸣。改变音叉 B 的固有频率，就不会发生共鸣了。

音叉下面所装的空箱，称为**共鸣箱**，音叉发声时，共鸣箱发生共鸣，可以使音叉的声音增强。

共振现象的危害 每个事物都有两面性，共振现象虽然在生产的许多领域具有良好的应用，但在某些领域共振现象却可能造成危害。例如，当大部队或火车过桥时，部队整齐的步伐或火车对钢轨接头处的冲击，都是周期性的驱动力。如果驱动力的频率接近桥梁的固有频率，就会发生共振现象，导致恶性事故发生。因此，大部队过桥时要便步行走，火车过桥时要稍微慢行，以便使驱动力的频率小于桥的固有频率。

又如，在机器工作中，工件的运动也会产生周期性的驱动力。如果驱动力的频率接近机器本身或机器底座的固有频率，就会发生共振现象，从而损坏机器或其底座。因此，需要加大机器底座的重量或控制机器的转速，使驱动力的频率不与机器的固有频率一致，从而避免共振现象发生。

思考与练习

1. 物体做受迫振动的频率取决于什么？在什么条件下，物体就发生共振现象？
2. 磬是一种古代乐器，唐代洛阳的一座庙里，磬常常自鸣，和尚们都很害怕；其中有个和尚知道这是别处敲钟时引起的，后来他把磬锉了几个缺口，于是磬就不再自鸣了。请说说其中的道理。

3. 一弹簧振子的固有频率是 5Hz，在周期是 0.1s 的驱动力作用下，弹簧振子的振动达到稳定状态，弹簧振子的振动周期是_____s，为了使弹簧振子的振动最剧烈，应把驱动力的周期变为_____s。

4. 固定在木质底座上的小型电动机，切断电源后，其转速会逐渐减小，直至停止。在电动机的停止过程中，底座会在短暂的一段时间内出现振动得很剧烈的现象，这是什么原因造成的？

5. 火车行驶经过钢轨接头时，即受到一次冲击力，使车厢在减振弹簧上发生振动。已知车厢振动的固有周期是 0.6s，每段钢轨的长度是 12.6m。问火车速度多大时，车厢振动得最强烈？

第四节　机械波　横波　纵波

【观察与分析】　如图 6-11 所示，向平静的水中投一颗石子，水面受到石子的撞击，开始振动，这种振动并不停留在一点，而是以水波的形式向四周传去，不要多久，离石子落点较远的水面，也振动起来。

把绳的一端固定，用手拿着另一端上下摆动，如图 6-12a 所示，从左端看去，就会看到一列凸凹相间的波向绳子的另一端传去。同时，每隔 $\frac{1}{4}$ 周期，可以画出绳上各点波形的变化情况，如图 6-12b 所示。

图 6-11　水波

把螺旋弹簧用细线水平悬挂起来，在它的左端连接一个固定在钢片上的金属球，如图 6-13a 所示。当金属球在钢片的弹力作用下，沿着

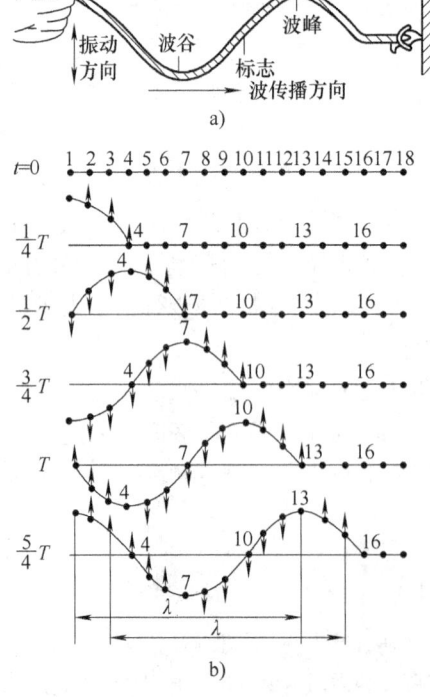

图 6-12　沿绳传出凹凸相间的波

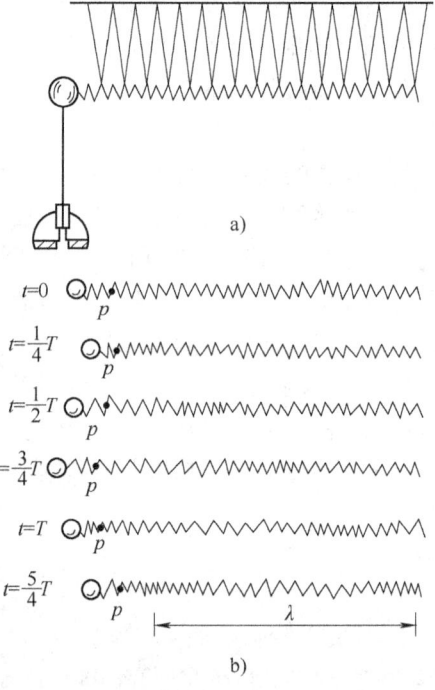

图 6-13　沿弹簧传出疏密相间的波

弹簧的方向左右振动时，弹簧上与金属球连接的部分就受到周期性的压缩与拉伸，一会儿变密，一会儿变疏。这种疏密不均的状态在弹簧上自左向右传播，形成一列疏密相间的波。同样，每隔 $\frac{1}{4}$ 周期，可以画出弹簧上各点波形的变化情况，如图 6-13b 所示。

从上述三个例子可以看出，由于外来力的扰动，在水、绳子和螺旋弹簧上某一点引起的机械振动，会沿着这些物体传播。水、绳子、螺旋弹簧就成为传播振动的媒介物。这种传播振动的媒介物称为**媒质**。

机械波 机械振动在媒质中的传播过程，称为**机械波**，简称波(*wave*)或波动。波是以振动形式传播的，波的频率等于波源的振动频率。为什么媒质中某一点发生的振动能向各个方向传播呢？这是由媒质本身的性质决定的。媒质可以看成是由大量质点构成的物质，相邻的质点间都有弹力相互作用。当媒质中的某一质点发生振动时就会带动它周围的质点振动起来，这些质点的振动又会带动各自周围的质点发生振动，这样振动就在媒质内逐渐传播开来。

波是传递能量的一种方式。仔细观察在水波中振荡的树叶、枝条就会发现，它们并没有随波逐流，而只是在原来的位置上下浮动。绳上的凸凹波和弹簧上的疏密波也是一样，各个质点仅在原来的平衡位置附近做往复运动，并没有随着波一起向前移动。这表明媒质虽然能够以波的形式把振动传播出去，但媒质中的物质本身并没有随着波一起迁移。

本来是静止的质点，随着波的传来而开始振动，这表明它获得了能量。质点获得的这部分能量是从波源传来的，所以波在传播振动的同时，也将波源的振动能量传递出去。波是传递能量的一种方式。

按照质点振动方向与波的传播方向之间的关系，可以将波分成横波和纵波。

横波 在图 6-12 所示绳上的凸凹波中，质点上下振动，波向右传播。质点的振动方向与波的传播方向垂直的波，称为**横波**(*transverse wave*)。在横波中，凸起部分通常称为**波峰**，凹下部分通常称为**波谷**。

横波的图像 横波的运动规律也可以用图像来表示。在平面直角坐标系中，用横坐标表示媒质中各个质点的平衡位置，用纵坐标表示某一时刻各个质点离开平衡位置的位移，连接各位移矢量的末端，所得到的曲线称为**波的图像**。图 6-14a 表示某一时刻绳上的一列横波，图 6-14b 是它的图像，该图像呈现正弦曲线(或余弦曲线)特征。通过比较图 6-14a 和图 6-14b 可以发现，波的图像不仅能直观地表示横波在某一时刻的波形，而且还可以表示各个质点在某一时刻的位移。另外，在波的传播方向上达到正向最大位移的质点和达到负向最大位移的质点交替出现。前者所在位置是波峰，后者所在位置是波谷。

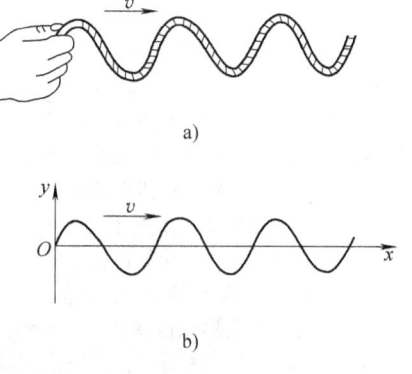

图 6-14 横波的图像

纵波 在图 6-13 所示的螺旋弹簧上的疏密波中，质点左右振动，波向右传播。质点的振动方向与波的传播方向在同一直线上的波，称为**纵波**(*longitudinal wave*)。在纵波中，质点分布较密的部分称为**密部**，质点分布较稀的部分称为疏部。

关于纵波的图像比较难理解，这里不做介绍，感兴趣的同学可以自己进行分析。

【地震知识】 如图 6-15 所示，地震波发源的地方称为震源。震源在地面上的垂直投影，即地面上离震源最近的一点称为震中，它是接受振动最早的部位。震中到震源的深度称为震源深度。通常将震源深度小于 70km 的地震称为浅源地震，深度在 70～300km 的地震称为中源地震，深度大于 300km 的地震称为深源地震。同样大小的地震，由于震源深度不一样，对地面造成的破坏程度也不一样。震源越浅，破坏越大，但波及范围也越小；震源越深，则情况相反。

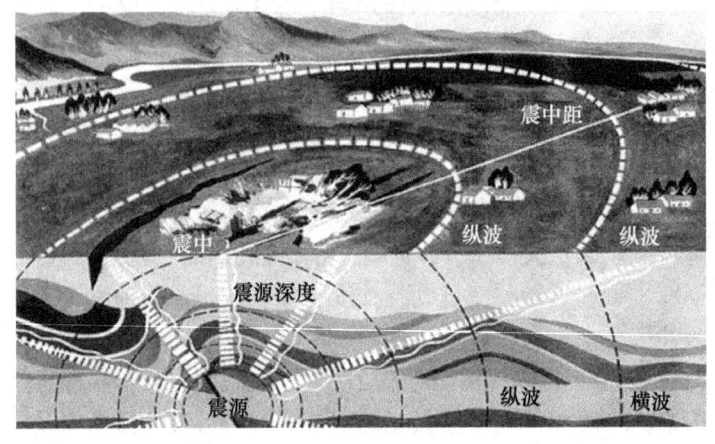

图 6-15　地震知识图解

地震所引起的地面振动是一种复杂的运动，它是由纵波和横波共同作用的结果。在震中区，纵波使地面上下颠动，横波使地面水平晃动。由于纵波传播速度较快，衰减也较快，横波传播速度较慢，衰减也较慢，因此离震中较远的地方，往往感觉不到上下跳动，但能感觉到水平晃动。地震时引起的横波和纵波的速度不同，它们不能同时到达地面上的同一点，因此，监测横波和纵波到达的时间差可以确定地震的中心。

思考与练习

1. 机械振动在_____中的_____过程，称为机械波。
2. 质点的_____方向与波的传播方向_____的波，称为横波。
3. 质点的_____方向与波的传播方向在_____直线上的波，称为纵波。
4. 关于波，下列说法错误的是(　　)。
 A. 随着波的传播，质点也发生了迁移
 B. 各质点只在平衡位置附近振动，并不发生迁移
 C. 波的传播伴随着能量的传递
 D. 波是以振动形式传播的，波的频率等于波源的振动频率
5. 当附近的爆炸声传来，窗户上的玻璃"咯咯"作响，这种现象表明了空气中的声波是什么波？

第五节　波长、频率、波速的关系

下面来研究图 6-12 中横波的传播情况。由质点 1 发出的振动传播到质点 13 后，质点 13

的振动与质点 1 的振动步调完全一致：这两个质点在振动过程中的任何时刻，对平衡位置的位移总是相同的。同样，质点 2 和质点 14，质点 3 和质点 15 等，在振动中的任何时刻对平衡位置的位移也总是相同的。

两个相邻的、在振动过程中对平衡位置的位移总是相同的质点间的距离，称为**波长**（*wave length*）。波长通常用字母 λ 表示。

在横波中，两个相邻的波峰间的距离或两个相邻的波谷间的距离，都等于波长，如图 6-16a 所示。

在纵波中，两个相邻的密部间的距离或两个相邻的疏部间的距离，都等于波长，如图 6-16b 所示。

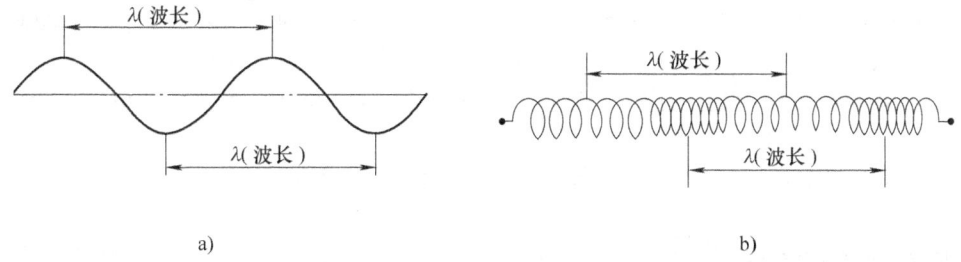

图 6-16　横波与纵波中的波长
a）横波中的波长　b）纵波中的波长

在图 6-12 中还可以看到，质点 1 振动一个周期后质点 13 开始振动，所以振动在一个周期里，在媒质中传播的距离等于一个波长。由此可以得出波的传播速率是

$$v = \frac{\lambda}{T} \tag{6-3}$$

由于振动周期 T 与振动频率 f 互为倒数，即 $f = \frac{1}{T}$，所以公式 (6-3) 又可以写成

$$v = f\lambda$$

即波速等于波长和频率的乘积。这个关系虽然是从机械波得到的，但是它对于以后将要学习的电磁波、光波也是适用的。

频率、波速和波长是描述波的特征的三个物理量。机械波在同一媒质中是匀速传播的，其频率（或周期）等于波源的振动频率（或周期），波速决定于媒质本身的性质，波长则由频率和波速共同决定。同一频率的波在不同媒质中传播时，波速和波长并不相同。

例如，声波在空气中的传播速度是 340m/s，而在水中的传播速度是 1450m/s。但声波的频率却不随媒质改变而有所变化，其频率是由振源决定的。

例 1　有一振源的频率是 340Hz，如果其在媒质甲中的传播速度是 340m/s，则其在媒质甲中的波长是多少？如果其在媒质乙中传播时的波长是 3m，则其在媒质乙中传播时的速度和频率又是多少？

解　波的频率是由振源决定的，不随媒质的变化而变化。因此，波在媒质甲和媒质乙中传播时的频率相同，即 $f_甲 = f_乙 = 340$Hz。

$$\lambda_甲 = \frac{v_甲}{f_甲} = \frac{340}{340}\text{m} = 1\text{m}$$

$$v_乙 = \lambda_乙 f_乙 = 3 \times 340 \text{m/s} = 1020 \text{m/s}$$

答：波在媒质甲中的波长是 1m；波在媒质乙中传播时的速度是 1020m/s，频率是 340Hz。

思考与练习

1. 在波的传播过程中不变的物理量是(　　)。
   A. 频率　　　　B. 波速　　　C. 波长　　　D. 都不变

2. 频率是 10Hz，波长是 0.7m 的波，其传播速度是多少？

3. 每秒钟做 100 次全振动的波源产生的波，它的频率和周期各是多少？

4. 机械波在同一媒质中是_____传播的，其频率(或周期)等于_____的振动频率(或周期)，波速决定于媒质本身的性质，波长则由频率和波速共同决定。同一列波，在不同媒质中传播时，频率_____变，波长和波速_____变。

5. 在 100m 赛跑中，站在终点的计时员如果是在听到发令枪声后开始计时，试分析他记录的成绩有多大误差？

6. 频率是 10000Hz 的声音，由空气中传入水中，声音在水中传播的速度是 1450m/s，试分析声音的波长变化情况。

7. 地震波的纵波和横波在地表附近的传播速度分别是 9.1km/s 和 3.7km/s。在一次地震监测中，某一地震监测中心记录的纵波和横波的到达时间相差 5.0s，试分析地震源距离地震监测中心的距离大约是多少？

第六节　波传播过程中发生的现象

波的叠加原理　上一节讨论了在媒质中只有一个波源产生的波的传播情况。当媒质中有两个或两个以上的波源时，每个波源所产生的波会不会因其他波的存在而改变其传播规律呢？下面举例说明这个问题。例如，在音乐厅里可以听到各种乐器同时发出的声波；在教室里可以听到几个同学同时讲话的声波，向平静的水池里同时仍进去两个石子，会发现水池里有两列环形波独立传播。再看图 6-17 的情形，如果在绳子的左端发出波 1，右端发出波 2，而且波源经 1/2 周期停止振动，这时就会有如图 6-17a 所示的两列波沿绳相向传播。波 1 和波 2 相遇并相互穿过后，仍保持原有的波形和传播方向继续向前传播，如图 6-17e 所示。以上事例说明：几列波在同一媒质中相遇时，可以互不影响，仍保持各自的传播规律，这是波的重要性质之一。

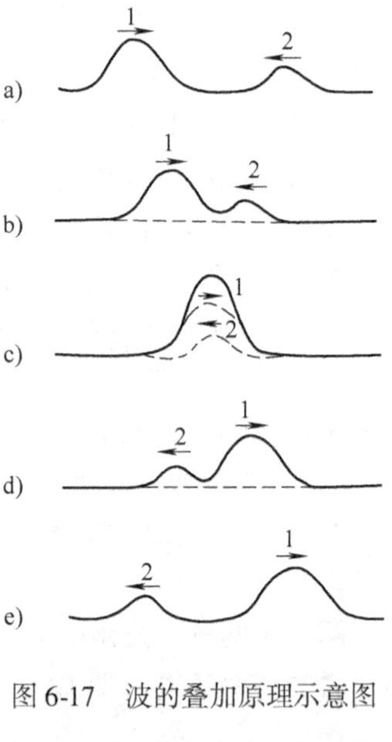

如图 6-17c 所示，在两列波相遇的区域，各列波将同时激起那里的质点的振动，任何一个媒质质点的总位移都等于两列波分别激起的位移的矢量和，这一规律称为**波的叠加原理**。这是波的另一个重要性质。

图 6-17　波的叠加原理示意图

由于两列波相遇时，相遇区域里质点的振动是各列波在该点激起的振动的合成，因此，相遇区域里一些点的振动可能加强，一些点的振动可能减弱。某时刻两列波的波峰或波谷同时到达某点，则该点的振动加强，它的振幅为这两列波在该点的振幅之和。相反，在另一些点，如果一列波的波峰和另一列波的波谷同时到达，则它们的振动减弱，其振幅为这两列波在该点的振幅之差。

一般来说，频率、振动方向等都不相同的几列波相遇时，叠加的情况是十分复杂的。这里只讨论一种最简单的情况：即两个频率相同，振动方向也相同的波源产生的两列波的叠加情况。

波的干涉 振动频率相同，振动方向也相同的波源称为**相干波源**。相干波源产生的波称为**相干波**（coherent wave）。

把两根金属丝固定在金属薄片上，让两根金属丝的下端刚刚与水面接触，当金属薄片振动起来的时候，两根细金属丝就周期性地接触水面，形成两个频率与振动方向都相同的相干波源。从这两个相干波源同时发出的两列波长相同的水波，它们在水面相遇互相叠加后，就出现有些地方振动始终加强，有些地方振动始终减弱的现象，如图 6-18a 所示。

现在用图 6-18b 来说明上述现象。该图是某一瞬间的水波图样，图中的两组同心圆表示由两个相干波源向外传播的两列波，实线圆圈表示波峰，虚线圆圈表示波谷。如某一时刻，在某一点（如点 A）是两列波的波峰和波峰相遇，位移是正的最大值（等于两列波振幅之和）。经过半个周期，这两列波又都各自向前传播了半个波长的距离，此时是波谷和波谷相遇，合位移是负的最大值。再经过半个周期，这一点又是波峰和波峰相遇……依此类推，可知这一点的振幅总是得到加强。从图 6-18b 中可以看出，叠加后振动最强的点都落在实线 aa 上。

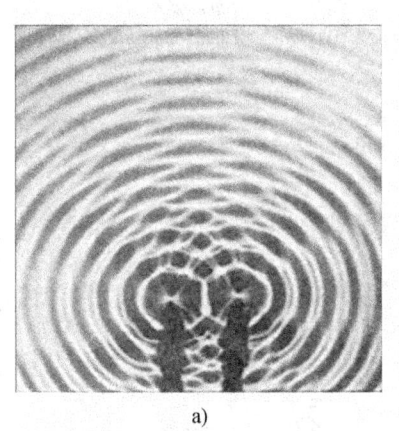 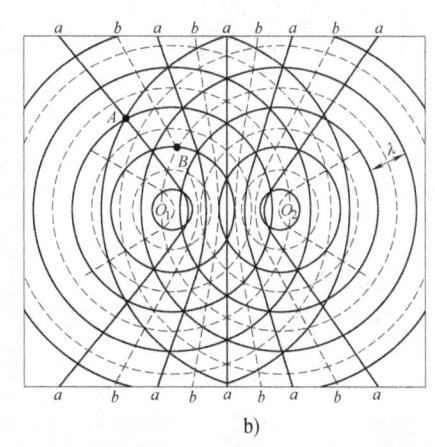

a)　　　　　　　　　　　　　b)

图 6-18　波的干涉
a) 水波干涉照片　b) 干涉波分析示意图

如某一时刻，在某一点（如点 B）是第一列波的波峰和第二列波的波谷相遇，那么，经过半个周期，此时是第一列波的波谷和第二列波的波峰相遇，再过半个周期，这一点又是第一列波的波峰和第二列波的波谷相遇……依此类推，可知这一点的振幅总是在减弱。显然，点 B 的振幅等于两列波的振幅之差。如果两列波的振幅相同，这一点的振幅就等于零。从图 6-18b 中可以看出，两列波叠加后振动最弱的点都在 bb 虚线上，aa 线和 bb 线的位置是互相间隔的。在 aa 线和 bb 线之间的各点也是以一定的振幅在振动，它们的振幅介于上述最大值和最小值之间。

由上述分析可知，相干波叠加使媒质中的各点以一定的振幅在振动，而且振动最强和振动最弱的位置互相间隔，这种现象称为波的**干涉**($meddle$)，形成的图样称为**干涉图样**。非相干波叠加后一般不会出现这种稳定的干涉图样。

干涉现象是波动的重要特征之一。不仅水波能发生干涉现象，其他种类的相干波在叠加时也发生干涉现象。因此，人们常用这种特性来判断某种运动是否具有波动性。

波的衍射　波绕过障碍物的现象，称为波的**衍射**($diffraction$)。例如，隔着低墙叫人，对方可以听到叫声，这是因为声波绕过了低墙继续传播；湖面上的水波能绕过露出水面的芦苇继续传播。上述这些现象都是波的衍射的例子。

一切波都能发生衍射，只是在有些情况下，波的衍射明显，在有些情况下，波的衍射不明显或很不明显。所以，衍射是波的另一重要特征。下面用水波演示槽观察水波通过障碍物的情况。

图 6-19a 表示为水波经过比波长大得多的障碍物的情况。可以看到，在障碍物的后面形成了一个"阴影"，这个"阴影"被两条从波源 S 通过障碍物边沿的直线限制着。在这种情况下，波是沿直线路径传播的，衍射现象很不明显。

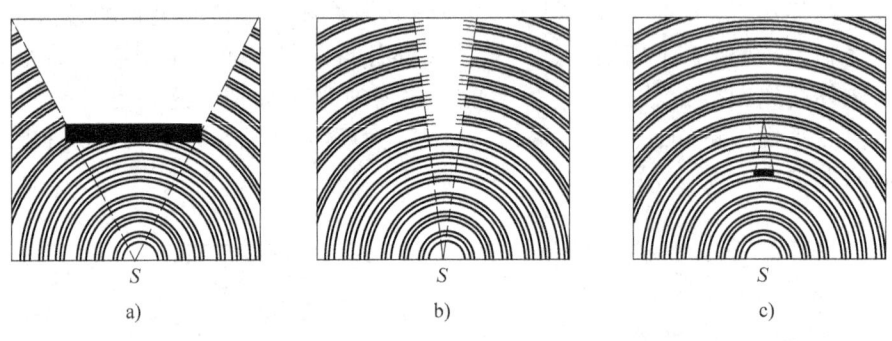

图 6-19　波的衍射

如果缩小障碍物的大小，就会看到波离开直线路径绕到几何"阴影"区里了，如图 6-19b 所示。如果障碍物很小时，波就几乎无障碍地绕过它，这时"阴影"差不多就完全消失了，如图 6-19c 所示。

当波通过逐渐缩小的狭缝时，也有类似的现象发生。从图 6-20a、b 中可以清楚地看到：

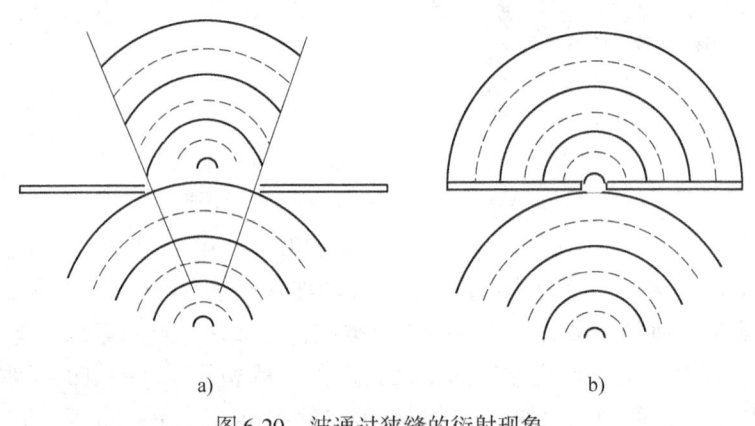

图 6-20　波通过狭缝的衍射现象
a）宽狭缝　b）窄狭缝

波经过较大的狭缝时,障碍物后面有"阴影"区存在;波经过细小的狭缝时,在狭缝后面整个区域里传播着以缝为中心的环形波。

可见,当狭缝或障碍物的大小比波长大得多时,波的衍射不明显;只有当障碍物或狭缝的大小与波长差不多或比波长更小时,波的衍射才明显。

波的衍射现象可以用惠更斯原理解释。惠更斯是荷兰物理学家,他通过观察大量的波现象后,于1690年提出了一条描述波传播特性的重要原理,即惠更斯原理:在波的传播过程中,波阵面上的每一点都可以看做发射子波的波源,在其后的任一时刻,这些子波的包迹就成为新的波阵面。如图6-21所示,当有一平面波的波阵面到达狭缝时,狭缝中的各点都会成为发射子波的波源,它们发射的子波的包迹在边缘处不是平面的,从而使波在传播方向上偏离了原来的方向而向外延展,进入狭缝两侧的阴影区域。如果缩小狭缝之间的尺寸,那么,将看到衍射现象会变得更加明显,当狭缝的尺寸小到可以看做一个点波源时,障碍物后面的波阵面就不再是平面的而是球面的了。

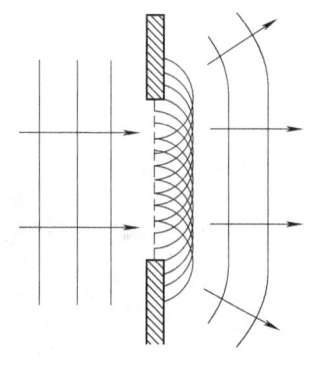

图6-21 波的衍射现象分析图

【拓展知识】

声波、次声波和超声波

声波 声波是由声源的振动在介质中的传播而形成的。人耳能听到的声波的频率范围是有限的,大致在20~20000Hz,称为可闻声波。频率低于20Hz或高于20000Hz的声波,都是人耳无法听到的。其中频率低于20Hz的声波称为**次声波**,频率高于20000Hz的声波称为**超声波**。

固体、液体和气体都能够传递声波,声波在不同介质中的传播速度(声速)是不同的;在不同的温度下,同一介质中的声速也不同。例如,声波在10℃的空气里的传播速度是338m/s,在20℃的空气里的传播速度是344m/s。

次声波 次声波的频率低,波长大,容易发生衍射,因此,在传播过程中遇到障碍物时很难被阻挡住。同时由于频率低,能量衰减很慢,因此,次声波可以传播得很远。

台风、地震、海啸、火山爆发等自然现象,核爆炸、火箭发射等人类的活动都会产生强大的次声波。因此,接收次声波可以预报破坏性很大的海啸、台风等自然灾害;建立次声波站,可以探知几千公里外的核武器和导弹的发射情况。

很强的次声波对人和动物是有害的。当次声波与人体的某个器官的固有频率相同时,就会引起共振,对人的内脏、听力、视力等产生影响,甚至导致人的死亡。动物的听觉范围与人不同,人耳听不到的次声波,有些动物却能听到,如大象(见图6-22)就是利用次声波进行彼此之间的信息交流的。由于台风、地震、海啸、火山爆发来临之前的次声

图6-22 大象利用次声波进行信息交流

波能被猫、狗等动物及时听到，从而使之产生异常现象，所以人们可以通过研究某些动物对次声波的表现特征来预测自然灾害。

超声波 超声波的特点是：频率高，波长短，不易发生衍射，但容易发生反射；定向性好、功率大、穿透能力强（能穿过几厘米厚的金属），在不同的介质界面上有显著的反射。

超声波有着广泛的技术应用。例如，人类模仿蝙蝠（见图6-23）等动物制作了声呐（水声测位仪），这种装置既能发出短促的超声波脉冲，又能接收被潜艇、鱼群等反射回来的超声波，根据反射波滞后的时间和波速，就可以确定目标物的位置，如图6-24所示。

图6-23 蝙蝠利用超声波进行定位

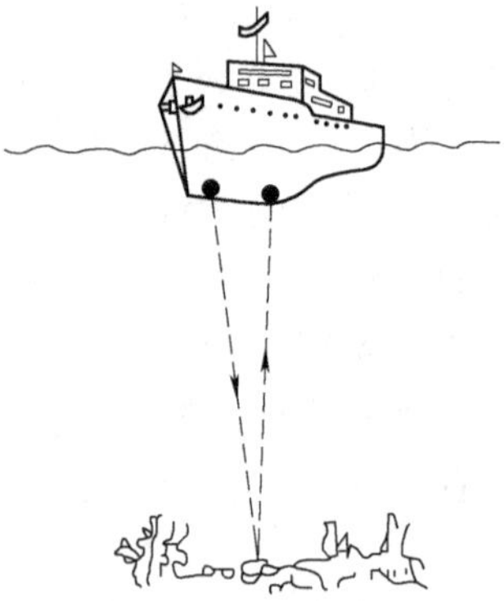

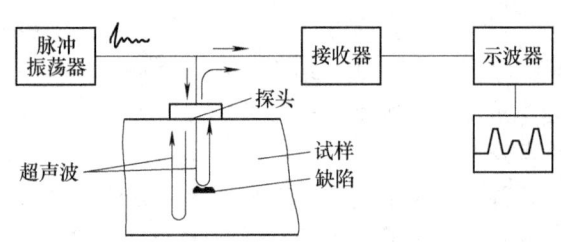

图6-24 超声波测距示意图

机械加工中，利用超声波的穿透能力和反射情况，可以制成超声波探伤仪，用来探查金属内部的缺陷（气泡或裂纹），如图6-25所示。超声波在液体中传播时，可使液体内部产生相当大的液压冲击，超声波加湿器就是利用超声波把普通水变成雾气，从而增大室内的湿度。化工工艺中，超声波还可以用来制造各种优质乳胶，不但颗粒极细，而且均匀。在医疗工作中，用"B型超声波诊断仪"可进行人体器官的病变检查。

图6-25 超声波探伤原理示意图

思考与练习

1. 波动有哪两个重要特征？
2. 相干波叠加使媒质中的各点以一定的振幅在振动，而且振动最_____和振动最弱的位置互相间隔，这种现象称为波的_____，形成的图样称为干涉图样。
3. 当狭缝或障碍物的大小比波长大得多时，波的衍射不_____；只有当障碍物或狭缝的大小与波长差不多或比波长更小时，波的_____才明显。
4. "闻其声而不见其人"的原因是什么（可闻声波波长在0.017~17m，人讲话声音的波长在0.25~5m，光波的波长在0.4~0.8μm）？

物理科学应用实例

噪声控制　由杂乱的振动引起的嘈杂刺耳的声音，称为**噪声**。衡量耳朵对声音强度感受程度的单位是 dB，简称**分贝**。高分贝噪声会对人体造成不良刺激，影响人们的健康。例如，噪声可以造成听觉衰退，引起头疼、头晕、失眠，甚至导致心血管、消化系统疾病。因此，为保护人们的健康，国际上规定 90dB 是听力保护的最高限度。

传统的降低噪声的方法有三种，即在声源处降噪、在传播过程中降噪及在人耳处降噪，都是消极被动的。为了积极主动地消除噪声，人们发明了"有源消声"这一技术。它的原理是：所有的声音都由一定的频谱组成，如果可以找到一种声音，其频谱与所要消除的噪声完全一样，只是相位刚好相反（相差 180°），就可以将这噪声完全抵消掉。关键在于如何得到那抵消噪声的声音。实际采用的办法是：从噪声源本身着手，设法通过电子线路将原噪声的相位倒过来。由此看来，有源消声这一技术实际上是"以毒攻毒"。

噪声一向为人们所厌恶。但是随着现代科学技术的发展，人们也开始利用噪声造福人类。例如，噪声除草。科学家发现，不同的植物对不同的噪声敏感程度不一样。根据这个道理，人们制造出噪声除草器。这种噪声除草器发出的噪声能使杂草的种子提前萌发，这样就可以在作物生长之前用药物除掉杂草，从而保证作物的顺利生长。美妙、悦耳的音乐能治病，这已为大家所熟知。噪声还可用于诊病。最近，科学家制成一种激光听力诊断装置，它由光源、噪声发生器和计算机测试器三部分组成。使用时，先由噪声发生器产生微弱短促的噪声，振动耳膜，然后计算机就会根据回声，把耳膜功能的数据显示出来，供医生诊断。该装置测试迅速，不会损伤耳膜，没有痛感，特别适合儿童使用。

雷达测速　雷达测速的工作原理与声波的反射情形类似，差别只在于雷达测速所使用的波是频率极高的无线电波，无线电波碰到物体会被反射，反射波的频率会随着所碰到的物体的移动状态而改变。如果物体是固定不动的，则所反射波的频率不变；如果物体是向着雷达测速仪行进的，则所反射波的波长会变短，频率会增大；如果物体是远离雷达测速仪行进的，则所反射波的波长会变长，频率会减小。

雷达的发射机相当于喊叫声的声带，发出类似于喊叫声的电脉冲（pulse）；雷达的指向天线犹如喊话筒，使电脉冲的能量集中某一方向发射；接收机的作用则与人耳相仿，用于接收雷达发射机所发出的电脉冲的回波。

雷达测速主要是利用多普勒效应（Doppler effect）原理：当目标向雷达天线靠近时，反射信号频率将高于发射机频率；反之，当目标远离天线而去时，反射信号频率将低于发射机频率。借助频率的改变数值，即可计算出目标与雷达的相对速度。计算过程是在雷达测速仪内部进行的，在测速仪上可以直接读出速率数值。

你会了吗?

1. 什么叫机械振动？什么叫简谐振动？回复力是根据力的效果命名的，从力的性质来说，水平弹簧振子和单摆的回复力各是由什么力提供的？
2. 什么是简谐振动的振幅、周期和频率？周期和频率有什么关系？什么是简谐振动的固有频率？固有频率与振幅有没有关系？

3. 在什么条件下单摆做简谐振动？单摆的周期与哪些因素有关，与振幅和摆球的质量有没有关系？写出单摆的周期公式。

4. 以水平弹簧振子和单摆为例，从能量的观点说明简谐振动中能量的转化。

5. 简谐振动的振动图像是什么函数图像？从振动图像中可得知简谐振动的哪些信息？

6. 什么是阻尼振动？什么是受迫振动？受迫振动的频率等于什么？在什么情况下发生共振？

7. 什么是机械波？机械波如何分类？

8. 什么是波长？波速、波长、频率之间的关系如何？

9. 试述波的干涉和衍射现象。波的干涉现象产生的条件是什么？

10. 波动有哪两个重要特征？

复 习 题

一、填空题（将正确答案填写在横线上）

1. 弹簧振子的振幅是 2cm，在 5s 内完成全振动 10 次，则它的振动频率是_____ Hz，它通过的路程是_____ m。

2. 在振动过程中，_____不变的振动称为自由振动；_____逐渐减小的振动称为阻尼振动。

3. 队伍过桥时不能齐步走，是为了避免发生_____。

二、单项选择题（将正确答案的序号填写在圆括弧内）

1. 在弹簧振子的振动中，下列叙述正确的是(　　)。

A. 随着位移的增大，速度和加速度都增大

B. 随着位移的增大，速度和加速度都减小

C. 随着位移的增大，速度减小，加速度增大

D. 随着位移的增大，速度增大，加速度减小

2. 关于波，下列说法错误的是(　　)。

A. 随着波的传播，质点也发生了迁移

B. 各质点只在平衡位置附近振动，并不发生迁移

C. 波的传播伴随着能量的传递

D. 波的传播是振动形式，波的频率等于波源的振动频率

3. 在波传播的过程中，A、B 两点的振动状态总相反，而点 C 与 A 的距离 $AC = 2AB$，则 A、C 两点的振动状态(　　)。

A. 相同　　　B. 可能相同也可能相反　　　C. 相反　　　D. 无法确定

4. 关于振动的周期，下列叙述正确的是(　　)。

A. 振幅越小，振动越快，周期越小

B. 振幅越小，周期越长

C. 受迫振动的周期等于固有周期

D. 简谐振动的周期由系统决定，与振幅无关

5. 波从一种媒质传入另一种媒质,不变的是(   )。
A. 波长　　　　　B. 波速　　　　　C. 波的频率　　　　　D. 传播方向

三、判断题(正确的画"√",错误的画"×")

1. 任何振动都是简谐振动。(   )
2. 机械振动一定是变速运动。(   )
3. 在振动过程中,弹簧振子的动量不变。(   )
4. 物体做受迫振动时的振幅最大。(   )
5. 声波是机械波,在任何介质中都可传播。(   )

四、计算题

1. 某计时摆钟走得快了,为了使这种摆钟走得准确,应该怎样调节它的摆长?为什么?
2. 做单摆实验时,摆长150cm,振动50次需要时间123s,求实验地点的重力加速度。
3. 已知空气中声波的传播速度是340m/s,求频率分别是265Hz和512Hz的两个音叉,在空气中产生的声波的波长。
4. 一种声波在空气中的波长是0.25m,波速是340m/s,当它以同一频率进入另一介质时,波长变为0.79m,求它在这种介质中的传播速度。

第七章 分子运动论 理想气体

热学是物理学的一部分，它是研究热现象及其规律的科学。所谓**热现象**是指与温度有关的自然现象。由于温度不同而发生的从一个物体传输给另一个物体的能量，称为**热**。热学知识在某些科学研究领域及工业生产中具有重要的地位，如气象研究、各种热机和制冷设备的研究、化工工业、冶金工业等领域都涉及热学知识。

研究热现象有两种不同的方法。一种是从能量的观点来研究，确认热是能的一种形式，称为**热能**（heat energy），并把热能与其他形式的能联系起来，建立能的转化与守恒定律；另一种是从物质微观结构的观点来研究，建立分子运动论，说明热现象是大量分子无规则运动的表现。这两种方法相辅相成，使人们对热现象的研究越来越深入。

本章从分子运动论出发，研究由大量分子组成的气体、液体和固体的物质状态及其变化规律。

第一节 分子运动论的基本论点

分子动理论的基本内容 分子是由原子力把两个或多个原子束缚在一起所组成的微观实体。物体是由大量分子组成的，分子永不停息地做着无规则运动，分子之间存在着相互作用力，大量分子无规则的运动称为分子的热运动。分子的热运动和分子之间的相互作用决定了物体的热学性质。

物体是由大量分子组成的 自古以来，人们一直在探索物质的组成。两千多年前，古希腊的著名思想家德谟克利特曾经说过，万物都是由极小的微粒组成的，并把这种微粒称为原子。这种思想虽然没有经过科学实验证明，但包含了原子理论的萌芽。

现代科技的发展已经证明原子确实存在，而且科学实验还证明原子不是不可再分的。原子可以结合成分子，分子是保持物质化学性质的最小微粒，物质是由大量分子组成的。实际上，组成物质的最小单元是多种多样的，有的是原子（如金属材料等），有的是离子（如氯化钠等无机物），有的是分子（如聚乙烯等高分子材料）。在热学中，由于这些基本微粒做热运动时都遵循相同的规律，所以将这些微粒统称为分子。

分子的大小 分子极其微小，不仅用肉眼不能直接看到，就是用光学显微镜也看不到。目前只能用可以放大几亿倍的扫描隧道显微镜观察到物质表面的分子。如果把分子看成小球，人们发现除了部分有机物的分子较大外，绝大多数物质的分子直径是 10^{-10} m 数量级，如水分子的直径是 4×10^{-10} m，氢分子的直径是 2.3×10^{-10} m，蛋白质分子的直径是 43×10^{-10} m。

把分子抽象为小球是为了建立分子简化模型。实际上，分子有着非常复杂的内部结构，并不真的都是小球。建立分子简化模型是为了获得分子直径大小的数量概念，为认识分子的微小性建立直观的感性认识。

【小知识】 扫描隧道显微镜是 1982 年由葛·宾尼和罗雷尔发明的,该显微镜可以观察到物体表面分子的排列情况,实现了人类直接观察单个原子的理想,为此两位发明人获得了 1986 年诺贝尔物理学奖。

阿伏伽德罗常数 在化学课中知道,1mol 的任何物质都含有相同的粒子数,并用阿伏伽德罗常数 N_A 来表示。科学家通过最精确的测量方法,获得的阿伏伽德罗常数 N_A 是

$$N_A = 6.0221367 \times 10^{23} \text{mol}^{-1}$$

一般取 $N_A = 6.02 \times 10^{23} \text{mol}^{-1}$,

在粗略计算中,可取 $N_A = 6.0 \times 10^{23} \text{mol}^{-1}$。

一般物体中的分子数目是非常大的,如 1cm³ 水中含有的分子数约为 3.3×10^{22} 个。假如全世界 60 亿人来数这些分子,每人每秒数一个,需要 17 万年左右的时间才能数完。如果把 1g 酒精倒入容积是 100 亿立方米的水库中,酒精分子均匀分布在水中后,每 1cm³ 水中的酒精分子数量仍然在 100 万个以上。根据阿伏伽德罗常数,可以很容易地算出分子的质量。

例 1 水的摩尔质量是 1.8×10^{-2} kg/mol,1mol 水中含有 6.0×10^{23} 个分子,求水分子的质量 m 是多少?

解 $m = \dfrac{1.8 \times 10^{-2}}{6.0 \times 10^{23}} \text{kg} = 3.0 \times 10^{-26} \text{kg}$

答:水分子的质量 m 是 3.0×10^{-26} kg。

可见水分子质量是非常小的。用同样的方法可以测出氧分子的质量是 5.3×10^{-26} kg,氢分子的质量是 3.3×10^{-27} kg。

阿伏伽德罗常数是一个重要常数,它是联系微观世界与宏观世界的桥梁,定量研究热现象时经常要用到它。

分子之间存在间隙 一切宏观的物体都是由大量的、有间隙的分子组成的。例如,气体的体积很容易被压缩,说明气体分子间有间隙;水和酒精混合后总体积反而会减少,如图 7-1 所示,说明这两种液体的分子互相渗透到对方分子的间隙中去了,证明液体分子间也有间隙。

图 7-1 分子之间存在间隙

a) 放大 10 亿倍的水 b) 酒精和水混合后的体积变化

固体的分子也有间隙。例如,在工业生产方面,为了增强钢表面的硬度和耐磨性能而进行的渗碳、渗氮、渗硫及渗金属等处理;为改变半导体材料性能而掺入杂质元素等,都是对分子内间隙的一种利用。

布朗运动　1827 年，英国植物学家布朗(1773—1858)用显微镜观察悬浮在水中的花粉，发现花粉粒不停地做着无规则的运动。后来人们把悬浮颗粒的这种无规则运动称为**布朗运动**(*Brown motion*)。

不只是花粉有布朗运动现象，悬浮在液体中的其他微粒，也有布朗运动现象。例如，把少量墨汁用水稀释，取一滴这样的液体放在显微镜下来观察，如图 7-2 所示，可以看到碳粒做着无规则的布朗运动。图 7-3 所示为做布朗运动的三个微粒的"运动路线"，从图中可以看出，布朗运动是毫无规则的。这个图只画出了小颗粒每隔半分钟的位置，并用直线依次把这些位置连接起来。实际上，小颗粒在半分钟内的运动也是极不规则的。

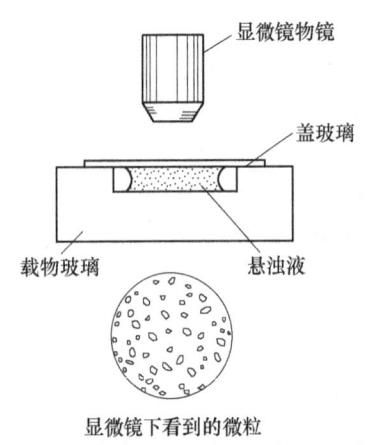

图 7-2　观察布朗运动的装置　　　　图 7-3　三个墨汁颗粒的运动路径

构成物体的分子在永不停息地做着无规则运动，这个结论不仅可以从布朗运动中得到证明，而且还可以从物质的扩散现象中得到证明，如气味的扩散、重载荷齿轮的渗碳处理等都说明组成物质的分子在不停地做着无规则的运动。那么，产生布朗运动的原因是什么呢？

实际上，使一个小悬浮颗粒做布朗运动的外力，只能是来自四面八方的液体分子对悬浮颗粒的不平衡碰撞合力，如图 7-4 所示。无论什么时候，对于液体或气体中悬浮的小颗粒（直径约 $10^{-4} \sim 10^{-2}$ mm，本身包含许多分子），都可观察到布朗运动。因此，液体分子不停息的无规则运动是产生布朗运动的根本原因。布朗运动虽然不是分子的运动，但悬浮颗粒做布朗运动，既是液体分子运动的见证，又是液体分子本身无规则运动的反映。

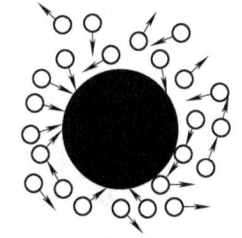

实验还表明：悬浮在液体中的颗粒越小，液体分子对颗粒撞击的不平衡性越突出，布朗运动也就越明显；温度越高，布朗运动越剧烈，反映出液体分子的无规则运动也越剧烈。所以，大量分子的无规则运动又称为**分子热运动**。热运动与力学中宏观机械运动的根本区别，就在于运动的无规则性。同时扩散现象和布朗运动也说明分子间是有空隙的，否则分子便不能运动了。

图 7-4　分子对小颗粒的碰撞情况

分子间的作用力　分子间虽然有间隙，大量分子却能聚集在一起形成固体或液体，并具有一定的体积和形状，这表明分子间有引力的存在。例如，用力拉伸物体时，物体内会产生反抗拉伸的弹力，说明分子间存在着引力；制造光学仪器时，两个透镜之间，只要表面相吻合又十分光滑干净，施加一定的压力就可以使它们黏合在一起，这就是利用了分子间的吸引力。分子间虽然存在引力,但又存在空隙,并非紧密地吸合在一起。从固体或液体都很难被压缩的现象中可以看出,分子间还同时存在斥力,阻止着它们的相互靠拢。例如,用力压固体时,固体内会产生反抗压缩的弹力。分子间的作用力,称为**分子力**。固体被拉伸或压缩时产生的弹力,就是分子间引力和斥力的宏观表现。

研究表明:分子间同时存在着引力和斥力,它们的大小都与分子间的间距 r 有关。如图 7-5 所示,两条虚线分别表示两个分子间引力和斥力随分子间距变化的情形,实线表示引力和斥力的合力,即实际分子间的相互作用力随分子间距变化的情形。其中 $r_0 \approx 10^{-10}$ m,称为平衡距离。当 $r = r_0$ 时,$F_斥 = F_引$,引力和斥力平衡,分子力等于零;当 $r < r_0$ 时,$F_斥 > F_引$,分子力主要表现为斥力;当 $r > r_0$ 时,$F_斥 < F_引$,分子力主要表现为引力;当 $r > 10r_0$ 时,分子力已变得十分微弱,因而可以忽略。可见,分子力的作用范围是很小的。

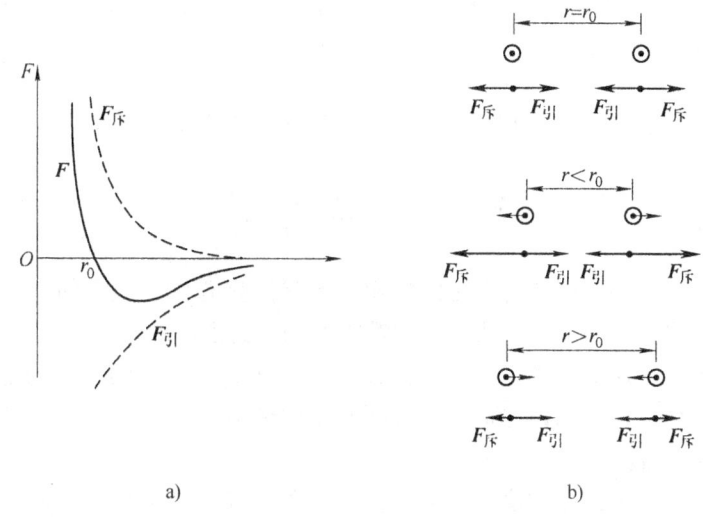

图 7-5 分子间的作用力与距离的关系图

图 7-5 中斥力用正值来表示,引力用负值来表示。合力 F 为二者的代数和。合力为正值时,表示合力为斥力;合力为负值时,表示合力为引力。

综上所述:宏观物体是由大量的分子组成的,分子间是有间隙的,分子总是永不停息地做无规则运动,分子之间存在着相互作用的引力和斥力。这就是**分子动理论的基本论点**。

分子力的作用使分子聚集在一起,分子的无规则运动将使分子分散开来,由大量分子组成的物体可以处于气、液、固三种不同的物质状态,正是由这两种相反的因素决定的。最常见的例子是水,在温度为 0℃ 以下时,水会由液态变为固态,在室温(20℃左右)下,晾在室外的湿毛巾会逐渐变干,水会由液态变为气态。图 7-6 所示为水在固态、液态和气态条件的分子状态。

在固体中,分子力的作用比较强大,绝大多数分子被束缚在平衡位置附近做微小的振动。温度升高,分子的无规则运动加剧,加剧到一定限度,分子力的作用已经不能把分子束缚在平衡位置附近,但分子还不能分散远离,于是物体表现为液体状态。温度再升高,分子的无规则运动更加剧烈,到一定限度,分子分散远离,分子力的作用很微弱,分子可以到处移动,物体就表现为气体状态。

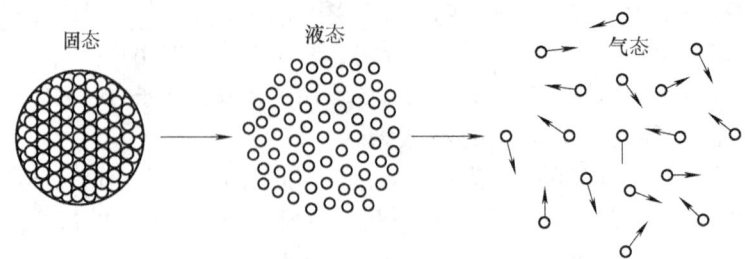

图 7-6 水在固态、液态和气态条件下的分子状态

思考与练习

1. 大量分子的_____运动称为分子热运动，分子的热运动与宏观的机械运动的根本区别，就在于它的_____性。
2. 产生布朗运动的原因是什么？
3. 分子之间的作用力在什么情况下表现为引力？在什么情况下表现为斥力？

第二节 固 体

固体的特征 固体的特征是有一定的体积和形状，只有用相当大的力才能改变其形状，如冲压汽车外壳需要很大的力，石头能够承载很大的压力而不变形等。固体之所以具有这种刚性或强度，是由于固体的分子之间有非常大的引力或斥力，引力或斥力把分子按固定的位置紧紧地挤压在一起。要使物体变形，则必须改变固体分子原有的、十分稳定的排列方式，这就需要施加很大的外力。

固体的分类 固体可以分成晶体和非晶体两大类。在常见的固体物质中，石英、云母、明矾、食盐、硫酸铜等都是晶体；玻璃、蜂蜡、松香、沥青、橡胶等都是非晶体。晶体和非晶体在外形上和物理性质上都有很大的区别。

晶体和非晶体的外形 晶体与非晶体在外形上有很大区别。晶体(crystal)有天然的、规则的几何形状，它的外形是由若干个平面围成的多面体。例如，冬季的雪花是水蒸气在空气中凝固时形成的冰的晶体，小冰粒整齐地排列成有规则的六角形(见图7-7a)；食盐的晶体是立方体(见图7-7b)；石英晶体中间是六面棱柱，两边是六面棱锥(见图7-7c)。非晶体则没有天然的、规则的几何外形。

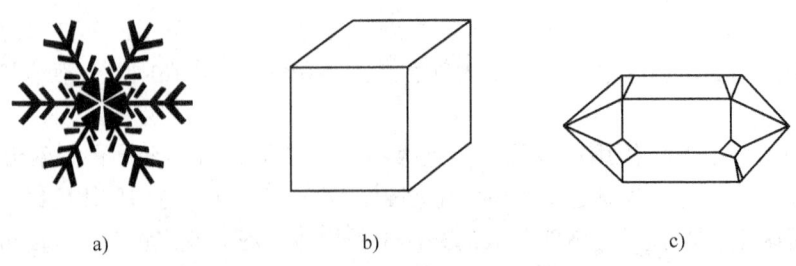

图 7-7 常见物质的晶体形状
a) 雪花外形 b) 食盐晶体外形 c) 石英晶体外形

【观察与分析】 晶体和非晶体有不同的物理性质,以导热性为例,来看下面的实验:

在云母片的一面涂上很薄的石蜡,用烧热的钢针接触云母片的另一面,熔化的石蜡呈椭圆形,如图 7-8 所示;如果用玻璃片重复上面的实验,熔化的石蜡却呈圆形,如图 7-9 所示。这说明云母晶体里各个方向的导热性能不同,而非晶体玻璃的各个方向导热性能相同。实验表明,晶体在各个方向的导电性、拉伸性能、压缩性能、折射率是不相同的,这种现象称为**各向异性**。钟表里的钻石轴承,就是利用红宝石晶体在某个特殊方向的耐磨性好和强度高制成的。非晶体则具有**各向同性**特性。各向异性是晶体区别于非晶体的一个基本特征,可以借助于物体是否具有各向异性来判断它是不是晶体。

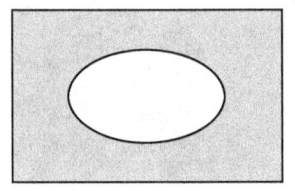 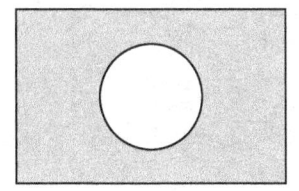

图 7-8　云母片的物理性质检测实验　　　　图 7-9　玻璃片的物理性质检测实验

晶体的分类　晶体可以分为单晶体和多晶体。整个物体就是一个晶体(或晶粒)组成的,这样的物体称为**单晶体**(*single crystal*),如图 7-10a 所示。单晶体是科学技术上重要的材料,例如,制造各种晶体管、计算机芯片等就需要用纯度很高的单晶硅或单晶锗。单晶体是各向异性的。

如果整个物体是由许多杂乱的小晶体(晶粒)堆积组成的,则称为**多晶体**(*polycrystal*),如图 7-10b 所示。平常见到的各种金属材料就是多晶体。例如,把纯铁样品放在显微镜下观察,就可以看到它是由许许多多的晶粒组成的(见图 7-10c),每个晶粒都是小单晶体。由于晶粒在多晶体内是杂乱无章排列的,因而多晶体没有规则的几何外形,其物理性质也几乎表现为各向同性。

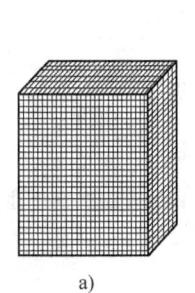 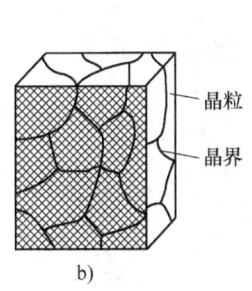 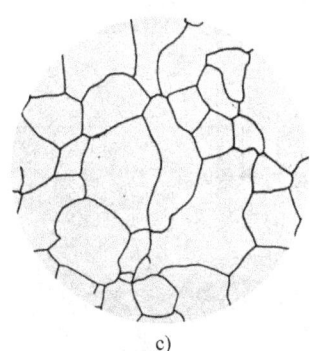

a)　　　　　　　　　b)　　　　　　　　　　c)

图 7-10　单晶体与多晶体的微观组织区别
a) 单晶体　b) 多晶体　c) 纯铁的显微组织

晶体和非晶体的物理性质　晶体和非晶体具有不同的物理性质。例如,晶体有固定的熔点(*fusion point*),非晶体随着温度的升高逐渐软化、变稠、变稀并成为液态,它没有明显的固态与液态的分界点;晶体具有各向异性,而非晶体则具有各向同性。

晶体与非晶体在物理性能方面所表现出的差异,是因为它们具有不同的微观结构造成的。在微观结构方面，非晶体的分子排列结构是不规则的；而组成晶体的分子、原子或离子则是有规则排列的，这种结构称为**空间点阵**。

图 7-11 和图 7-12 所示分别为石墨和金刚石的空间点阵。它们都是由碳原子组成的，但由于碳原子排列的空间点阵不同，所以这两种晶体的物理性质也不同。石墨是层状结构，松软而且导电；金刚石的空间点阵中碳原子之间的作用力强，结构很稳定，所以金刚石透明、坚硬、不导电。

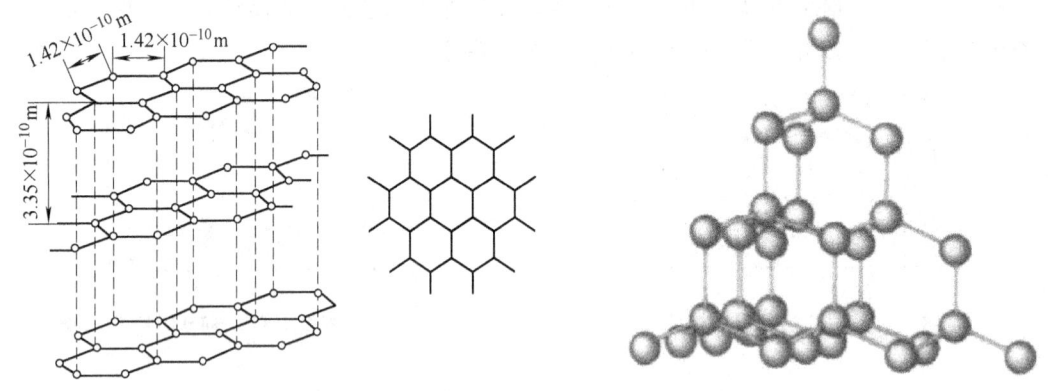

图 7-11　石墨的空间点阵　　　　　图 7-12　金刚石的空间点阵

从晶体的空间点阵图中可以看出，虽然晶体的空间点阵排列很有规则，但是原子空间点阵在许多方向排列的间距是不相等的，如图 7-13 所示，从而导致了晶体具有各向异性。

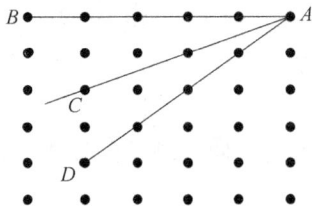

图 7-13　空间点阵中在不同方向原子排列的间距

思考与练习

1. 晶体与非晶体在外形上的主要区别是什么？在微观上的主要区别是什么？
2. 晶体的主要物理性质有哪些？
3. 固体分为_____体和_____体。_____体具有各向异性特性，_____体具有各向同性特性。
4. 晶体可以分为_____晶体和_____晶体。

第三节　液　　体

液体的特征　液体的特征是具有一定的体积而无一定的形状。液体的形状取决于盛放它的容器的形状，如图 7-14 所示。但是不管液体的形状如何变化，其体积是保持不变的（在温度和压力保持不变的情况下）。液体的这种特性可以从微观特征方面得到解释：物体呈现液态时，由于温度升高使得分子或原子运动加剧，虽然液体分子几乎与固体分子一样，是相互靠近的(少数液体,如水分子之间的距离在液态时比固态时还要近),但液体分子不再保持原来的固定位置,而是可以自由地相对移动,所以液体没有刚度,具有一定的流动性。由于液体分子之间还具有较强的吸引力,使得液体分子又不会分散得太远,因而不管液体的形状如何,一定量的液体总保持一定的体积。

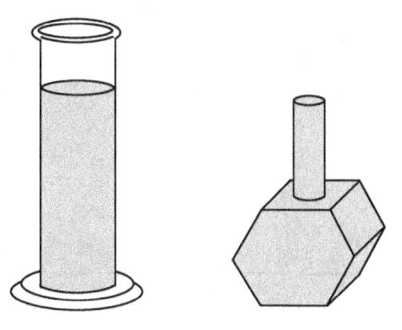

图 7-14 液体的形状

液体表面分子的特性 位于物质表面层的分子与位于物质内部的分子情况有所不同。例如,液体及其蒸气组成的体系,在液体内部的分子受到周围相同分子的引力是对称的,各个方向的力彼此抵消,合力为零,如图 7-15 所示。因此,液体内部的分子可以自由地运动而不消耗功。而位于液体表面层的分子则不同,内部液体分子对它的引力比气液界面上气体分子对它的引力大得多,不能相互抵消,即表面分子所受的合力不等于零,因此,气液界面上的分子就要受到指向液体内部的拉力,所以,液体表面有自动缩小的趋势。

表面张力效应 将用金属丝制作的圆框浸入肥皂液中,圆框中带有细线圈,并且细线圈"漂"在膜上,如图 7-16a 所示。如果将细线圈内部的肥皂液薄膜刺破,则均匀作用在细线圈的表面张力将迫使细线圈变为圆形,如图 7-16b 所示。因为表面张力具有缩减薄膜总面积的作用,如荷花叶上、树叶上及小草上的水滴呈圆形或椭圆形,就是因为在体积相同时,球的表面积最小的缘故。

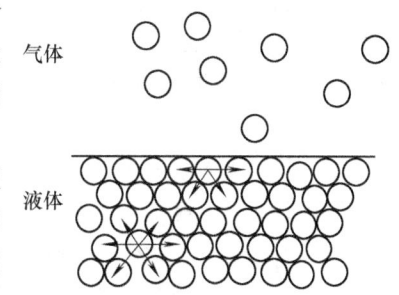

图 7-15 气液界面上表面层分子的受力分析

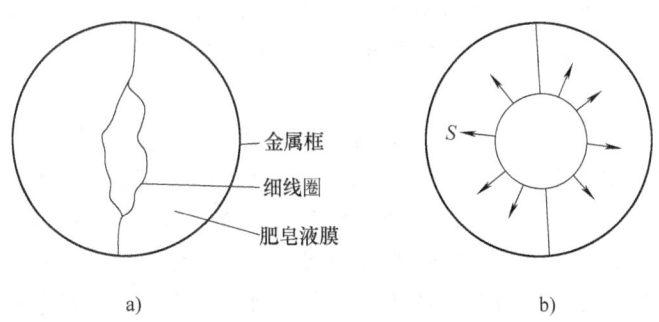

图 7-16 表面张力效应分析

表面张力的大小 液体表面在单位长度上产生的收缩力(或单位面积上所增加的能量),称为表面张力。表面张力的符号是 γ,单位是 J/m^2 或者是 N/m。因为焦耳等于牛顿·米,所以上述两个单位是一致的。

表面张力的大小与物质的特性有关。不同的物质,由于分子之间相互作用力不同,表面张力也就不同。如果相互作用力大,则相应的表面张力也大。组成不同的液体,表面张力也不同。表面张力还和与之接触的另一物质的特性有关。对于纯液体的表面张力,通常是指液体与含有该液体的饱和蒸气与空气接触时而言的。部分液体在常压下、20℃时与空气接触的表面张力列于表 7-1 中。

表 7-1 部分液体在常压下、20℃时与空气接触的表面张力

液体表面	表面张力/(N/m)	液体表面	表面张力/(N/m)
乙醚	0.0169	苯	0.0289
甲醇	0.0226	硝基苯	0.0418
乙醇	0.0228	二硫化碳	0.0335
丙酮	0.0237	甘油	0.0634
肥皂水	0.0250	水	0.0728
四氯化碳	0.0269	水银	0.4650

当温度升高时，液体分子间的引力减弱，与液体共存的蒸气密度增大，因此，表面张力一般随着温度的升高而降低。

例 2 如图 7-17 所示，用金属线制作一个矩形框（一边开口），框架上挂着一片肥皂液薄膜，开口边上是一条可滑动的金属线，其长度是 5cm，质量是 100mg。如果肥皂液的表面张力是 0.025N/m，金属滑线应挂上多大的重物，才能使金属滑线保持平衡？

解 肥皂液薄膜有两个面，因而表面张力作用在两个金属滑线长度上，所以，肥皂液薄膜产生的表面张力大小是

$$F = 2 \times 0.05 \times 0.025 \text{N} = 0.0025 \text{N}$$

另外，肥皂液薄膜产生的向上的表面张力 F 的大小与金属滑线的重量 M 和附加物的重量 W 平衡，即

$$F = M + W$$

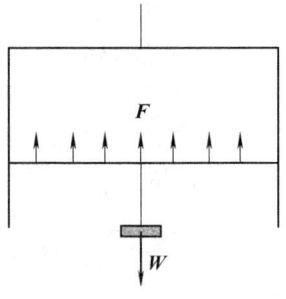

图 7-17 例 2 图

已知金属滑线的重量是 $M = 100 \text{mg} = 9.8 \times 10^{-4} \text{N}$，因此，附加物的重量 W 是

$$W = F - M = F - 9.8 \times 10^{-4} \text{N} = (0.0025 - 9.8 \times 10^{-4}) \text{N} = 15.2 \times 10^{-4} \text{N}$$

答：金属滑线应挂上 $15.2 \times 10^{-4} \text{N}$ 的重物，才能使金属滑线保持平衡。

【实践与观察】 液体的表面张力现象在人们的生活中随处可见。例如，小心地将剃须刀片（或硬币）轻放在水面上，刀片（或硬币）会浮在水面上，而刀片（或硬币）附近的水面绷得像弹性薄膜一样，支持刀片（或硬币）的力就是液体的表面张力。

再如，将一根清洁干净的细小针放在水面上，针很快会沉下去。如果将一根细小的针在手中擦一下，然后再轻放在水面上，针就会浮在水面上。这是因为用手擦过的针附着了一层人体油脂，它减少了水的浸润能力。

表面张力现象最明显的是毛细管。当一根内径非常细小的玻璃管插入液体时，液体就进入毛细管内，但管内液面的高度与管外不同，如图 7-18 所示。当液体浸润玻璃时，毛细管内液面将高于管外液面，且液体表面是凹形的弯月面（见图 7-18a）；当液体不浸润玻璃时，毛细管内液面将低于管外液面，且液体表面是凸形的（见图 7-18b）。毛细管内外液体之间的差别，会随着毛细管孔径的增大而减小。液体在毛细管中的这种现象称为毛细管作用或毛细管现象。

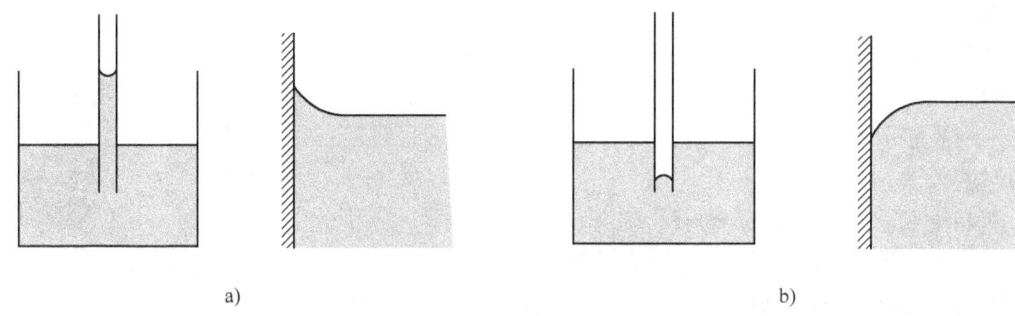

图 7-18　毛细管现象
a）液体浸润玻璃　b）液体不浸润玻璃

【科学探讨】

靠漩涡在水上行走的昆虫

一些昆虫能在水面上行走，这一现象一直令科学家迷惑不解。揭开这一秘密的是美国麻省理工学院的约翰·布什教授及其同事。

此前的研究者认为水上蚤之类的昆虫是依靠水表产生波纹的表面张力。约翰·布什教授领导的研究小组通过使用尖端跟踪装置和高速视频照相机，捕捉到不同昆虫在水面上行走的过程，从而揭开了昆虫在水面上行走的秘密。

实验表明，能在水面上行走的昆虫并不是依靠在水表产生波纹的表面张力，而是利用其多毛的长足在水中制造出螺旋状的漩涡，借助漩涡的推动力向前行走。成百上千的不同物种都是这样，它们身体的尺寸从 1～20cm 不等，却都能在水面上行走，如图 7-19 所示。

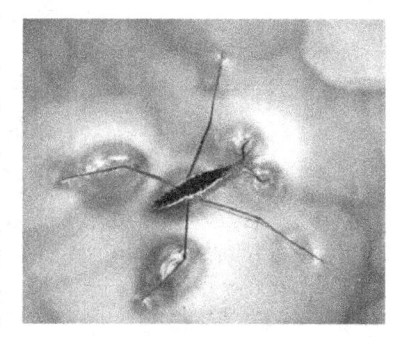

图 7-19　昆虫靠漩涡在水上行走

液晶　早在 1888 年奥地利植物学家就发现了某些有机化合物（现已发现几千种）具有一种特殊的物质状态，即介于固态和液态之间的过渡状态。实验结果表明，这种特殊物质既具有由晶体所具有的各向异性所造成的双折射性，又具有液体所特有的流动性。这种过渡状态的特殊物质称为**液态晶体**，简称**液晶**（liquid crystal）。

液晶是一种几乎完全透明的物质。它的分子排列决定了光线穿透液晶的路径。液晶对温度、电压、应力、辐射、磁、光、声的反应非常灵敏。人们发现给液晶充电会改变它的分子排列，继而造成光线的扭曲或折射，由此引发了人们开发利用液晶的热情。

液晶的这些特性在现代科学技术中有着广泛的应用。例如，利用液晶灵敏的温度效应，可以用来制作温度探测器，在医学上用以检查肿瘤。由于肿瘤部分的温度与正常组织的温度有差别，液晶就会显示出来。

再如，利用液晶灵敏的电压效应，可制成显示元件。在两块连有透明电极的玻璃板中间，用液晶涂成文字或数码，加上电压后，透明的液晶会变得混浊，文字或数码就显示出来。断电后，液晶又恢复透明状态。目前一些电子仪器仪表，如手表、电子计算器等，都采用了液晶显示元件。液晶显示元件具有耗能少、结构简单、体积小、画面柔和、显示质量高、无电磁辐射、环保等优点。

液晶一般可分为热致液晶和溶致液晶两类。显示应用领域使用的是热致液晶，温度低了，出现结晶，温度高了，就变成液体。液晶显示器（LCD）所标注的存储温度指的就是呈现液晶态的温度范围。

液晶技术被广泛应用于电子、航空、生物、医学、分析化学和石油化工等领域。近年来利用液晶技术制成了液晶彩色屏幕电视机、液晶显示器（见图7-20）等，使电视机和显示器的体积和重量大大减小，不仅提高了图像清晰度，还不会辐射出有害射线。

图 7-20　液晶显示器

【小知识】　液晶显示器，简称 LCD（Liquid Crystal Display），是人与机器沟通的重要界面。世界上第一台液晶显示设备出现在 20 世纪 70 年代初，被称为 TN-LCD（扭曲向列）液晶显示器。

思考与练习

1. 什么是表面张力？
2. 影响表面张力大小的因素有哪些？
3. 什么是毛细管现象？你能举一些例子吗？
4. 长为 2cm、质量为 0.010g 的平放铂丝，被浸渍在肥皂液中，试计算要将铂丝从肥皂液中缓慢地取出需要用多大的力。

第四节　气　　体

气体的特征　气体的特征是既无一定的体积，也无一定的形状。在气态时，分子或原子运动更加剧烈，分子或原子间的距离增大，它们之间的引力可以忽略，因此气态时主要表现为分子或原子各自的无规则运动，表现出具有流动性，没有固定的形状和体积，能自动地扩展并充满任何容器，容易被压缩。如果把盛放气体的容器打开，气体就会顺着开口处泄漏出去。在稀薄的气体分子中，分子之间的距离很远，只有当它们互相碰撞时才具有力。因此，在气体中，每个分子都自由地做直线运动，直到它碰撞到另一个分子或容器壁。这种无约束的分子运动形成了气体固有的可膨胀性。此外，由于气体分子碰撞的频率很小，使得不同气体的性能不受其分子之间力的影响，所以，所有非常稀薄的气体都具有相同的特性。

【小知识】　地球的大气层是因为地球的引力将其保持住的，而月球的引力只有地球引力的六分之一，所以，月球不能保持大气层。

理想气体　所谓**理想气体**是指重力不计，密度很小，在任何温度、任何压强下都严格遵守气体实验定律的稀薄气体。理想气体是一种理想化的物理模型，是对实际气体的科学抽象。理想气体的微观特征是：分子间距大于分子直径 10 倍以上，分子间无相互作用的引力和斥力,分子势能为零,其内能仅由温度和气体的量决定,内能等于分子的总动能。温度提高,理想气体的内能增大;温度降低,理想气体的内能减小。

实际气体抽象为理想气体的条件:不易被液化的气体,如氢气、氧气、氮气、氦气、空气等,在压强不太大、温度不太低的情况下,所发生的状态变化,可近似地按理想气体处理。

气体状态的物理量 描绘气体状态的物理量有体积 V、温度 T、压强 p 等,它们宏观上反映了气体所处的状态,所以,把气体的体积 V、温度 T、压强 p 等物理量称为气体的状态参量。

气体的体积 由于气体分子可以自由移动,总是要充满整个容器,所以,**气体的体积**就是指气体充满容器的容积。值得注意的是,这个容积并不是所有气体分子的体积之和。

在国际单位制中,体积的单位是立方米(m^3),常见单位有升(L)、立方厘米(cm^3)、立方毫米(mm^3)等。

$$1m^3 = 10^3 L = 10^6 cm^3 = 10^9 mm^3$$

气体的压强 气体垂直作用在容器壁单位面积上的压力称为**气体的压强**。根据气体运动理论分析,气体的压强是由大量运动着的气体分子频繁撞击容器壁而产生的。在同一时间内,由于气体分子是做无规则的热运动,对容器壁任何一处单位面积上撞击的次数和作用效果是相同的,因此,气体在各个方向上所产生的压强均相等。

例如,在用打气筒把空气打到车胎内时,车胎会胀得很硬,就是因为车胎里的空气不断增多,导致撞击车胎的空气分子增多,因此,随着空气被不断压入车胎内,车胎内的压力会逐渐增大,从而造成车胎胀而硬。

在国际单位制中,压强的单位是帕斯卡,简称帕(Pa),$1Pa = 1 N/m^2$。此外,气体的压强还常用标准大气压和厘米(或毫米)汞柱作单位。

$$1 \text{标准大气压} = 76cm \text{汞柱} = 760mm \text{汞柱} = 1.013 \times 10^5 Pa$$
$$1cm \text{汞柱} = 1333Pa$$

【压强的测定】 气体的压强可以用压强计测定。一般常用开口的 U 形管压强计来测量气体的压强,如图 7-21 所示。将气压计的 A 管与被测容器连接,如果被测容器中的气体的压强 p 大于大气压强 p_0,A 管中的水银柱就会比 B 管中的水银柱低,如图 7-21a 所示。测量出两个水银柱高度差 h(厘米汞柱高),并用 p_h 表示高度为 h 的水银柱产生的压强,则被测容器中的压强就是

$$p = p_0 + p_h$$

同理,如果被测容器中的气体的压强 p 小于大气压强 p_0,则 A 管中的水银柱就会比 B 管中的水银柱高,如图 7-21b 所示。此时,被测容器中的压强就是

$$p = p_0 - p_h$$

气体压强(简称气压)同人们的生产和生活有着非常紧密的联系。引发工业革命的蒸汽机,它的动力就是蒸汽压;现代内燃机和火箭大多利用的是燃气压……

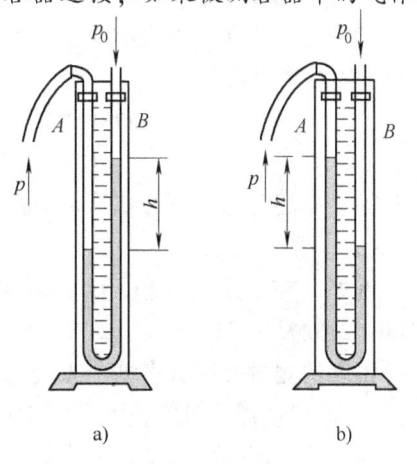

图 7-21 开口 U 形管压强计

容器内如果压力过高就会引起爆炸，所以，压力容器(工程上把压强称为压力)都必须装上压力表进行监测，为了防止过压还应装上安全阀。例如，高压锅(见图7-22)上的"气帽"就是最简单的压力安全阀，当高压锅内过压时，"气帽"就会放气，及时降低高压锅内的压力，否则容易引起高压锅爆炸事故。因此，高压锅"气帽"一定要保持清洁和通气。

图7-22 高压锅

气体的温度 从宏观上看，**气体的温度**是用来定量表示气体冷热程度的物理量。从微观上看，温度是分子平均动能的标志，它反映了气体分子热运动的剧烈程度。要定量地确定气体的温度，必须有具体的数值，规定温度数值的表示方法称为**温标**。常用温标有摄氏温标和热力学温标(又称绝对温标)。

日常生活中常用的温标是摄氏温标。摄氏温标是由瑞典天文学家摄尔修斯建立的。摄氏温标规定：在一个大气压下，冰的熔点是0℃，水的沸点是100℃。在0℃和100℃之间平均分成100等份，每一等份就称为1℃。用摄氏温标表示的温度称为**摄氏温度**。摄氏温标用 t 表示，单位是℃(读作"摄氏度")，如30℃读作"30摄氏度"。摄氏温度可用摄氏温度计(见图7-23)测量。

在国际单位制中，用热力学温标表示温度，称为**热力学温度**。热力学温标是英国科学家开尔文建立的。

研究表明，理论上气体在 -273.15℃时的压强等于零，因此，国际上把 -273.15℃公认为绝对零度。在绝对零度下，意味着气体分子停止了运动，但实际上这是不可能的。气体在达到绝对零度之前，任何气体都已经液化甚至变为固体。绝对零度是低温的极限，只能无限接近，但不可能达到。

热力学温度用 T 表示，单位是K(开)。热力学温标以绝对零度为起点，其刻度方法和单位大小与摄氏温标相同，所以，热力学温度 T 与摄氏温度 t 的换算关系是

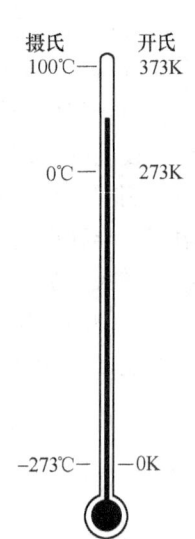

图7-23 摄氏温标与绝对温标的比较

$$-273.15℃ = 0K(绝对零度)$$
$$T = (t + 273.15)K$$

为了简便计算，可近似地取 -273℃为绝对零度，由此，上式可写成

$$T = (t + 273)K$$

例如，在1个大气压下，冰的熔点 $t = 0℃$，则 $T = 273K$；水的沸点 $t = 100℃$，则 $T = (100 + 273)K = 373K$。

温度的测量方法有多种，工业和科学研究中使用的是电阻温度计，测量范围是 -190 ~ 650℃；低温物理、航空技术和宇宙航行研究中使用的是半导体温度计；测量600℃以上的温度时，要使用热电温度计和光学高温计；测量10000℃以上的温度时，要通过原子光谱的谱线与温度的关系来计算；测量遥远星球表面温度时，要使用一种称为光度计的仪器。

理想气体状态方程 在研究气体性质的过程中，人们最容易发现的是气体状态参量的变化。例如，皮球受热，皮球内气体的压强、体积、温度都会增大；把氧气装入钢罐中，氧气的体积缩小，温度升高，压强增大；内燃机气缸里的混合燃料燃烧时，体积膨胀，压强增大，温度升高。如果容器内一定质量的气体的三个状态参量中的任意两个发生变化或全部发生变化，就表示气体的状态改变了。如果容器内一定质量的气体的各部分的三个状态参量都不随时间而改变，这时气体就处于平衡状态。

气体的温度、压强、体积这三个状态参量之间存在着密切的关系。例如，在柴油机气缸里，燃烧生成的高温、高压气体在推动活塞做功的过程中，体积逐渐增大，气压逐渐减小，同时温度降低。

在热学发展史中，人们首先研究的是当一定质量的气体的两个状态参量发生变化时，它们之间的相互关系，然后再概括推理得出气体的三个状态参量同时变化的规律。

气体的等温变化(波意耳-马略特定律) 英国科学家波意耳(1627—1691)和法国科学家马略特(1620—1684)各自独立地从实验中发现：一定质量的气体，在保持温度不变时，气体的压强与体积成反比。

保持一定质量气体的温度不变，当气体的体积是 V_1 时，其压强是 p_1；当气体的体积是 V_2 时，其压强是 p_2，则用公式可表示为

$$\frac{p_2}{p_1} = \frac{V_1}{V_2} \text{ 或 } \quad p_1 V_1 = p_2 V_2 \tag{7-1}$$

对于一定质量的气体，在等温过程中压强和体积的关系，可以用分子运动理论来解释。因为压强与气体的分子密度及热力学温度成正比，当温度不变时，压强与分子密度成正比。

例 3 如图 7-24 所示，在一端封闭的、粗细均匀的细玻璃管中，用 $h = 16\text{cm}$ 长的汞柱封入适量的空气。当把玻璃管竖直放置，开口向上时，管内空气柱的长度 $L_1 = 15\text{cm}$；开口向下时，管内空气柱的长度 $L_2 = 23\text{cm}$。求：（1）这时的大气压强；（2）如把管水平放置，管内空气柱长度 L_3 是多少？

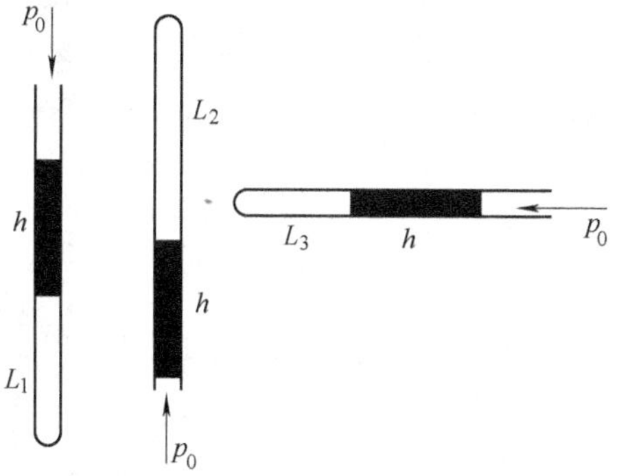

分析：上述过程可以认为是气体温度不变的等温过程。设玻璃管的横截面积是 $S(\text{cm}^2)$，大气压强是 $p_0(\text{cmHg})$

解 当玻璃管竖直放置，开口向上时，空气柱的体积 $V_1 = L_1 S$，压强 $p_1 = p_0 + h$；当玻璃管竖直放置，开口向下时，空气柱的体积 $V_2 = L_2 S$，压强 $p_2 = p_0 - h$。

根据公式 $p_1 V_1 = p_2 V_2$ 得

$$(p_0 + h) L_1 S = (p_0 - h) L_2 S$$

解得

$$p_0 = \frac{(L_1 + L_2)h}{(L_2 - L_1)} = \frac{(15 + 23) \times 16}{23 - 15} \text{cmHg} = 76\text{cmHg}$$

当玻璃管水平放置时，空气柱的压强等于大气压，即 $p_3 = p_0$，空气柱的体积 $V_3 = L_3 S$，于是

$$p_1 V_1 = p_3 V_3$$

图 7-24 例 3 图

即 $(p_0+h)L_1 S = p_0 L_3 S$

所以 $L_3 = \dfrac{(p_0+h)L_1}{p_0} = \dfrac{(76+16)\times 15}{76}\text{cm} = 18.16\text{cm}$

答：大气压强是76cmHg；把管水平放置时，管内空气柱长度是18.16cm。

气体的等压变化(盖·吕萨克定律) 法国科学家盖·吕萨克(1778—1850)通过实验首先发现：一定质量的气体，在压强保持不变时，气体的体积与热力学温度成正比。

保持一定质量气体的压强不变，当气体的温度是 T_1 时，其体积是 V_1；当气体的温度是 T_2 时，其体积是 V_2，则用公式可表示为

$$\dfrac{V_1}{T_1} = \dfrac{V_2}{T_2} = 恒量 \qquad (7\text{-}2)$$

气体的等容变化(查理定律) 法国科学家查理(1746—1823)在1787年通过实验发现：一定质量的气体，在体积保持不变时，气体的压强与热力学温度成正比。

保持一定质量气体的体积不变，当气体的温度是 T_1 时，其压强是 p_1；当气体的温度是 T_2 时，其压强是 p_2，则用公式可表示为

$$\dfrac{p_1}{T_1} = \dfrac{p_2}{T_2} = 恒量 \qquad (7\text{-}3)$$

理想气体的状态方程 可用上述三个实验定律推理得出，一定质量理想气体的体积、压强、温度同时发生变化时的规律。

设有一定质量的理想气体，在初状态时的体积、压强、温度分别是 V_1、p_1、T_1，经过某个变化过程到达末状态时，这三个量分别变成 V_2、p_2、T_2。气体从初状态到末状态可以经过不同的变化过程。现在设想一个变化过程是分两个阶段进行的(见图7-25)，在第一个阶段中，保持温度 T_1 不变，体积从 V_1 变成 V_2，压强从 p_1 变成 p_c；在第二个阶段中，保持体积 V_2 不变，温度从 T_1 变成 T_2，压强从 p_c 变成 p_2。

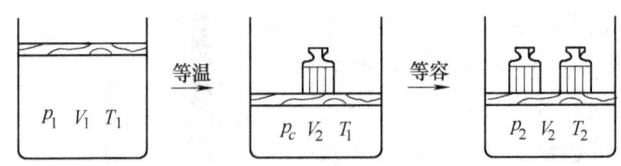

图7-25 推导理想气体状态方程过程图

第一个阶段是等温变化，根据波意耳—马略特定律有

$$p_1 V_1 = p_c V_2 \qquad (1)$$

第二个阶段是等容变化，根据查理定律有

$$\dfrac{p_c}{T_1} = \dfrac{p_2}{T_2} \qquad (2)$$

由式(1)解出 p_c，代入式(2)并整理可得

$$\dfrac{p_1 V_1}{T_1} = \dfrac{p_2 V_2}{T_2} \qquad (7\text{-}4)$$

公式(7-4)说明，一定质量的气体从初状态 (p_1, V_1, T_1) 变到末状态 (p_2, V_2, T_2) 时，压强和体积的乘积与热力学温度的比值是不变的，即

$$\frac{pV}{T} = 恒量 \tag{7-5}$$

公式(7-5)称为**理想气体状态方程**。其文字表述是：一定质量的理想气体，它的压强和体积的乘积与热力学温度的比，在状态变化中始终保持不变。

阿伏伽德罗定律指出：在相同的温度和压强下，摩尔数相等的各种气体(严格来说应是理想气体)所占的体积相同。气体在 $T_0 = 273.15\text{K}$，$p_0 = 1\text{atm}$ 下的状态称为**标准状态**，其相应的体积是 V_0。实验指出，1mol 的任何气体在标准状态下所占有的体积都是 $V_{0,\text{mol}} = 22.4141 \times 10^{-3} \text{m}^3$。假设气体的质量为 m，每一摩尔气体的质量(也称为气体的分子量)是 m_{mol}，则气体的摩尔数是 $\nu = m/m_{\text{mol}}$，在标准状态下气体所占有的体积 $V_0 = (m/m_{\text{mol}})V_{0,\text{mol}}$，于是公式(7-5)可以写成

$$\frac{pV}{T} = \frac{p_0 V_0}{T_0} = \frac{p_0 m}{T_0 m_{\text{mol}}} V_{0,\text{mol}}$$

其中，$\dfrac{p_0 V_{0,\text{mol}}}{T_0}$ 对各种理想气体都是常量，用 R 表示，则 R 称为**普适气体常量**。

$$R = \frac{p_0 V_{0,\text{mol}}}{T_0} = \frac{1.013 \times 10^5 \times 22.4141 \times 10^{-3}}{273.15} \text{J} \cdot \text{mol}^{-1} \cdot \text{K}^{-1} = 8.31 \text{J} \cdot \text{mol}^{-1} \cdot \text{K}^{-1}$$

因此，理想气体状态方程又可写成

$$pV = \frac{m}{m_{0,\text{mol}}} RT = \nu RT \tag{7-6}$$

从运算角度来讲，前面介绍的三个实验定律可以看成是理想气态方程的特例，运算时要注意理想气态方程等号两边的同一种状态参量必须单位一致，否则容易出现计算错误。

例4 有一容器内装有氧气 $m = 0.10\text{kg}$，压强 $p = 10 \times 10^5 \text{Pa}$，温度 $t = 47℃$。因为容器漏气，经过一段时间后，容器内氧气的压强降到原来的 5/8，温度降低到 27℃。求：(1)容器的容积是多少？(2)泄漏了多少氧气？(假设氧气可看做理想气体)

解 (1) 根据理想气体状态方程，$pV = \dfrac{m}{m_{0,\text{mol}}} RT$，可得容器的容积为

$$V = \frac{mRT}{m_{0,\text{mol}} p} = \frac{0.1 \times 8.31 \times (273+47)}{0.032 \times 10 \times 10^5} \text{m}^3 = 8.31 \times 10^{-3} \text{m}^3$$

(2) 假设容器漏气后，压强减小到 p_1，温度降低到 T_1，容器中剩余氧气的质量是 m_1，则

$$m_1 = \frac{m_{0,\text{mol}} p_1 V}{RT_1} = \frac{0.032 \times (5/8) \times 10 \times 10^5 \times 8.31 \times 10^{-3}}{8.31 \times (273+27)} \text{kg} = 6.67 \times 10^{-2} \text{kg}$$

所以，泄漏的氧气的质量是

$$\Delta M = M - M_1 = (0.1 - 6.67 \times 10^{-2}) \text{kg} = 3.33 \times 10^{-2} \text{kg}$$

答：容器的容积是 $8.31 \times 10^{-3} \text{m}^3$，泄漏了 $3.33 \times 10^{-2} \text{kg}$ 氧气。

例5 如图 7-26 所示，气焊用氧气瓶的容积是 100L，瓶上压强计显示的压强是 $60p_0$（$p_0 = 1.01 \times 10^5 \text{Pa}$），氧气瓶内的温度是 16℃，求氧气瓶内氧气的质量。已知在温度 0℃、压强 p_0 时，氧气的密度 $\rho_0 = 1.43 \text{kg/m}^3$。

分析：氧气有两个状态

状态 1 的参量是：$p_1 = 60p_0$，　$V_1 = 100\text{L}$，　$T_1 = (273+16)\text{K} = 289\text{K}$

图 7-26　氧气瓶

状态 2 的参量是：$p_2 = p_0$，　　　$V_2 = ?$　　　$T_2 = (273 + 0) \text{K} = 273 \text{K}$

解　根据理想气体状态方程 $\dfrac{p_1 V_1}{T_1} = \dfrac{p_2 V_2}{T_2}$ 得

$$V_2 = \frac{p_1 V_1 T_2}{p_2 T_1} = \frac{60 p_0 \times 100 \times 273}{289 p_0} \text{L} \approx 5668 \text{L} = 5.668 \text{m}^3$$

$$m = \rho_0 V_2 = 1.43 \times 5.668 \text{kg} \approx 8.1 \text{kg}$$

答：氧气瓶内的氧气质量约为 8.1kg

思考与练习

1. 气体的压强是怎样产生的？
2. 在国际单位制中，压强的单位是_____，1 个标准大气压等于_____Pa。
3. 某人的体温是 38℃，用热力学温标表示是_____K；某一天的最高气温和最低气温相差 10℃，如果用热力学温标表示，这个温差是_____K。
4. 低温技术可使气体的温度达到 $T = 0$K 吗？
5. 一定质量的气体受热温度升高，如果保持它的体积不变，则气体的压强将_____，其根据是_____；如果保持它的压强不变，则气体的体积将_____，其根据是_____。
6. 装有氧气的钢瓶在 17℃ 时，瓶上的压强计的示数是 9.5×10^5 Pa；氧气运到工地后的温度是 -13℃，压强计的示数是 8×10^5 Pa，这个钢瓶是否漏气？为什么？

物理科学应用实例

　　全球升温是由什么引起的？关于温室效应，有的辞典下的定义是"大气层对地面的保温作用"。有的辞典下的定义是"地球大气吸收太阳热的一种效应"。事实上，地球大气层并不是以与玻璃温室同样的方式束缚热量的。玻璃温室的重要特性是它内部的空气变热后无法通过对流逸出。地球的温室效应则是以一种不同的方式进行的。人们常把温室效应看做引起气候变化的罪魁祸首，而事实上，大气层的存在，保留了热量。据估计，如果没有大气层，近地面的平均气温应为 -23℃，而实际上却是 15℃，从这个角度看，温室效应是一件好事。

　　那么，关于全球升温是由什么原因引起的，科学家们有不同的解释理论。第一种理论认为，全球变暖主要是人类造成的，即由人类产生的温室气体造成的，多数科学家持这种看法；第二种理论认为，全球变暖并非人类活动所致；第三种理论认为，自然因素和人为因素都相当重要，两种不可忽视，至今难区分何者为主。

　　第一种理论认为，100 多年来，工业文明不断发展，人类消费的能源急剧增加。石油、天然气、煤炭和木材等燃烧所释放的二氧化碳是造成全球"温室效应"的主要原因。自 1860 年以来，全球气温升高了 0.7℃，其中 95% 出于人为因素，只有 5% 起因与自然有关。如果全球环保政策不能做出决定性的改变，在今后数十年内，恶劣气候将进一步增加。这一点早已为大多数人所接受。

　　第二种理论认为，迄今为止发生的任何一次气候变暖都是由于太阳影响而引起的，太阳是造成几个世纪以来温度和气候变动的原因。宇宙射线随太阳活动周期的变化而变化，并直接影响地球云层结构，进而与影响气候的太阳风相互作用。

第三种理论认为，引起当代全球变暖的原因是十分复杂的，但是归纳起来，不外乎是自然因素和人为因素两大类。科学家经过十余年的研究，将地球系统视为开放系统，从天地综合研究的高度，综合考虑自然因素和人为因素的影响，得到的结论是：引起20世纪以来全球气候变暖的原因，自然因素和人为因素都相当重要，两者都不可忽视，至今都尚难分出哪个为主。一是近百年来，全球和北半球的地面平均气候变化，在总趋势上呈现了一个增暖趋势。这种趋势是与大气中二氧化碳含量的增加相一致的，但是，从太阳活动来看，近百年来反映太阳活动水平的11年周期平均黑子相对数，在总趋势上也呈现了一个增强趋势。这表明近百年来，大气中二氧化碳含量和太阳活动水平在趋势变化上，都与全球变暖趋势相吻合。二是从行星地心会聚的力矩效应来看，九大行星地心会聚的力矩效应，可使地球冬夏的公转半径和公转速度发生改变。三是从长期气候变化趋势来看，较长时间尺度的气候变化，往往对较短时间尺度的气候变化有控制作用。在千年时间尺度上，目前是处在17世纪小冰期盛期已过的增暖期。对于未来气候变化的趋势，也不应仅仅考虑温室效应的影响，未来自然因素变化的可能影响同样应加以重视。

你会了吗？

1. 分子运动论的基本论点是什么？
2. 晶体和非晶体的主要区别是什么？
3. 液晶的特点和主要用途是什么？
4. 什么是理想气体及其状态方程？

复 习 题

一、填空题（将正确答案填写在横线上）

1. 分子力的作用使分子聚集在一起，分子的无规则运动将使分子分散开来，由大量分子组成的物体可以处于_____态、_____态、_____态三种不同的物质状态，正是由这两种相反的因素决定的。

2. 物质是由_____组成的，1L水和1L酒精的混合液的体积小于2L，表明分子间有_____。

3. 描绘气体状态的物理量有_____、_____、_____等。

4. 1atm = _____mmHg = _____Pa。

5. 实际气体并不是理想气体，但是在压强_____、温度_____的情况下，实际气体可当做理想气体来处理。

二、单项选择题（将正确答案的序号填写在圆括弧内）

1. 取一滴红墨水滴入水中能够看到扩散现象，是因为(　　)。
   A. 分子有重量　　　　　　B. 分子有大小
   C. 分子间有一定作用力　　D. 分子间有间隙且不停地做无规则运动

2. 关于布朗运动和分子热运动的关系，正确的说法是(　　)。
   A. 布朗运动就是分子的热运动

B. 布朗运动是分子团颗粒的无规则运动，它反映了分子本身的无规则运动

C. 无规则运动都是布朗运动，反映了分子热运动

D. 分子的热运动就是指分子做布朗运动

3. 在体积固定的封闭容器中装有某种气体，下述几种情况中可能的是(　　)。

　　A. 温度改变，压强不变　　　　B. 温度不变，压强改变

　　C. 温度不变，压强不变　　　　D. 温度改变，气体的密度改变

4. 一定质量的理想气体，在等压过程中体积减为原来的一半，则其温度将从原来的27℃变为(　　)。

　　A. 13.5℃　　　B. 54℃　　　C. -123℃　　　D. 327℃

三、判断题（正确的画"√"，错误的画"×"）

1. 当分子间距离 $r<r_0$ 时，只有分子斥力，没有分子引力。(　　)

2. 温度是分子平均动能的标志，它反映了气体分子热运动的剧烈程度。(　　)

3. 日常生活中常用的温标是热力学温标。(　　)

4. 一定质量的气体，在温度不变时，它的压强与体积成正比。(　　)

5. 气体在 $T_0=273.15K$，$p_0=1atm$ 下的状态称为标准状态，其相应的体积是 V_0。(　　)

6. 1mol 的任何气体在标准状态下所占有的体积 $V_{0,mol}$ 都等于 $22.4141\times10^{-3}m^3$。(　　)

四、计算题

1. 一个容积 $V_1=1.2m^3$、能够经受 $p_1=8.0\times10^5Pa$ 气压的空气罐中，可储存多大体积的同一温度的压强为 $p_2=1.0\times10^5Pa$ 的空气？

2. 一辆停驶的汽车，轮胎里的空气压强 $p_1=4.0\times10^5Pa$，温度 $t_1=0℃$；汽车行驶一段时间后，轮胎的温度达到 $t_2=17℃$，轮胎的体积可看做不变，求这时轮胎里的空气压强 p_2。

3. 充有氮气的电灯泡，在温度为15℃时泡内氮气的压强是 1.0×10^6Pa。当灯泡点亮后，若泡内温度升高到90℃，问这时泡内的压强是多少？（可以认为灯泡的体积不变）

4. 如图 7-27 所示，炮上所用的复位装置是利用炮的反冲后座使空气压缩，然后又利用此压缩空气使炮复位。设发炮前装置内空气的压强是 4.5×10^7Pa，温度是27℃，体积是7.6L。在炮反冲终了时空气的体积是2L，温度是127℃，求此时空气的压强。

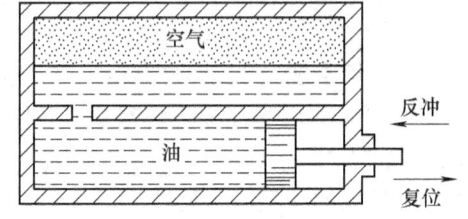

图 7-27

第八章　流体力学基础知识

气体和液体都具有流动性，因此，气体和液体又统称为**流体**(*fluid*)。由于流动性这个共性，气体和液体遵循着某些相同的规律，研究流体的性质及其运动规律的科学称为**流体力学**(*hydrodynamics*)。流体力学在工程技术上有广泛的应用，它是航空、航海、气象、冶金、铸造、液压和气压传动等工程技术的必要基础知识。本章以液体为例来研究它们所共同遵守的规律。

第一节　液体内部的压强　帕斯卡定律

在液体内部同一点各个方向的压强都相等，而且深度增加，压强也增加。若液体的密度是 ρ，则在液体内部深度 h 处液体产生的压强是

$$p_1 = \rho g h \tag{8-1}$$

如果液体表面处的压强是 p_0，则深度 h 处的总压强（绝对压强）是

$$p = p_0 + \rho g h \tag{8-2}$$

帕斯卡定律　由公式(8-2)可知，如果在液体表面增加某一压强 p_0，则液体内任一深度处的压强也一定增加相同的数值。因此，密闭容器里的液体，能把它在一处受到的压强，大小不变地向液体内部各个方向传递，这一压强传递规律称为**帕斯卡定律**。

液压机的工作原理可用帕斯卡定律来说明。如图 8-1 所示，通过小截面活塞 S_1 对液体施加一个力 F_1，压强 $p = \dfrac{F_1}{S_1}$ 便由连通管里的液体大小不变地传到大截面活塞 S_2 上。

因为
$$\frac{F_1}{S_1} = \frac{F_2}{S_2} = p$$

所以
$$F_2 = \frac{S_2}{S_1} F_1 \quad (S_2 > S_1)$$

由此可见，液压机是一个力的放大装置，放大系数由两个活塞的截面积的比值决定。

通过分析液体和固体对传递压力的效果，可以看出：固体可以大小和方向都不变地传递压力，而压强则要随接触面的大小而变化；液体可以大小不变地传递压强，而压力则要随接触面的大小而变化。液体传递压强的这一性质在工程技术上有着广泛的应用，各种液压传动及水压机械等，都是应用这一原理制成的。

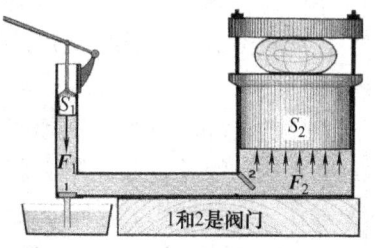

图 8-1　液压机的工作原理示意图

思考与练习

1. 液体内的压强如何计算？

2. 帕斯卡定律的内容是什么？
3. 为什么说液压机是一个力的放大装置？

第二节　理想流体　稳流

理想流体　河流中的水（见图 8-2），输油管中流动着的石油以及空中流动着的空气流等，都是常见的实际流体。仔细观察河里的水，就会发现河中各处水的流动速度（简称流速）是不同的；同样水在管中的流动速度也是不同的，在管中心的水流速大，而靠近管壁的水流速小。实际流体的运动比较复杂，决定因素多种多样。但在某些问题中，可以突出起作用的主要因素，而忽略次要因素。理想流体就是在这种情况下提出的一个理想模型。

实际的液体是可以压缩的，但压缩量一般很小，因此，在一般情况下，液体的压缩性就是一个次要因素，可以忽略不计。对气体来说，虽然它的压缩性比较大，但它的流动性很大，只要很小的压强差就可以使气体迅速流动起来，而这极小的压强差所引起的各处密度的差别是很小的。因此，在研究气体流动的许多问题中，气体的压缩性也是可以忽略的。

实际流体流动时，其内部相邻两层间有摩擦力，互相

图 8-2　河流

牵制，这种摩擦称为**内摩擦**。流体流动时，由于其内摩擦的存在而互相牵制的性质称为**流体的粘滞性**。实际的液体，如水、酒精等，粘滞性很小，气体的粘滞性更小，因而粘滞性可以作为次要因素而忽略不计。

如上所述，在某些问题中，流体的压缩性和粘滞性是影响运动的次要因素，只有流动性才是决定运动的主要因素，为了突出流体的这一主要特性，引入了理想流体这一模型。所谓**理想流体**就是绝对不可压缩，完全没有粘滞性的流体。

稳流　流体的流动一般是很复杂的，这不仅是因为流体在同一时刻在空间各点流体质点的流动速度不一定相同，而且在不同时刻流经同一位置的流体质点的速度也不一定相同，这就是说流体流动的情况随位置和时间而变化。下面只讨论一种简单的情况：流体质点流经同一地点时，速度不随时间变化的情况。例如，在流动不是很急的河中，水的流动就近似于这种情况。为了明显地看出水的流动情况，可以在水面上任一点 n 处放上纸屑或树叶等漂浮物，记下它的流动

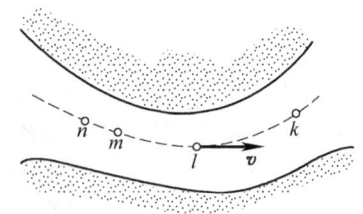

图 8-3　稳流与流线示意图

轨迹——流动线，如图 8-3 中的曲线 nmlk。然后在 n 点再放一些漂浮物，就会发现这些漂浮物沿同一条流动线流动。如果仔细观察流动线上的任一点 l，就会发现从同一点 n 放入水中的漂浮物在流经 l 时，速度的大小和方向都相同，这表明漂浮物下面的流体质点流经 l 点的速度不随时间变化。由于 n 点和 l 点都是任意选取的点，所以，上述现象表明整个流体所占空间的每一点的流速都不随时间变化。

流体流动时，如果流体所占空间每一点的流速都不随时间变化，则这种流动称为**稳定流动**，简称**稳流**。

稳定流动中，按流体质点运动时所画的线，如图8-3中的 *nmlk* 线，称为**流线**。它是为形象地描述流体的流动而假设的线，实际上是不存在的。在流体中，流速大的地方，流线密；流速小地方，流线疏。

思考与练习

1. 实际流体和理想流体的区别是什么？
2. 什么是稳流？什么是流线？
3. 流线是为形象地描述流体的流动而_____的线，实际上是不存在的。在流体中，流速大的地方，流线_____；流速小地方，流线_____。

第三节　流体连续性方程

在稳定流动的流体内，如果经过一小面积 A 画出所有的流线，如图8-4所示，则被这一束流线围成的管状区域，称为**流管**。因为流体质点在空间同一点只可能有一个速度，所以，各流线是不能相交的。流管内的流体不能流出管外，管外的流体也不能流入管内，犹如在真实的光滑管道中流动。

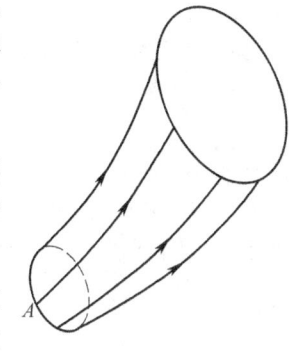

图8-4　由流线围成的流管

在流体内任取一细小流管，并作任意两个垂直于流管的截面 ΔS_1 和 ΔS_2，如图8-5所示。如果在 ΔS_1 处的流速等于 v_1（因流管很细，可认为横截面上各点流速相同），在 ΔS_2 处的流速等于 v_2，那么，在单位时间 Δt 内流过截面 ΔS_1 的流体体积是 $\Delta S_1 v_1$，流过截面 ΔS_2 的流体体积是 $\Delta S_2 v_2$，对于不可压缩的液体而言，单位时间内流过这两个截面的流体的体积应该相等，由此得出

$$\Delta S_1 v_1 = \Delta S_2 v_2 \text{ 或 } \frac{v_1}{v_2} = \frac{\Delta S_2}{\Delta S_1} \quad (8\text{-}3)$$

公式(8-3)称为**流体连续性方程**，它表明：在理想流体的稳定流动中，单位时间内流过同一流管的任何截面的流体体积相等；并表明通过同一流管任一截面的流速与截面积成反比。

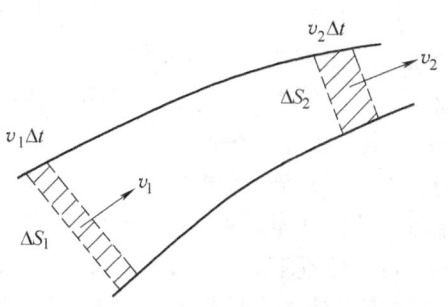

图8-5　连续性方程图解

【**生活经验**】　在旅游或探险过程中，人们会发现：在河面窄、河底浅的地方，河水会流得较快；而在河面宽、河底深的地方，河水会流得较慢，这些现象可以用流体连续性方程来解释。

单位时间内流过某一截面的流体体积称为流体在该截面处的**流量**，常用 Q 来表示，即

$$Q = Sv \tag{8-4}$$

其中，v 是流体在截面 S 处的流速。在国际单位制中，流量的单位是米³/秒（m^3/s）。

例 1 如果粗细均匀水管的直径是 4cm，水在管内流动的速度是 15cm/s，求管内水的流量。

解 由水管的直径 $d = 4\text{cm} = 4 \times 10^{-2}\text{m}$，可以求出它的截面积 S；由于已知 $v = 15\text{cm/s} = 15 \times 10^{-2}\text{m/s}$，所以可由流量公式求出流量 Q。

$$S = \pi r^2 = 3.14 \times \left(\frac{4}{2} \times 10^{-2}\right)^2 \text{m}^2 = 1.256 \times 10^{-3} \text{m}^2$$

$$Q = Sv = 1.256 \times 10^{-3} \times 15 \times 10^{-2} \text{m}^3/\text{s} = 1.884 \times 10^{-4} \text{m}^3/\text{s}$$

答：管内水的流量是 $1.884 \times 10^{-4} \text{m}^3/\text{s}$。

例 2 水咀粗端处的过水面积是细端处的过水面积的 2 倍，如果自来水在粗端处的流速是 10cm/s，求自来水在细端处的流速。

解 自来水管里的水可以近似看做稳流，根据稳流的连续性原理可以求出水管细处的流速。假设水管粗处的截面积是 S_1，流速是 v_1；水管细处的截面积是 S_2，流速是 v_2，则

$$S_1 v_1 = S_2 v_2$$

$$v_2 = \frac{S_1}{S_2} v_1 = \frac{2}{1} \times 10\text{cm/s} = 20\text{cm/s}$$

答：水在细处的流速为 20cm/s。

思考与练习

1. 为什么河面窄、河底浅的地方水流得快，河面宽、河底深的地方流得慢？

2. 在粗细不均匀的管道中，测得水在直径 $d_1 = 20\text{cm}$ 处的流速 $v_1 = 25\text{m/s}$，问水在半径 $r_2 = 5\text{cm}$ 处的流速是多少？水在水管中的流量是多大？

第四节 伯努利方程

现在讨论理想流体做稳定流动时，流体中某点的压强 p、流速 v 和该点的高度 h 之间的关系——伯努利方程。

如图 8-6 所示，理想流体在重力场中做稳定流动，从流体中任意截取一段液体，假设在某一时刻，这段流体在 $a_1 b_1$ 位置，经过极短时间 Δt 后，这段流体到达 $a_2 b_2$ 位置，即原先在 $a_1 b_1$ 处（位置 1）的小流块在时间 Δt 内移到了 $a_2 b_2$ 处（位置 2）。下面根据功能原理来研究小流块的机械能的变化。

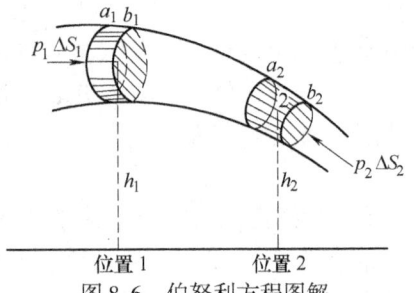

图 8-6 伯努利方程图解

设在位置 1 处流体的压强是 p_1，流块的截面积是 ΔS_1，流速是 v_1，距参考平面的高度是 h_1；在位置 2 处流体的压强是 p_2，流块截面积是 ΔS_2，流速是 v_2，距参考平面高度是 h_2，则小流块在位置 1 处的机械能是

$$E_1 = mgh_1 + \frac{1}{2}mv_1^2$$

小流块在位置 2 处的机械能是

$$E_2 = mgh_2 + \frac{1}{2}mv_2^2$$

式中，m 是小流块的质量。小流块由位置 1 到位置 2 时能量的增量是

$$E_2 - E_1 = \left(mgh_2 + \frac{1}{2}mv_2^2\right) - \left(mgh_1 + \frac{1}{2}mv_1^2\right)$$

除重力外只有小流块的前面与后面的压力做功，并且前面的压力 $p_1 \Delta S_1$ 对小流块做正功，后面的压力 $p_2 \Delta S_2$ 对小流块做负功，则外力对小流块做的总功是

$$W_{外} = p_1 \Delta S_1 v_1 \Delta t - p_2 \Delta S_2 v_2 \Delta t$$

由功能原理可知

$$W_{外} = E_2 - E_1$$

因为理想流体不可压缩，即 $\Delta S_1 v_1 \Delta t = \Delta S_2 v_2 \Delta t = \Delta V$，因此上式可写成

$$(p_1 - p_2)\Delta V = \left(mgh_2 + \frac{1}{2}mv_2^2\right) - \left(mgh_1 + \frac{1}{2}mv_1^2\right)$$

又因为 $m = \rho \Delta V$，所以

$$(p_1 - p_2)\Delta V = \rho \Delta V\left(gh_2 + \frac{1}{2}v_2^2\right) - \rho \Delta V\left(gh_1 + \frac{1}{2}v_1^2\right)$$

上式两端同除以 ΔV，整理后得

$$p_1 + \rho g h_1 + \frac{1}{2}\rho v_1^2 = p_2 + \rho g h_2 + \frac{1}{2}\rho v_2^2 \tag{8-5}$$

因为位置 1 和位置 2 是在同一流管内任意选取的，所以，对同一细流管中任何一点都有

$$p + \rho g h + \frac{1}{2}\rho v^2 = 恒量 \tag{8-6}$$

公式(8-6)就是**伯努利方程**，式中 $\rho g h$ 是管道中某点单位体积的流体的重力势能；$\frac{1}{2}\rho v^2$ 是单位体积的流体在该点的动能；p 是该点的压强，压强的单位是 N/m^2，它可理解为 $N \cdot m/m^3 = J/m^3$，从而与 $\rho g h$、$\frac{1}{2}\rho v^2$ 的单位相同，因此，它表示单位体积的流体在该点由于压力而具有的能(称为**压力能**)。

伯努利方程表明：在同一流管中(或同一流线上)任何一点处，单位体积流体的动能、重力势能与压力能之和都相等。伯努利方程是流体力学的一条基本规律，表明理想流体做稳流流动时能量守恒。伯努利方程在航空、航海、水利等工程部门有着广泛的应用。

应该注意的是：伯努利方程仅适用于理想流体的稳流情况。式中 p 为绝对压强，在计算时各量必须统一在同一单位制中。

例3 水管里的水在绝对压强 $p_1 = 4 \times 10^5 \text{Pa}$ 的作用下流入一层楼的房间，房内水管的内径 $d_1 = 2\text{cm}$，管内的流速 $v_1 = 4\text{m/s}$，引入二楼的水管的内径 $d_2 = 1\text{cm}$。已知二楼水管比一楼的水管高出 4m，求：(1)二楼水管里的水的流速和压强；(2)当二楼水龙头关闭后，二楼水管里的水的压强是多少(忽略水的可压缩性及粘滞性)？

解 (1) 根据连续性方程得，求得二楼水管里的水的流速是

$$v_2 = \frac{S_1}{S_2}v_1 = \left(\frac{d_1}{d_2}\right)^2 v_1 = \left(\frac{2}{1}\right)^2 \times 4\text{m/s} = 16\text{m/s}$$

设一楼水管的高度为零,由伯努利方程得

$$p_2 + \frac{1}{2}\rho v_2^2 + \rho g h = p_1 + \frac{1}{2}\rho v_1^2$$

所以
$$p_2 = p_1 - \frac{1}{2}\rho(v_2^2 - v_1^2) - \rho g h$$
$$= \left[4 \times 10^5 - \frac{1}{2} \times 1.0 \times 10^3 \times (16^2 - 4^2) - 1.0 \times 10^3 \times 9.8 \times 4\right] \text{Pa}$$
$$= 2.408 \times 10^5 \text{Pa}$$

(2) 当二楼水龙头关闭时,$v_1 = v_2 = 0$,所以

$$p_2' = p_1 - \rho g h = (4 \times 10^5 - 1.0 \times 10^3 \times 9.8 \times 4) \text{Pa} = 3.608 \times 10^5 \text{Pa}$$

答:二楼水管里水的流速是 16m/s,压强是 2.408×10^5Pa;当二楼水龙头关闭时,二楼水管里的压强是 3.608×10^5Pa。

第五节 伯努利方程的简单应用

静止液体内的压强 在本章第一节中讨论的流体静压强公式是在流体各处的流速为零时求得的,它是伯努利方程的一个特例。当 $v_1 = v_2 = 0$ 时,由伯努利方程得

$$p_2 + \rho g h_2 = p_1 + \rho g h_1$$

所以
$$p_2 = p_1 + \rho g (h_1 - h_2)$$

公式里的 p_1 就是公式(8-2)中的 p_0,$(h_1 - h_2)$ 就是公式(8-2)中的 h,可见上式与公式(8-2)是一致的。

水平流管中压强和流速的关系 对于水平流管,可以取流管所在平面的高度为零,如图 8-7 所示水平 T 形管,B 处和 C 处管的横截面积远大于 A 处管的横截面积,管中流体在外力作用下,沿管由 C 向 B 流动,取水平管道中心线所在的水平面的高度为零,由伯努利方程得

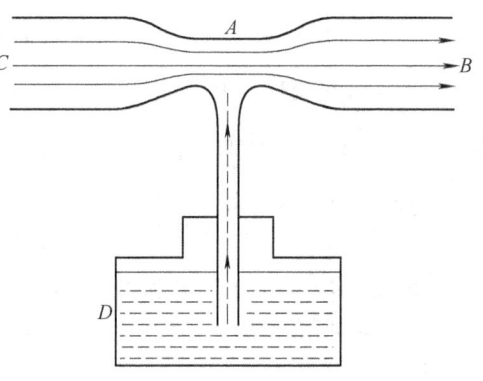

图 8-7 抽吸作用示意图

$$p_1 + \frac{1}{2}\rho v_1^2 = p_2 + \frac{1}{2}\rho v_2^2$$

上述公式表明在同一水平管道内,流速小的地方压强大;流速大的地方压强小。由连续性方程 $\Delta S_1 v_1 = \Delta S_2 v_2$ 可知,管子截面小的地方流速大,管子截面大的地方流速小。

综上可得:理想流体在粗细不匀并处于同一水平管道内稳定流动时,在截面大的地方流速小,压强大;在截面小的地方流速大,压强小。

在图 8-7 中,增加管道中流体的流速就可以使截面小的 A 处压强降低,当此处的压强远小于大气压时,于是容器 D 中的流体因受大气压的作用被压入 A 处而被水平管中的流体带走,这种作用称为**抽吸作用**。

流体的抽吸作用是常见的物理现象,生产和生活中常见的喷雾器、淋雨器,工业上的射流技术,内燃机中用的汽化器以及实验室中使用的水流抽气管等,都是根据抽吸作用的原理

制成的。

例如，喷雾器（见图8-8），当用力把圆筒里的活塞向前推时，筒内空气就以很大的速度从圆筒末端处小孔 A 流出，从而使 A 处气流的压强降低到大气压以下，因此，容器内的药液就在大气压的作用下沿细管上升，从而被 A 处气流带走并喷成雾状。

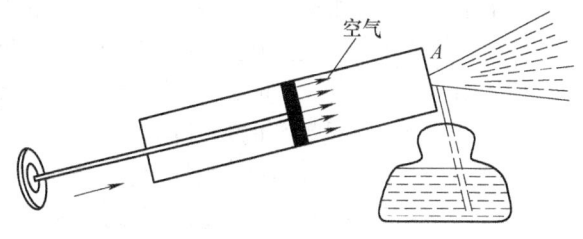

图8-8 喷雾器结构示意图

液体容器上小孔流速的计算 图8-9所示是一盛水容器，其上端的横截面积是 S_a，容器的侧壁上开有一小孔，其横截面积是 S_b，由于 $S_a \gg S_b$，所以，由连续性方程 $S_a v_a = S_b v_b$ 可知，容器内水面的下降速度远小于水从小孔中流出的速度，即 $v_a \ll v_b$，v_a 可忽略不计，因而可以近似地将容器内水的下降速度取为零，利用伯努利方程可求得由小孔处水流出的速度 v_b。

取小孔处为参考平面，则 $h_b = 0$，$h_a = h$。水面和小孔口处的压强都是大气压 p_0，把以上各量代入伯努利方程得

$$p_0 + \rho g h = p_0 + \frac{1}{2}\rho v_b^2$$

所以，$v_b = \sqrt{2gh}$。

通过计算表明，小孔处水的流速在数值上与物体从 h 高度自由下落时的速度大小相等。

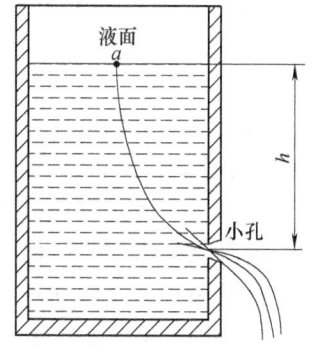

图8-9 小孔流速示意图

思考与练习

1. 每当疾驶的汽车通过时，路旁的薄塑料袋等轻小物体常常被吸向汽车，为什么？

2. 水以 0.4m/s 的速度流过水平放置的管子，在管子半径是 6cm 的地方，水的压强是 3×10^5 Pa，管子细处的半径是 2cm，求管子细处水的流速和压强。

【课外调研活动】 到火车站采访铁路管理人员，以"火车站站台安全线"为题写一篇小论文或调研报告，论述安全线设置的原因和依据等。

物理科学应用实例

飞机的升力 飞机的机翼与鸟的翅膀相似，截面的基本形状是上侧凸、下侧平，如图8-10所示。飞机沿跑道滑行时，就产生了相对于飞机运动的气流。在相同时间内，机翼上侧气流运动的路程（凸形）比下侧（平面）长，因此，机翼上侧空气流速比下侧快，这使得上侧气流对机翼的压强 p_1 小于下侧气流对机翼的压强 p_2，机翼上侧和下侧的空气流所产生的压

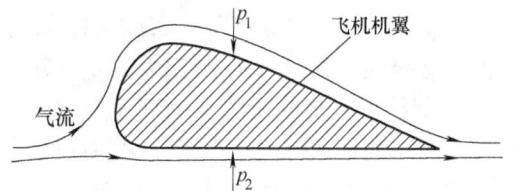

图8-10 飞机机翼与气流示意图

强差(向上)就是机翼获得的升力。飞机滑行速度越快，压强差(向上)越大，升力也就越大，当升力能够克服飞机重力时，飞机就起飞了。相反，当空中的飞机逐渐降低飞行速度时，飞机获得的升力就逐渐减少，飞机也就会逐渐下落。

百叶窗的作用　刮大风时，房屋的顶部会有高速气流经过，高速气流会使房屋顶部的内外两个表面产生压强差(向上)，这个压强差(向上)足够大时，会把屋顶的瓦片吹翻，发生飓风时，甚至能掀翻整个房顶。因此，为了减小大风对房顶的损害，尖顶房屋的山墙顶端应装置百叶窗，如图8-11所示，这样做可以在刮大风时，通过百叶窗在房顶下表面也产生气流，以减小内外两个表面的压强差。

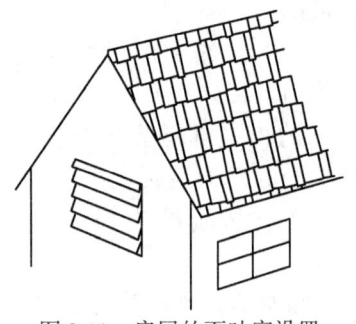

图 8-11　房屋的百叶窗设置

你会了吗？

本章主要介绍了液体的压强、理想流体、稳流、流线、流量等；探讨了理想流体所遵循的帕斯卡定律、流体连续性方程、伯努利方程等基本规律。

1. 液体内的压强及帕斯卡定律的内容是什么？
2. 什么是理想流体和稳流？
3. 流体的连续性方程是什么？
4. 伯努利方程是什么？

复 习 题

一、填空题(将正确答案填写在横线上)

1. 在一根粗细不均匀的管道中，测得直径 $d_1 = 20\text{cm}$ 处的流速 $v_1 = 25\text{cm/s}$，问水在直径 $d_2 = 10\text{cm}$ 处的流速是_____，水在水管中的流量是_____。

2. 图8-12所示为水平放置的水管，则 A、B 两点的流速 v_A_____v_B，压强 p_A_____p_B。(填"大于"、"小于"或"等于")

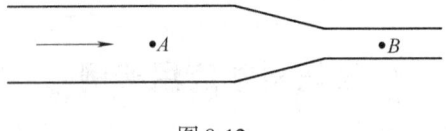

图 8-12

二、计算题

1. 一潜艇沉在80m深处，海水的密度是 $1.023 \times 10^3 \text{kg/m}^3$，问海水对潜艇产生的压强是多大？潜艇受到的绝对压强是多大($p_0 = 76\text{cmHg}$)？

2. 圆柱形水桶的桶底有一直径为10cm的装有阀门的小孔，如果桶内水深1.2m，求刚刚打开阀门的水从桶底小孔中流出的速度(g 取 9.8m/s^2)。

3. 如图8-13所示，利用压缩空气把水从一封闭的大筒内通过管子以 1.2m/s 的流速压出。当管子的出口处高于管内的液面0.6m时，问管内空气的绝对压强是多大？(设大气压

是 $1.013 \times 10^5 \mathrm{Pa}$)

三、简答题

如图 8-14 所示，两条船如果并排前进，它们就会互相靠近，以至于有相撞的危险，为什么？

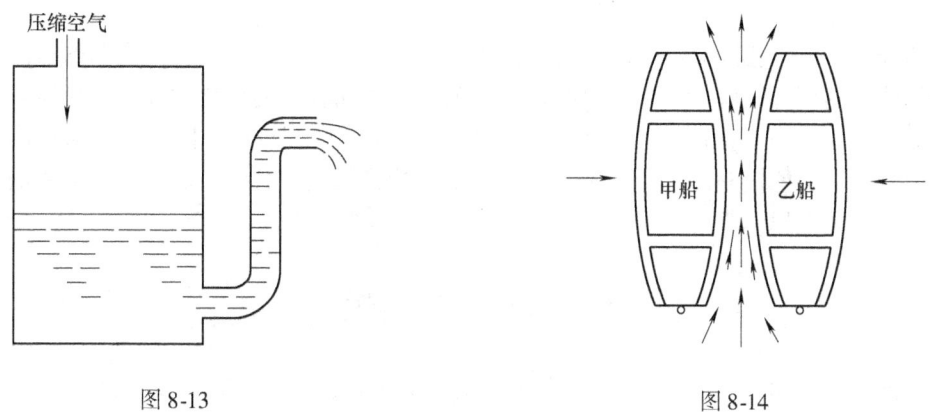

图 8-13　　　　　　　　　　图 8-14

第九章 热量与功

煤燃烧为何能转化为蒸汽机的动力？汽车制动后为什么会停下来？而汽车的动能哪里去了？诸如此类的问题表明，热在能量的提供与消耗中或在物态的变化过程中，扮演着一个非常重要的角色。作为能量转移的量度，"热量"与"功"同等重要。同时，作为物体内部大量分子的动能和势能之和的内能，则与其他形式的能量一起，共同形成了宇宙第一法则——能量转换与守恒定律。

第一节 内能 热传递 热量

分子动能 物体中的分子由于永不停息地做着无规则的运动而具有的动能称为**分子动能**。物体中分子运动的速率是不同的，有的大，有的小，因此，各个分子具有的动能并不相同。在研究与分析热现象时，由于热现象是大量分子热运动的集体表现，因此关心的不是一个分子的动能大小，而是物体中所有分子的动能的平均值。物体内所有分子动能的平均值称为**分子的平均动能**。

温度是物体分子热运动的平均动能的标志。温度升高，物体分子的热运动加剧，分子热运动的平均动能也增加。相反，温度降低，则分子热运动的平均动能减小。

分子势能 在分子力相互作用的范围内，分子间具有的由相对位置决定的势能，称为**分子势能**。

当分子间的距离 $r > r_0$ 时，分子间的相互作用力表现为引力，要增大分子间的距离必须克服引力做功，因此，分子势能随着分子间距离的增大而增大，这种情形类似于弹簧被拉长时弹性势能的变化规律。当分子间的距离 $r < r_0$ 时，分子间的相互作用力表现为斥力，要减小分子间的距离必须克服斥力做功，因此，分子势能随着分子间距离的减小而增大，这种情形类似于弹簧被压缩时弹性势能的变化规律。

物体的体积发生变化时，分子间的距离发生变化，分子势能随着发生变化，因此，分子势能与物体的体积有关。

内能 物体内部所有分子热运动的动能和分子势能的总和，称为物体的热力学能，也称为**内能**(internal energy)，用符号 E 表示。

由于分子的平均动能与温度有关，分子势能与物体的体积有关，因此，物体的内能与物体的温度和体积有关。温度升高时，分子的动能增加，物体的内能也随之增加；温度降低时，分子的动能减小，物体的内能也随之减小。物体的体积变化时，分子势能发生变化，物体的内能也随之改变。

物体的内能与物体的机械能是根本不同的概念。具有内能的物体，同时可以具有其他形式的能。例如，高速飞行的炮弹，除了具有内能外，还具有与其整体的机械运动有关的动能和重力势能。

应该指出，在一般情况下，理想气体分子间没有作用力(只有在分子碰撞的瞬间，分子力才表现出来),因而理想气体没有势能,它的内能仅与气体的温度有关。温度高,理想气体的内能大;温度低,理想气体的内能小。

改变物体内能的两种方式 能够改变物体内能的物理过程有两种:一是做功,二是热传递。

方式一:做功改变物体内能 例如,把浸过乙醚的一小块棉花,放入厚壁玻璃筒的底部,然后迅速压下活塞,浸有乙醚的棉花就会燃烧起来,如图9-1所示。柴油机使喷入气缸内的雾状柴油与空气的混合物燃烧,就利用了这个原理。

再如,所有克服摩擦阻力做功的过程,都包含着机械能转换为相互摩擦的物体的内能的过程,如车刀切削工件、钻头在钢板上钻孔,车刀和钻头都会热得烫手;气体被迅速压缩时,气体会升温。这些现象说明,外界对物体做功,使物体内部分子热运动加剧,提高了物体的内能,机械能转换为物体内部的能量,这正是机械能损耗的根本原因。

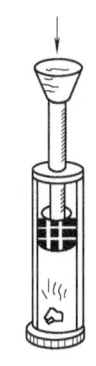

图9-1 压燃浸过乙醚的棉花

【物理知识应用】 物体之间由于激烈摩擦可生成大量的热,因而可利用高速旋转物体与固定物体之间的摩擦热,实现金属材料的焊接,摩擦压力焊就是利用这种原理进行金属材料焊接的典型工艺之一。

另外,物体对外界做功时,物体的内能也会发生变化。例如,蒸气、燃气膨胀时,温度会降低,内能会减少,同时气体推动汽轮或活塞做了有用功。这种现象正是人们利用内能做功的主要形式,如蒸汽机、内燃机、火力发电厂(见图9-2)等。

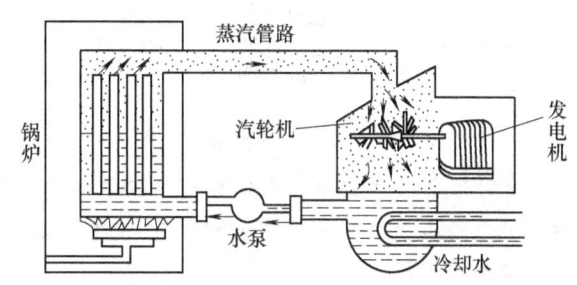

图9-2 火力发电厂生产过程示意图

以上所举案例说明:内能与机械能可以通过做功相互转换,而且内能在转换过程中往往要通过一定的设备或工具来实现。做功使物体内能改变时,内能的改变可以用功的数值来量度。外界对物体做多少功,物体的内能就增加多少;物体对外界做多少功,物体的内能就减少多少。

方式二:热传递改变物体内能 高温物体总要自发地把自己的内能直接转移给低温物体,这是人们熟悉的基本常识。不通过做功而使物体的内能改变的过程称为**热传递**(heat passage)。热传递有热传导、对流和热辐射三种方式。通过物体中分子、原子、电子等粒子间的相互作用而将内能从高温区向低温区传递热量的方式,称为**热传导**(heat conduct)。依靠流体(液体或气体)的流动而进行热传递的过程,称为**对流**(convection)。凡温度高于0K的任何物体都以电磁波的形式在不断地向外辐射能量,这种过程称为**热辐射**(heat radiation)。

如图9-3所示,当铁条一端烧热时,另一端也逐渐热起来,这种方式就是热传导。在火炉上加热水壶时,水壶中的水会上下循环传递热量,这种传热方式就是对流。手靠近火炉时,手会感到很暖,就是通过热辐射方式转移内能。

【热传递现象观察】 热传递现象在人们的日常生活中经常遇到,如室内暖器片、加热炉、空调等设备在运行时，都涉及热传递现象。在大气和海洋中也存在大规模的对流现象，而且这种对流现象对气候的影响很大。大气和海洋中的对流现象是由于太阳辐射加热不均匀引起的。地球一方面不断地从太阳获得能量，另一方面又不断地向太空辐射能量，地球平均气温几乎保持不变的事实表明，这两个过程是平衡的。

室内暖气片（见图9-4）在使用过程中，其传热过程包括：热水通过水泵加压从锅炉流到暖气片内，是强制对流；热量从热水传递到暖气片，是热传导；依靠空气对流将热量传到房间内各处，是自然对流传热；另外，被加热的暖气还以辐射方式向外传热。

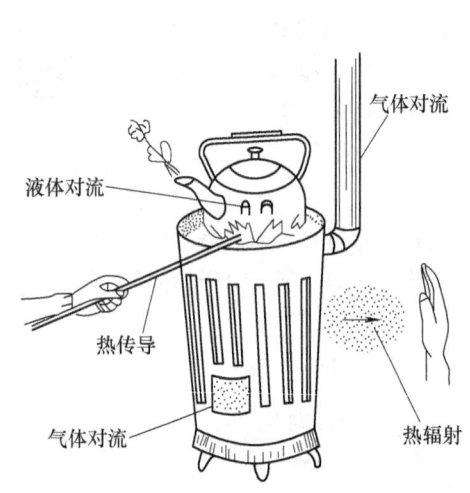 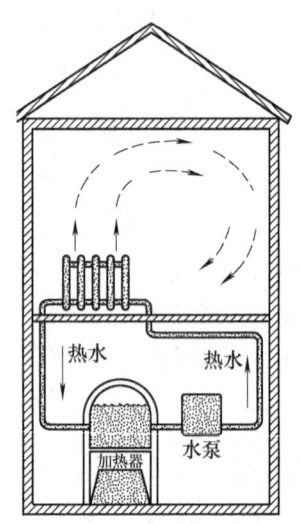

图9-3　热传递的三种方式　　　　　图9-4　房屋供热中所体现的热传递形式

有时根据实际需要，人们会采取措施降低高温热源向低温热源的传递速度，如为了提高加热炉的炉温和热效率，需要对炉壁与外界之间进行隔热；暖气主管道也应与外界进行隔热，以降低能耗。

另外，在许多工业设备和实验设备中，往往需要用强制对流的办法使设备冷却（或散热）。例如，用鼓风机带走热量的办法称为"风冷"，用水冷装置带走热量的办法称为"水冷"。这些装置都是利用热传递知识制造的。

热量（*quantity of heat*）　做功和热传递在改变物体内能上可以表现出相同的效果，即都使物体的内能发生变化。但两种方式之间还是有本质区别的。做功使物体的内能改变，是其他形式的能与内能之间的变化。例如，摩擦生热的过程是做了机械功，将机械能转化为内能的过程。热传递则不同，它是物体间内能的转移。

热传递时所转移内能的数量，称为**热量**，常用符号 Q 表示。在国际单位制中，内能和热量的单位都是焦耳（J）。此外，工程中习惯上常用的热量单位有卡（cal）、千卡（kcal）等单位，工业生产中常说的大卡实际上是指千卡。

$$1\text{cal} = 4.18\text{J}$$

外界传递给物体多少热量，或者说物体吸收了多少热量，物体的内能就增加多少；物体传递给外界多少热量，或者说物体放出了多少热量，物体的内能就减少多少。

热传递的条件是物体之间必须有温度差。在热传递过程中，低温物体吸收的热量 $Q_{吸}$，

等于高温物体放出的热量 $Q_{放}$，即

$$Q_{吸} = Q_{放} \tag{9-1}$$

这一结论称为**热交换定律**，公式(9-1)称为**热平衡方程**。

做功和热传递是实现能量转移的两种方式。功和热量则是对应的两种能量转移的不同量度。热量只量度内能的变化，而功可以量度内能和其他能量的变化。由于人们周围到处存在热及热传递，因此，热量概念的重要性不亚于功。

思考与练习

1. 为什么说物体的内能与物体温度和体积有关？
2. 怎样改变物体的内能？
3. 什么叫热交换定律？热平衡方程是什么？
4. 质量是 0.1kg 的子弹，以 60m/s 的速度射入放在光滑桌面上的木块中，并和木块一起运动。已知木块的质量是 2.9kg。问木块和子弹增加了多少内能？
5. 质量相同而温度不同的两杯水，哪一杯水具有较大的内能？温度相同而质量不等的两杯水，哪一杯水具有较大的分子动能？为什么？

第二节 物态变化时的潜热

物质的固态、液态和气态是物质的三种形态，它们具有明显的物理特征，在一定的条件下这三种状态是可以互相转化的。人们把物质物理状态的变化，统称为**物态变化**。

在温度不变的情况下，物态发生变化时物质要吸收或放出一定的热量，这种热量称为**潜热**。一般来说，物体吸热或放热时，通常要伴随着温度的变化，如果温度不变化，这些热量好像是潜藏起来了，因此称为潜热。

熔化与凝固 物质通过吸收热量由固态变成液态的过程，称为**熔化**(smelt)；相反，从液态转变为固态的过程称为**凝固**(solidify)。物质在熔化时要吸收热量，在凝固时要放出热量。晶体与非晶体在熔化时表现出不同的特征，其原因在于它们存在不同的内部结构。晶体具有一定的熔化温度——熔点，而非晶体则没有固定的熔点。

熔化现象分析 晶体开始熔化并保持温度不变时的温度称为晶体的**熔点**。可以从微观角度来分析熔化现象：在晶体中，分子或原子排列成规则的空间点阵，维持这种规则排列的是分子或原子之间的相互作用力。由于分子或原子的热运动不足以克服它们之间的相互作用力，所以，分子或原子一般只能在空间点阵的平衡位置附近做微小的振动。

在一定压强下当外界对晶体进行加热时，晶体从外界获得能量，分子或原子的热运动加剧，晶体的温度升高；继续加热时，分子或原子的热运动进一步加剧，晶体的温度进一步升高，其实这个阶段是一个量变过程。当晶体的温度达到一定温度时，晶体中的一部分分子或原子具有了足够的动能，能够克服分子或原子间的相互作用力，则会离开空间点阵的平衡位置。这时晶体的空间点阵结构被破坏，量变的结果导致了质的变化，于是晶体开始熔化。

为什么晶体在熔化过程中，需要不断地从外界吸收热量，直至全部熔化完为止，但温度却始终保持不变呢？原来在熔化过程中，从外界吸收的热量，全部用来破坏晶体的空间点阵结构，克服分子间的吸引力做功，因此，改变了分子间的相对位置，结果增加了分子间的势

能。也就是说，晶体熔化时，从外界吸收的热量，以分子势能的形式储存起来了，因而晶体熔化后的内能增加了，但其分子的平均动能并不变，所以，晶体物质在熔化过程中温度并不升高。在这一过程中，其实正酝酿着新的量变过程。

由于不同晶体的分子结构不同，它们的分子力也不同，由固态变成液态需要克服分子力所做的功也不同，所以，不同的晶体在熔化时吸收的热量也不同。为了表明晶体在这一性质上的差异，物理上引入熔化热概念。

熔化热 单位质量的某种晶体物质，在熔点完全变成同温度的液体时所吸收的热量，称为这种晶体的**熔化热**(λ)。在国际单位制中，熔化热的单位是焦耳每千克(J/kg)。表 9-1 中列出了 10^5Pa 气压下几种晶体物质的熔点及熔化热。人们用钨作白炽灯丝，就是利用钨熔点高的性质；用冰冷藏食物，则是利用了它熔化热大的特点。实验表明，物质的熔点和熔化热，会随外界压强的变化而变化，但不显著。

表 9-1 10^5Pa 气压下几种晶体物质的熔点及熔化热

物质	钨	铂	铁	铜	金	锡	水银	冰	酒精
熔点/K	3653	2046	1811	1356	1337	505	234	273	156
熔化热/(10^3 J/kg)	192	113	276.5	176	67	59	11.7	335	107.7

如果某晶体物质的质量是 m，熔化热是 λ，则它完全熔化时所需要的热量是

$$Q = \lambda m (在熔点) \tag{9-2}$$

由液体凝固为晶体的过程称为**结晶**。结晶过程中温度也保持不变，其结晶温度与该物质的熔点相同。晶体在结晶过程中，分子逐渐排列成有规则的空间点阵，分子之间的势能减少，结晶过程中放出热量，温度维持恒定，直到液体全部结晶为晶体为止。

单位质量的液体结晶为同温度的固体时，将放出与熔化热相等的热量——这是由熔化过程中所增加的分子势能转换过来的。

对于非晶体，如塑料、玻璃、松香等，其微观结构与液体相似，在加热和熔化过程中由于不需为破坏空间点阵结构而消耗能量，所以，其温度会不断地上升，宏观上表现出非晶体没有固定的熔点，因此，也就没有一定的熔化热。

汽化与液化 物质从液态变成气态并吸收热量的过程，称为**汽化**(*vaporization*)。由气态转变为液态的过程称为**液化**(*fluidify*)，又称为**凝结**。汽化有两种方式：蒸发和沸腾。仅仅在液体表面发生的汽化，称为**蒸发**(*evaporate*)。在一定压强下，液体的温度升高到某一温度时，在液体内部和表面同时发生的汽化，称为**沸腾**(*seethe*)。产生沸腾时，液体有大量气泡产生，它们会增大并上升到液面破裂而放出蒸气，如图 9-5 所示。沸腾时液体的温度保持不变，这个温度称为**沸点**(*boiling point*)。

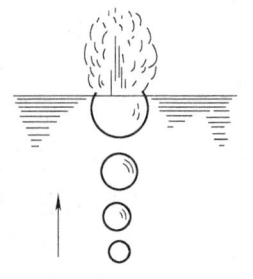

图 9-5 沸腾现象

蒸发在任意温度下都可以发生，因为液面总有一些分子的动能比分子平均动能高，因此，它们可以克服液面其他分子的吸引，脱离液面而形成蒸气，蒸气又常称为汽。

液体的温度越高，分子具有的平均动能越大，具有足够大的动能而且能够脱离液体表面

的分子也就越多，因此，温度越高，蒸发得越快。

另外，液体的表面越大，处于液体附近的分子也越多，能够从液面飞出的分子也越多，因此，液体表面越大，蒸发得越快。

脱离液体表面的分子如果停留在液体表面附近，部分蒸发的分子会撞到液体表面上，从而被液体分子重新拉回到液体中，这样会导致蒸发过程变慢。如果设法把液体表面上形成的蒸气吹散，使蒸气不能回到液体中去，蒸发就可以加快，因此，液体蒸发得快慢还与液体表面上气体流动的快慢有关。气体流动得越快，则蒸发过程也越快。

无论是蒸发还是沸腾，在蒸发过程中，从液体中飞出的分子具有较高的动能，这些分子飞出后，使留在液体中的分子的平均动能减少，从而导致液体的温度降低，因此，液体蒸发过程具有制冷效应。例如，在日常生活中，人们洗完澡后或从游泳池中出来时，会感到凉爽，就是由于蒸发的制冷效应产生的。要使温度保持不变，就必须从周围物体吸收热量。

单位质量的液体，在一定温度下完全变成同温度蒸气时所吸收的热量，称为这种液体在该温度下的**汽化热**(γ)。在国际单位制中，汽化热的单位也是焦耳每千克(J/kg)。

为什么液体汽化时需要吸收热量呢？这是因为液体汽化时气体分子要比同温度的液体分子间的距离大得多，分子需要克服液体分子间的引力做功，吸收的一部分热量用于增加分子势能；又因为液态转变为气态时体积增大，吸收的另一部分热量用于反抗外部压强做功。所以，液体汽化时需要吸收热量。

液体的汽化热除了与其性质有关外，还会随外界压强的不同而有较显著的变化。表9-2是在 10^5Pa 下几种物质的沸点和汽化热。

表9-2　10^5Pa 下几种物质的沸点和汽化热

物　质	水银	水	酒精	乙醚	液态氨	液态氢
沸点/K	630	373	351	308	240	20.3
汽化热/(10^3J/kg)	289	2258	855	352	1270	452

液体温度升高时，动能较大的分子增多，同时由于液体体积的膨胀，分子间的引力减小，汽化比较容易进行，所以，同一种液体的汽化热随温度升高而减少，水在不同温度下的汽化热，见表9-3。

表9-3　水在不同温度下的汽化热

温度/K	273	323	373	423	473	523	573
汽化热/(10^3J/kg)	2493	2410	2258	2120	1961	1709.1	1382.7

如果液体的质量是 m，某一温度下的汽化热是 γ，则它在同一温度下完全汽化时所需要的热量是

$$Q = \gamma m \text{(在某一温度)} \tag{9-3}$$

与凝固、熔化的关系相似，在外界压强相同时，单位质量的蒸气凝结成同温度的液体，必定放出与该温度下汽化热相等的热量。

如果液体中含有不同物质，先让它们汽化，然后送入一定的设备中凝结，这种过程称为**蒸馏**。不同成分的物质，由于沸点不同，就会在蒸馏过程中分离出来。例如，从天然原油中

提取汽油、煤油、柴油和重油，就采用了蒸馏法。

实践证明：增大气体的压强和降低气体的温度，都能使气体液化。即增大压强或降低温度是促使物质由气态转变为液态的必要的外界条件，当这种条件在数量上达到某一温度时，必然引起物质状态的变化。另外需要说明的是，物质在汽化时要吸收热量，在液化时则要放出热量。

例1 在地球大气层上空垂直太阳光的平面上，每秒钟内每平方米可接收到 1.35×10^3 J（记为 $I = 1.35 \times 10^3$ W/m²）的太阳能，这些能量的大部分被大气层吸收，全年平均起来大约有15%的太阳能到达地面。已知地球的半径约为 $R_0 = 6.4 \times 10^6$ m，地表水域占地球表面积的71%，平均汽化热可估计为 $\gamma = 2.47 \times 10^6$ J/kg，试估算每秒钟进入大气的平均水蒸发量 m。

解 垂直于阳光的面积为
$$A = \pi R_0^2 = 3.14 \times (6.4 \times 10^6)^2 \text{m}^2 = 1.29 \times 10^{14} \text{m}^2$$
太阳能中每秒中用于水面蒸发的热量为
$$Q = (1.35 \times 10^3 \times 15\%) \times (A \times 71\%)$$
根据公式 $Q = \gamma m$ 得
$$m = \frac{Q}{\gamma} = \frac{1.35 \times 10^3 \times 0.15 \times 1.29 \times 10^{14} \times 0.71}{2.47 \times 10^6} \text{kg} = 7.51 \times 10^9 \text{kg}$$

答：每秒钟进入大气的平均水蒸发量是 7.51×10^9 kg。

比热容 物体吸收一定的热量后，一般温度都要升高。不同的物体尽管它们的质量相同，升高的温度也相同，但吸收的热量却不相同。为了反映它们在此方面的物理性质差异，引入了比热容概念。物体的温度升高(或降低)时，所吸收的热量与该物体的质量及升高(或降低)的温度的比值，称为该物质的比热容。假设物体的质量是 m，它从外界吸收的热量是 Q，则当它的温度从 t_1 升高到 t_2 时，组成该物体的物质的比热容 c 是
$$c = \frac{Q}{m(t_1 - t_2)}$$

在国际单位制中，比热容的单位是焦耳每千克开[尔文][J/(kg·K)]，也可用焦耳每千克摄氏度[J/(kg·℃)]。

不同物质的比热容不同，比热容是物质的特性之一。同一物质，在不同的物态下其比热容也不相同。对于固体和液体，比热容随体积和压强的变化很小，在温度变化不大的范围内，比热容的差异可以忽略，即可认为是常量。

【知识拓展】 太阳的能量不断地把地球表面的部分水送上天空，于是才有浩瀚的云海和奔腾的江河，从而形成了大自然的水循环，使得自然界气象万千，变化多端。例1中的字母 "I" 称为太阳常数，它是利用人造卫星上的精密仪器测得的。依据太阳常数 I 可计算出太阳每秒钟传递给地球的能量，这些能量对于维持地球上的生命和地球表面的自然过程，是至关重要的。

思考与练习

1. 什么叫熔化？什么叫熔化热？什么叫凝固？什么叫结晶？
2. 什么叫汽化？什么叫汽化热？什么叫液化？什么叫沸腾？

3. 当液体蒸发时，如果不给液体增加热量，剩余液体的温度将会发生怎样的变化？为什么？

4. 从嘴中缓慢地呼出气体到手上，就会感到温暖；而用力吹到手上，却让人感到凉爽。请用所学知识解释上述现象。

第三节　热力学第一定律

在热力学中，一般把要研究的宏观物体（气体、液体、固体或其他物体）称为热力学系统，简称系统；而把与热力学系统相作用的环境称为外界。

热力学第一定律　在一般的热力学过程中，系统内能的变化是做功与传热共同作用的结果。假设系统从内能为 E_1 的平衡态经过某一热力学过程变化到内能为 E_2 的平衡态。在此过程中，外界对系统传热是 Q，同时系统对外做功是 W，根据能量转化和守恒定律，在系统状态变化过程中，系统能量的改变量等于系统与外界交换的能量，即

$$Q = E_2 - E_1 + W = \Delta E + W \tag{9-4}$$

其中，$\Delta E = E_2 - E_1$，表示系统内能的改变量。从公式(9-4)中可以看出：系统从外界所吸收的热量，一部分转化为系统的内能增加，一部分是系统对外做功，这就是**热力学第一定律**。它不仅说明了热量与功是通过内能的变化联系起来的，而且给出了三者的定量关系。

公式(9-4)中，各量可取正值，也可取负值，它们相应的物理意义见表9-4。

表 9-4　热力学第一定律表达式中各量正负的物理意义

物理量	Q	ΔE	W
正值	物体从外界吸热	物体内能增加	物体对外界做功
负值	物体向外界放热	物体内能减少	外界对物体做功

如果系统与外界不发生热交换，即 $Q = 0$，则热力学第一定律的表达式可以写成

$$0 = \Delta E + W \text{ 或 } W = -\Delta E$$

上述公式说明：系统对外界做功是以系统自身内能的减少为代价的。如果 ΔE 也等于零，也就是说系统内能不可能减少，则系统必然不能对外界做功，即 $W = 0$。因此，要使系统对外界做功，必须传递给系统热量，或者消耗系统的内能。

【不可能制成的永动机】　历史上曾有许多人希望制造一种既不消耗系统内能，也不需传递给系统热量，就可以使系统能无限做功的机器，这种机器就是**第一类永动机**。虽然人们经过多次尝试，做了许多努力，但制造永动机的梦想无一例外地归于失败。人们从能量守恒定律认识到：任何一部机器，只能使能量从一种形式转化为另一种形式，而不能无中生有地制造能量，因此第一类永动机是不可能制造出来的。人类利用自然，必须遵循自然规律，而不是研制永远无法实现的永动机。

例 2　一定量的气体从外界吸收的热量是 25000J，气体内能增加 40000J，试分析是气体对外做功，还是外界对气体做功？

分析：已知气体吸收的热量和内能的改变量，要求气体（或外界）做的功，可以根据热力学第一定律计算，然后根据功的正负情况进行判断。

解 根据热力学第一定律 $Q = \Delta E + W$，得
$$W = Q - \Delta E = (25000 - 40000)\text{J} = -15000\text{J}$$
$W < 0$ 表示外界对气体做功。

能源与环境 热机、燃油汽车、火力发电厂和制冷机等既是人类物质文明的重要体现，同时也是污染人类生态环境的主要根源之一。这些设备与设施在使用过程中，消耗了大量的矿物燃料(煤、石油、天然气等)，燃烧后放出大量的二氧化碳等废气以及硫和氮的氧化物，造成大气污染和酸雨(正常雨水 pH 值是 5.6，酸雨的 pH < 5)，同时向环境排出大量的废热，也使得城市环境温度逐年升高，地球逐渐变暖，造成南极和北极冰盖逐渐减少，海面上升，气候异常。

制冷剂(主要成分是氟利昂)的出现和使用，导致氟利昂不断地向环境外泄，产生大气臭氧层破坏，而臭氧层能够吸收太阳光中 99% 的紫外线辐射，对保护地球生命来说是不可缺少的保护层。科学家认为，臭氧层减少 1%，辐射到地面上的太阳光紫外线辐射强度提高 2%，从而导致皮肤癌、白内障等发病率的提高，海洋生态平衡遭受破坏，农作物减产，温室效应进一步增强。而要想修复被破坏的大气臭氧层至少要 100 多年的时间。因此，减少大气污染，保护环境已成为全球普遍关心的问题。人类正面临着地球环境严重恶化的威胁，因为我们只有一个地球！

从目前发展趋势来看，防止大气污染和环境恶化的有效措施是：第一，保护森林植被和植树造林。因为，森林植被不但蕴藏大量的宝贵财富，是各种野生动物的栖息场所，涵养水源，而且还能吸收大量的二氧化碳，抵消温室效应。第二，尽量使用清洁能源，如太阳能、风能、地热能、核能等取代常规的矿物燃料。第三，发展环保产业，生产新型的环保汽车、环保设备等，并实施节能环保措施，减少废气、废热、废物的排放。

让我们为拥有美好的家园，从身边的点滴小事做起吧！

思考与练习

1. 热力学第一定律的内容是什么？其数学表达式中各量的正、负号是怎样规定的？
2. 若只对气体加热，而不让气体膨胀，气体的内能将如何变化？若不向气体传递热量，而让气体膨胀，气体的内能将有何变化？
3. 一定质量的气体从外界吸收了 5×10^5 J 的热量，推动活塞对外做了 2×10^5 J 的功，它的内能变化是多少？

第四节 能量守恒定律

能量守恒定律 各种形式的能量都可以相互转换，如自由落体的势能会转换成动能，热机可把物体的内能转换成机械能。另外，能量还可以在物体间传递，如热传递、波动中能量的传输等。

实际上除了机械能、内能外，其他形式的能，如电能、磁能、化学能、原子能等，均可相互转化而且保持守恒。例如，水力发电是把机械能转换为电能；太阳能把地面和空气晒热，使地面空气上升流动形成风，这是太阳能转换为热能，热能又转换为空气的机械能；太阳照射植物叶子发生光合作用，生成各种有机化合物，这是把光能转换为化学能。动物和人

吃了植物，植物的化学能又转换为动物和人的化学能和热能；远古时代的动植物在地质的变迁中转换为煤、石油、天然气等，这些资源在人类的使用过程中又可转化为其他形式的能，如在火力发电厂这些资源转换为电能，电能在使用中又转换为人们需要的机械能、光能、化学能、热能等。

大量的事实证明：任何形式的能在转化为其他形式的能时，总的能量是守恒的。能量既不会凭空产生，也不会凭空消失，它只能从一种形式转化为别的形式，或者从一个物体转移到别的物体，在转化或转移的过程中其总量不变，这就是**能量守恒定律**（law of conservation of energy）。

能量守恒定律在 1860 年左右，就得到了普遍承认，并很快成为自然科学和工程技术的基石，它是人类对自然界认识的一大飞跃。从此之后，任何违背能量守恒定律的说法，都被证明是错误的。恩格斯曾经把这一定律称为"伟大的运动基本规律"，认为它的发现是 19 世纪自然科学的三大发现之一。

能量守恒定律是最基本、最重要的守恒定律，它用于热现象的形式就是热力学第一定律。由热力学第一定律可知，在一定条件下，机械能和系统的内能可以互相转化，而且能量总和保持不变。热力学第一定律就是包括内能在内的能量守恒定律。

例 3　设某发电厂的效率 $\eta = 30\%$，输出功率 $P = 1.5 \times 10^7 \mathrm{W}$，标准煤的燃烧值 $q_0 = 2.93 \times 10^7 \mathrm{J/kg}$。求发电厂每小时消耗标准煤的质量 m。

解　煤燃烧过程中每秒钟向锅炉提供的热量，就是发电厂的输入功率 P_0，即 $P_0 = \dfrac{q_0 m}{t}$，其中 $t = 3600 s$。因输出功率 $P = \eta P_0 = \dfrac{\eta q_0 m}{t}$，所以

$$m = \frac{tP}{\eta q_0} = \frac{3600 \times 1.5 \times 10^7}{0.30 \times 2.93 \times 10^7} \mathrm{kg} = 6.14 \times 10^3 \mathrm{kg}$$

答：发电厂每小时消耗的标准煤的质量是 $6.14 \times 10^3 \mathrm{kg}$。

【小知识】　发电厂的效率 η，其实是生产流程中各部分设备的联机效率。例如，如果锅炉的效率 $\eta_1 = 86\%$，汽轮机的效率 $\eta_2 = 36\%$，发电机的效率 $\eta_3 = 98\%$，则发电厂的效率 $\eta = \eta_1 \cdot \eta_2 \cdot \eta_3 = 30\%$。

思考与练习

1. 在下列现象中，各发生了怎样的能量转换？
   A. 点燃蜡烛　　　　B. 开动电风扇　　　　C. 使用太阳能计算器
2. 讨论第一类永动机为什么不能实现？

【小制作】　不同种类的能量可以相互转化，请查阅相关资料自己动手做一个能量转换器，并计算其效率。

第五节　低温技术简介

低温技术的获得　**低温技术**是指使自然界的某种物体或某空间达到低于周围环境的温

度，并使之维持这个温度的技术。实际上低温技术是指低温的获得和利用技术，通常也称为"**人工制冷**"。

液体汽化或气体迅速膨胀时，都会从周围的物体吸收大量的热量，这是制冷的基本原理。

获得低温技术的方法有很多种，除了液体的汽化和气体的迅速膨胀外，还有热电法、固定绝热去磁法、气体涡流法等，不同的制冷方法，可获得不同的低温。

固体（如干冰、冰块等）的熔化和升华也能使物体或空间温度降低。单纯利用干冰、冰块等一般能满足短时间的降温要求，这只是一个简单的冷却过程，而不能称为制冷技术。因为制冷过程是一个通过制冷循环使热量不断地从低温热源传到高温热源的连续过程，这一过程必须依靠制冷技术来实现。

低温技术的应用 自1834年美国人玻耳金斯首次研制成功用人力转动，以乙醚作为制冷剂的制冷机开始，一百多年来，随着科学技术的不断发展，低温技术已广泛地被应用于工业生产过程、医疗卫生、文化体育及日常生活等国民经济和人类生活的各个领域。

低温技术的应用，首先是由于金属或合金在低温下具有"超导"的特性所引起的，如金属铅在低于7.26K时，其电阻几乎等于零。因此，如果能够制造低温超导电缆，就为大功率(100万千瓦以上)输电提供了可能。而且低温超导和强大电流也为制造强大磁场提供了可能。

在食品加工业中，人们利用低温技术使食品从生产、运输、贮藏至销售和消费全过程都保持在所要求的低温条件下，达到保证食品质量、调剂淡旺季、保障供应、促进贸易的目的。

在医疗卫生方面，使用冻结干燥法生产药物，利用低温技术来保藏血浆、疫苗、菌种、脏器和药物等。低温麻醉和低温外科手术既能减轻患者痛苦，又具有安全性。

在许多近代尖端科学技术部门中，高速电子计算机、卫星通信、激光技术、高真空技术等都需要应用低温技术。

在文化体育事业中，如摄影棚中人工雪景的布置、人工冰场(见图9-6)、滑雪道、人工降雪等也都是低温技术的应用实例。

20世纪30年代，低温技术已达到或接近绝对零度水平；20世纪60年代达到10^{-6}K水平；20世纪90年代达到10^{-9}K水平，而且进一步冷却的可能性是永远存在的。但低温技术的实践和热力学理论都表明，绝对零度是不可能达到的，因为分子的热运动是永不停息的。

图9-6 滑冰

第六节 能源的开发、利用和节约

能源是指能够提供可利用能量的物质。能源是人类得以生存和发展的希望。人类社会经历了三个主要的能源时期，即柴薪时期、煤炭时期和石油时期。以柴草为主要能源在人类历史上经历了大约有18000年的漫长时期,在这一时期人类社会发展极为缓慢,生产力水平很低。到了18世纪煤炭成为主要能源,并为人类迎来了第一次工业革命,使社会生产力有了大幅度的发展。20世纪40年代以来,煤炭的地位逐渐被石油所取代,不少国家以石油为能源实现了现代化。与此同时,世界各国都十分重视新能源的研究、开发和利用,如太阳能、地热能、生物能、水能、风能、海洋能、原子能等一系列新能源,被看成是新技术革命的一大支柱,得到了逐步重视和应用。而所有这些能源都来自于太阳的辐射和地球的远古贮藏。

能量自发地转换或传递是有方向的,换句话说,并非满足能量守恒定律的"事件"都会实际发生。你见过用冰烧水的事吗?如果水增加内能而冰减少相等的内能,不也满足能量守恒定律吗?但这样的事不会发生。燃烧过程的方向性同样显著:一块煤烧掉了,散发出去的烟、气、光、热绝不会自动反转回来,重新合成原来的那块煤,煤是"一去不复返"的。

地球上绝大部分的能源,都可以追溯到太阳那里去。例如,煤炭、石油和天然气,都是当初从太阳获取能量的有机物,经过漫长的地质演变形成的。因此,它们作为能源的能量来自远古时代的阳光。现在所处的时代,矿物燃料仍占世界能源消耗的90%左右,因而人们把煤、石油和天然气等称为常规能源。

随着煤炭、石油和天然气资源的不断开采和利用,其蕴藏总量在不断地减少,同时也使环境逐步地恶化,引发"能源危机"和"环境危机"等一系列问题。因此,面对日益严重的"能源危机"和"环境危机",人类急需调整策略,采取有效措施,合理利用和节约有限的宝贵能源,并且积极开发和利用其他形式的新能源,如核能、太阳能、水力资源、风能、地热能源、海洋能源(如潮汐、温差、波浪)、生物能等。

但是部分新能源的开发和利用,还难以形成可与常规能源相匹敌的工业规模、普及范围及经济成本。目前,科学家和工程师们正在不断努力和探索,积极地为社会开创利用这些新能源的有效方法与技术,来逐步替代目前所使用的常规能源,从而缓解"能源危机"和"环境危机"。

太阳能的开发利用 太阳是人类能量的源泉。太阳给人类带来了光明和温暖,给大地带来了生机。如果没有太阳,地球将变成一个黑暗、冰冷、死气沉沉的世界。太阳不停地向空间辐射能量,每秒钟从它的表面要散发出的能量约为 3.75×10^{26} J,而地球获得的不到其中的二十亿分之一,即便如此,依然使得地球风云变幻,河川流动,大地温暖,万物生长。

自古以来,太阳一直把它的光和热送给地球,然而人类懂得利用太阳能却经历了长期的探索和研究。我国是世界上利用太阳能最早的国家之一。据古书上记载:早在西周时期人们就创造了一种像四面镜一样的金属盘子,用它聚集的太阳光能把棉绒点燃,这就是人们通常所说的"阳燧取火"。这是人类利用太阳能最早的一项发明。

人类进入20世纪以来,对利用太阳能的探索和研究进展迅速。迄今为止,人类已经研究出三种途径来直接利用太阳辐射能:即光电转换、光热转换和光化学转换。太阳能电池、太阳能热水器、太阳灶、太阳能水泵、固体燃料、液体燃料等都是这些转换的例证。太阳能的开发和利用前景广阔,世界各国对太阳能的开发和利用都投入了大量的人力、财力和物力。

我国在20世纪50年代就研制成功了硅太阳能电池,并首先将其利用到人造卫星等尖端技术上。1971年3月3日,我国发射的第二颗人造地球卫星在太空中借助于太阳能电池供电运行了8年零3个月,说明我国利用太阳能电池的技术已达到了世界领先的水平。再如,上海某科研单位研制成了太阳能高温炉,其聚焦温度可达 1300℃,能够将铜片熔化。

绿色植物能够利用太阳能把二氧化碳和水转变成有机化合物,这就是人们通常所说的光合作用。把太阳能转变成化学能贮藏在有机化合物中,这些合成的有机化合物既可为人类提供食物,也可以为生产和生活提供燃料,人们把这种能源称为绿色能源。

当阳光照在海洋和湖面上,就使得部分水汽化,并使水分子变热,这些变热的水分子会上升,热能就转变成重力势能,最终它们又会凝结成水滴形成云块,以雨的形式又落下来,山上流下来的雨水的重力势能可以用来推动水轮叶片旋转产生电能或其他形式的能。风和海浪的能量也是由于阳光作用而产生的。如果人们利用这些能量去推动风车或帆船,就间接地利用了太阳能。

目前人类正在积极探索如何直接利用太阳能。图 9-7 所示的"太阳灶"问世已有几十年时间了;太阳能热水器、太阳能电池、太阳能发电(见图 9-8)、太阳能建筑物、太阳能照明也早已实用化了;利用太阳能驱动的汽车、轮船乃至飞机,也屡见报道,并成为现实。

图 9-7 太阳灶

图 9-8 太阳能发电原理图

太阳能电池是利用半导体材料把太阳能转换成电能的装置,是最便于应用太阳能的办法。但迄今为止,太阳能电池的输出功率总的说来还比较小,其转换效率也不超过 27.5%,大多数在 10% 左右,因此,如何提高太阳能电池的效率,一直是科技人员探索的重要课题。

风能的开发利用 大约在 5 千年前,埃及人就已经开始利用风作为能源了。利用风能,他们的帆船畅游在尼罗河上。我国在 1700 年前出现了风车。**风能**是地球表面大量空气流动所产生的动能。由于地面各处受太阳辐照后气温变化不同以及空气中水蒸气的含量不同,因而引起各地气压的差异,在水平方向高压空气向低压地区流动,即形成风。风能资源决定于风能密度和可利用的风能年累积小时数。风能密度是单位迎风面积可获得的风的功率,与风速的三次方和空气密度成正比关系。据估算,全世界的风能总量约 1300 亿千瓦,中国的风能总量约 16 亿千瓦。风能资源受地形的影响较大,世界风能资源多集中在沿海和开阔大陆的收缩地带,如美国的加利福尼亚州沿岸和北欧一些国家,中国的东南沿海、内蒙古、新疆和甘肃一带。

风力发电所需的装置称为风力发电机组,风力发电机组大体由转动叶片、变速箱、刹车装置、发电机、风向跟踪装置、测量装置、塔等组成,如图 9-9 所示。转动叶片一般由三个螺旋桨组成,叶片要求用强度高、重量轻的材料制造,目前多采用玻璃钢或碳纤维材料制造。当风吹向叶片时,叶片转动,经变速箱调速后带动发电机转动,将叶片的动能转化为电能。

风能资源具有可再生、永不枯竭、无污染、成本低廉等特点,技术开发最成熟,综合社会效益高，竞争力强。从中期来看，随着全球气候变暖和能源危机，各国都在加紧风能开发和利用，而且各国政府不断出台可再生能源鼓励政策，因此风能产业的前景相当乐观。风能的利用主要是以风能作动力和风力发电两种形式，其中又以风力发电为主。以风能作动力，就是利用风来直接带动各种机械装置，如带动水泵提水、磨粮食等。这种风力机械装置的优点是：投资少、工效高、经济耐用。目前，世界上约有一百多万台风力提水机在运转。澳大利亚的许多牧场，都设有这种风力提水机。在很多风力资源丰富的国家，科学家们还利用风力发动机铡草、磨面和加工饲料等。

利用风力发电，以丹麦为最早，而且使用较普遍。目前，风力发电正逐渐走进居民住宅用电。如图 9-10 所示，家庭安装微型风能发电设备，不但可以为生活提供电力，节约开支，还有利于环境保护。

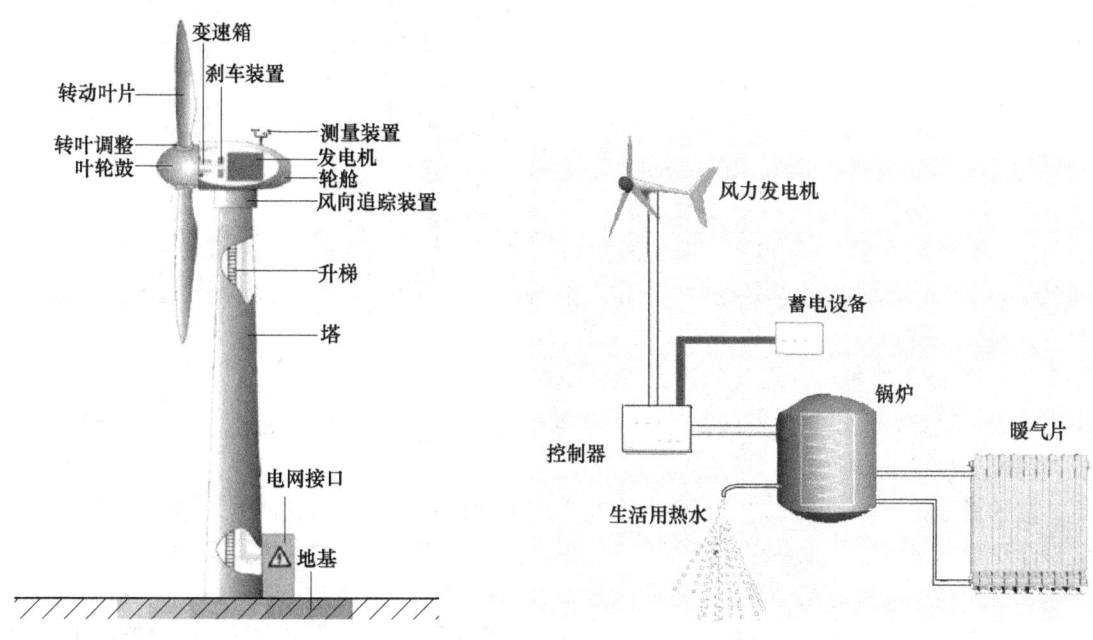

图 9-9　风能发电机构造　　　　　　　　图 9-10　家庭风能发电的利用

海洋能的开发利用　**海洋能**是指依附在海水中的可再生能源。海洋通过各种物理过程接收、储存和散发能量，这些能量以潮汐、波浪、温度差、盐度梯度、潮流等形式存在于海洋之中。海洋能有四个显著特点：一是蕴藏量大，且可以再生不绝；二是能流的分布不均、密度低；三是能量多变、不稳定；四是海洋能属于清洁能源。

潮汐是由于月球、太阳和其他星球的引力变化引起的自然现象。潮汐导致海平面周期性地升高和降低，因海水涨落及潮水流动所产生的能量称为**潮汐能**。

潮汐能的主要利用方式是发电，人们可以利用涨潮和落潮所产生的潮差，推动水轮发电机旋转，这就是潮汐发电。如图 9-11 所示，当潮水流进或流出大坝时，将驱动水轮机而发电。

波浪能是指海洋表面波浪所具有的动能和势能，是一种在风的作用下产生的，并以位能和动能的形式由短周期波储存的机械能。波浪（见图 9-12）的能量与波高的平方、波浪的运动周期以及迎波面的宽度成正比。波浪能是海洋能源中能量最不稳定的一种能源。

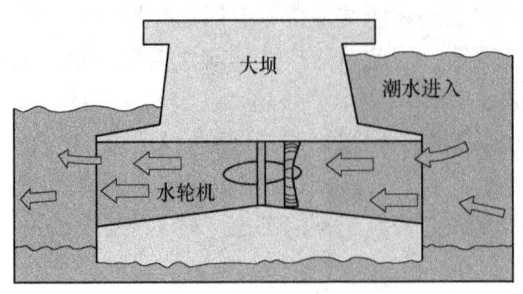 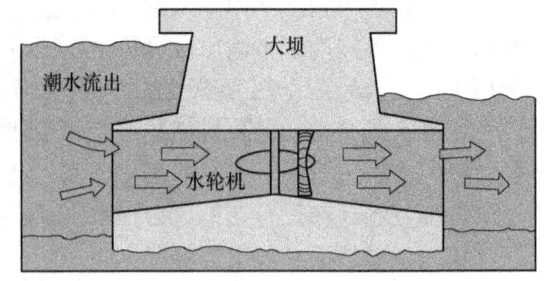

图 9-11 潮汐发电站工作原理图

波浪发电是波浪能利用的主要方式，此外，波浪能还可以用于抽水、供热、海水淡化以及制氢等。

海水温差能是指表层海水和深层海水之间水温差的热能，是海洋能的一种重要形式。赤道附近太阳直射多，其海域的表层温度可达 25～28℃，波斯湾和红海由于被炎热的陆地包围，其海面水温可达 35℃。而在海洋深处 500～1000m 处海水温度却只有 3～6℃。这个垂直的温差就是一个可供利用的巨大能源。海水温差能的主要利用方式是发电，首次提

图 9-12 巨大的海浪能量

出利用海水温差发电设想的是法国物理学家阿松瓦尔，1926 年阿松瓦尔的学生克劳德试验成功海水温差发电。

盐差能是指海水和淡水之间或两种含盐浓度不同的海水之间的化学电位差能，是以化学能形态出现的海洋能。主要存在于河海交接处。同时，淡水丰富地区的盐湖和地下盐矿也可以利用盐差能。盐差能是海洋能中能量密度最大的一种可再生能源。

海流能是指海水流动的动能，主要是指海底水道和海峡中较为稳定的流动以及由于潮汐导致的有规律的海水流动所产生的能量，是另一种以动能形态出现的海洋能。海流能的利用方式主要是发电，其原理和风力发电相似。

全球海洋能的可再生量很大，每种海洋能资源都具有相当大的能量，目前海洋能的开发利用成本还比较高，远高于常规火电站。但是对于严重缺乏电力能源的沿海地区（包括岛屿等），把海洋能作为一种补充能源加以利用还是可取的。

地热能的开发利用 地球是一个巨大的热库，其内部的温度高达 7000℃，人们把地球内部的热能称为地热能。地热能不是直接或间接的太阳能，而是地球形成初期就具有的内能。地热来源主要是由地球深处的压力和长寿命放射性同位素热核反应产生的热能。按地热能储存的形式分类，地热能可分为地热蒸汽型（见图 9-13）、地下热水型、地压型、干热岩型和熔岩型 5 大类。严格地说，地热能是不可再生的资源。

按温度划分，一般将高于 150℃ 的地热资源称为高温地热，主要用于发电；低于 150℃ 的地热资源称为中低温地热，通常直接用于采暖、工农业加温、水产养殖及医疗和洗浴等。

地热发电 地热发电与火力发电的原理是一样的，都是利用蒸汽的热能在汽轮机中转变为机械能，然后带动发电机发电。所不同的是，地热发电不像火力发电那样要装备庞大的锅炉，也不需要消耗燃料，它所用的能源就是地热能。地热发电的过程，就是把地下热能首先转变为机械能，然后再把机械能转变为电能的过程。要利用地下热能，首先需要有"载热体"把地下的热能带到地面上来。目前能够被地热电站利用的载热体，主要是地下的天然蒸汽和热水，如图 9-14 所

图 9-13　地热蒸汽

示。按照载热体类型、温度、压力和其他特性的不同，可把地热发电的方式划分为蒸汽型地热发电和热水型地热发电两大类。

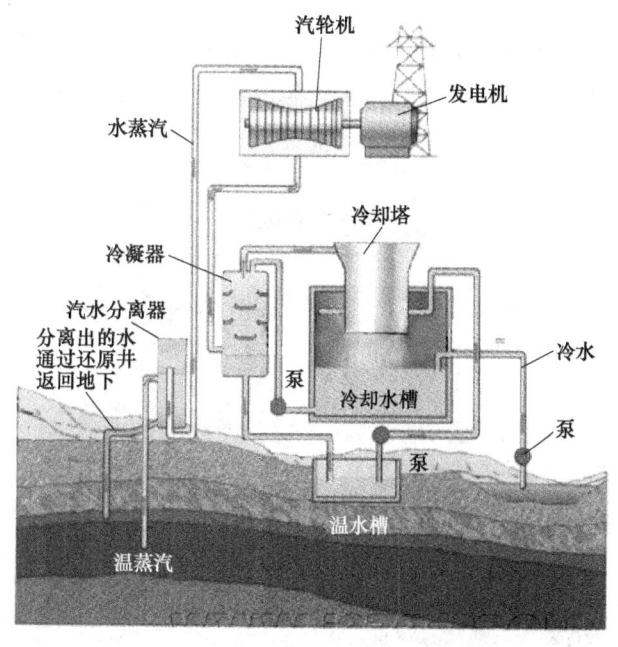

图 9-14　地热发电原理图

【课外交流与探讨】　查阅有关资料，班级开展一次主题为"如何科学合理地开发和利用自然能源，保护环境"的辩论会。

物理科学应用实例

电冰箱的工作原理　电冰箱的制冷方式是蒸汽压缩式制冷，是利用液态制冷剂汽化吸热来实现的。电冰箱的冷冻与冷藏作用是由制冷循环系统完成的，其主要部件有 5 个，如图 9-15 所示。

电冰箱常用的制冷剂是氟利昂（CCl_2F_2），它在140℃以下加压就会变成液体。蒸发器是制冷机冷冻部分。当冰箱工作时，压缩机将蒸发器中低温低压蒸气吸入气缸，经过压缩对气体做功，使它变成高温高压蒸气排入冷凝器，冷凝器采用通风冷却，蒸气在冷凝器中放出由蒸发器吸收的热和压缩机消耗的外功所产生的热后，变成常温高压液体，经干燥过滤器滤去杂质后，通过毛细管膨胀，随之温度、压强降低，然后进入蒸发器急剧沸腾，变成低温、低压蒸气，从蒸发器那里吸收一部分热量，最后再被压缩机吸入气缸形成制冷循环。每循环一次，制冷剂就从蒸发器吸收一部分热量，使冰箱冷冻部分的温度降低一次，冷冻部分的温度一般可控制在 -20~0℃。冷冻部分下面的空间，靠冰箱内空气上下的自然对流形成冷藏部分，其温度可控制在 0~10℃。

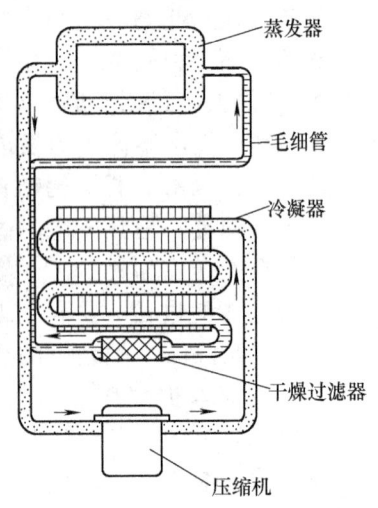

图 9-15　压缩式电冰箱制冷循环系统

制冷剂氟利昂会破坏大气臭氧层，为避免氟利昂对环境的污染，目前已开始采用不会破坏大气臭氧层的新型制冷剂。人们把制冷剂不是氟利昂的冰箱称为无氟冰箱。

你会了吗？

1. 什么叫物体的内能？改变内能的两种方式是什么？
2. 什么叫热量？热平衡方程是什么？
3. 什么是物态变化时的潜热？
4. 热力学第一定律的内容是什么？
5. 什么是能量守恒定律？

复 习 题

一、填空题（将正确答案填写在横线上）

1. 在对物体没有做功的情况下，如果物体的内能增加了1000J，它一定_____；在没有热传递的情况下，如果物体的内能减少了1000J，它一定_____。
2. 潜热是在温度不变的情况下，_____时物质吸收或放出的热量。
3. 晶体的熔化热主要是用来增大_____，从而使晶体的内能增大。
4. 液体汽化时吸收的热量，一部分热量用于增大_____，另一部分热量用于反抗外部压强_____。
5. 汽油在内燃机气缸中燃爆，推动活塞做功，这一过程是燃料的_____能转化为气体的_____能，再转化为活塞活动的_____能。

二、单项选择题（将正确答案的序号填写在圆括弧内）

1. 两个物体放在一起，它们之间没有热传递，那是因为它们有相同的（　　）。

A. 内能　　　　　　B. 热量　　　　　　C. 温度　　　　D. 比热容

2. 物体在熔化时,(　　)。

A. 温度一定不变　　　　　　　　　　B. 温度一定上升

C. 非晶体熔化时温度上升　　　　　　D. 晶体熔化时温度上升

3. 一定质量的理想气体,在温度不变的条件下,增大其体积,则(　　)。

A. 气体对外做的功,等于气体放出的热量　　B. 气体吸热,内能增加

C. 气体对外做的功,等于气体吸收的热量　　D. 气体放热,内能减少

4. 一定质量的某种气体,若外界对它做的功等于它内能增加的数值,则一定(　　)。

A. 温度不变　　　B. 压强不变　　　C. 体积不变　　　D. 与外界不发生热交换

5. 下列说法正确的是(　　)。

A. 外界对物体做功,物体的内能一定增加　　B. 物体吸热,其内能一定增加

C. 外界对物体做功,物体的内能一定减小　　D. 以上说法均不正确

三、判断题(正确的画"√",错误的画"×")

1. 物体有内能,就一定有机械能。(　　)

2. 物体从光滑斜面上滑下,其内能和机械能都不改变。(　　)

3. 晶体和非晶体都有固定的熔点。(　　)

4. 低温技术可使物体的温度达到 $T=0K$。(　　)

四、计算题

1. 要把质量 $m=6.0\text{kg}$ 的铅,从室温 $t_1=27℃$ 加热到全部融化,需供给多少热量? 已知铅的比热容 $c=1.3\times 10^2 \text{J/(kg·K)}$, 熔点 $t=327℃$, 熔化热 $\lambda=2.6\times 10^4 \text{J/kg}$。

2. 空气压缩机的活塞对空气做了 2500J 的功,同时空气的内能增加了 2000J, 试分析空气向外界传递的热量是多少? 空气是吸热还是放热?

3. 对一定质量的气体加热,气体吸收热量 $Q=840\text{J}$, 它受热膨胀对外做功 $W=500\text{J}$, 求其体内能的改变量。

4. 在等压地压缩气缸中一定质量气体的过程中,外界对气体所做的功的大小是 $|W|=1500\text{J}$, 同时使系统的内能减少了 500J, 该过程中气体与外界交换了多少热量? 是吸热还是放热?

5. 打桩机重锤的质量是 1t, 从 1m 高出自由落下, 如果重锤的机械能有 5% 变成热能,问打桩机每打一次,对桩做了多少功? (g 取 9.8m/s^2)

第十章 静 电 场

相对观察者静止的电荷称为静电荷，静电荷在其周围空间所激发的电场称为静电场。静电荷只产生电场，不产生磁场，因此，人们可以单独研究电场的基本性质和规律。静电场是客观存在的一种特殊形态的物质，它的基本特性是对置于电场中的任何电荷具有力的作用，同时静电场会与电场中的导体或电介质产生相互作用，静电场的技术应用大多与这种相互作用相关。本章将从力和能量两个方面，介绍静电场的基本性质和基本规律等。

第一节 电荷守恒定律

电荷类型 用丝绸摩擦玻璃棒，或者用毛皮摩擦硬橡胶棒，会发现玻璃棒(或硬橡胶棒)都能吸引轻小物体。对这种现象，人们说玻璃棒(或硬橡胶棒)都带上了**电荷**(charge)。用丝绸摩擦过的玻璃棒带**正电荷**(positive charge)，用毛皮摩擦过的硬橡胶棒带**负电荷**(negative charge)。

自然界只有两种电荷：正电荷和负电荷。电荷之间有相互作用力，同种电荷相互排斥，异种电荷相互吸引。检验物体是否带电的仪器称为**验电器**。验电器就是利用电荷之间的相互作用这种性质制成的。

组成物质的原子是由原子核和核外电子构成的。图10-1所示为硅原子结构示意图。原子核带正电，电子带负电。通常情况下，原子核所带的正电荷和核外电子所带的负电荷在数量上是相等的，所以原子呈电中性，由原子组成的物体也呈电中性，对外表现为不带电状态。可见，不带电的物体，实际上其中都有等量的正、负电荷。

如果物体包含的正、负电荷不等量，它就带电了，这往往是由于电子的转移造成的。如用丝绸摩擦玻璃棒后，玻璃棒上的一些电子跑到绸布上，绸布由于负电荷过剩，带了负电；玻璃棒由于负电荷减少，带了正电。使物体带电的过程称为**起电**。

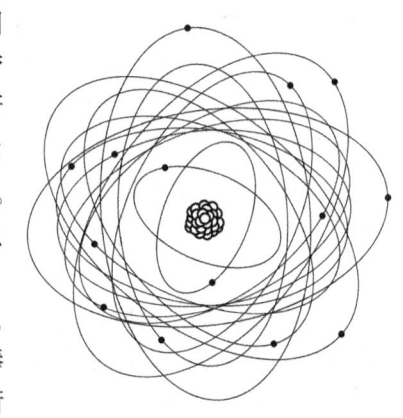

图 10-1 硅原子结构示意图

电量 物体所带电荷的多少称为**电荷量**，简称**电量**。用 Q 或 q 表示，单位是库仑(C)。通常正电荷的电荷量用正数表示，负电荷的电荷量用负数表示。

质子和电子带等量的异种电荷，电荷量 $e = 1.60 \times 10^{-19}$ C，这是迄今为止能够观察到的最小电荷量，因此，电荷量 e 称为**基本电荷**。质子和电子是一个一个的粒子，物体带电的多少，只取决于它包含的质子数目与电子数目的差额，所以物体所带电荷量只能是基本电荷 e 的整数倍。

电荷守恒定律 摩擦前的绸布和玻璃棒都不带电，它们的电荷量为零。摩擦后，由于一部分电子从玻璃棒转移到了绸布上，绸布和玻璃棒分别带上了等量的异种电荷，但电荷量的代数和为零。如果再让绸布和玻璃棒接触，则它们又都不带电了，这种现象称为**电荷的中和**。

大量事实说明：电荷既不能创造，也不能消灭，只能从一个物体转移到另一个物体，或者从物体的一部分转移到另一部分。这个结论称为**电荷守恒定律**。电荷守恒定律是物理学中重要的基本定律之一。

点电荷　电荷之间的作用力与什么有关呢？一般说来，两个带电体之间的相互作用与它们所带的电量、两个带电体之间的距离、两个带电体的大小形状以及电荷在它上面的分布状况有关，同时又与它们周围的介质有关，情况比较复杂。为了简化问题，下面讨论两个点电荷在真空中的相互作用规律。

所谓点电荷，是当带电体本身的大小远远小于它与其他带电体的距离，以至于带电体的几何形状和电荷的分布对相互作用力的影响可忽略不计时，就可以把它抽象成一个带电的几何点，物理上把这样的带电体称为**点电荷**(point charge)。点电荷是经过科学抽象的物理模型。

电荷的相对论不变性　实验证明，一个电荷其电量与它的运动速度或加速度均无关。例如，加速器将电子或质子加速时，随着粒子运动速度的变化，它们的质量的变化是很明显的，但是电量却没有任何变化的迹象，这是电荷与质量的不同之处。电荷的这一性质表明系统所带电荷量与参考系无关，即具有相对不变性。

思考与练习

1. 为什么用塑料梳子去梳清洁干燥的头发，头发容易飞起来？
2. 原来静止的泡沫小球被与丝绸摩擦过的玻璃棒吸引后，又会离开玻璃棒，为什么？
3. 电量为 1C 的电荷包含了_____个基本电荷。

【小制作】　利用所学知识，查阅相关资料，共同协作制作一个验电器，并用它来验证摩擦起电现象。

第二节　真空中的库仑定律

真空中的库仑定律　1785 年法国物理学家库仑(1736—1806)根据实验总结出了点电荷间相互作用的规律：在真空中两个点电荷之间的相互作用力的大小与它们的电荷量的乘积成正比，与它们的距离的二次方成反比，作用力的方向在两个点电荷的连线上。这就是**真空中的库仑定律**。电荷间的相互作用力称为**静电力**(electrostatic force)或**库仑力**(coulomb force)。

如果用 Q_1 和 Q_2 表示两个点电荷的电荷量，用 R 表示它们之间的距离，用 F 表示它们之间的相互作用力，则库仑定律的公式如下

$$F = K\frac{Q_1 Q_2}{R^2} \tag{10-1}$$

其中，K 是**静电力常量**。如果公式(10-1)中各量都用国际单位制，即电荷量的单位用 C，力的单位用 N，距离的单位用 m，则 $K = 9.0 \times 10^9 \text{N} \cdot \text{m}^2/\text{C}^2$。

如图 10-2 所示，Q_1 给 Q_2 的库仑力是 F_{21}，Q_2 给 Q_1 的库仑力是 F_{12}。其中 F_{21} 和 F_{12} 是一对相互作用力，$F_{21} = -F_{21}$，符合牛顿第三定律。

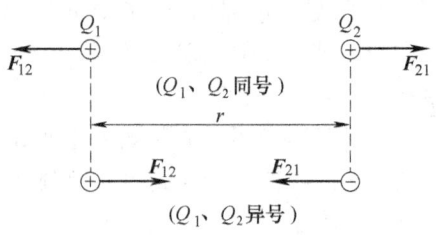

实验表明，当空间存在多个静止点电荷时，两个点电荷之间的作用力并不因第三个电荷的存在而改变。因此，几个点电荷同时存在时施于某一点电荷的静电力，等于每个点电荷单独存在时施于该点电荷的静电力的矢量和。

图 10-2 两个点电荷之间的相互作用力

库仑定律是电磁学的基本定律之一，库仑定律给出的虽然是点电荷间的静电力，但是，任一带电体都可以看成由若干点电荷组成的，所以，如果知道带电体上的电荷分布，根据库仑定律就可以求出带电体间的静电力的大小和方向。

例1 试比较电子和质子间的静电力和万有引力的大小。已知电子的质量是 $m_1 = 9.10 \times 10^{-31}$ kg，质子的质量是 $m_2 = 1.67 \times 10^{-27}$ kg，电子和质子的电荷量都是 1.60×10^{-19} C，它们之间的距离是 5.3×10^{-11} m。

解 电子与质子间的库仑力的大小是

$$F_1 = K\frac{Q_1 Q_2}{R^2} = \frac{9.0 \times 10^9 \times (1.6 \times 10^{-19})^2}{(5.30 \times 10^{-11})^2} \text{N} = 8.2 \times 10^{-8} \text{N}$$

万有引力的大小是

$$F_2 = G\frac{m_1 m_2}{R^2} = \frac{6.67 \times 10^{-11} \times 9.10 \times 10^{-31} \times 1.67 \times 10^{-27}}{(5.30 \times 10^{-11})^2} \text{N} = 3.6 \times 10^{-47} \text{N}$$

从计算结果可以看出：静电力 F_1 的大小远远大于万有引力 F_2 的大小，因此，在研究微观带电粒子的相互作用时，可忽略万有引力。

思考与练习

1. "电荷量不相等的两个点电荷，它们相互作用的库仑力的大小也不相等。"这句话对吗？为什么？

2. 真空中有两个点电荷，当它们相距 0.05m 时，相互排斥力是 1.6N；它们相距 0.01m 时，相互排斥力多大？如果它们的电荷量也同时增大为原来的 2 倍，它们之间的相互排斥力又为多大？

3. 真空中有两个相同的金属小球，所带的电荷量分别是 $+3 \times 10^{-8}$C 和 -5×10^{-8}C，它们相距 r 时，静电引力是 0.3N。现将两球接触后再置于原来的位置上，它们之间的静电力变为多大？它们之间的静电力是斥力还是引力？

第三节　电场强度　电场线

电场　电荷间的相互作用是怎样发生的呢？通过长期研究，人们认识到电荷的周围存在着一种特殊形式的物质，称为**电场**(electric field)。电荷间的相互作用就是通过电场发生的，如电荷 A 对电荷 B 作用，实际上是电荷 A 周围存在的电场对电荷 B 的作用；电荷 B 对电荷 A 作用，实际上是电荷 B 周围存在的电场对电荷 A 的作用。

只要有电荷，它周围一定存在着电场。静止电荷产生的电场称为**静电场**(electrostatic field)，产生电场的电荷称为**场源电荷**。

电场看不见摸不着，怎样研究它呢？可以根据它表现出来的性质认识它和研究它。电场对电荷的作用力，称为**电场力**。静电力就是电场力。电场力为人们提供了感测电场的手段，人们常用检验电荷来感测电场。检验电荷是电荷量很小的点电荷，它的电荷量远小于场源电荷的电荷量，因而不会使它自己的电场明显地影响待测电场。

电场强度 电场最基本的性质之一是它对置入其中的电荷有力的作用。把一个检验电荷 $+q$ 放在电荷 $+Q$ 产生的电场中，如图 10-3 所示。检验电荷在电场中的不同点受到的电场力的大小一般是不同的，这表示各点电场强弱不同。检验电荷在距场源电荷 $+Q$ 较近的 B 点受到的电场力 F_B 大，表示这点电场强；检验电荷在距场源电荷 Q 较远的 A 点受到的电场力 F_A 小，表示这点电场弱。

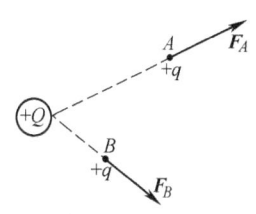

图 10-3 检验电荷在电场中的受力情况

但是，不能直接用电场力的大小表示电场的强弱，因为不同的电荷 q 在电场中的同一点所受的电场力 F 是不同的。实验表明在电场中的同一点，比值 F/q 是恒定的；在电场的不同点，比值 F/q 一般是不同的。这个比值由电场决定，与检验电荷 q 无关，是反映电场性质的物理量，故可用比值 F/q 来表示电场的强弱。

电场中某点的电荷受到的电场力 F 与它的电荷量 q 的比值，称为该点的**电场强度**(*electric field strength*)，简称**场强**，通常用 E 表示，即

$$E = \frac{F}{q} \tag{10-2}$$

在国际单位制中，场强的单位是 N/C。电场强度是矢量，物理学中规定，电场中某点的场强方向，与放在该点的正电荷所受的电场力的方向一致。

点电荷电场的电场强度 真空中有一个点电荷 Q，在距电荷 Q 为 r 的某点 P 的电场强度大小是

$$E = K\frac{Q}{r^2} \tag{10-3}$$

其中，K 是静电力常数，$K = 9.0 \times 10^9 \mathrm{N \cdot m^2/C^2}$。如果电荷 Q 是正电荷，则某点 P 的场强方向是沿着电荷 Q 和 P 的连线而背离电荷 Q；如果电荷 Q 是负电荷，则场强方向沿电荷 Q 和 P 的连线而指向电荷 Q，如图 10-4 所示。

如果有几个点电荷同时存在，它们的电场就互相叠加，形成合电场。这时某点(见图 10-5)的电场强度等于各个电荷单独存对该点激发的电场强度的矢量和，这一结果称为电场强度叠加原理。

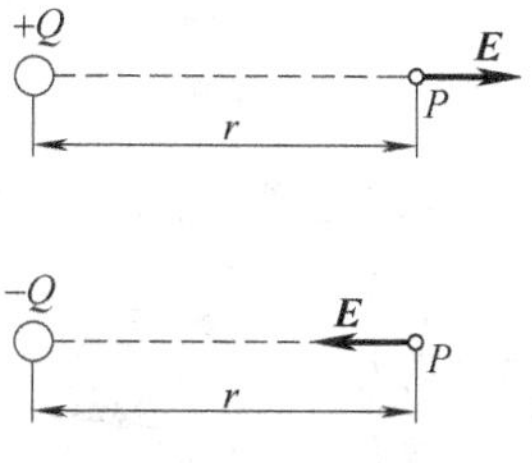

图 10-4 电场强度方向示意图 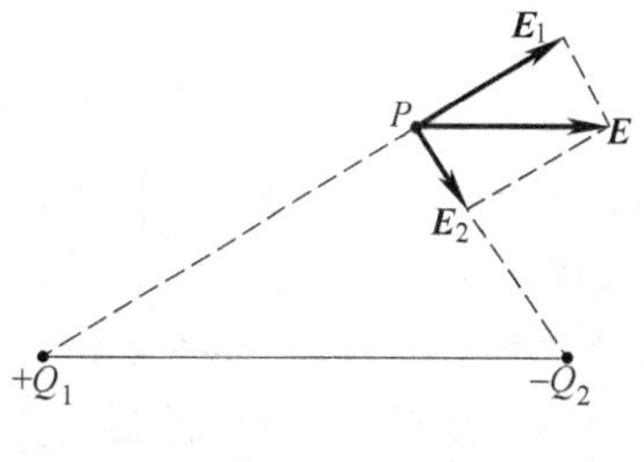　　图 10-5 电场叠加示意图

电场线 为了形象地描绘电场，引入电场线概念。在电场中画出一系列的曲线，使曲线上任一点的切线方向都与该点的场强方向一致，这些曲线称为**电场线**。

图 10-6 表示为一条或几条电场线，电场线的形状可以通过实验来观察。把奎宁的针状

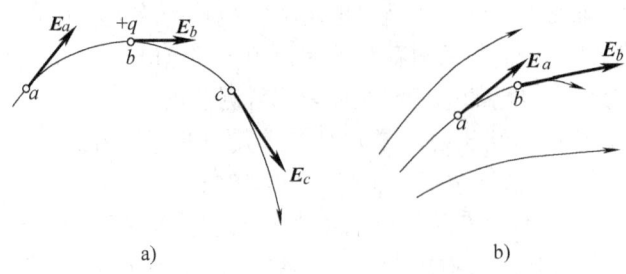

图 10-6 电场线示意图
a) 电场线的切向为场强方向 b) 电场线的疏密表示场强大小

晶体或头发屑悬浮在蓖麻油里,并置于电场中,可以看到头发屑或奎宁晶体有规则地排列,显示出电场线的形状。这是电场线形状的模拟实验。实际上电场线是不存在的。

图 10-7 展示了几种点电荷的电场线。

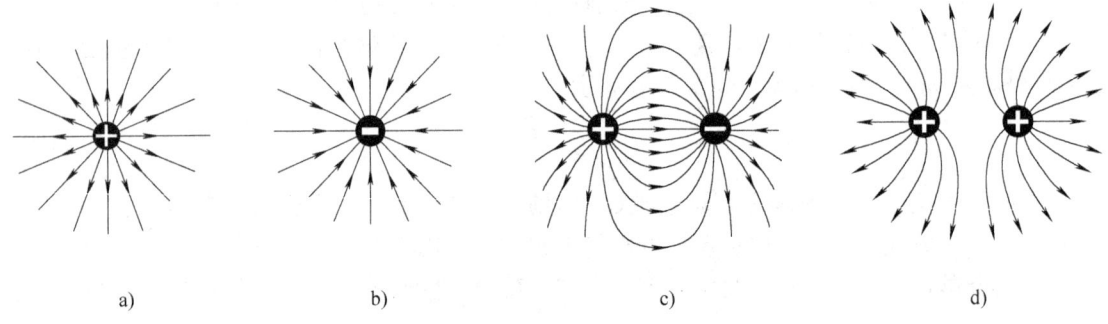

图 10-7 几种点电荷的电场线
a) 正点电荷 b) 负点电荷 c) 两等量异号点电荷 d) 两等量同号点电荷

从图中可以看出,在静电场中,电场线从正电荷出发,终止于负电荷;任何两条线都不相交(为什么?)。电场线越密的地方,场强越大;电场线越稀的地方,场强越小。

匀强电场 如果电场中的某一区域里,各点场强的大小及方向都相同,这一区域就称为**匀强电场**。匀强电场是最简单、最常见的电场,在实验研究中经常用到它。匀强电场的电场线是疏密均匀、互相平行的直线,如图 10-8 所示。

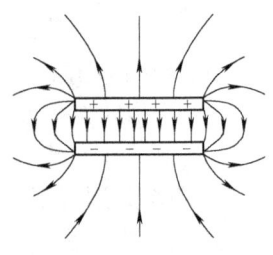

图 10-8 匀强电场示意图

思考与练习

1. 在电场中某点分别设置电荷量是 q、$2q$、$3q$ 的检验电荷,该点的场强是否有变化?如果该点没有检验电荷,则该点场强是否一定为零?

2. 在真空中有一个电荷量是 3×10^{-8} C 的点电荷,在某点所受的电场力是 2.7×10^{-3} N,则该点场强的大小是_____,一个电量是 6×10^{-8} C 的点电荷,在该点受到的电场力是_____。

3. 在真空中距离正电荷 Q 为 5cm 远的 A 点的电场强度是 3.0×10^{3} N/C,求 Q 所带的电荷量是多少?

4. 图 10-9 中 A、B 两点哪一点的场强大?

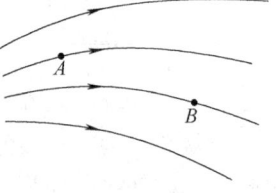

图 10-9 题 4 图

第四节　电势能　电势　电势差

前面从电荷受到电场力的作用出发，研究了电场的性质，引入了电场强度的概念，下面从电场力做功和能量的角度来研究电场的另一性质，并由此引入电势的概念。

电势能　物体在重力场中由于与地球之间有相互作用力，因而具有重力势能。与此类似，电荷在电场中由于受到电场力的作用也具有势能，这种势能称为**电势能**，常用 E_p 表示。电势能是标量，它的单位是焦耳(J)。

电场力做功与电势能的变化　物体在重力场中由一个位置移动到另一个位置，如果重力做正功，则重力势能减小；如果重力做负功，则重力势能增加。重力做功的过程是重力势能与其他形式的能量相互转化的过程，重力做了多少功就有多少重力势能与其他形式的能量发生相互转化。与此相似，电荷在电场中由一个位置移动到另一个位置，如果电场力做正功，则电势能减小，电势能转化为其他形式的能量；如果电场力做负功，则电势能增加，其他形式的能量转化为电势能。电场力做功的过程就是电势能与其他形式的能量相互转化的过程，电场力做了多少功，就有多少电势能与其他形式的能量发生相互转化。如图 10-10 所示，如果把电荷 $+q$ 从 A 移到 B，电场力做的功用 W_{AB} 表示，A、B 两点的电势能分别用 E_{pA} 和 E_{pB} 表示，则电场力的功与电势能的变化关系是

$$W_{ab} = E_{pA} - E_{pB} \tag{10-4}$$

与重力势能一样，电势能也是一个相对的量，只有在先选定零势能的位置后，才能确定电荷在其他位置的电势能。零势能位置的选取是任意的，在点电荷的电场中，理论上常取无穷远处的电势能为零。

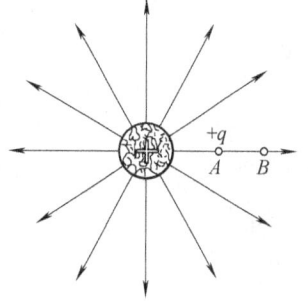

图 10-10　电场力做功与电势能的变化示意图

在式(10-4)中，若点 B 为零势能点，即 $E_{pB}=0$，则

$$E_{pA} = W_{AB}$$

可见，电荷在电场中某点的电势能，在数值上等于把它从该点移到零势能处电场力所做的功。

电势　物体的重力势能既与物体的位置有关又与物体的质量有关。与此类似，电荷的电势能不仅与电荷在电场中所处的位置有关，而且还与电荷的电荷量有关。

理论证明，在图 10-10 中，检验电荷 $+q$ 在电场中某点 A 所具有的电势能 E_{pA} 与电荷的电荷量 q 成正比，不论电荷量 q 是多少，比值 E_{pA}/q 都相同；同理，对于电场中的点 B，比值 E_{pB}/q 也是一个常量，但对电场中的不同点(如 A 点和 B 点)该比值一般不相同，而且该比值是与检验电荷 $+q$ 无关的物理量。因此，这个比值反映了电场的一种性质，称为**电势**(electric potential)。

电荷在电场中某点所具有的电势能 E_p 与它的电荷量 q 的比值，称为该点的**电势**，用符号 V 表示，即

$$V = \frac{E_p}{q} \tag{10-5}$$

电势是标量,在国际单位制中,电势的单位是伏特,简称伏,符号是 V。若电荷量是 1C 的正电荷在电场中某一点具有 1J 的电势能,则该点的电势就是 1V,即 $1V = 1J/C$。

只有选定了零电势位置后,电场中各点的电势才有确定的值。在同一问题中,零电势点的选取同零电势能点的选取是一致的。对于有限分布的带电体,一般设无穷远处的电势为零。

电势差 电场中任意两点的电势之差,称为这两点的**电势差**(electric potential difference),也称为**电压**(voltage),用 U 表示。设点 A 的电势是 V_A,点 B 的电势是 V_B,则 A、B 两点的电势差 U_{AB} 是

$$U_{AB} = V_A - V_B \tag{10-6}$$

电势差的单位也是伏特(V)。两点之间的电势差与零电势点的选择无关,这与重力场中的重力势能差与零高度点的选择无关的道理是一样的。

如果把电荷 q 从点 A 移到点 B,根据式(10-4)、式(10-5)和式(10-6)可得

$$W_{AB} = E_{pA} - E_{pB} = qV_A - qV_B = q(V_A - V_B) = qU_{AB} \tag{10-7}$$

公式(10-7)是计算电场力做功的很有用的公式。由公式(10-7)可知,电场中 A、B 两点间的电势差 U_{AB},在数值上等于单位正电荷由点 A 移到点 B 时电场力所做的功 W_{AB}。

可以证明,电场力所做的功 W_{AB} 与移动电荷的路径无关,如图 10-11 所示。因此,电势差 U_{AB} 也与移动电荷的路径无关,同时电势差 U_{AB} 与电荷量 q 也无关,电势差 U_{AB} 仅与 A、B 两点的位置有关。

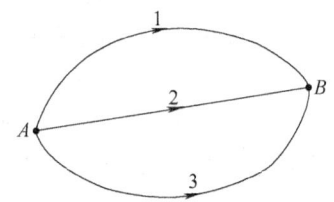

图 10-11 电场力所做的功与移动电荷的路径无关

【温馨提示】 应用公式(10-7)时,应注意正电荷 q 为正值,负电荷 q 为负值。$V_A > V_B$,U_{AB} 是正值;$V_A < V_B$,U_{AB} 是负值;$W_{AB} > 0$,电场力对电荷做正功;$W_{AB} < 0$,电荷克服电场力做正功。

例 2 在电场中,A 点的电势是 $-40V$,B 点的电势是 $-20V$,将一个电荷量是 $-2 \times 10^{-3}C$ 的电荷从 A 点移到 B 点,求电场力所做的功。

解 已知:$V_A = -40V$;$V_B = -20V$;$q = -2 \times 10^{-3}C$,根据公式(10-7),电场力所做的功是

$$W_{AB} = q(V_A - V_B) = -2 \times 10^{-3} \times (-40 + 20)J = 4 \times 10^{-2}J$$

答:电场力所做的功是 $4 \times 10^{-2}J$。

思考与练习

1. 把两个同性电荷的距离推近些,电场力做正功,还是负功?它们的电势能是增加,还是减少?如果换成异性电荷,情况又如何?

2. 在下列情况下,电场力对电荷做正功,还是负功?电荷的电势能是增加,还是减少?
   A. 正电荷逆着电场线方向运动 B. 正电荷顺着电场线方向运动
   C. 负电荷逆着电场线方向运动 D. 负电荷顺着电场线方向运动

3. 电子从高电势向低电势运动,电场力做正功,还是负功?电势能增加,还是减少?电子的动能增

加,还是减少?

4. "匀强电场中任意两点的场强相等,所以它们的电势也相等"这种说法对吗?为什么?

5. 电场中 A、B 两点的电势差是 200V,把一电荷从 A 点移到 B 点,电场力所做的功是 $8×10^{-6}$J,问被移动的电荷是正,还是负?电荷量是多少?

6. 把一电荷量是 $-5×10^{-9}$C 的电荷从 A 点移到 B 点,电场力做了 $3×10^{-6}$J 的功。问 A、B 两点的电势差是多少?

第五节 等势面 电势差与场强的关系

等势面 电场中不同的点可以具有相同的电势,电势相同的点连成的面,称为**等势面**(*equipotential surface*),它们形象地反映了电场中电势的分布情况。

在地图上常用等高线表示地形的高低。与此类似,在电场中常用等势面表示电势的高低。

同一等势面上任意两点的电势差为零,在等势面上移动电荷时,电荷要受到电场力的作用,但根据公式(10-7),可知电场力对电荷不做功,这说明电场力的方向与等势面垂直。又因为电场力的方向与电场线的切线在同一直线上,所以,电场线与等势面处处垂直。图10-12所示是两种常见电场的等势面示意图,图中实线表示等势面,虚线表示电场线。沿着电场线的方向电势逐点降低,即场强的方向总是指向电势降低(最快)的方向。

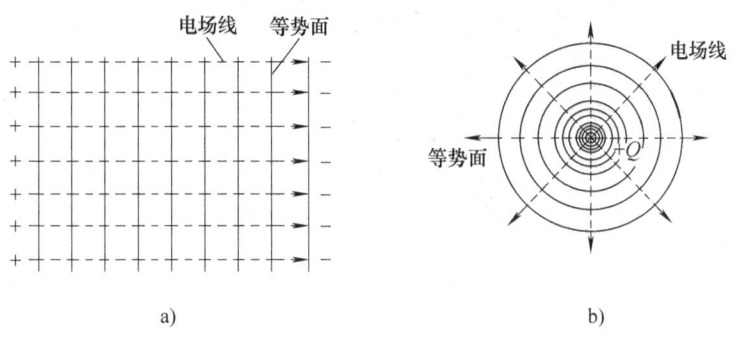

图 10-12 两种常见电场的等势面示意图

电势差与场强的关系 由于电势差与场强都是表示电场性质的物理量,所以它们一定有某种联系。下面以匀强电场为例来研究它们的关系。

在图10-13所示的匀强电场中,沿电场方向相距是 d 的 A、B 两点,其电势差是 U,如果把正电荷 q 放在 A 点,那么,它在电场力的作用下,将向 B 点运动。在此过程中电场力做的功是 $W=qEd$,此功还可表示为 $W=qU$,因此,$qEd=qU$,即

$$Ed=U \quad 或 \quad E=\frac{U}{d} \quad (10\text{-}8)$$

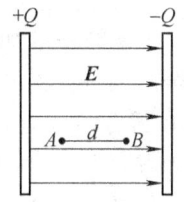

图 10-13 电势差与场强关系示意图

公式(10-8)只对匀强电场适用。该式表明:电场强度越大,在场强方向上单位距离两点间的电势差也越大。

由公式(10-8)可得:电场强度还有另外一个单位——伏每米(V/m),它和牛每库(N/C)是相同的。

例3 两块平行的带等量异种电荷的金属极板，相距2cm，极板间的电压是20V，设两极板间是匀强电场，求场强。

解 已知 $d = 2\text{cm} = 2 \times 10^{-2}\text{m}$，$U = 20\text{V}$。根据公式(10-8)可得

$$E = \frac{U}{d} = \frac{20\text{V}}{2 \times 10^{-2}\text{m}} = 1.0 \times 10^3 \text{V/m}$$

答：场强大小是 $1.0 \times 10^3 \text{V/m}$，方向从正极板指向负极板。

思考与练习

1. 电场强度越大的地方电势是否也越高？电势越高的地方电场强度也越大吗？试举例说明。
2. 如图10-14所示，三条曲线表示电场中的三个等势面。试问：
   (1) U_{AD}、U_{BD}、U_{DC}分别是多少？
   (2) 将一个电荷量是10^{-8}C的电荷从A点移到C点，再移到D点，再移到B点，再移到A点，电场力做了多少功？从中可以获得什么结论？
3. 如图10-15所示，A点和B点的电势和场强关系表达正确的是(　　)。
   A. $V_A > V_B$，$E_A > E_B$　　B. $V_A < V_B$，$E_A > E_B$　　C. $V_A > V_B$，$E_A < E_B$　　D. $V_A < V_B$，$E_A < E_B$
4. 在一场强大小是2.0×10^{-5}V/m，极板间距离是2.0cm的匀强电场中有a、b两点，如图10-16所示。求U_{AB}、U_{Ba}、U_{ab}、U_{bB}各为多少？

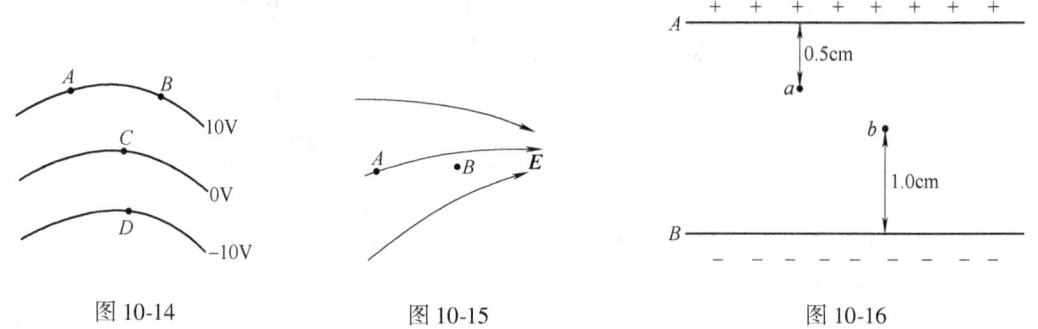

图10-14　　　　　　图10-15　　　　　　图10-16

第六节　带电粒子在电场中的运动

带电粒子在电场中要受到电场力的作用而产生加速度，速度的大小和方向都要发生变化。因此，人们便利用电场来控制带电粒子的运动，其主要应用分以下两种情况。

带电粒子的加速　设真空中一对平行金属板A、B之间的电压是U，如图10-17所示。电荷量是$+q$的粒子从正极板A顺着场强方向运动到负极板B，或电荷量是$-q$的粒子从负极B板逆着场强方向朝正极板A运动。在这两种情况下，电场力做正功(忽略重力)。根据动能定理，粒子的动能不断增加，可见它们做加速运动。设粒子的质量是m，电荷量是$+q$，以初速度v_0由正极板出发，当它到达负

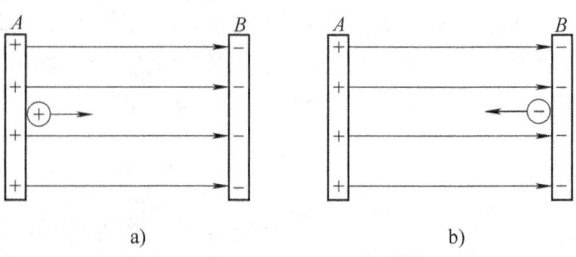

图10-17　带电粒子在电场中的加速
a) 正电荷　b) 负电荷

极板时的速度是 v，电场力对带电粒子所做的功是 $W=qU$，根据动能定理，有

$$qU = \frac{1}{2}mv^2 - \frac{1}{2}mv_0^2 \tag{10-9}$$

由此可见，匀强电场对电荷有加速作用。在非匀强电场中，公式(10-9)也成立。加速器和电子枪就是根据这一原理制成的。

电子在电场中经过 1V 电压加速后，电场力对电子所做的功称为 **1 电子伏特**，符号是 eV，它与焦耳的关系是 $1eV = 1.602 \times 10^{-19} C \times 1V = 1.602 \times 10^{-19} J$。

带电粒子的偏转 设真空中有一对相距是 d 的带电平行金属板，两极间的电压是 U，如图 10-18 所示，设质量是 m，带电量是 $+q$ 的粒子以初速度 v_0 垂直进入电场，忽略重力，它受到方向向下的电场力作用而发生偏转，其运动类似于平抛运动。

带电粒子在水平方向不受力，做匀速直线运动 $L = v_0 t$；竖直方向受电场力 F 作用，做初速度为零的匀加速直线运动。$F = qE = \frac{qU}{d}$，其加速度 $a = \frac{F}{m} = \frac{qU}{md}$，电荷 q 穿过电场所用的时间是 $t = \frac{l}{v_0}$，在 t 时间内竖直方向偏离的距离是

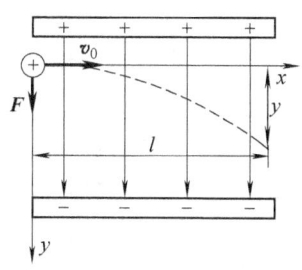

图 10-18 垂直进入匀强电场的带电粒子的运动

$$y = \frac{1}{2}at^2 = \frac{qUl^2}{2mdv_0^2}$$

改变电压 U 可以改变偏离距离 y。电子射线管就是根据这个原理制成的，同时，它也是示波器、电视机及雷达等仪器中的主要部件。

思考与练习

1. 一电子在匀强电场中从静止开始被加速，前进 2.0cm 后，速度达到 $4.0 \times 10^5 m/s$，求该电场的电场强度。

2. 两平行金属板长 20cm，两金属极板之间的电场强度是 5.010N/C，一个电子以 1.010m/s 的速度垂直进入电场中，求电子穿过电场时的偏转距离。

第七节 静电场中的导体

静电感应 金属导体中存在着可以自由移动的电子。在正常状态下，导体(conductor)中含有等量的正负电荷，因此导体对外不显电性。如果将导体放入电场中，导体中的自由电子在电场力的作用下，将向电场的反方向移动，结果使导体的两端分别集结等量的异种电荷，如图 10-19 所示。这种在外电场作用下，导体内的电荷重新分布的现象称为**静电感应**(electrostatic induction)，所出现的电荷称为**感应电荷**。

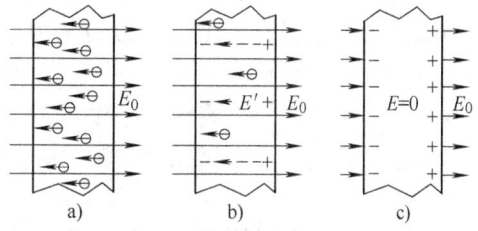

图 10-19 静电感应发生过程

静电平衡与静电平衡条件 由于静电感应，在导体的两端出现的等量异种电荷将在导体内部产生一个附加电场 E'，其方向与外电场 E_0 的方向相反，随着感应电荷的不断增多，E'

不断增强，合场强 $E = E_0 - E'$ 不断减弱，当 $E' = E_0$ 时，合场强 $E = 0$，此时，导体内的电荷不再做定向移动，如图 10-19c 所示。这一过程是极为短暂的。

导体内的自由电荷不再发生定向移动的状态称为**静电平衡状态**。导体处于这种状态时，第一，其内部场强处处为零；第二，其表面场强与表面垂直，如果表面场强与导体表面不垂直，则场强沿表面将有一分量，自由电子受到该分量的作用将沿导体表面定向移动，这与静电平衡状态相矛盾。所以，当导体处于静电平衡时，导体表面各点的场强方向一定与导体表面垂直。

处于静电平衡状态的导体内部是一个等势体，导体的表面是一个等势面，否则自由电子会从低电势点向高电势点做定向移动。

静电平衡时导体上电荷的分布 如图 10-20 所示，把内外表面贴有金属箔的金属小筒放在石蜡板上，让金属小筒带电，结果贴在小筒外表面的金属箔张开了，而贴在小筒内表面的金属箔，仍是原来的样子。可见，处于静电平衡状态的带电体，电荷只分布在导体的外表面上。

理论和实验还证明：电荷在导体外表面上的分布与表面曲率有关，曲率越大的地方，电荷越密集，如果导体有尖端，则尖端处电荷密度特别大，电场很强，容易导致附近的空气电离，正、负离子在电场力的作用下，发生定向移动，形成尖端放电。避雷针（见图 10-21）就是利用尖端放电来避免建筑物遭雷击的。为防止尖端放电造成能量损失，高压设备中的电极常制成光滑的球形，高压输电导线的表面也应光滑均匀。

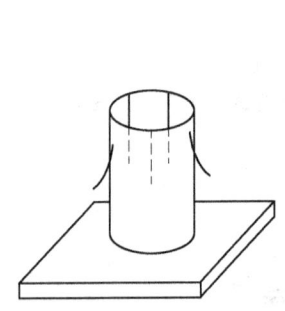

图 10-20 电荷分布实验

图 10-21 避雷针防雷击示意图

静电屏蔽 处于静电平衡的导体，内部场强为零，这一性质常常被用来屏蔽外电场，如用金属网罩或金属壳体将仪器或设备罩起来，这些仪器或设备便不受外电场的影响，如图 10-22 所示。如果既要防止电气设备受外界电场的影响，又要防止电气设备本身的电场影响外界，可用金属壳或金属网罩把设备罩起来，然后将金属罩的外表面接地，如图 10-23 所示。接地的目的是使金属壳或金属网罩表面的感应电荷流入大地，这样对外界就不存在电场的影响。

由此可见，金属罩壳内的物体不受外电场的影响；接地的金属罩壳，外电场不影响其内部电气设备，内部电气设备产生的电场也不影响外部，这种状态就是**静电屏蔽**（*electrostatic shield*）。电信电缆外面包覆的一层金属皮、电子仪器的金属外罩等都是应用了静电屏蔽原理。

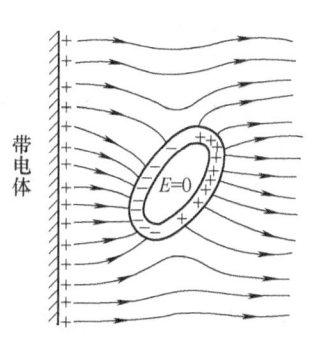

图 10-22　金属网罩屏蔽外界电场

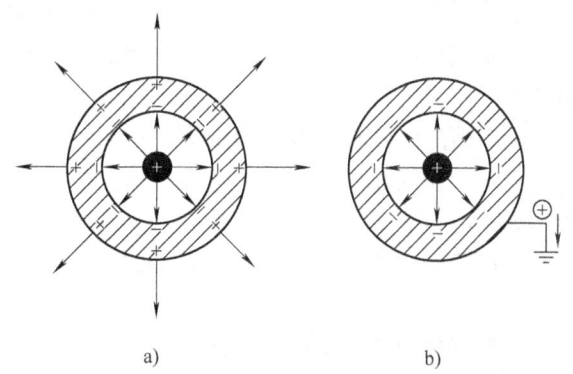

图 10-23　接地空腔导体内的带电体不影响外界
a) 金属网罩未接地　b) 金属网罩接地

思考与练习

1. 完全相同的绝缘导体 A、B、C，A 带正电荷，B、C 不带电，怎样才能使 B、C 带等量异种电荷？

2. 将一装有绝缘柄的带正电荷的小球 A 移至空腔导体 B 内部，但不接触 B，用手指接触一下 B 的外壁然后移开，则

（1）把 A 移出导体外，分析 B 的电荷分布情况。

（2）A 与 B 接触后再将 A 移至导体 B 外，分析 A、B 的带电情况。

【课外调研活动】　查阅相关资料了解雷电的相关知识，了解在高大建筑物顶端安装避雷针的技术要求和布线原理。

第八节　电容器　电容

电容器（*capacitor*）　电容器是电气设备中的一个重要元件，在日常生活和工作中有着广泛应用。如图 10-24 所示，两块靠得很近，且彼此绝缘的导体就可组成一个电容器，这两块导体称为电容器的两个**极**，这样组成的电容器称为**平行板电容器**。

用导线将电源正、负极分别接到电容器两极上，两极上便分别带上了等量的异种电荷。每个极板所带电荷量的绝对值，称为**电容器所带电荷量**。

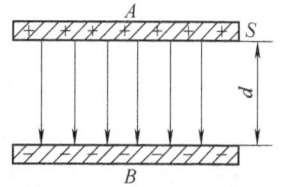

图 10-24　平行板电容器

电容（*capacitance*）　电容器带电时，两极之间就产生电势差。实验证明，电势差随所带电荷量的增加而增加，且电荷量与电势差成正比，它们的比值 Q/U 是一个常量。对于不同的电容器，这个比值一般是不同的。所以，这个比值表现了电容器的特性，物理上定义为电容器的**电容量**，简称**电容**，用 C 表示，则

$$C = \frac{Q}{U} \tag{10-10}$$

可见，当两极间的电势差一定时，电容器存储的电荷量 Q 便决定于电容 C，所以电容表现了电容器存储电荷的能力。

电容器带电的情形与直筒容器装水的情形相似。某个直筒容器装水后,水的深度总是与所装水量成正比,水量和水的深度的比值是一个恒量。不同的直筒容器,这个比值一般是不同的。

电容器的电容与电容器的结构、形状以及两极板间的绝缘材料有关,与带电多少及是否带电无关。在国际单位制中,电容的单位是法拉,简称法,符号是F。

如果电容器所带的电荷量是1C,两极板之间的电势差是1V,则电容器的电容就是1F。

常用的电容单位还有微法(μF)和皮法(pF),它们之间的换算关系是

$$1\mu F = 10^{-6} F \qquad 1pF = 10^{-12} F$$

平行板电容器的电容 平行板电容器的电容与哪些因素有关呢?可以通过图10-25所示的实验来研究这个问题。给电容器带上一定的电荷量后,用静电计可测出A、B两极间的电势差。静电计的构造与验电器相似,但它的外壳必须是金属的。若静电计的金属外壳与电容器的负极板同时接地,则它的指针偏转的角度指示的就是两极之间的电势差。

保持电容器所带电荷量Q、两极距离d不变,改变两极板面积S,当S增大时,U变小,说明电容C随两极正对面积增大而增大,如图10-25a所示;保持电容器所带电荷量Q、正对面积S不变,改变两极间的距离d,当d增大时,由静电计测出的两极电势差U变大。说明电容C随板间距离增大而减小,如图10-25b所示;保持电容器所带电荷量Q、正对面积S和距离d都不变,在两极间插入电介质(如空气、煤油、纯水、石蜡、陶瓷、玻璃、绝缘纸、云母等),U就变小,说明电容C还与电介质的性质有关,如图10-25c所示。

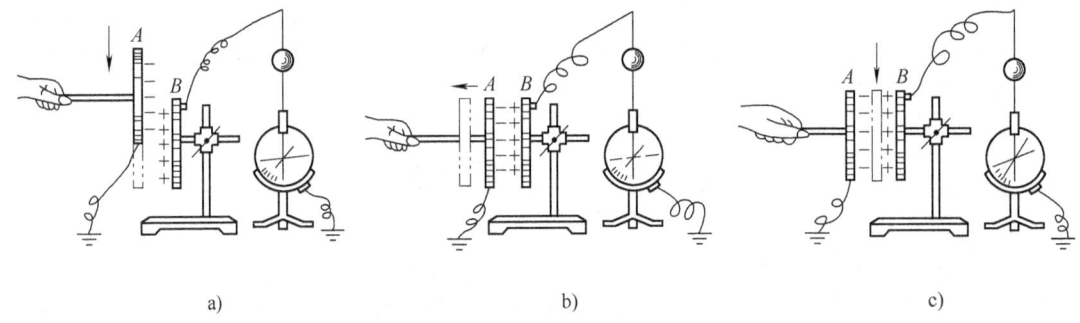

a)　　　　　　　　　b)　　　　　　　　　c)

图10-25 影响电容器电容大小的因素实验

a) 改变电容器极板面积　b) 改变电容器极板间距　c) 电容器极板间插入电介质

当电容器极板间充满某种电介质时,电容器增大的倍数,称为这种电介质的介电常量。表10-1列出了几种常见的电介质的介电常量。

表10-1 几种常见的电介质的介电常量

电介质	空　气	石　蜡	陶　瓷	玻　璃	云　母
介电常量 ε/(F/m)	1.0005	2.0~2.1	6	4~11	6~8

由实验和理论推导,平行板电容器的电容与两极板的正对面积S成正比,与极板间介质的电容率ε成正比,与极板间距离d成反比,即

$$C = \frac{\varepsilon S}{4\pi K d} \tag{10-11}$$

式中，K 是静电力常量，$K=9.0\times10^9\,\mathrm{N\cdot m^2/C^2}$。可见，$\varepsilon$、$S$、$d$ 的改变，都会引起电容的变化。在工程技术中，通过测量这种变化，可以进行压力、液位、厚度、流量、浓度等多种测量以及进行生产自动控制。

在电子仪器中，某些排列着的元件或连接导体之间，也会形成电容器，它们的电容虽然很小，但有时会严重干扰仪器的正常工作，因此，需采取不让导线平行等措施来减小电容。

电容器的种类繁多，图 10-26 是几种常见电容器及其符号。

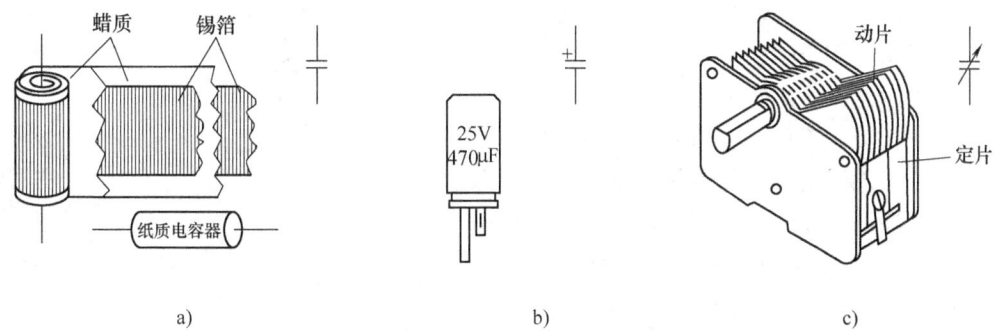

图 10-26　几种常见电容器及其代表符号
a) 纸质电容器　b) 电解电容器　c) 可调电容器

思考与练习

1. "因为 $C=Q/U$，所以电容 C 与电荷量 Q 成正比，与电势差 U 成反比"这种说法对吗？为什么？

2. 如果一个电容器带电荷量是 $1.0\times10^{-5}\mathrm{C}$，两极板间的电势差是 200V，那么当带电荷量是 $1.0\times10^{-4}\mathrm{C}$ 时，两极板间的电势差是多少？如果想增加电荷量而又不改变电势差，该怎么办？

3. 使用电容器时，电压不能超过规定的耐压值，否则，电介质可能被击穿（失去绝缘性能），从而导致电容器损坏。使电介质击穿的场强称为击穿场强，空气的击穿场强是 $3.6\times10^6\mathrm{V/m}$，今有一空气平行板电容器，极板间距离是 1.5cm，求允许加在电容器上的最大电压值？

物理科学应用实例

静电与人们的日常生活和生产关系密切。例如，应用静电屏蔽可以使电子仪器不受外界电场的干扰；静电加速器可以使带电粒子获得很高的能量，这些高速的粒子可用于核反应、医学、生物学、金属表面处理等各个方面；静电复印机、静电植绒、静电喷漆、静电除尘等都是静电技术在生产中的应用。

静电除尘　图 10-27 所示是静电除尘器的工作原理示意图。除尘器由金属圆筒 B 和悬挂在圆筒中的金属丝 A 组成。金属圆筒 B 接到高压电源的正极并接地，金属丝 B 接高压电源的负极。这样便在金属丝和金属圆筒之间形成较强的电场，足以使周围的气体电离而产生电子和离

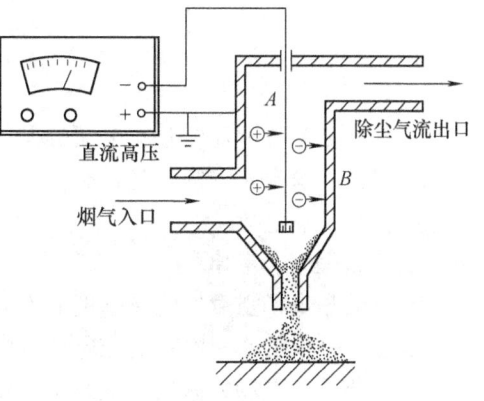

图 10-27　静电除尘器工作原理示意图

子，而且距金属丝 A 越近，场强越大。电子在向着正极金属圆筒 B 运动的过程中，遇到尘埃，使尘埃带负电。在电场力的作用下，这些尘埃就被吸附到正极金属圆筒 B 上，最后尘埃在重力的作用下顺着金属圆筒 B 逐渐沉落到漏斗中。正离子被吸到金属丝 A 上，得到电子后，又恢复成空气分子。于是，空气中的尘埃就大大减少了。

静电除尘技术非常适用于粉尘较多的场所。如以煤作燃料的工厂、电站，每天排出的烟气中会带走大量的煤粉，不仅浪费燃料，而且还产生严重的环境污染，利用静电就可除去烟气中的煤粉。此外，利用静电还可回收物资（如回收水泥粉尘等）。

静电喷漆 图 10-28 所示是旋杯式静电喷漆的工作原理示意图。静电喷漆是利用高压所形成的静电场进行喷漆工作。它与人工喷漆相比，具有效率高、油漆浪费少、质量好、操作过程环保等优点。油漆通过输漆管 A 进入高速旋转的金属喷杯 B 中，由于喷杯的高速旋转而被雾化并从喷杯中喷出。油漆雾粒子因喷杯接负高压（60～120kV）而带负电，在电场力的作用下，向接正高压电的工件 C 飞去，并吸附在工件表面上，形成光亮、牢固的油漆膜。静电喷漆广泛应用于机器部件、列车车厢等喷漆加工上。

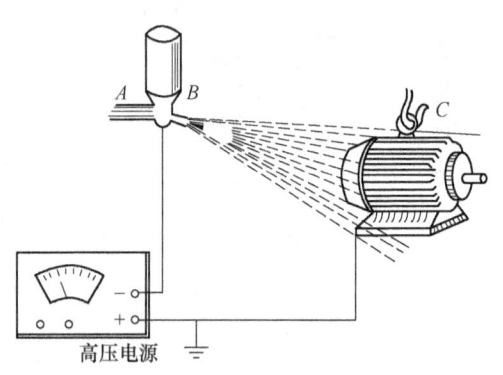

图 10-28　静电喷漆工作原理示意图

静电危害的防范 在日常生活和工作中，凡是存在摩擦就会产生静电。例如，在纺织时，摩擦使纤维带电而互相排斥，影响成纱；在印染时，摩擦使棉纱、毛绒或人造纤维带电而吸引尘埃，降低印染质量；在印刷时，摩擦使纸张带电而被吸附在滚筒上。

静电火花会引起某些易燃易爆物品爆炸。例如，石油在管道内流动、含有空气的煤粉从管道口高速喷出、装载油料的汽车在行进中晃动等，都会因摩擦而产生静电，当电荷累积到很高的电压时，就会产生静电火花而引起爆炸。

对静电的危害可以通过两种途径进行预防。第一种途径是尽可能限制产生静电的条件，主要方法是选用摩擦起电效应低的材料制作有关机械部件；另一种途径是有效地引开已经产生的静电，主要方法是利用接地的金属导体将产生的电荷及时引入大地，或者适当增大空气湿度使电荷随时放出。

你会了吗？

1. 什么是基本电荷？基本电荷的电荷量是多大？
2. 电荷守恒定律的内容是什么？
3. 什么是点电荷？
4. 什么是库仑定律？
5. 什么是电场强度？电场强度的方向是如何规定的？
6. 什么是电势能？电势能与电场力做功的关系是什么？
7. 电势差与电场力做功的关系是什么？
8. 匀强电场中场强与电势差的关系是什么？

9. 什么是电场线？电场线是如何反映场强、电势的变化的？

10. 什么是静电平衡状态？静电场中的导体有何特点？

11. 什么是电容器？什么是电容？平行板电容器的电容与哪些因素有关？

复 习 题

一、**填空题**（将正确答案填写在横线上）

1. 真空中有两个点电荷，相距5cm，带电荷量分别是1×10^{-10}C和5×10^{-10}C，它们之间的相互作用力是_____。

2. 真空中有一个带电荷量3.0×10^{-8}C的点电荷，放在距场源电荷6cm处，所受的电场力是2.7×10^{-3}N，则该点场强的大小是_____，场源电荷所带的电荷量是_____C。

3. 把电荷从电势是100V的点A移到电势是300V的点B，电场力做了3×10^{-6}J的功，被移动的电荷是_____电荷，电荷量是_____C。

4. 把电子从电场中的A点移到B点时电场力做功5.0×10^{-15}J，则_____点电势高，A、B两点之间的电势差是_____V。

二、**单项选择题**（将正确答案的序号填写在圆括弧内）

1. 库仑定律是关于(　　)。
 A. 任意带电体之间相互作用的规律
 B. 真空中两个点电荷之间相互作用的规律
 C. 任意介质中两个带电体之间相互作用的规律
 D. 真空中两个相距任何距离带电体之间相互作用的规律

2. 真空中有甲、乙两个点电荷，甲的电荷量是乙的4倍，甲对乙的作用力是乙对甲的作用力的(　　)。
 A. 1倍　　　　B. 2倍　　　　C. 4倍　　　　D. $\frac{1}{16}$倍

3. 把题2中的两个点电荷的电荷量都增大为原来的4倍，若使其间的作用力不变，那么，它们之间的距离必须变为原来的(　　)。
 A. 4倍　　　　B. 16倍　　　　C. $\frac{1}{16}$倍　　　　D. $\frac{1}{4}$倍

4. 静电力常量K的单位是(　　)。
 A. N·m²/C²　　B. C²/Nm²　　C. C²N/m²　　D. C²m²/N

5. 电荷在电场中某点受到的电场力很大，则该点的场强(　　)。
 A. 一定很大　　B. 一定很小　　C. 由$\frac{F}{q}$决定　　D. 无法确定

6. 有关电势能、电势、电势差的正确说法是(　　)。
 A. 电荷在某点的电势能与零电势点的选取有关，与检验电荷无关
 B. 电荷在某点的电势能与检验电荷有关，与零电势点的选取无关
 C. 电荷在某点的电势与检验电荷无关，与零电势点的选取有关
 D. 电场中两点的电势差与检验电荷无关，与零电势点的选取有关

7. 匀强电场中（　　）。
A. 各点的电势都相等
B. 负电荷沿电场线方向移动，其电势能减小
C. 沿电场线方向的距离越大，电势差越大
D. 任意两点间的距离越大，电势差越大

8. 对于电容 $C = \dfrac{Q}{U}$，以下说法正确的是（　　）。
A. 电容器的电容越大，则带有的电量越多
B. 电容器的电容与两极板间的电压成反比
C. 无论电容器两极板间的电压如何，它所带的电量与电压的比值总是恒定不变的
D. 电容器上的带电量为零，电容也为零

三、判断题（正确的画"√"，错误的画"×"）

1. 玻璃棒只能带正电荷，橡胶棒只能带负电荷。（　　）
2. 摩擦起电的原因是两物体间通过摩擦发生了电荷的转移。（　　）
3. 沿电场线的方向，电场强度一定越来越大。（　　）
4. 点电荷在电场力的作用下，一定沿着电场线方向运动。（　　）
5. 电场中任意两点的电势差与零电势点的选择无关。（　　）
6. 电荷放在电势高的地方，它的电势能一定大。（　　）
7. 沿等势面移动电荷，电场力可能做功。（　　）
8. 静电平衡时，电荷均匀分布在导体表面。（　　）

四、计算题

1. 相距 10cm 的两个点电荷，它们的电荷量分别是 5.0×10^{-8} C 和 3.0×10^{-8} C，求 (1) 它们连线中点的场强；(2) 在该点放置 -5.0×10^{-15} C 的点电荷受到的电场力是多大。

2. 有一质量是 1.6×10^{-10} kg 的油滴，处在场强是 5.0×10^{5} N/C 的匀强电场中静止不动，如图 10-29 所示，则这个油滴带何种电荷？电荷量是多少？（g 取 10m/s^2）

3. 有两个等势面如图 10-30 所示，A 点在 3V 的等势面上，B、C 在 1V 的等势面上，把一个电荷量是 2.0×10^{-10} C 的正电荷分别从 A 点移到 B 点和 C 点，电场力做的功各是多少？

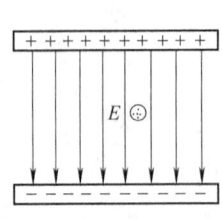

图 10-29

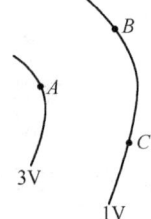

图 10-30

4. 两平行金属板长是 20cm，相距 8cm，一质子以 3.0×10^{5} m/s 的初速度垂直进入电场，离开电场时的偏转距离是 2mm，则两金属板上所加偏转电压是多少？（已知质子的质量是 $m_p = 1.67 \times 10^{-27}$ kg）。

5. 工业自动化生产中使用的电容测厚仪原理图如图 10-31 所示，其平行板电容器的极板

间距会随着通过的板材的厚度变化而变化，当板材的标准厚度是 d_0 时，电容器的电容是 C_0，现在测得电容的改变量是 ΔC，求此时通过的板材间的厚度 d 是多少？

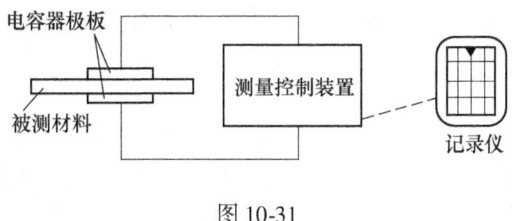

图 10-31

第十一章 直流电路

电是能的一种形式，人们生活在电气与电子高度发展的时代，电能是时代的重要能源，它以便于输送、使用方便等优势，得到广泛的应用。电能的使用涉及由各种电气元件组成的电路，为了合理、有效地利用和控制电能，需要研究电路的基本规律。

电流流经的路径称为**电路**。电路是由电源、连接导线、开关、负载（或电阻）及其他辅助设备，为完成一定功能组合在一起的总称。当电路中的电流是不随时间变化的直流电流时，这种电路称为**直流电路**。利用闭合电路可以实现电能的传递和转换。电源是提供电能的设备，电源的功能是把非电能转换为电能，如电池把化学能转换为电能，发电机把机械能转换为电能，太阳能电池将太阳能转化为电能等。干电池、蓄电池、发电机等都是最常用的电源。负载是电路中消耗电能的设备，负载的功能是把电能转变为其他形式的能量，如电炉将电能转变为热能，电动机把电能转变为机械能等。照明器具、家用电器、各类机床等是最常见的负载。开关是负载的控制设备，如刀开关、断路器、电磁开关、减压起动器等。辅助设备包括各种继电器、熔断器以及测量仪表等。辅助设备用于实现对电路的控制、分配、保护及测量。连接导线把电源、负载和其他设备连接成一个闭合回路，连接导线的作用是传输电能或传送电信号。本章主要介绍直流电路的基本规律和实际应用。

第一节 电 流

电流形成 电荷的定向移动形成电流。因此，要形成电流，首先要有自由移动的电荷——自由电荷。金属内的自由电子，电解液（酸、碱、盐的水溶液）中的正负离子都是自由电荷。但是，通常状况下，导体中没有电流形成，说明自由电荷没有发生定向移动。那么，在什么条件下自由电荷才能发生定向移动呢？

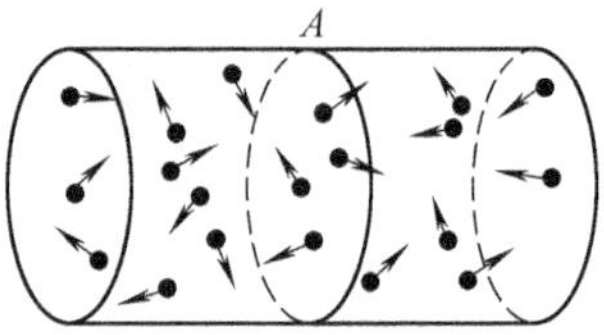

当导体内没有电场时，导体中大量的自由电荷就像气体中的分子一样，不停地做无规则的热运动。自由电荷向各个方向运动的机会相等，因而对于导体的任一横截面，在一段时间内从两侧穿过这个横截面的自由电荷大致相等，如图 11-1 所示。从宏观上看，导体中的自由电荷没有定向移动，所以没有电流。

图 11-1 两侧通过横截面 A 的自由电荷数相等

如果把导体的两端分别接到电源的两极上，导体中就有了电场，两端也就有了电压，导体中的自由电荷在电场力的作用下发生定向移动，电流就形成了。所以，导体中产生电流的条件是：导体两端存在电压。

如果在电荷的定向移动过程中，导体两端的电势差发生变化，那么，导体中的电流是不稳定的。图 11-2 中的 C 是充了电的电容器，当开关 S 接通的瞬间，电流计 G 的指针发生偏转，

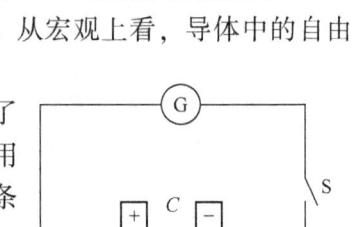

图 11-2 充电电容器放电电路

并很快到零,这说明电路中的电流是瞬时的。其原因是随着电荷的移动与中和,电容器两极板的电势差减小为零,电流随即中止。要使导体内有持续的电流,导体两端必须保持一定的电势差。电源就是完成这种工作的装置。

常见的电源装置是干电池、蓄电池、发电机等,它们的作用是保持导体两端的电压,使导体中有持续的电流。

电流的方向　电荷有两种,形成电流时,发生定向移动的电荷可能是正电荷,也可能是负电荷,还可能是正、负电荷同时向相反方向发生定向移动。物理学家刚刚开始研究电流时,把正电荷定向移动的方向规定为**电流方向**,这一规定一直沿用至今。在金属导体中,电流的方向与自由电子定向移动的方向相反。在电解质溶液中,电流的方向与正离子定向移动的方向相同,与负离子定向移动的方向相反。

在电场力作用下,正电荷总是从高电势向低电势运动。所以,导体中电流的方向总是从高电势端指向低电势端,即在电源外部的电路中,电流的方向是从电源的正极流向负极。当导体中通过电流时,有时人们把导体两端的电势差又称为**电势降**。

电流的大小　电流的大小用 I 表示。通过导体横截面的电荷量 Q 与通过这些电荷量所用时间 t 的比值称为**电流的大小**,简称**电流**(electric current)。根据电流大小的定义有

$$I = \frac{Q}{t} \tag{11-1}$$

电流是标量。在国际单位制中,电流的单位是安培,简称安,符号是 A。常用的单位还有毫安(mA)和微安(μA),它们的关系是

$$1A = 10^3 mA = 10^6 \mu A$$

方向和大小都不随时间变化的电流称为**恒定电流**,又称**直流电**。

思考与练习

1. 电流形成的条件是什么?
2. 通过一根导线的电流大小是 0.32A,求 5s 内通过导线横截面积的电荷量有多少?

【课外活动设计】　查阅相关资料说明为什么开关一合上,电灯就亮了。

第二节　电　阻　定　律

电阻　在导体两端电压相同的条件下,流过不同导体中电流的大小是不同的,也就是说这些导体的导电性能是有差异的。导体的导电性能与导体能提供的自由电荷的数目以及导体对电荷定向移动的阻碍作用大小有关。因为导体中的自由电荷在电场力的作用下定向移动时,会不断地与做无规则运动的金属离子、原子相碰撞,这种碰撞过程会对自由电荷产生阻碍作用。

反映导体对电流阻碍作用的物理量称为**电阻**(resistance),用 R 表示。在国际单位制中,电阻的单位是欧姆,简称欧,符号是 Ω。常用的电阻单位还有千欧(kΩ)和兆欧(MΩ)。它们之间的换算关系是

$$1\Omega = 10^{-3} k\Omega = 10^{-6} M\Omega$$

电阻定律 导体的电阻是导体本身的一种属性。实验表明：由同一材料制成的粗细均匀的一段导体，在一定温度下，它的电阻 R 与它的长度 L 成正比，与它的横截面积 S 成反比。这称为**电阻定律**，用公式可表示为

$$R = \rho \frac{L}{S} \tag{11-2}$$

式中，比例系数 ρ 称为**电阻率**（resistivity），单位是欧姆米（$\Omega \cdot m$）。ρ 的大小由导体的材料和温度决定。在同一温度下，同种材料的 ρ 是一个常量，不同材料的 ρ 值是不同的。长度和横截面积都相等的不同材料的导线，ρ 值大的电阻大，ρ 值小的电阻小。可见，电阻率是反映材料导电性能的重要数据。常用导电材料的电阻率（20℃）见表 11-1。

表 11-1 常用导电材料的电阻率（20℃）

材料	电阻率/($\Omega \cdot m$)	材料	电阻率/($\Omega \cdot m$)
银	1.65×10^{-8}	锡	1.4×10^{-7}
铜	1.7×10^{-8}	铂	1.05×10^{-7}
铝	2.8×10^{-8}	锰铜（85%铜+3%镍+12%锰）	$(4.2 \sim 4.8) \times 10^{-7}$
钨	5.5×10^{-8}	康铜（58.8%铜+40%镍+1.2%锰）	$(4.8 \sim 5.2) \times 10^{-7}$
镍	7.3×10^{-8}	镍铬丝（67.5%镍+15%铬+16%铁+1.5%锰）	$(1.0 \sim 1.2) \times 10^{-6}$
铁	9.8×10^{-8}	铁铬铝合金	$(1.3 \sim 1.4) \times 10^{-6}$

容易导电的物体称为**导体**（conductor），其 $\rho < 10^{-6} \Omega \cdot m$，如金属、酸、碱、盐类的水溶液；不容易导电的物体称为**绝缘体**，其 $\rho > 10^5 \Omega \cdot m$，如陶瓷、橡胶、塑料、木材等；导电性能介于导体和绝缘体之间，即 $10^{-6} \Omega \cdot m < \rho < 10^5 \Omega \cdot m$，其电阻不随温度的提高而增大，而是随温度的提高而降低的物体称为**半导体**（semi conductor），如硅、锗、砷化镓、锑化铟等。

其实，导体和绝缘体之间没有绝对的界限。绝缘体并非不导电，只是绝缘体的电阻率很大。

由表 11-1 可知，纯金属的电阻率小，合金的电阻率大。在实际应用中，一般选用电阻率很小的金属材料制作导线及用电设备中的导体，以减少电能的损耗。铜和铝比银的导电性虽差一点，但价格便宜，因此，铜和铝是制作导线及电器导体的主要材料。而在电热设备中，如电阻器、电炉、电烙铁中的发热元件等，则需要选用电阻率大、熔点高的合金材料（如镍铬合金、铁铬铝合金）制作。

通过测量电阻，可测出许多物理量。绝大多数金属的电阻率随温度升高而增大，因此，它的电阻也随温度升高而增大，利用这一性质可制造电阻温度计。部分合金材料（如康铜、锰铜等）的电阻率几乎与温度的变化无关，因此，可以用这些合金材料制作标准电阻。

半导体材料的导电性能受外界条件的影响很大。除了温度外，用光照射半导体、在半导体中掺入微量的其他物质，都可能使半导体的导电性能发生显著的变化。半导体的这一特性是导体和绝缘体所不具备的，在现代科学技术中有着重要的应用。

例如，有些半导体材料在温度升高时，电阻减小得非常快，利用这一特点可以制成体积很小的热敏电阻，它能将温度变化转化为电信号，通过测量这种信号，就可以知道温度变化的情况。采用这种方法测量温度变化反应快、精度高。有些半导体材料在光照下电阻大大减小，利用这类半导体材料可以制成体积很小的光敏电阻。光敏电阻可以起到开关作用，在需

要对光照有灵敏反应的自动控制设备中有广泛的应用。

在纯净的半导体材料中掺入微量的杂质，会使半导体的导电性能大大增强。利用半导体的这一特性，可以制成晶体二极管（见图11-3）和晶体三极管（见图11-4）。将晶体管、电阻、电容等电子元器件及相应的连线同时制作在一块面积很小的半导体晶片上，使其成为具有一定功能的电路，这就是集成电路。

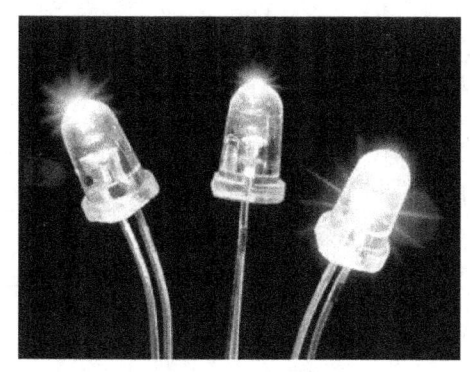

图11-3　晶体二极管

图11-4　晶体三极管

思考与练习

1. 一根铜导线，长10km，横截面积是$1.0cm^2$，它的电阻是＿＿＿＿。
2. 将一段粗细均匀的电阻为R的电阻丝，均匀拉伸为原来的3倍后，其电阻将变为多少？

第三节　部分电路欧姆定律

导体两端加上恒定电压后，导体中就产生恒定电流。实验证明：导体中的电流大小与导体两端的电压成正比，与导体的电阻成反比，这就是**部分电路的欧姆定律**（*Ohm's law*），即

$$I = \frac{U}{R} \tag{11-3}$$

公式（11-3）确定了电流与电压的关系，欧姆定律适用于金属导体和电解液。对于超导现象和气体导电现象，欧姆定律就不适用了，因为这种情况下电阻不是常量。

当导体电阻不变时，电流与电压的正比关系可用图11-5表示，这种图像称为**伏安特性曲线**。它是通过原点的一条直线，直线的斜率表示电阻的倒数，即$\tan\alpha = \frac{1}{R}$。

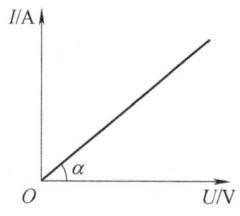

图11-5　伏安特性曲线

例1　当一个电阻两端的电压是50mV时，测得的电流大小是10mA，当其两端电压是10V时，流过这个电阻的电流是多大？

分析：两种情况下是同一个电阻，故其电阻值是不变的，根据欧姆定律，先求出电阻，进而便可求出电流I。

解
$$R = \frac{U_1}{I_1} = \frac{0.05}{0.01}\Omega = 5\Omega$$

$$I_2 = \frac{U_2}{R} = \frac{10}{5}\text{A} = 2\text{A}$$

答：当其两端电压是 10V 时，流过这个电阻的电流是 2A。

思考与练习

1. 如图 11-6 所示，两条伏安特性曲线 a、b，请问 a、b 哪个电阻大？通过本题可得到什么结论？

2. 人体的最低电阻是 800Ω，通过人体的电流只要不大于 50mA 就没有生命危险，则通过人体的最大安全电压是_____V。

3. 用横截面积是 0.68mm^2、长度是 200m 的铜线绕制一个线圈，这个线圈允许通过的最大电流是 8A，求这个线圈两端最多能加多高的电压？（$\rho_{铜} = 1.7 \times 10^{-8} \Omega \cdot \text{m}$）

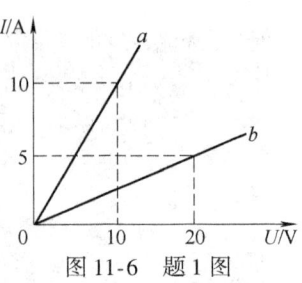

图 11-6 题 1 图

第四节 电阻的连接

电阻的串联 把若干个电阻一个接一个不分支地连接起来，使电流只有一条通路，这样的连接方式称为电阻的**串联**（*series*），如图 11-7 所示。串联电路具有如下性质：

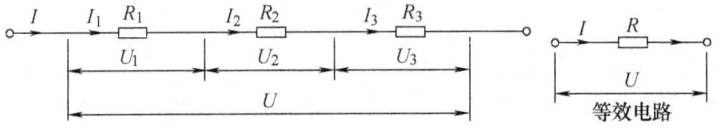

图 11-7 电阻的串联

（1）串联电路中通过各电阻的电流相等，即

$$I = I_1 = I_2 = I_3 \tag{11-4}$$

（2）串联电路中的总电压等于各电阻两端电压之和，即

$$U = U_1 + U_2 + U_3 \tag{11-5}$$

（3）串联电路的总电阻等于各串联电阻之和，即

$$R = R_1 + R_2 + R_3 \tag{11-6}$$

（4）串联电路将总电压分配给了各串联电阻，各串联电阻分到的电压分别是

$$U_1 = IR_1 = \frac{R_1}{R}U \quad U_2 = IR_2 = \frac{R_2}{R}U \quad U_3 = IR_3 = \frac{R_3}{R}U$$

串联电路的这种作用称为**分压作用**。串联电路中各电阻上的电压与它的电阻成正比，电阻越大，分到的电压就越大。电阻的分压作用在实际电路中常常用到。下面以扩大伏特计量程为例来具体说明。

例2 一个量程是 3V 的电压表，电阻值是 3kΩ，要把量程扩大为 50V，需要如何改装？

分析：可以利用串联电路的分压原理进行改装，而且改装后电压表可以测量的最大电压 U 是 50V，维持电压表上的分电压 U_i 最大是 3V。那么，串联电阻的分电压是 $U_x = 50\text{V} - 3\text{V} = 47\text{V}$，设需要串联的电阻是 R_x，如图 11-8 所示。

解 根据串联电阻分压公式得

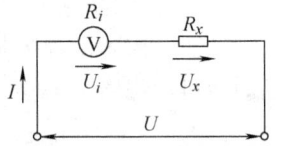

图 11-8 例 2 图

$$\frac{U_i}{U_x} = \frac{R_i}{R_x}$$

则
$$R_x = \frac{R_i \cdot U_x}{U_i} = \frac{3 \times (50-3)}{3} \text{k}\Omega = 47 \text{k}\Omega$$

答：要把电压表量程扩大为 50V，需要串联一个 47(kΩ) 的电阻。

串联一个 47kΩ 的电阻可使电压表量程扩大为 50V，若将电表量程扩大为原来的 n 倍，则

$$R_x = \frac{R_i(n-1)U_i}{U_i} = (n-1)R_i$$

如果在需要改装的电压表上串联相应的分压电阻 R_1、R_2、R_3、R_4……，就可以将电压表变成多量程的电压表。图 11-9 所示是 MF-30 型万用表电压测量部分的电路原理图。

电阻的并联 几个电阻一端连接在一起，而另一端也连接在一起，使电路有两个连接点和多个通路，这样的连接方式称为电阻**并联**(parallel)，如图 11-10 所示。并联电路具有如下性质：

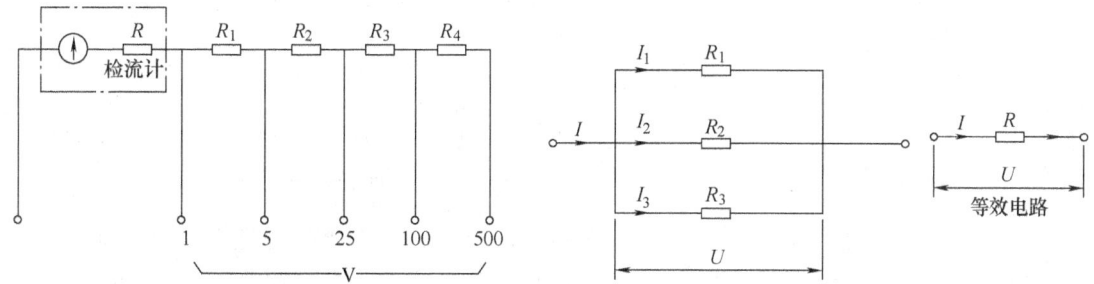

图 11-9　MF-30 型万用表电压测量部分的电路原理图　　图 11-10　电阻的并联

（1）并联电路中各支路两端的电压都相等，即
$$U = U_1 = U_2 = U_3 \tag{11-7}$$

（2）并联电路中总电流等于各支路电流的和，即
$$I = I_1 + I_2 + I_3 \tag{11-8}$$

（3）并联电路中总电阻的倒数等于各支路电阻的倒数和，即
$$\frac{1}{R} = \frac{1}{R_1} + \frac{1}{R_2} + \frac{1}{R_3} \tag{11-9}$$

（4）并联电路将总电流分配给了各支路电阻，各并联电阻分到的电流分别是
$$I_1 = \frac{U}{R_1} = \frac{R}{R_1}I \quad I_2 = \frac{U}{R_2} = \frac{R}{R_2}I \quad I_3 = \frac{U}{R_3} = \frac{R}{R_3}I$$

并联电路中支路的电流与该支路的电阻成反比，电阻大的支路分得的电流小，电阻小的支路分得的电流大。并联电路的这种作用，称为**分流作用**。

并联电路的分流作用在实际电路中也常用到，现以扩大电流表的量程为例来说明。

例 3 有一个量程是 100mA，电阻是 0.20Ω 的毫安电流表，如何改装能使电流表的量程扩大为 500mA。

分析：可以利用并联电路的分流原理进行改装，而且改装后电流表允许通过的最大电流是 $I = 500$m，维持电流表上的分电流 I_i 最大是 100mA。那么，并联电阻 Rx 的分电流是 $I_x =$

$I - I_i = 500\text{mA} - 100\text{mA} = 400\text{mA}$，如图 11-11 所示。

解 根据并联电路的分流公式得

$$I_i R_i = (I - I_i) R_x$$

$$R_x = \frac{I_i R_i}{I - I_i} = \frac{100 \times 0.20}{500 - 100}\Omega = 0.05\Omega$$

答：并联一个 0.05Ω 的电阻，可以使电流表的量程扩大为 500mA。

若将电流表量程扩大为原来的 n 倍，则

$$R_x = \frac{I_i R_i}{(n-1) I_i} = \frac{R_i}{n-1}$$

如果在需改装电流表上并联相应的分流电阻 R_1、R_2、R_3、R_4、R_5……就可以将电流表变成多量程的电流表。图 11-12 所示是 MF-30 型万用表电流测量部分的电路原理图。

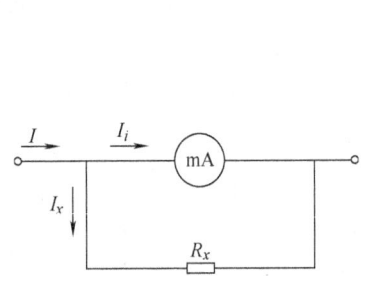

图 11-11 例 3 图

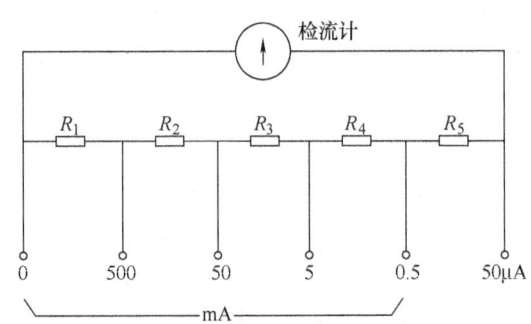

图 11-12 MF-30 型万用表电流测量部分的电路原理图

电阻的混联 在实际电路中，往往既有串联又有并联，这种电路称为**混联电路**。对这类电路，要先明确串、并联关系，再用串联电路和并联电路的性质去求解。为此，需对原电路进行简化，即将它等效变换为较为明显的串联电路和并联电路。简化的方法很多，这里仅介绍**节点排列法**。所谓节点是指三条以上支路的交点。用节点排列法简化电路的步骤如下：

（1）明确简化的两个端点，把端点与节点用字母标出来，对电势相同的节点标一个字母。

（2）设想两端分别接入电源的正、负极。

（3）按电势由高到低的顺序，把端点、节点依次排列在一条直线上。

（4）将各电阻对号入座。

例 4 如图 11-13a 所示，电路中 R_1 是 6Ω，R_2、R_3、R_4 均为 12Ω，求：（1）a、b 两端之间的等效电阻 R_{ab}；如果 $U_{ab} = 24\text{V}$，求电路中各支路的电流及 a、c 间的电压。

分析：简化端点是 a、b 两点，另有节点 c。设 a、b 两点分别接入电源的正极和负极，按电势从高到低的顺序将点 a、c、b 依次列在一条直线上，并把各电阻分别接在对应的两点之间即可，然后用串联电路和并联电路的规律进行求解。

解 （1）由图 11-13b 可知，$R_{23} = \dfrac{R_2 R_3}{R_2 + R_3} = 6\Omega$

$$R_{123} = R_1 + R_{23} = (6+6)\Omega = 12\Omega$$

$$R_{ab} = \frac{R_{123} R_4}{R_{123} + R_4} = 6\Omega$$

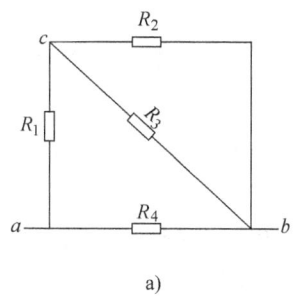 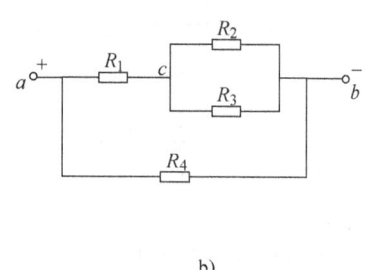

图 11-13 例 4 图
a) 原电路 b) 等效电路

(2) $I_1 = \dfrac{U_{ab}}{R_{123}} = \dfrac{24}{12}\text{A} = 2\text{A}$；$I_2 = I_3 = \dfrac{I_1}{2} = 1\text{A}$；$I_4 = \dfrac{U_{ab}}{R_4} = \dfrac{24}{12}\text{A} = 2\text{A}$

$$U_{ac} = I_1 R_1 = 2 \times 6\text{V} = 12\text{V}$$

答：a、b 两端之间的等效电阻 R_{ab} 是 6Ω；电路中流过 R_1 的电流是 2A，流过 R_2、R_3 的电流都是 1A；流过 R_4 的电流是 2Ω；a、c 间的电压是 12V。

电桥 图 11-14 所示的电路称为电桥，电阻 R_1、R_2、R_3、R_4 分别是电桥的四个臂，在 A、C 两点加上电压 U，在另一对顶点 B、D 间接入灵敏电流计 G，形成桥电路，用以比较这两点的电势。当 B、D 两点电势相等时，电流计 G 中无电流，这种状态称为**电桥平衡**；反之，当 B、D 两点电势不相等时，电流计 G 中便有电流，称为**电桥不平衡**。

电桥平衡时，$V_B = V_D$，因而 $U_{AB} = U_{AD}$，$U_{BC} = U_{DC}$。此时，B、D 之间相当于断路，通过 R_1、R_2 的电流(设为 I_1)相等；通过 R_3、R_4 的电流(设为 I_2)也相等。

根据欧姆定律有

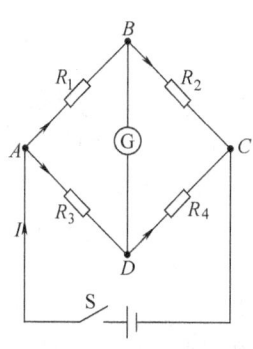

图 11-14 电桥

$U_{AB} = I_1 R_1$，$U_{AD} = I_2 R_3$，$U_{BC} = I_1 R_2$，$U_{DC} = I_2 R_4$，且 $I_1 R_1 = I_2 R_3$；$I_1 R_2 = I_2 R_4$，从而得

$$\dfrac{R_1}{R_2} = \dfrac{R_3}{R_4} \text{ 或 } R_1 R_4 = R_2 R_3 \tag{11-10}$$

公式(11-10)就是**电桥平衡的条件**。若四个电阻只有一个是未知的，如 R_1 是未知电阻 R_x，则 $R_x = \dfrac{R_2 R_3}{R_4}$，用这种方法测得的电阻值，比用伏安法或万用表测得的电阻数值要准确得多(为什么?)。此外，电桥在工程测量和自动控制中也有广泛应用。

思考与练习

1. 给定三个 12Ω 电阻，可以分别组成多少个阻值不同的电阻？画出对应的连接电路。

2. 如图 11-15 所示，已知 $U_{AB} = 20\text{V}$，$R_1 = 7\Omega$，$R_2 = 3\Omega$，$R_3 = R_4 = 9\Omega$，求总电流 I 等于多少？

3. 有两个电阻并联，其中 $R_1 = 200\Omega$，通过 R_1 的电流大小 $I_1 = 0.2\text{A}$，通过整个并联电路的电流大小 $I = 0.8\text{A}$，求 R_2 的电阻值及通

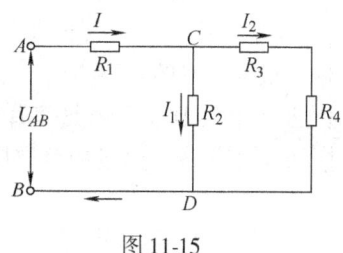

图 11-15

过 R_2 的电流大小。

4. 设有一电流表,内阻是 500Ω,量程是 200μA。(1)要使它能测量 10mA 的电源,应并联多大电阻?(2)要使它能测量 100V 电压,应串联多大电阻?

第五节　电功　电功率

电流通过用电器(在电路中称为**负载**),将电能转变为其他形式的能量。如电流通过电炉,电炉生热,实现电能向热能的转化;电流通过电动机,实现电能向机械能和热能转化;电能通过电解槽,实现电能向化学能转化。那么,怎样测量有多少电能转换为其他形式的能量呢?

电功　能量的转换依靠做功来实现,因此,可用功来量度电能的消耗。在导体两端加上电压,导体内就建立了电场,电场力推动自由电荷移动而做功。若导体两端电压是 U,通过导体横截面的电荷量是 q,那么,电场力所做的功是

$$W = qU$$

因为 $q = It$,所以

$$W = UIt \tag{11-11}$$

由公式(11-11)可知,电流在一段电路上所做的功等于这段电路两端的电压 U、电路中的电流 I 和通电时间 t 三者的乘积。在电路中,电场力的功通常称为**电流的功**,简称**电功**。在国际单位制中,电功的单位是焦耳,符号是 J。

由能量守恒定律可知,电流做了多少功,就有多少电能转化成其他形式的能。

电功率　电流所做的功与完成这些功所用时间的比值,称为**电功率**,用 P 表示,即

$$P = \frac{W}{t} = IU \tag{11-12}$$

由公式(11-12)可知,一段电路上的电功率 P 等于这段电路两端的电压 U 和电路中的电流 I 的乘积。在国际单位制中,电功率的单位是瓦特,简称瓦,符号是 W。

用电器上都标有正常工作时的最大电压和最大功率数值,这些数值分别称为用电器的额定电压和额定功率。由此可算出额定电流,对纯电阻性的用电器还可算出它的电阻。如果给用电器加的工作电压小于额定电压,它的实际功率将达不到额定功率;如果工作电压超过额定电压,它的实际功率将超过额定功率,这种情况应防止,避免发生用电事故。

在生产和生活中,还采用千瓦·时(kW·h)作为计算用电器消耗电能的单位,1kW·h = 3.6×10^6 J,俗称 1 度电,即功率为 1kW 的用电器正常工作 1h 所消耗的电能。

焦耳定律　电流通过导体时,导体会产生发热现象,这种现象称为**电流的热效应**。导体为什么会发热呢?这是因为自由电子在导体内做定向移动时,把一部分动能传递给与它们相碰撞的离子和原子,使得分子的热运动加剧,从而使导体的温度升高,导体热到一定程度时还会发光。那么,通电导体上产生的热量跟哪些因素有关呢?英国物理学家焦耳(1818—1889)根据精确的实验指出:电流通过导体所产生的热量,与电流的二次方、导体的电阻和通电时间成正比,这就是**焦耳定律**(Joule's law)。如果电流的单位用 A,电阻的单位用 Ω,时间的单位用 s,热量的单位用 J,则焦耳定律可表示为

$$Q = I^2 Rt \tag{11-13}$$

焦耳定律是设计电照明、电热设备及计算各种电气设备温升的重要依据。但焦耳热也存

在有害的一面。例如，输电线及各种用电设备、仪表和电子元件，由于焦耳热，不仅白白地消耗电能，还会因温升而改变用电器的性能和参数，甚至造成用电器故障和损坏。因此，通常要采取降温措施，如采用冷水、配置电风扇或空调等进行冷却。

电流通过电路时要做功，一般电路中都有电阻，所以，电流通过电路时也要产生热量。电流所做的功与它所产生的热量间又有什么关系呢？

对于由白炽灯、电炉等纯电阻元件组成的电路来说，由于这时电路两端的电压 $U = IR$，因此，$UIt = I^2Rt$。可见，电流所做的功与产生的热量是相等的。这时电能全部转化成热能，即 $W = Q$，因此，电流所做功的计算公式可写成

$$W = I^2Rt = \frac{U^2}{R}t \tag{11-14}$$

对于由电动机、电解槽等非纯电阻元件组成的电路来说，电能除一部分转化成热能外，还有一部分转化成机械能、化学能等。在这种情况下，电流的功仍是 UIt，产生的热量仍是 I^2Rt，但是加在用电器上的电压不等于 IR，而是大于 IR，电流的功大于产生的热量，两者的差值 ($UIt - I^2Rt$) 则是转化成机械能、化学能等的部分。

例5 如图 11-16 所示，已知直流电动机的内阻是 1.0Ω，在 110V 电压下工作，通过的电流是 5.0A。求：(1) 电动机消耗的功率 P_0；(2) 电动机消耗的热功率 P_Q；(3) 电动机工作 1h 消耗的电能 W_0，电能转换成的机械能 W 及消耗的热能 W_Q。

分析：本题所研究的问题是非纯电阻电路，所以电功不等于热功率。

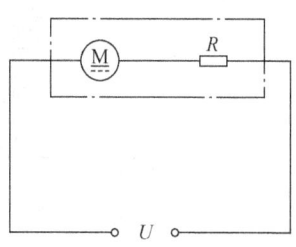

图 11-16 例 5 图

解 (1) 电动机消耗的功率是

$$P_0 = UI = 110 \times 5.0\text{W} = 550\text{W}$$

(2) 电动机消耗的热功率是

$$P_Q = I^2R = 5.0^2 \times 1.0\text{W} = 25\text{W}$$

(3) 电动机工作 1h 消耗的电能是

$$W_0 = P_0 t = 550 \times 60 \times 60\text{J} = 1.98 \times 10^6\text{J}$$

电动机工作 1h 消耗的热能是

$$W_Q = P_Q t = 25 \times 60 \times 60\text{J} = 9.0 \times 10^4\text{J}$$

电动机工作 1h 电能转换成的机械能是

$$W = W_0 - W_Q = (1.98 \times 10^6 - 9.0 \times 10^4)\text{J} = 1.89 \times 10^6\text{J}$$

答：电动机消耗的功率是 550W；电动机消耗的热功率是 25W；电动机工作 1h 消耗的电能是 1.98×10^6J，电能转换成的机械能是 1.89×10^6J，电动机消耗的热能是 9.0×10^4J。

思考与练习

1. 计算电功率的公式 $P = IU$ 和 $P = I^2R$ 有何不同？
2. 从发电厂到用电处，为什么要用高压输电，而不用低压输电？
3. 如图 11-17 所示，U 为 100V，R_1 为 35Ω，R_2 为 15Ω。分别求 R_1 和 R_2 在图 11-17a 和图 11-17b 中消耗的功率 P_1、P_2，P_1/P_2 与 R_1/R_2 的关系。
4. 有两个额定电压是 220V 的灯泡，一个功率是 40W，另一个是 100W。试分析下列问题：

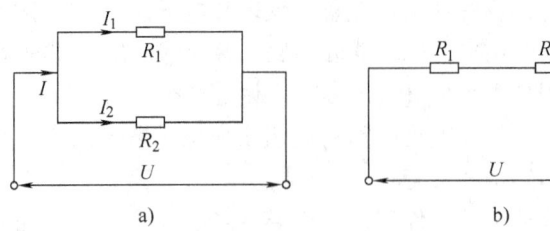

图 11-17

(1) 正常发光时，哪个灯泡的电阻大？电阻各是多少？

(2) 把它们分别改接在 110V 的电压上，哪个功率大？功率各是多少？

(3) 把它们串联后，接在 220V 的电压上，哪个功率大？功率各是多少？

5. 如图 11-18 所示，线路的电压 $U=220V$，每条输电线的电阻 $r=5\Omega$，电炉的电阻 $R_A=100\Omega$，求电炉 A 上的电压和它消耗的功率。如果再并联一个电阻值完全相同的电炉 B，试计算两个电炉上的电压和每个电炉消耗的功率各是多少。

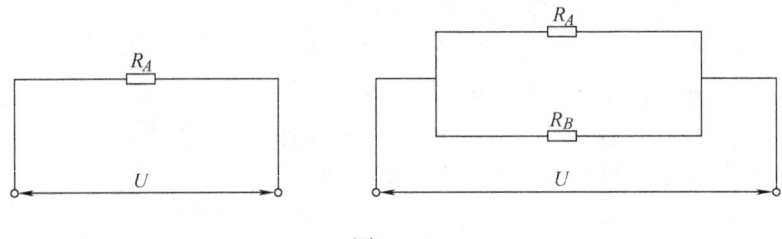

图 11-18

6. 额定电压是 220V，电阻是 160Ω 的电热水器，电功率是多大？30min 消耗多少度电？30min 产生多少电热？

7. 一台内阻为 2Ω 的直流电动机，工作时两端电压为 220V，通过的电流是 4A。试计算：(1) 直流电动机从电源那里获得的功率；(2) 直流电动机的热功率和转化为机械能的功率。

第六节　电源　电动势

电源　把其他形式的能转化为电能的装置称为**电源**，它起着在电路两端维持一定电压的作用。电源有正、负两极，正极上带有正电荷，其电势较高，负极上带有负电荷，其电势较低，如图 11-19 中虚线框所示。图中 R 为用电器，电源外部的电路称为**外电路**，电源内部的电路称为**内电路**。当有电流通过时，电源内部对电流也有阻碍作用，称为电源的**内电阻**。

电路接通后，正极 A 上的正电荷在静电力的作用下，从外电路经过 R 到达负极 B 形成由正极到负极的电流。如果电源不发生

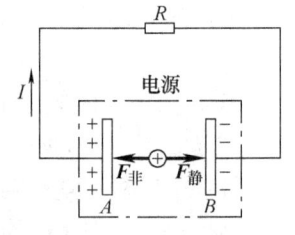

图 11-19　电源示意图

作用，正电荷运动的结果使正、负电荷中和，正、负极上的电荷不断减少，两极间的电压不断降低，最终为零，电路中不可能有恒定的电流。而电源的作用就在于及时地把到达负极 B 的正电荷经电源内部送回到正极 A，总保证两极上有一定数量的异种电荷，从而使正、负两极维持一定的电压。要把正电荷从电势低的负极送到电势高的正极，依靠静电力是不可能的，只能是靠某种与静电力本质不同的非静电力，才能完成此项工作。

电源的种类很多，不同类型的电源形成非静电力的原因不同。在化学电池(如干电池、蓄电池)中非静电力来源于化学力；在普通发电机中的非静电力来源于电磁感应的作用。

不论何种电源，在电源内部非静电力移送电荷的过程中总要克服静电力对正电荷做功，在这一过程中，电源把其他形式的能(如化学能、机械能及内能等)转化为电能。

电动势 对同一电源，非静电力把单位正电荷从负极搬运到正极所做的功是一定的，但是不同的电源，把单位正电荷从负极搬运到正极所做的功是不同的。把单位正电荷由负极搬运到正极，非静电力做的功越多，说明这种电源把其他形式的能转化为电能的本领越大。为了反映电源的这一性质，下面引入电动势的概念。

电源把正电荷由负极经电源内部移到正极时，非静电力所做的功 W 与移动的电荷量 q 的比值称为电源的**电动势**(*electromotive force*)，用 ε 表示，则

$$\varepsilon = \frac{W}{q} \tag{11-15}$$

电动势在数值上等于把单位正电荷由负极经电源内部移到正极时，非静电力所做的功。W、q 的单位分别是焦耳、库仑，ε 的单位是伏特。

每一个电源都有一个确定的电动势，如常见的干电池的电动势是 1.5V，蓄电池的电动势是 2.0V。电源电动势的大小由电源本身性质决定，与外电路的性质以及导通或断开无关。

电动势是标量，但它和电流一样规定有方向。规定由电源负极经电源内部到电源正极的方向为电动势的方向，电源电动势方向与电源内部的电流方向是一致的。

思考与练习

1. 把其他形式的能转化为电能的装置称为_____。
2. 电动势是_____量，规定由电源_____极经电源内部到电源_____极的方向为电动势的方向，电源电动势方向与电源内部的电流方向是一致的。

第七节　全电路欧姆定律

全电路欧姆定律 包含电源在内的闭合电路称为**全电路**(*closed circuit*)。全电路由内电路和外电路组成，如图 11-20 所示。外电路上的总电阻称为外电阻，用 R 表示；内电路的电阻称为内电阻，用 r 表示。设电源电动势为 ε，当开关闭合后，电路中有持续的电流 I，下面从能量守恒的角度来研究闭合电路中电流、电动势及电阻间的关系。

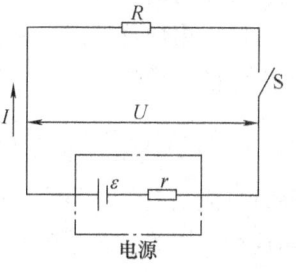

在时间 t 内，通过任一横截面的电荷量 $q = It$，根据公式(11-15)，电源非静电力做的功是

$$W = q\varepsilon = I\varepsilon t$$

这就是电源向内电路、外电路提供的电能。若内电路、外电路是纯电阻电路，这些电能将全部转化为焦耳热。在外电路上产生的热量是 I^2Rt，在内电路上产生的热量是 I^2rt。

图 11-20　全电路示意图

根据能量守恒定律，有 $I\varepsilon t = I^2Rt + I^2rt$，所以

$$I = \frac{\varepsilon}{R + r} \tag{11-16}$$

公式(11-16)表明:闭合电路中的电流大小与电源的电动势成正比,与全电路的电阻成反比,这一规律称为**全电路欧姆定律**。

例6 如图11-21所示,电阻$R_1 = 14.0\Omega$,电阻$R_2 = 9.0\Omega$,当单刀双掷开关S拨到位置1时,电流表读数是0.20A;当开关S拨到位置2时,电流表的读数是0.30A,求电源电动势和内阻。

解 根据全电路欧姆定律可知:

$$\varepsilon = I_1 R_1 + I_1 r$$

$$\varepsilon = I_2 R_2 + I_2 r$$

消去ε可得$I_1 R_1 + I_1 r = I_2 R_2 + I_2 r$,解得

$$r = \frac{I_1 R_1 - I_2 R_2}{I_2 - I_1} = \frac{0.2 \times 14.0 - 0.3 \times 9.0}{0.3 - 0.2}\Omega = 1.0\Omega$$

$$\varepsilon = (0.20 \times 14.0 + 0.20 \times 1.0)V = 3V$$

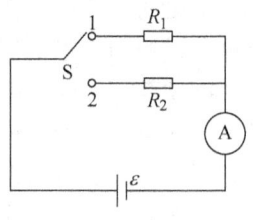

图11-21 例6图

答:电源电动势是3V,内阻是1.0Ω。

这是一种测量电源电动势和内阻的方法。

路端电压 外电路两端的电压通常称为路端电压,用U表示。用电器(又称负载)是接在外电路中的,所以,路端电压也就是电源提供给负载上的电压,即$U = IR$,根据全电路欧姆定律可得$IR = \varepsilon - Ir$,即

$$U = \varepsilon - Ir \qquad (11\text{-}17)$$

式中,Ir是电源内部的电压降。

下面用图11-22所示电路来研究路端电压随外电阻变化规律。实验表明,当增大负载电阻R的阻值时,安培计指示数变小,伏特计指示数增大;当R值减小时,安培表的指示数增大,伏特计指示数减小。由公式(11-17)也可得到上述结论。可见,路端电压随负载电阻的增大而增大,随负载电阻的减小而减小。

下面讨论两种特殊情况:

(1)当外电路断开,即开路时,$R \to \infty$,$I = 0$,则$U = \varepsilon$,所以,开路时的路端电压等于电源的电动势。因为伏特计的内阻很大,所以用伏特计直接接到电源的两极上所测得的电压,近似等于电源的电动势。

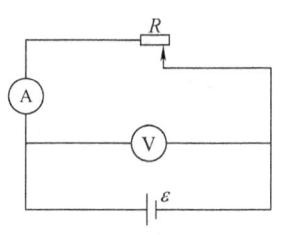

图11-22 研究路端电压与负载电阻变化关系的实验

(2)当$R = 0$,即外电路短路时,$I = \dfrac{\varepsilon}{r}$,$U = 0$,由于一般电源内阻都很小,因此,短路时电流很大,可能将电源烧毁,因此,要尽量避免电路出现短路状态,电路中的熔丝就是起这种作用的。熔丝都是用熔点低的合金材料(如铅、锡、铋、镉合金)制成的,当电流过大时,熔丝先被烧断,电路处于断路状态,从而起到保护电源的作用。实验过程中绝不可将导线或安培计,直接接到电源上,以免短路。

电源向负载输出的功率 将公式(11-17)两边同乘以I,得

$$IU = I\varepsilon - I^2 r \qquad (11\text{-}18)$$

式中,$I\varepsilon$是电源的总功率;IU是电源向负载输出的功率;$I^2 r$是内电路上消耗的功率。公式(11-18)表明:电源总功率减去电源自身消耗的功率就是电源的输出功率。所以,公式(11-

18)是全电路中以功率形式表示的能量守恒定律。对一定的电源来说，向负载输出的功率 P 与负载电阻 R 的大小有关，因为

$$P_{出} = IU = I^2 R = \left(\frac{\varepsilon}{R+r}\right)^2 R$$

那么，在什么条件下，电源向负载输出的功率最大呢？将上式作适当变形

$$P_{出} = \frac{\varepsilon^2 R}{(R-r)^2 + 4r} = \frac{\varepsilon^2}{\frac{(R-r)^2}{R} + 4r}$$

当 $R=r$ 时，$P_{出}$ 最大，$P_{出} = \frac{\varepsilon^2}{4r}$，这时称负载与电源相**匹配**。匹配的概念在电子线路中经常用到。

例7 已知电源的电动势是 1.5V，内阻是 0.2Ω，外电路的电阻是 2.8Ω，求：（1）电路中的电流和路端电压各是多少？（2）电源的输出功率是多少？

解 根据全电路欧姆定律公式(11-16)，电路中的电流是

$$I = \frac{\varepsilon}{R+r} = \frac{1.5\text{V}}{(2.8+0.2)\Omega} = 0.5\text{A}$$

由公式(11-17)得

$$U = \varepsilon - Ir = (1.5 - 0.5 \times 0.2)\text{V} = 1.4\text{V}$$

电源输出功率是

$$P_{出} = IU = 0.5 \times 1.4\text{W} = 0.7\text{W}$$

答：电路中的电流是 0.5A，路端电压是 1.4V，电源的输出功率是 0.7W。

思考与练习

1. 电源的电动势是 1.5V，外电路的电阻是 7.0Ω，接在电源两极的伏特计上的指示数是 1.4V，求电源的内阻。

2. 电动势是 2.0V，内阻是 0.15Ω，外电路的电阻是 3.85Ω，求电路中的电流和路端电压。

第八节 相同电源的串联和并联

一个电池所能提供的最大电压和允许通过的最大电流是一定的，超出允许的最大电流，电池就会损坏。但实际应用中，用电器的额定电压和额定电流常常超过电池所提供的最大值，这就需要把几节电池连接成电池组来使用。下面分析相同电池（电动势和内阻都相同）的串联和并联。

串联电池组 把第一个电池的负极和第二个电池的正极相连接，再把第二个电池的负极和第三个电池的正极相连接，像这样依次地将相同电池连接起来的方式，就组成了串联电池组。第一个电池的正极和最后一个电池的负极，分别是串联电池组的正极和负极，如图 11-23 所示。

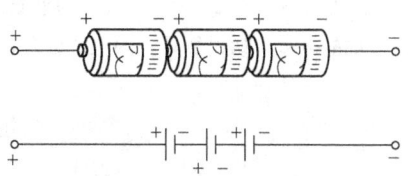

图 11-23 电源串联示意图

设串联电池组是由电动势都是 ε、内阻都是 r 的 n 节电池连成的。由于断路时的路端电

压等于电源的电动势，所以串联电池组的电动势等于这几个电池的电动势之和，即

$$\varepsilon_{串} = n\varepsilon$$

又因为串联电池组的内电阻也是串联的，所以有

$$r_{串} = nr$$

如果串联电池组和外电阻 R 组成闭合电路，则通过电路的电流是

$$I_{串} = \frac{n\varepsilon}{R + nr} \tag{11-19}$$

串联电池组的电动势比单个电池的电动势大，当用电器的额定电压高于单个电池的电动势时，可用串联电池组供电，但用电器的额定电流要小于单个电池允许通过的最大电流。

并联电池组 把几节电动势相同的电池的所有正极连在一起成为电池组的正极，所有电池的负极连在一起，成为是电池的负极，按这种方式将相同电池连接起来，就组成了并联电池组，如图 11-24 所示。

设并联电池组是由电动势都是 ε、内阻都是 r 的 n 节电池连成的，则并联电池组的电动势 $\varepsilon_{并}$ 和内阻 $r_{并}$ 分别是：$\varepsilon_{并} = \varepsilon$，$r_{并} = \frac{r}{n}$。

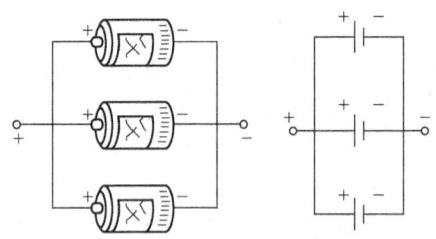

图 11-24 电源并联示意图

如果并联电池组和外电阻 R 连成闭合电路，则通过电路的电流是

$$I_{并} = \frac{\varepsilon}{R + \frac{r}{n}} \tag{11-20}$$

并联电池组可提供较大的电流。因为通过每个电池组的电流只是总电流的一部分，所以，当用电器的额定电流大于单个电池允许通过的最大电流时，应采用并联电池组供电。

在实际应用中，如果用电器的额定电压大于单个电池的电动势，额定电流大于单个电池允许通过的最大电流，这时可以把电池先串联成电池组，再把几个相同的串联电池组并联起来，组成混联电池组供电。

思考与练习

1. 由 5 个电动势是 2V、内阻是 0.5Ω 的电池连接成并联电池组，与外电路是 19.9Ω 的电阻组成闭合回路，求电路中的电流和电池组两端的电压。

2. 火车上照明用的电池组由 18 个电动势是 2V 的蓄电池串联组成，每个蓄电池的内电阻是 0.02Ω，车厢内安有并联电灯 30 只，每只灯的电阻是 60Ω，连接蓄电池组和电灯所用导线的电阻是 0.64Ω。求蓄电池组供给的电流和通过每只灯的电流各是多少。

物理科学应用实例

超导 某些物质在低温条件下呈现电阻等于零和排斥磁体的性质，这种现象称为**超导现象**。处于超导状态的物体，称为**超导体**。开始出现超导现象的温度称为**临界温度**。现已发现有几十种元素、几千种合金和化合物是超导体。对于超导体的研究，是当今科技研究中最热

门的课题之一,其研究内容主要集中在寻找更高转变温度(即临界温度)的超导材料和研究超导体的实际应用这两方面。

超导现象是1911年荷兰物理学家昂尼斯测量汞在低温下导电情况时发现的。当温度低于4.2K时,汞的电阻突然下降为零,这就是超导现象。昂尼斯由于首先发现了物质的超导电性,因而荣获了1913年的诺贝尔物理学奖。1930年人们发现铌(Nb)在9.2K可变为超导体。1973年人们又发现铌三锗(Nb_3Ge)的转变温度是23.3K。

由于早期发现的金属及合金所具有的超导现象的临界温度最高为23.3K,这样低的温度需要复杂的设备才能获得,所以超导现象很难在实际技术中得到广泛的应用。从1986年起,科研工作者便开始研究超导机理并找寻更高转变温度的超导材料。

1986年,瑞士IBM实验室K. A. 缪勒和J. C. 柏诺兹最先成功地发现钡镧铜氧化物在30K条件下存在超导性,并因此获得了1987年诺贝尔物理学奖。1987年2月,美国休斯敦大学的研究小组和中国科学院物理研究所的研究小组,几乎同时获得了钇钡铜氧化物超导体,将超导转变温度一下提高到90K,使世界为之震动。这意味着将超导从液氦温度(4.2K)提高到比较容易实现的液氮温度(77K)。为了与原来在液氦温度下的超导相区别,人们将氧化物超导体称为**高温超导体**。

1987年和1988年,中国又先后报道了转变温度为250K、290K和360K的"超导体",但由于抗磁性等条件差而未被公认。目前,各国科学家正在积极寻找常温下的超导体。

超导体的另一特征是磁力线不能穿过它的体内,也就是说,当导体处于超导状态时,其体内的磁场恒等于零。因此,超导体又是理想的抗磁性材料。

诱人的超导性能为超导材料的应用提供了光明前景。因此,各国科学家在寻找超导材料的同时已开始着手研究超导体的应用。例如,将超导材料应用于磁悬浮交通工具、发电机、电动机、小型超级计算机、超导通信、传感器、磁力共振诊断装置等方面。

你会了吗?

1. 什么是电流?电流是如何形成的?电流的方向是如何规定的?
2. 什么是电阻定律?什么是欧姆定律?
3. 串联电路、并联电路的性质和作用是什么?
4. 什么是电源电动势?什么是全电路欧姆定律?
5. 电流的功和功率是什么?
6. 焦耳定律的内容是什么?
7. 相同电池的串联和并联有什么特点?
8. 路端电压、电源输出功率与负载电阻的关系是什么?

复 习 题

一、填空题(将正确答案填写在横线上)

1. 两个电阻串联,其中 $R_1=20\Omega$,$R_2=100\Omega$。已知 R_1 两端的电压 $U_1=40V$,R_2 两端的电压 $U_2=$ _____ V,整个串联电路的总电压 $U=$ _____ V。

2. 75W 的电视机，在 220V 的电压下，每天收看 4h，一个月用_____度电(按 30 天计算)。

3. 电池组的路端电压是 14V，电路上的电流是 0.5A，需要_____个电动势是 1.5V，内阻是 0.20Ω 的相同电池来串联。

4. 电动势是 2V，内电阻是 0.4Ω 的两个电池并联形成电池组，与电阻是 0.8Ω 的外电路连在一起，外电路里的总电流是_____A，流过一个电池的电流是_____A。

5. 两个电阻并联，其中 $R_1=120\Omega$，通过 R_1 的电流 $I_1=0.1A$，通过整个并联电路的电流 $I=0.40A$，则 $R_2=$_____Ω，通过 R_2 的电流 $I_2=$_____A。

二、单项选择题(将正确答案的序号填写在圆括弧内)

1. 如图 11-25 所示的电路，电源内阻不计，当开关 S 闭合时出现的现象是(　　)。
   A. A、B 灯同时变亮　　B. A、B 灯同时变暗
   C. A 灯变亮，B 灯变暗　　D. A 灯变暗，B 灯变亮

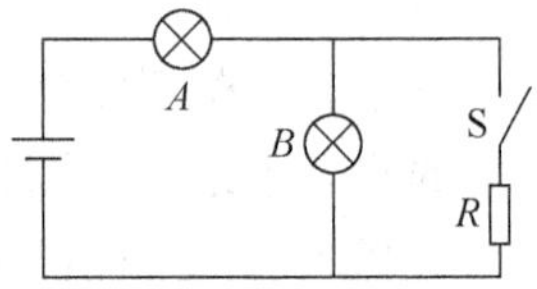

2. 将 2Ω、4Ω、6Ω 三个电阻适当连接，可得到的最小等效电阻将是(　　)。

图 11-25

   A. 小于 2Ω　　B. 在 4Ω 和 6Ω 之间　　C. 大于 6Ω　　D. 大于 4Ω

3. 把一根电阻是 R 的电阻丝对折后，作为一根导线使用，它的电阻是(　　)。
   A. $2R$　　B. $4R$　　C. $\frac{1}{4}R$　　D. $\frac{1}{2}R$

4. 当伏特表接到电动势是 1.5V 的电池两端时，它的读数却是 1.47V，这是因为(　　)。
   A. 伏特表电阻太大　　　　　　B. 线路中电流太大
   C. 伏特表电阻太小　　　　　　D. 电源有内阻

三、判断题(正确的画"√"，错误的画"×")

1. 金属导体的电阻率与温度无关。(　　)
2. 在铜线长度相同时，粗铜线的电阻一定比细铜线的电阻小。(　　)
3. 给电路并联一个电阻，总电阻一定变小。(　　)
4. 给电路串联一个电阻，总电阻一定变大。(　　)
5. 给灵敏电流计串联一个电阻就可将其改装成安培计。(　　)
6. 正常工作时，"220V、100W"的灯泡比"220V、40W"的灯泡亮。(　　)
7. 全电路欧姆定律适合于任何闭合回路。(　　)
8. 不同的电源，既能串联，也能并联。(　　)

四、计算题

1. 如图 11-26 所示，$R_1=15\Omega$，$R_2=2.0k\Omega$，$R_3=10\Omega$，求：(1) A、B 两端总电阻；(2) 若在 A、B 间加上 6.3V 的电压，求每个电阻上的电流和电压。

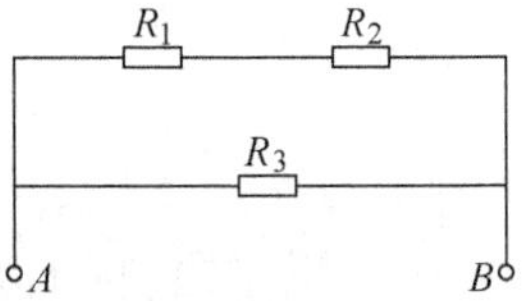

2. 如果把标有"220V、15W"和"220V、60W"的两只灯泡串联后接入 220V 的电路里，哪个灯泡亮？它们的实际功率各是多少？

图 11-26

3. 有一个闭合电路，电源的电动势是 6.0V，电源内阻是 0.5Ω，外电路电阻是 2.5Ω，求内电路消耗的功率、电源输出的功率和电源的总功率。

4. 图 11-27 所示电路中，$R = 10Ω$，开关 S 闭合时，伏特计读数是 5.46V；开关 S 断开时，伏特计读数是 6.0V，求电源的内阻。

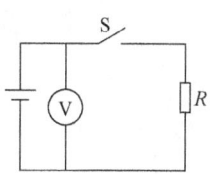

图 11-27

第十二章　电流的磁场

公元前 6~7 世纪，我国就已发现了磁现象。北宋时，我国已发明了指南针并将其用于航海。直到 1819~1820 年，丹麦科学家奥斯特发现了电流的磁效应，人们才领会到磁与电之间有着紧密的联系。从此，磁学和电学互相渗透，互相促进，给人类社会带来了空前的文明。本章着重阐述关于磁场的基本性质、磁力的基本规律以及它们在科学技术中的应用。

第一节　磁　场

磁场　磁体能吸引铁、钴、镍等磁性材料，磁体的这一性质称为**磁性**(*magnetism*)。一个磁体上磁性最强的两处称为**磁极**(N 极和 S 极)。同性磁极互相排斥，异性磁极互相吸引。磁极间的相互作用，就是通过磁体在其周围产生的一种特殊物质——**磁场**(*magnetic field*)来传递的。磁场对磁体的作用力称为**磁场力**，简称**磁力**(*magnetic force*)。

磁场是有方向性的，磁场的方向是这样规定的：放在磁场中某一点的可以自由转动的小磁针，如图 12-1 所示，它静止时 N 极所指的方向就是该点的磁场方向。

地球是一个大磁体，它周围存在着地磁场，地磁场的 S 极在地理上的北极地区附近，N 极在地理上的南极地区附近，如图 12-2 所示。因此，指南针的 S 极指南，N 极指北。地磁场虽然很弱，但分布有一定规律，如果某些地方的地磁场表现异常，与邻近地区存有显著差异，则可能是由于地下有大量的铁矿存在。目前测量和研究地磁场变化，已成为勘探大型铁矿的重要方法之一。同时，地磁场可以改变带电宇宙射线的运动方向，从而减少带电宇宙射线对地球的辐射。

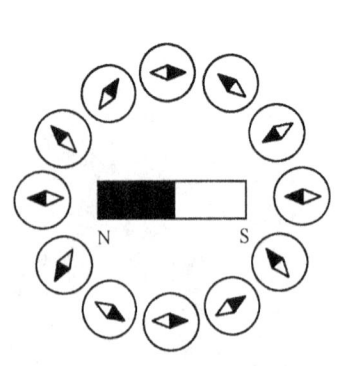

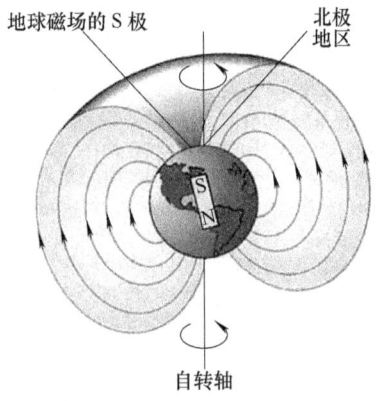

图 12-1　磁场中的小磁针　　　　　图 12-2　地球磁场的分布

磁力线　利用电场线可以描绘电场，与此相同，可以用磁力线来描绘磁场。在磁场中画出一些有方向的曲线，使曲线上每一点的切线方向与该点的磁场方向一致，这些曲线就称为**磁力线**(*line of magnetic induction*)。图 12-3 所示是磁场中一条磁力线。

条形磁铁和马蹄形磁铁的磁场分布如图12-4所示。可以看出，磁力线可以形象直观地反映磁场的分布情况。磁力线上每一点的切线方向与该点的磁场方向相同。此外，磁力线的疏密程度可以形象地反映磁场的强弱。磁力线密的地方，磁场强；反之，磁力线疏的地方，磁场弱。磁力线是闭合曲线，在磁体外部，磁力线从N极出来，绕到S极；在磁体内部，磁力线从S极通向N极。此外，还能发现磁场中任意两条磁力线都不相交。

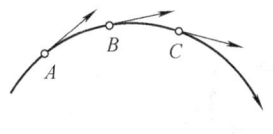

图12-3 一条磁力线

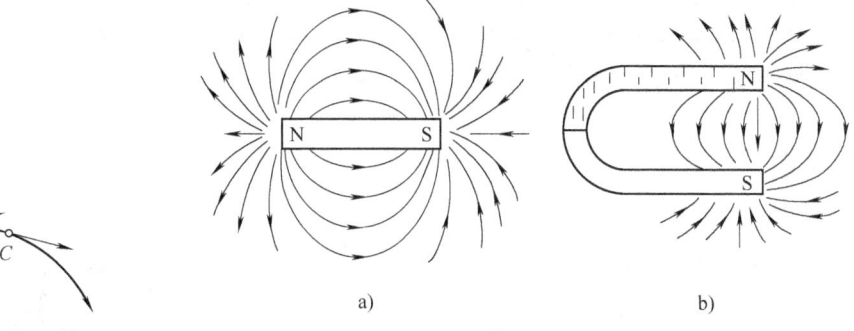

图12-4 条形磁铁与马蹄形磁铁磁力线的分布
a) 条形磁铁磁力线分布 b) 马蹄形磁铁磁力线分布

思考与练习

1. 磁场是有方向性的，磁场的方向是这样规定的：放在磁场中某一点的可以自由转动的小磁针，它静止时_____极所指的方向就是该点的磁场方向。
2. 磁力线密的地方，磁场_____；反之，磁力线疏的地方，磁场_____。
3. 磁力线是_____曲线，在磁体外部，磁力线从_____极出来，绕到_____极；在磁体内部，磁力线从S极通向N极。此外，还能发现磁场中任意两条磁力线都不相交。

第二节 电流形成的磁场

电流的磁场 1820年，丹麦科学家奥斯特（1777—1851）从实验中发现，当导线中没有电流通过时，小磁针仅受地磁场作用，其指向与地理的南北方向是一致的；当导线中有电流通过时，放在通电导线周围的小磁针会发生偏转现象，如图12-5所示。这种现象如同放在磁体周围的小磁针受到磁力一样，这说明电流周围也存在着磁场，这种现象称为**电流的磁效应**（*magnetic effect of electric current*）。这一发现揭示了电与磁之间的密切关系，使人类对电磁

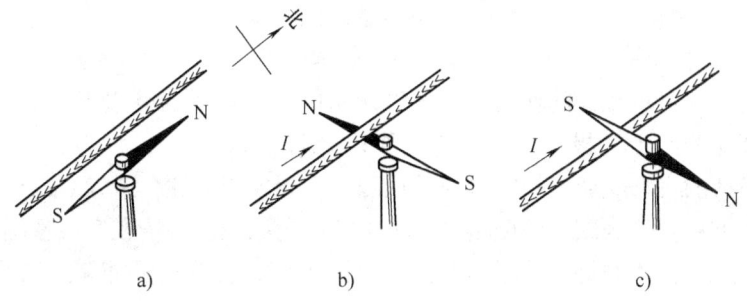

图12-5 磁针指向随电流方向发生变化
a) 导线未通电 b) 小磁针位于通电导线下方 c) 小磁针位于通电导线上方

现象的认识有了质的飞跃，促进了电磁学的研究，从此人类进入了电磁时代。

自奥斯特之后，法国物理学家安培(1775—1836)对电流的磁效应做了深入细致的研究，总结出判定通电导线周围磁场方向的方法——**右手螺旋定则**，也称为**安培定则**。应用这个定则时，一定要让右手大拇指垂直于成握状的其余四个手指。具体表述如下：

(1) 直线电流的磁场。右手握住直导线，让大拇指指示电流的方向，那么，弯曲的四指所指的方向就是磁力线的环绕方向，如图 12-6 所示。

(2) 环形电流的磁场。让弯曲的四指指向环形电流方向，则大拇指所指的就是环形电流内磁力线的方向，如图 12-7 所示。

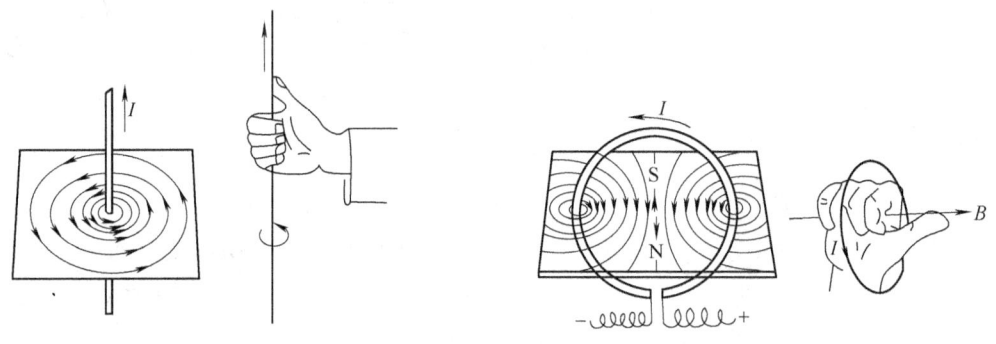

图 12-6　直线电流的磁场　　　　图 12-7　环形电流的磁场

(3) 螺线管电流的磁场。弯曲的四指指向螺线管电流方向，大拇指所指的方向就是螺线管内部磁力线方向，如图 12-8 所示。

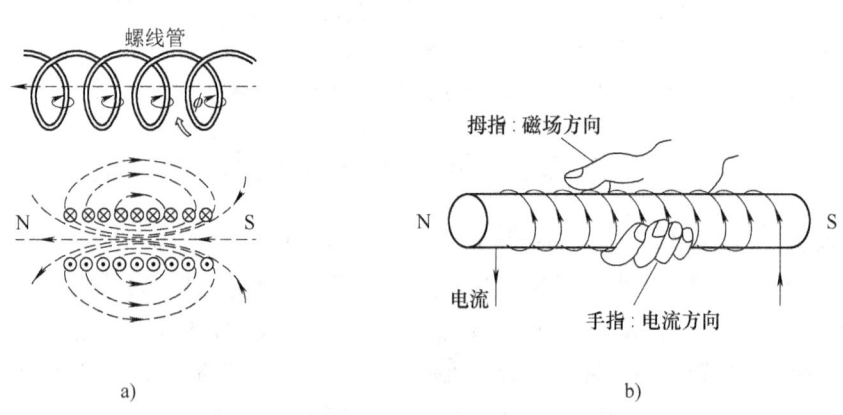

a)　　　　　　　　　　　　　　b)

图 12-8　螺线管电流的磁场
a) 磁力线分布　b) 安培定则

通电螺线管外部对小磁针的作用与条形磁铁相似，它的两端类似于条形磁铁的两个极。大拇指所指的那端相当于 N 极，另一端则相当于 S 极。

磁体源于电荷的运动　通电螺线管与条形磁铁之间的相似性，给人们以启示：既然磁铁和电流都会产生磁场，那么磁铁的磁场是否也来源于电流呢？安培在实验基础上，提出了著名的分子电流假说：物体的每个分子就是一个环形电流，称为**分子电流**，如图 12-9a 所示，它使分子成为一个微小的磁体，它的两侧相当于两个磁极。这一假说能圆满地解释各种磁现象。在未磁化的物体内，分子电流的取向杂乱无章，它产生的磁场互相抵消，对外不显磁性，如图 12-9b 所示。物体被磁化后，各分子电流的取向大致相同，对外显磁性，两端形成磁极，如图 12-9c 所示。

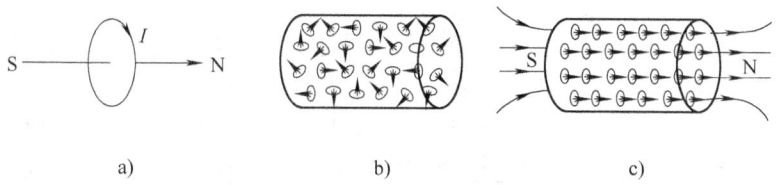

图 12-9 分子电流与磁性关系

a）分子电流 b）未被磁化 c）被磁化

磁体在高温下或被猛烈敲击后会失去磁性，就是因为分子电流的取向又发生紊乱造成的。无论是导体中的电流或是分子电流，都是电荷运动形成的，因此，磁现象的本质是电荷的运动。假说是研究物理问题常用的一种方法，如果假说能被后来的实验和新的理论所证实，那么，它就是正确的。安培的分子电流假说即属此类。

【拓展知识】

继 电 器

继电器是一种当输入量（电、磁、声、光、热）达到一定值时，输出量将发生跳跃式变化的自动控制器件。继电器包括控制系统（又称输入回路）和被控制系统（又称输出回路），通常用于自动控制电路中，它实际上是用较小的电流去控制较大电流的一种"自动开关"，在电路中起着自动调节、安全保护、转换电路等作用，广泛应用于远程控制方面。

电磁式继电器一般由铁心、线圈、衔铁、触点、簧片等组成。如图 12-10 所示，衔铁的位置是受弹簧和电磁铁控制的。继电器有两种状态：一种是衔铁与触点接合，使电源电路接通；另一种状态是触点断开，电源电路也就断开。工作时，当控制电路中的开关 S 合上时，继电器中的线圈

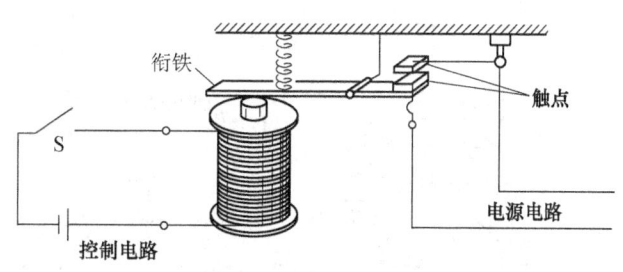

图 12-10 继电器工作原理示意图

具有磁性，衔铁被吸，触点接通，电源电路接通；当控制开关 S 打开时，继电器中的线圈失去磁性，衔铁被弹簧拉起，触点断开，电源电路也就断开。

思考与练习

1. 怎样知道磁体和电流的周围存在磁场？
2. 在图 12-11 中，当电流通过导线时，导线下面的磁针的 S 极转向读者，试判断 AB 中电流的方向。
3. 确定图 12-12 中电源的正极和负极。

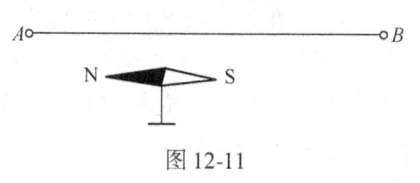

图 12-11

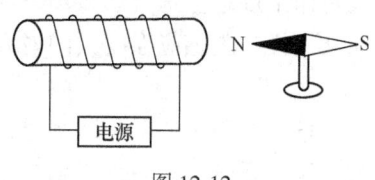

图 12-12

第三节　磁感应强度　磁通

磁场如同电场一样，不仅有方向，而且还有强弱。描述电场强弱及方向的物理量是电场强度，与此类似，描述磁场强弱及方向的物理量是磁感应强度。

左手定则　通电导线在磁场里要受到力的作用，力的方向与电流方向和磁力线方向有关。实验表明，这三者的关系符合**左手定则**：伸开左手，使拇指与四指垂直并在同一平面内，让磁力线垂直穿入手心，四指指向电流方向，则拇指所指方向就是通电导线受力方向，如图 12-13 所示。实验还发现：当电流方向与磁场方向垂直时，通电导线受到的力最大，当电流方向和磁场方向平行时，通电导线受力为零。

磁感应强度　图 12-14 所示是电流天平示意图，将一小段水平的通电导线 L 垂直放入由通电（电流是 I'）直导线产生的磁场中，改变导线长度 L 或导线中的电流 I，导线受到的磁场力 F 的大小可通过天平称量出来。实验结果表明，对于磁场中的某一点，比值 F/IL 一般是不同的。比值大的地方表示同一通电导线受到的磁场力大，该处的磁场强；反之，表示该处的磁场弱。因此，这个比值可以描述磁场的强弱。因此，把磁场中某点，垂直于磁场方向的通电导线受到的安培力 F 与通过导线的电流 I 和导线长度 L 乘积 IL 的比值，称为该点**磁感应强度**（magnetic induction），用符号 B 表示，即

$$B = \frac{F}{IL} \tag{12-1}$$

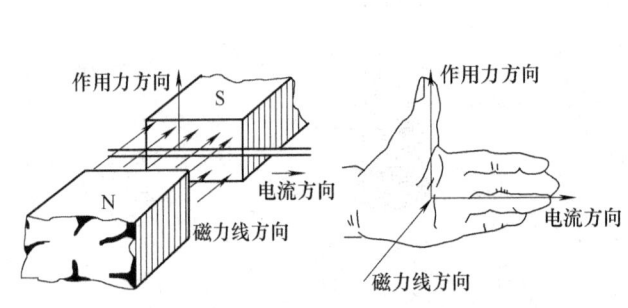

图 12-13　左手定则

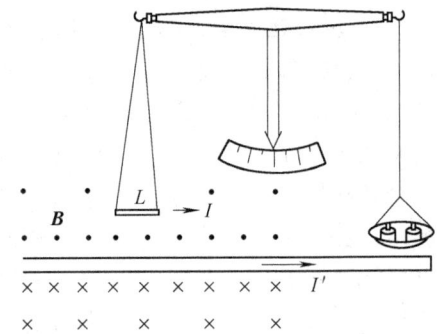

图 12-14　电流天平示意图

在国际单位制中，力的单位是 N，电流的单位是 A，长度的单位是 m，磁感应强度的单位是特斯拉，简称特，符号是 T。

$$1\text{T} = 1\text{N}/(\text{A} \cdot \text{m})$$

磁感应强度是矢量，它的方向即是该点的磁场方向。因此，磁力线上任意一点的切线方向，也就是该点磁感应强度的方向。磁力线的疏密程度可以形象地表示磁场的强弱。为此绘制磁力线时作了规定：垂直于磁场方向单位面积内的磁力线条数与该处的磁感应强度 B 的数值相同。这样在磁感应强度大的地方，磁力线就密集一些；在磁感应强度小的地方，磁力线就稀疏一些。

匀强磁场　在磁场的某一区域里，如果各点磁感应强度的大小和方向都相同，这个区域的磁场就称为**匀强磁场**。匀强磁场的磁力线是疏密均匀，互相平行的直线。

匀强磁场是最简单但又是很重要的磁场，在电磁仪器和科学实验中，常常用到的通电长螺线管内部的磁场和距离很近的两个平行异性磁极中间部分的磁场都是匀强磁场，如图 12-15 所示。

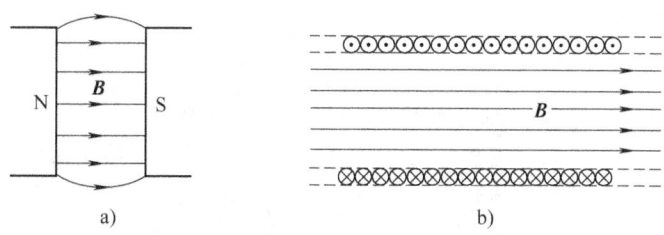

图 12-15　匀强磁场
a）平行异性磁极中间部分的磁场　b）通电长螺线管内部的磁场

磁通量　如图 12-16 所示，穿过磁场中某一给定面积的磁力线的总条数，称为穿过该面积的**磁通量**（*magnetic flux*），简称**磁通**，用 Φ 表示。

在磁感应强度是 B 的匀强磁场中，垂直于磁场方向的给定面积是 S，则穿过给定面积 S 内的磁通量 Φ 就等于 B 和 S 的乘积，即

$$\Phi = BS \qquad (12\text{-}2)$$

在国际单位制中，B 的单位是特（T），S 的单位是平方米（m^2），磁通量的单位是韦伯，简称韦，符号是 Wb。

$$1\text{Wb} = 1\text{T} \cdot \text{m}^2$$

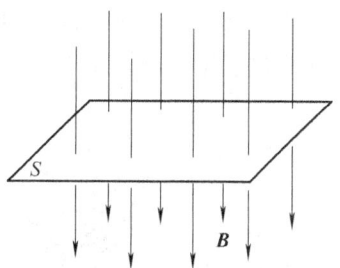

图 12-16　磁通量示意图

思考与练习

1. 如图 12-17 所示，通电直导线放入磁场中，图中分别标明了 I、B、F 这三个量中的其中两个量的方向，试标出第三个量的方向。

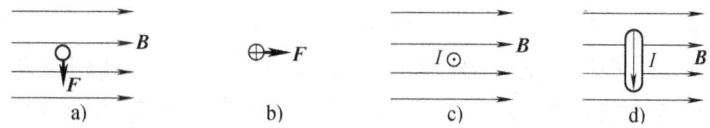

图 12-17

2. 在匀强磁场中，有一根长 $L = 0.50\text{m}$，通以 $I = 20\text{A}$ 的直导线，如图 12-18 所示。(1) 导线受到的磁场力方向如何？(2) 若测得 $F = 1.0\text{N}$，求这个匀强磁场的磁感应强度的大小？

3. 在一个磁感应强度是 1.5T 的匀强磁场中，垂直穿过 1m^2 面积的磁通量是多少？

4. 通电螺线管内部的磁感应强度大，还是螺线管外部的磁感强度大？为什么？

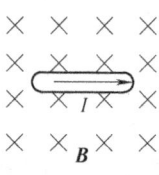

图 12-18

第四节 安培定律

安培定律 由公式 $B = \dfrac{F}{IL}$ 可得

$$F = BIL \tag{12-3}$$

公式(12-3)中的 F 是磁场对通电导线的作用力，也称**安培力**。安培力的方向由左手定则确定。在匀强磁场中，当通电导线与磁场垂直时，安培力 F 等于磁感应强度 B、电流 I 和导线长度 L 三者的乘积，这一规律称为**安培定律**（Ampere's law）。

如果在匀强磁场中，电流方向和磁场方向不垂直，而是成 θ 的夹角，如图 12-19 所示，则安培定律可表示为：

$$F = BIL\sin\theta \tag{12-4}$$

例 1 如图 12-20 所示，把长 20cm 通有 2A 电流的直导线垂直放入磁感应强度是 1.2T 的匀强磁场中，求导线所受的安培力。

图 12-19 安培定律　　　　图 12-20 例 1 图

解 根据公式(12-3)可得直导线所受安培力的大小为

$$F = BIL = 1.2 \times 2 \times 0.2\text{N} = 0.48\text{N}$$

由左手定则可知，导线的受力方向是向里。

平行载流直导线间的相互作用 观察两条靠得较近的通电长直导线，当导线通有相同方向的电流时，它们互相吸引，如图 12-21a 所示；当导线通有相反方向的电流时，它们互相排斥，如图 12-21b 所示。如何解释这一现象呢？

如图 12-21c 所示，根据安培定则和左手定则可知，当导线通有相同方向的电流时，导线 1 产生的磁场 B_1 对导线 2 产生向左的安培力 F_{12}，而导线 2 产生的磁场 B_2 对导线 1 产生向

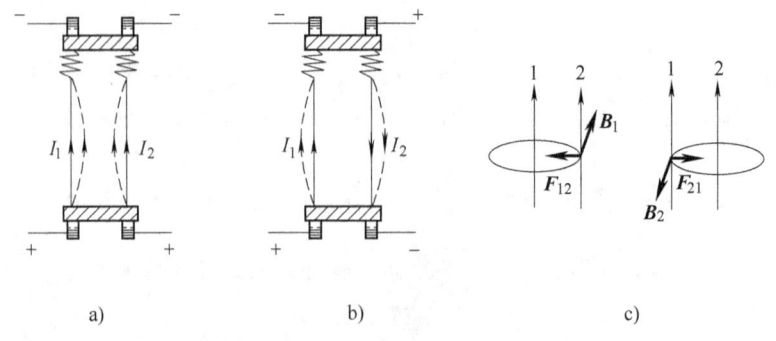

图 12-21 平行通电直导线间的相互作用
a) 相互吸引　b) 相互排斥　c) 相互吸引原理分析图

右的安培力 F_{21}，因此，它们互相吸引。同理可以分析，当导线通有相反方向的电流时，它们互相排斥。

通电线圈在磁场中的转动 安培计、电动机都有线圈，电流通过时，线圈会在磁场中转动。下面以单匝线圈为例说明这个问题。

在磁感应强度为 B 的匀强磁场中，放入一通电电流是 I 的矩形线圈 $abcd$，如图 12-22 所示。线圈平面与磁力线平行，线圈可绕转轴 OO' 自由转动。当通有逆时针方向的电流时，ab 边和 cd 边与磁力线垂直受力，bc 边 da 边与磁力线平行不受力，根据左手定则 ab 边所受力 F_{ab} 垂直纸面向外，cd 边所受力 F_{cd} 垂直纸面向里，且 $F_{ab} = F_{cd} = BIL$，这两个力(不是平衡力,为什么?)对转轴 OO' 的力矩是

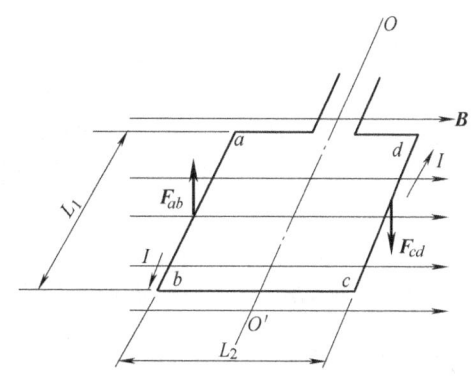

图 12-22 通电线圈在磁场中的转动

$$M_1 = F_{ab}\frac{L_2}{2} = \frac{1}{2}BIL_1L_2$$

$$M_2 = F_{cd}\frac{L_2}{2} = \frac{1}{2}BIL_1L_2$$

产生的合力矩是

$$M = M_1 + M_2 = BIL_1L_2 = BIS$$

式中，$S = L_1L_2$ 是线圈的面积；力矩 M 称为**磁力矩**。在这一力矩作用下线圈平面将顺时针转动。随着线圈的转动，力矩会逐渐减小，bc、da 边受到的力对转动状态没有影响。当线圈平面与磁力线垂直时，线圈所受的磁力矩为零。可见，力矩 M 是线圈所能受到的最大磁力矩。若线圈是 N 匝，则所受到的最大磁力矩是 $M = NIBS$。

思考与练习

1. 如果某通电导线放入磁场中没有受到安培力的作用，能否说明该处的磁场一定是零？为什么？
2. 把长 20cm 通有 3A 电流的直导线放入磁感应强度是 1.2T 的匀强磁场中，当电流方向与磁场方向垂直时，导线所受安培力是多大？当电流方向与磁场方向平行时，安培力又是多大？

第五节　带电粒子在磁场中的运动

洛仑兹力 磁场对电流有作用力，而电流是电荷定向运动形成的，那么，磁场对运动电荷是否有作用力？磁场对电流的作用是不是作用在各运动电荷上的力的宏观表现呢？下面通过实验来加以研究。

荷兰物理学家洛仑兹通过实验发现，静止电荷在磁场中是不受力的作用的，只有当电荷运动时，电荷才受到力的作用。磁场对运动电荷的作用力称为**洛仑兹力**。如果匀强磁场的磁感应强度是 B，运动电荷的电量是 q，运动速度是 v，则当电荷沿磁场方向运动时，电荷不受洛仑兹力的作用；当电荷垂直于磁场方向运动时，电荷受到的洛仑兹力为最大，是 $f = Bqv$。例如，将一阴极射线管置于磁场中，电子射线在磁场作用下运动轨迹发生了偏转，如图 12-23 所示。另外，通过实验观察，磁场对运动的正电荷(如离子)也有力的作用。

从磁场对电流的作用力是磁场对各运动电荷作用力的宏观表现出发，可推出洛仑兹力大

小的计算公式。如图12-24所示，设在匀强磁场B中垂直磁场方向有一长L，通电电流是I的导线，它所受的安培力是F = BIL。

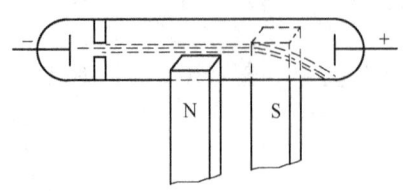
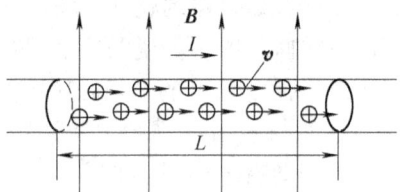

图12-23　电子束在磁场中的偏转　　　　图12-24　磁场对各运动电荷的作用力

设通电导线中均匀分布有N个运动电荷，则每个运动电荷所受洛仑兹力是

$$f = \frac{F}{N} = \frac{BIL}{N} \tag{12-5}$$

设每个运动电荷的电荷量是q，定向运动的平均速度是v，则N个电荷全部流出导线L所需时间是$t = \frac{L}{v}$，流出的总电量是Q = Nq，根据电流定义得

$$I = \frac{Q}{t} = \frac{Nqv}{L}$$

将上式代入公式(12-5)便得洛仑兹力大小是

$$f = Bqv \tag{12-6}$$

公式(12-6)与实验结果相符，这说明了磁场对通电导线的安培力是作用在各运动电荷上的洛仑兹力的宏观表现。

洛仑兹力方向仍可以用左手定则判定，但应注意，电流方向是正电荷的运动方向。因此，对正电荷，四指所指的方向是其运动方向；对负电荷，四指所指的方向是其运动的反方向。

带电粒子垂直进入匀强磁场的运动　设一质量是m，电量是q的粒子，以速度v垂直进入磁感应强度是B的匀强磁场中，那么，在洛仑兹力f的作用下带电粒子将做什么运动呢？

如图12-25所示，根据左手定则，洛仑兹力f始终垂直于带电粒子的运动速度v，所以，洛仑兹力对带电粒子不做功，不改变带电粒子速度的大小，因此，带电粒子所受洛仑兹力f = Bqv的大小不变，带电粒子在垂直于磁场B的平面上做匀速圆周运动，洛仑兹力就是向心力，设圆周半径为R，则有$\frac{mv^2}{R} = Bqv$，得

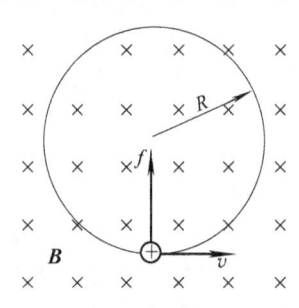

$$R = \frac{mv}{Bq} \tag{12-7}$$

图12-25　带电粒子垂直进入匀强磁场的运动

这表明，带电粒子做匀速圆周运动的半径R与速度成正比，与磁感应强度成反比。带电粒子做匀速圆周运动的周期T是

$$T = \frac{2\pi R}{v} = \frac{2\pi m}{Bq} \tag{12-8}$$

公式(12-8)表明：周期T与速度v及运动半径R无关。于是可以得出一个重要结论：

某一带电粒子垂直进入匀强磁场，不论速度大小如何变化，其运动周期不变，只是速度大，运动半径大，速度小，运动半径小。质谱仪和回旋加速器就是根据这个原理制成的。

回旋加速器 回旋加速器(*cyclotron*)是能使带电粒子加速，从而获得高能粒子的一种装置。图 12-26a 是回旋加速器构造示意图。在两个强磁极产生的匀强磁场中，垂直于磁场方向放置两个封闭在真空器内的半圆形金属盒 D_1 和 D_2，其间有一狭小缝隙，中心附近放置有粒子源。D_1 和 D_2 作为电极，接在高频电源上。当两电极加上高频交变电压时，将在缝隙里形成一个交变电场。但 D_1 和 D_2 因静电屏蔽作用，内部电场强度为零，只存在强大的匀强磁场。

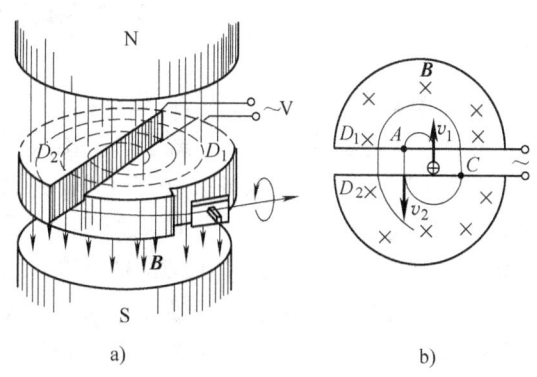

如图 12-26b 所示，在某一时刻如从离子源发出一带正电的粒子(如质子)，如果此时 D_1 盒的电势低于 D_2 盒，那么，质子在电场力作用下，被加速到 v_1 进入 D_1 盒，在洛仑兹力作用下，做半径是 R_1 的匀速圆周运动，经时间 t_1 到达 A 点。如果此时交变电压极性恰好反向，那么，质子在电场力的作用下，再次被加速到 v_2，进入 D_2 盒，在洛仑兹力作用下，做半径是 R_2 的匀速圆周运动，经过时间 t_2 到达 C 点。因为 $v_2 > v_1$，所以 $R_2 > R_1$，但绕半个圆周所用时间 $t_2 = t_1 = \dfrac{T}{2}$，T 是交变电压的周期，可使它恰好为粒子在 D 型盒内圆周运动的周期。

图 12-26 回旋加速器示意图
a) 构造图　b) 分析图

当质子到达 C 点时，交变电压恰好完成一个周期性变化，D_1 盒电势又低于 D_2 盒，电场的方向恰好又改变，质子又被加速。这样反复多次，质子速度越来越大，轨道半径也越来越大，最后到达边缘，用特殊装置将它引出，成为高能粒子。

由此可见，回旋加速器中磁场迫使粒子回旋，改变速度方向，电场不断对粒子加速，提供能量。

思考与练习

1. 图 12-27 所示是带电粒子在磁场中运动，已标出 f、v、B 中的两个物理量的方向，试画出第三个物理量的方向。

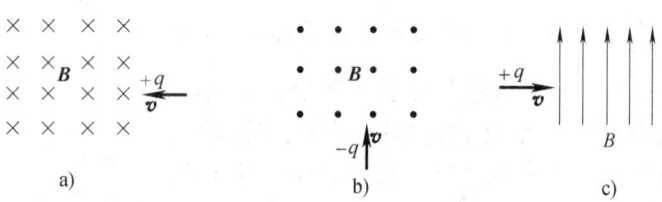

图 12-27

2. 质子以 3×10^7 m/s 的速率垂直进入磁感应强度是 10T 的匀强磁场中，求它做匀速圆周运动的轨道半径和周期。

【课外活动】 利用所学物理知识，查阅相关资料，调查家电市场，以"科学在我们身边"为题写一篇小论文(如以电视机为例，分析其工作原理等)。

物理科学应用实例

速度选择器 由碰撞产生的带电离子、热阴极发射的电子等，在加速电场作用下沿一定方向发射出来的装置，统称为**离子源**。由离子源发射出来的电子或离子群，其速度并不一致。借助于带电粒子在电场和磁场中偏转的原理，可以挑选出人们所需速度的粒子，这就是"速度选择器"，或称"滤速器"。图 12-28 是速度选择器示意图，离子源发射的带电粒子沿实线进入由 CC' 所形成的匀强电场中，E 由 C' 指向 C 并与粒子运动速度 v 垂直。再在垂直于纸面，并指向读者的方向加入匀强磁场 B。设带电粒子所带电量是 q，则由洛仑兹力和电场力的关系可得

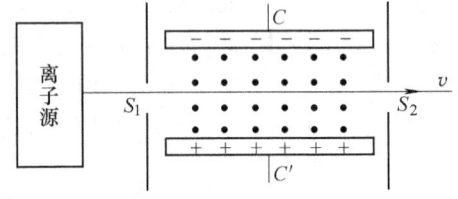

图 12-28　速度选择器示意图

$$F = q(E - vB)$$

当电场力与磁场力数值相等时(方向相反)，则 $F=0$，带电粒子沿 S_1 和 S_2 小孔直线穿出速度选择器。显然只有那些满足 $v = \dfrac{E}{B}$ 的粒子才能无偏转地通过孔 S_2，因此，可以通过改变 E 或 B 的数值来取得所需速度的粒子。

质谱仪 质谱仪是一种研究物质同位素的装置。所谓**同位素**是指原子序数(核外电子或核内质子数)相同而原子质量不同的原子。由于其化学性质相同，不能用化学方法加以区分，而需用物理方法将其区分。

质谱仪结构如图 12-29 所示，N 为一离子源，从中产生一次电离的正离子，经 S_1 和 S_2 间高电压加速后沿狭缝直线进入速度选择器(图中 PP' 平板区域)，从 S_3 缝出来的正离子速度是 $v = \dfrac{E}{B}$，式中 E、B 分别是速度选择器中相互垂直的电场强度和磁场强度。S_3 的下方为一垂直纸面并指向读者的匀强磁场 B'。由于 $E=0$，因而正离子在此区域做圆周运动，其运动半径是 $R = \dfrac{mv}{qB'}$，q、v、B' 均是定值。由于运动半径 R 与离子质量 m 成正比，所以质量大的运动半径大；反之，质量小的运动半径小。这样就可以使相同原子序数但不同原子量的同位素按核质量大小排列。这类似于光谱仪的作用，故称其为"质谱仪"。

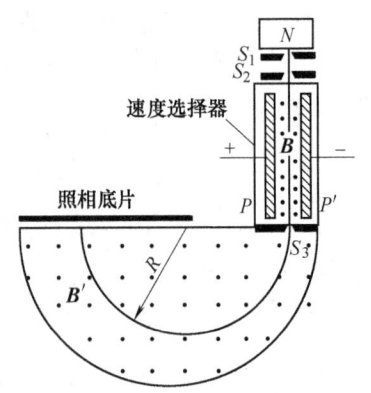

图 12-29　质谱仪结构示意图

磁场的生物效应 磁场与生命的密切关系正受到人们越来越多的关注。人和生物的器官及组织在其活动中不断地产生微弱的磁场，心脏跳动会产生心磁场，脑神经活动会产生脑磁场，肌肉伸缩会产生肌磁场等。这些磁场源于体内的生物电流及铁离子。人体和生物的磁性

变化常反映生命活动的各种信息。如果生物组织发生病变，则其磁场也将发生显著变化。用专用仪器可测量和显示出人体的磁信息，这种磁信息称为人体磁图，人体磁图已成为高效能的医学诊断工具。用极灵敏的仪器测出人体组织的磁场，绘出人体磁图，可用来检测人体组织的病变。目前，现代医学已把核磁共振成像技术作为诊断手段之一。地球上的生物适应了地磁场，人们利用其他外界磁场有目的地影响其生命活动，这种影响称为磁场的生物效应。医学上有磁疗方法：一种方式是用磁场治疗仪在人体经络穴位处施加恒定磁场或交变磁场，使该处组织的生物电、生物磁场发生变化，从而促进疾病痊愈；另一种方式是使用磁化水，磁化水是经过一定强度磁场处理过的水，磁化后，升高了水的盐溶解度、含氧量、渗透压等，使水的物理性质发生变化，提高其生物活性。我国古代医学家早就用磁石炼水来饮服治病。磁疗对结石症、高血压、冠心病、神经衰弱等慢性病有较好的疗效。用磁场处理农作物的种子(磁力育种)及用磁化水灌溉作物均可使农作物增产，使甜菜含糖量增多。用磁化水喂养家畜、家禽、鱼类等，可提高其存活率，增加产蛋量、产奶量……磁场影响生命的诱人前景正吸引着人们去深入地探索和研究。

你会了吗？

本章介绍了磁场的基本性质及磁场对电流和运动电荷作用力的规律。
1. 如何应用安培定则？
2. 磁感应强度 B 的物理意义是什么？其方向是如何规定的？
3. 磁力线的特点是什么？
4. 什么是磁通量？
5. 什么是安培定律？
6. 什么是洛仑兹力？方向如何判定？
7. 带电粒子在匀强磁场中如何运动？有何特点？

复 习 题

一、分析判断题
1. 图 12-30 所示的电流通过线圈时，磁针的 N 极将如何转动？
2. 标出图 12-31 所示中通电螺线管的 N 极和 S 极。

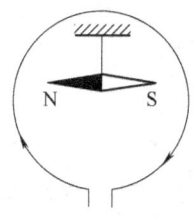

图 12-30

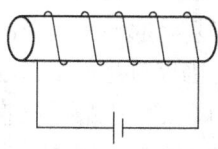

图 12-31

3. 标出图 12-32 中各个小磁针的极性。

4. 在图 12-33 所示中，标出了 B、I、F 中的两个物理量的方向，请标出第三个物理量的方向。

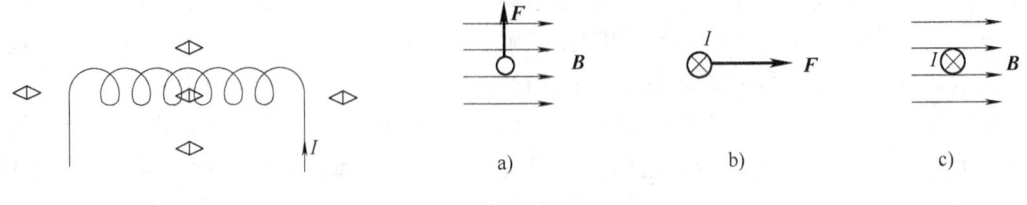

图 12-32　　　　　　　　　　　　　　图 12-33

二、单项选择题（将正确答案的序号填写在圆括弧内）

1. 下列说法错误的是（　　）。
   A. 磁体和通电导线周围的磁场实质上都是由运动电荷产生的
   B. 静止的电荷周围只有电场
   C. 运动电荷周围既有电场又有磁场
   D. 当通电导线与磁场平行时，能受到的磁场力最大

2. 洛仑兹力对垂直进入磁场中的带电粒子（　　）。
   A. 可以做正功，使粒子动能增加
   B. 可以做负功，使粒子动能减少
   C. 只改变其速度方向，而不改变其动能
   D. 既不做功，也不改变粒子的动量

3. 三个质子分别以 v、$2v$、$3v$ 的速度垂直进入匀强磁场，它们做匀速周围运动的周期之比是（　　）。
   A. 3∶2∶1　　　　B. 1∶2∶3　　　　C. 1∶1∶1　　　　D. 9∶4∶1

4. 关于磁力线下列说法正确的是（　　）。
   A. 磁力线是磁场中实际存在的线
   B. 磁力线的疏密可以表示磁场的强弱，因此，两条磁力线之间没有磁力线的地方就没有磁场
   C. 磁力线是闭合的
   D. 磁场中的磁力线有时会相交

三、判断题（正确的画"√"，错误的画"×"）

1. 地理位置的南极就是地磁场的 S 极。（　　）
2. 磁场中磁力线越密的地方磁场越强。（　　）
3. 一切磁场都起源于电荷的运动。（　　）
4. 磁感应强度就是磁场强度。（　　）
5. 放在匀强磁场中的通电直导线一定要受到安培力的作用。（　　）
6. 电荷在磁场中一定要受洛仑兹力的作用。（　　）

四、计算题

1. 一个静止的质子，经过一加速电场后，以速度 $v = 4 \times 10^6$ m/s 垂直进入 $B = 0.8$ T 的匀强磁场中。求：(1) 加速电场的电压；(2) 质子在该磁场中受到的洛仑兹力的大小。（已知质

子的质量 $m_p = 1.67 \times 10^{-27}$ kg）

2. 如图 12-34 所示，细金属棒 AB 长为 20cm，质量为 0.5kg，两端用细线悬挂着放在磁感应强度为 0.5T 的匀强磁场中，要想使细线对其的拉力为零，应该在 AB 通以多大的电流？方向怎样？

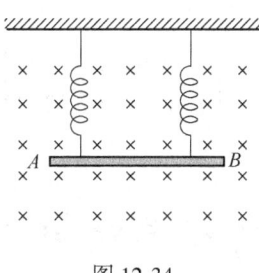

图 12-34

第十三章 电磁感应

电流可以产生磁场，磁场是否也能产生电流呢？法拉第经过 10 年精心研究，终于发现了电磁感应现象，并总结出电磁感应定律。这一发现为发电机的制造以及电能在生产和生活中的利用开辟了广阔的道路。

第一节 电磁感应现象

在一定的条件下，磁场能产生电流，这种现象称为**电磁感应现象**(electromagenetic induction)，所产生的电流称为**感应电流**(induced current)。那么，发生电磁感应现象的条件是什么呢？分析下面的三个实验。

实验一：如图 13-1 所示，在磁场中悬挂一根导体 AB，把它的两端与电流表连接起来。导体 AB 不动或沿磁力线向上（或向下）运动时，电流表的指针都不偏转，当导体 AB 做切割磁力线左右运动时，电流表指针偏转。若导体 AB 不动，磁体左右运动时，电流计指针也发生偏转，这表明电路中有了电流，此电流称为感应电流。

实验二：如图 13-2 所示，当把磁铁插入（或抽出）线圈时，电流表指针发生偏转；当磁铁插入后静止不动，或磁铁与线圈以同一速度运动，即保持相对静止时，电流指针不偏转。因为磁铁插入（或抽出）线圈时，线圈所在处磁场增强（或减弱），穿过线圈内的磁通量增加（或减少）。而当磁铁与线圈保持相对静止时，穿过线圈内的磁通量不变化，因而没有电流。

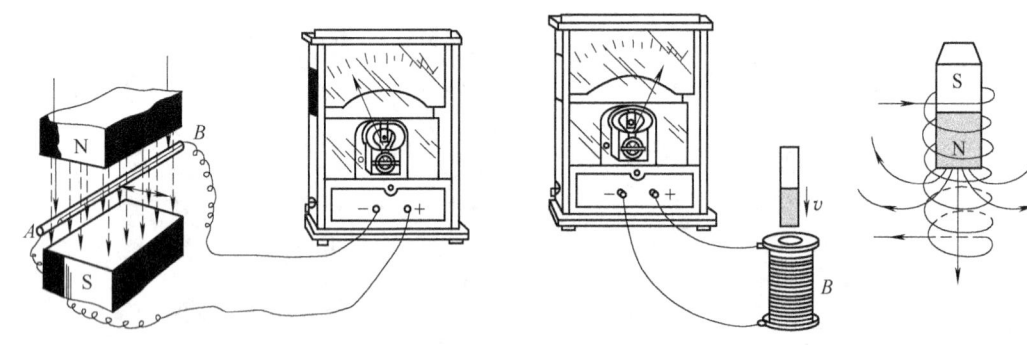

图 13-1 实验一示意图　　　　图 13-2 实验二示意图

实验三：如图 13-3 所示，将灵敏电流计与螺线管外管 B 连接，将直流电源、开关与螺线管内管 A 相连。当闭合或断开开关 S 的瞬间，电流计的指针都会发生偏转，当线圈 A 中电流不变化时，电流计的指针不偏转。因为线圈 A 中的电流发生变化时，它产生的磁场也发生变化，穿过线圈 B 内的磁通量也就会变化。可见，尽管导体和磁场没有相对运动，只要穿过闭合电路的磁通量发生变化，该电路中就有感应电流产生。

其实，闭合电路的一部分导体切割磁力线时，因闭合回路的面积发生了变化，从而使穿

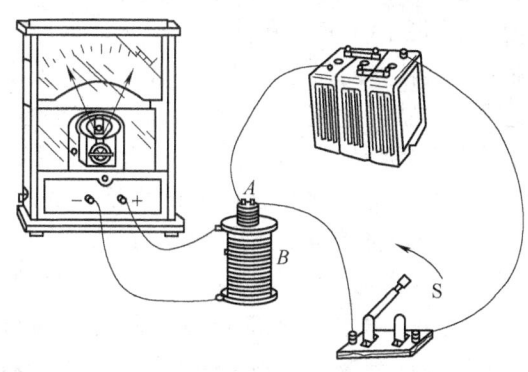

图 13-3 实验三示意图

过导体回路的磁通量也发生了变化(增大或减小)。因此,切割磁力线与磁通量的变化是同一实质的两种说法。

当对电路的局部情况进行观察研究时,常用"切割磁力线"的说法对实际问题进行分析和解释;而当对电路整体的变化进行研究时,常用"磁通量变化"说法对实际问题进行分析和解释。

从上述 3 个实验可以得出:穿过闭合电路的磁通量发生变化,是闭合电路中产生感应电流的条件。

思考与练习

1. 如图 13-4 所示,直导线 ab 上通上恒定电流 I,线圈 1 向右平移,线圈 2 向下平移。请问它们中有无感应电流,为什么?

2. 如图 13-5 所示,圆形线圈从位置 1 匀速运动到位置 2 的过程中,何时有感应电流产生,为什么?

图 13-4　　　　　图 13-5

第二节　楞次定律

由前面的 3 个实验可知,在不同情况下,感应电流的方向是不同的。那么,如何判断感应电流的方向呢?

楞次定律　磁通量的变化产生了感应电流，由此人们自然会想到，感应电流的方向与磁通量的变化有关。下面仔细观察图 13-6 所示的实验。

实验前，先弄清电流指针偏转方向与电流计中电流方向的关系。实验时，首先由电流计指针的偏转方向，确定线圈中感应电流的方向，然后由右手定则确定线圈中感应电流的磁场方向，实验结果如图 13-6 所示。当磁铁靠近或插入线圈时，穿过线圈的磁通量增加，而线圈中感应电流的磁场方向与磁铁的磁场方向相反，从而使线圈靠近磁铁的一端出现同名磁极，用虚线表示感应电流产生磁场的磁力线，用实线表示磁铁的磁力线，如图 13-6a、c 所示，这时感应电流的磁场阻碍线圈中的磁通量的增加。当磁铁离开或抽出线圈时，穿过线圈的磁通量减少，线圈中感应电流的磁场方向与磁铁的磁场方向相同，从而使线圈靠近磁铁一端出现异性磁极，如图 13-6b、d 所示，这时感应电流的磁场阻碍线圈中的磁通量的减少。

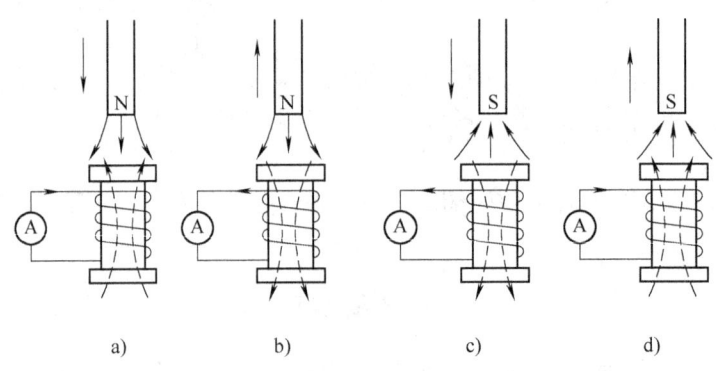

图 13-6　楞次定律实验

俄国物理学家楞次(1804—1865)通过大量的实验分析，于 1834 年总结出判断感应电流方向的方法：感应电流的方向，总是使它所产生的磁场阻碍穿过闭合电路的原磁通量的变化，这就是**楞次定律**。应用楞次定律确定感应电流方向的一般步骤是：

（1）确定原来磁场的方向；
（2）明确穿过闭合电路的原磁通量是增加还是减少；
（3）根据楞次定律确定感应电流产生的磁场方向；
（4）根据右手定则，判断感应电流的方向。

例1　在图 13-3 的实验中，线圈 B 套在线圈 A 的外面，其俯视图如图 13-7 所示，当开关 S 断开的瞬间，线圈 B 中感应电流的方向如何？

解　由图可知，线圈 A 中电流为顺时针方向，则原来的磁场方向向里，开关 S 断开，电流减少，磁场减弱，穿过线圈 B 的磁通量减少，由楞次定律可知，线圈 B 中感应电流的磁场与原磁场相同，根据安培定则，线圈 B 的感应电流方向为顺时针方向。

右手定则　闭合电路的一部分导体做切割磁力线运动时，感应电流的方向可用右手定则来判定：伸开右手，让拇指与其余的四指垂直且与手掌在同一平面内，让磁力线垂直穿入手心，拇指指向导体运动方向，其余四指所指的方向就是感应电流的方向，如图 13-8 所示。

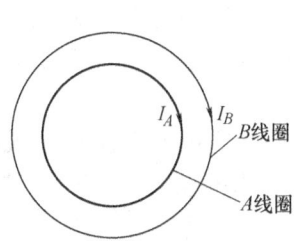

图 13-7 例 1 图

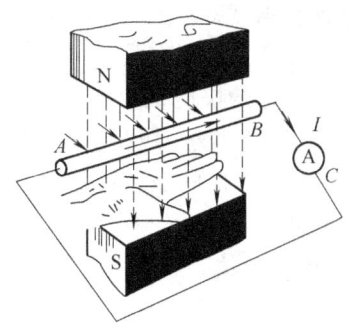

图 13-8 右手定则判断电流方向

在图 13-1 实验中，当导体向右运动产生感应电流时，又要受到向左的安培力，阻碍导体向右运动。由此可知，闭合回路中一部分导体切割磁力线或使磁铁与闭合线圈发生相对运动时，就必须克服它们之间的安培力做功，使其他形式的能转化为电能。所以，楞次定律符合能量守恒定律。因为楞次定律适用于一切电磁感应现象，所以一切电磁感应现象都遵守能量守恒定律。

思考与练习

1. 有人说："感应电流产生的磁场总与原磁场方向相反。"这句话对吗？为什么？

2. 磁铁与铝并不相斥或相吸，可是如图 13-9 所示，当磁铁的 N 极（或 S 极）向闭合铝环中插去时，铝环将后退；反之，铝环将跟随磁铁向前。但是条形磁铁向右端的不封闭铝环插去时，却没有这种现象，这就是著名的楞次环实验。请利用身边的材料自制一个楞次环，亲自感受一下这种"相见时难别亦难"的楞次情怀，再想一想其中的道理。

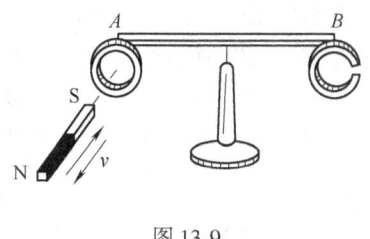

图 13-9

第三节 电磁感应定律

感应电动势 闭合回路中必须有电动势才会有电流。电磁感应发生时，闭合回路中产生了感应电流，说明回路中有电动势存在。电磁感应现象中产生的电动势称为**感应电动势**。

发生电磁感应现象时，不管电路是否闭合，只要穿过电路所包围的面积的磁通量发生变化，导体中就有感应电动势，且感应电动势不随电路电阻而改变，但是仅在闭合的电路中才有感应电流，感应电流的大小与电路电阻有关。因此，感应电动势比感应电流更能反映电磁感应现象的本质。更确切地说，电磁感应现象应理解为：当穿过导体回路的磁通量变化时，该回路中就会产生感应电动势。

感应电动势也是有方向的，它的方向和感应电流的方向相同，仍用右手定则或楞次定律来判断。

电磁感应定律 由图 13-1 的实验可知，导线切割磁力线的速度越大，穿过闭合电路包围面积的磁通量变化得越快，电流计指针偏转角度就越大，表明感应电流和感应电动势就越大。在图 13-2 的实验中，磁铁相对于线圈运动得越快，穿过线圈的磁通量变化就越快，电流计指针偏转角度就越大，说明感应电流和感应电动势就越大。由此可见，感应电动势的大小与磁通量的变化快慢有关。

磁通量变化的快慢程度通常用变化率来衡量。设在时刻 t_1，穿过单匝线圈的磁通量是 Φ_1；在时刻 t_2 穿过这个线圈的磁通量是 Φ_2，那么，在时间 $\Delta t = t_2 - t_1$ 内，磁通量的变化量 $\Delta \Phi = \Phi_2 - \Phi_1$，线圈的磁通量变化率是 $\Delta \Phi / \Delta t$。

法拉第从大量实验中总结出：**单匝线圈中感应电动势 ε 的大小与穿过线圈的磁通量的变化率 $\Delta \Phi / \Delta t$ 成正比**，这个结论称为**法拉第电磁感应定律**。采用国际单位制时，这个定律可表示为

$$\varepsilon = \frac{\Delta \Phi}{\Delta t}$$

为了得到较大的感应电动势，可采用多匝线圈。当每匝线圈的磁通量变化率相同时，有

$$\varepsilon = N \frac{\Delta \Phi}{\Delta t} \tag{13-1}$$

式中，N 是线圈的匝数。计算 $\Delta \Phi$ 时取绝对值，而且该公式计算的是在时间 Δt 内，线圈中的感应电动势的平均值。

例 2 有一个 1000 匝的线圈，在 0.4s 内穿过它的磁通量从 0.01Wb 均匀地增加到 0.09Wb，求：(1) 线圈中的感应电动势；(2) 如果线圈的电阻是 10Ω，当它与 90Ω 的电热器串联组成闭合电路时，通过电热器的电流是多大？

解 依题意，磁通量的变化量是

$$\Delta \Phi = 0.09\text{Wb} - 0.01\text{Wb} = 0.08\text{Wb}$$

根据法拉第电磁感应定律得

$$\varepsilon = N \frac{\Delta \Phi}{\Delta t} = 1000 \times \frac{0.08}{0.4}\text{V} = 200\text{V}$$

通过电热器的电流是

$$I = \frac{\varepsilon}{R + r} = \frac{200}{90 + 10}\text{A} = 2\text{A}$$

答：线圈中的感应电动势是 200V；通过电热器的电流是 2A。

由法拉第电磁感应定律可以推导出直导线垂直切割磁力线运动时感应电动势的大小。如图 13-10 所示，在磁感应强度是 B 的匀强磁场中，U 形导轨 DCEF 的平面与磁力线垂直，设长为 L 的导体 ab，以速度 v 垂直于匀强磁场的方向向右做匀速直线运动，设在 Δt 时间内，导体由位置 ab 移到 $a'b'$，则穿过闭合电路的磁通量的改变量是

$$\Delta \Phi = BLv\Delta t$$

代入公式(13-1)中，得

$$\varepsilon = BLv \tag{13-2}$$

公式(13-2)是导线切割磁力线运动时产生的感应电动势的计算公式，B、L、v 三者的方向相互垂直。

例 3 如图 13-10 所示，匀强磁场的磁感应强度是 0.1T，长 0.4m 的导线 ab 以 10m/s 的速度在导电的轨道 CDEF 上匀速地向右滑动，导线 ab 与速度 v 的方向垂直，若整个线框的电阻是 $R = 0.5Ω$，问：(1) ab 两端哪一端

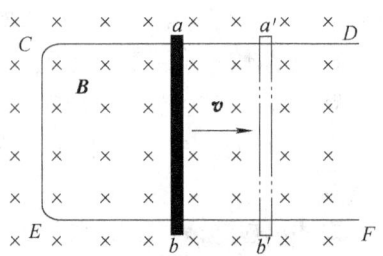

图 13-10 直线导体垂直切割磁力线时产生的感应电动势

电势高?(2)感应电动势多大?(3)感应电流的大小和方向如何?(4)使导线向右做匀速直线运动所需的外力多大?

解 (1) 应用右手定则可得,感应电流的方向由 b 到 a,因为 ab 相当于电源,故 a 点电势高。

(2) 感应电动势的大小是

$$\varepsilon = BLv = 0.1 \times 0.4 \times 10 \text{V} = 0.4 \text{V}$$

(3) 由欧姆定律得感应电流大小是

$$I = \frac{\varepsilon}{R} = \frac{0.4}{0.5} \text{A} = 0.8 \text{A}$$

方向为逆时针方向

(4) 因为导线做匀速运动,所以其所受外力与安培力是一对平衡力。因此,外力的大小是

$$F = BIL = 0.1 \times 0.8 \times 0.4 \text{N} = 0.032 \text{N} \quad (方向向右)$$

答:a 点电势高;感应电动势是 0.4V;感应电流是 0.8A,方向为逆时针;使导线向右做匀速直线运动所需的外力是 0.032N。

思考与练习

1. 下列说法正确的是( )。
   A. 感应电动势的大小与穿过闭合回路的磁通量成正比
   B. 感应电动势的大小与穿过闭合回路的磁通量的变化量成正比
   C. 感应电动势的大小与穿过闭合回路的磁通量的变化率成正比

2. 有一个 100 匝的线圈,电阻是 10Ω,穿过它的磁通量变化率是 0.2Wb/s,试求线圈中感应电动势和感应电流的大小。

第四节 互感和自感

互感 对于两个相邻的闭合回路,当其中一个闭合回路中电流变化时,另一个闭合回路中会产生感应电动势的现象,称为**互感现象**,简称**互感**(mutual induction)。互感是一种在特定方式下产生的电磁感应现象。如图 13-11 所示,当闭合线圈 A 中的电流由小变大时,向右穿过闭合线圈 B 的磁通量也将增大,从而导致在线圈 B 中产生感应电动势,并且其感应电流的方向如图所示,线圈 B 中感应电流的磁场方向朝左,阻碍线圈 B 中的磁通量增大。

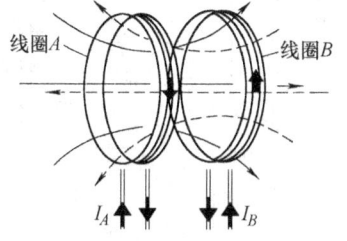

图 13-11 互感现象

互感现象在电工和无线电技术中有着广泛的应用。利用互感现象可以很方便地将交变信号或者是能量,从一个回路直接传递给另一个回路,而无需将两个回路连接起来。日常生活和生产中常见的电压互感器、钳形电流互感器和感应圈等都是利用互感原理制成的。但是,在某些方面,互感现象是有害的。例如,有线电话往往由于两路电话之间的互感而引起串音;在部分电子仪器中也会由于互感影响仪器正常工作,所以在实际应用中要合理布置电路,以减少互感现象的影响。

感应圈 如图 13-12 所示,感应圈(induction coil)是一种利用互感现象获得高电压的升

压变压器，其构造原理如图 13-13 所示。在铁心 M 上，套着两个彼此绝缘的线圈。其中连接电源的线圈称为**一次绕组**，它用较粗的绝缘导线绕成，匝数不多；套在外面的线圈称为**二次绕组**，它由较细的绝缘导线绕成，匝数很多，两端分别接到两根绝缘的金属棒上，两棒间形成可调整的空气间隙 G。闭合开关 S，一次绕组内接通电流，铁心被磁化而吸引软铁 P（软铁是指放入磁场中容易被磁化，拿出磁场后，又立即退磁的铁磁性材料），使它与螺钉 A 分离，于是电路被切断，铁心的磁性消失，弹簧 T 又使软铁 P 重新与螺钉 A 接触，电路再次接通，如此反复一次绕组中的电流就时通时断，不断发生变化，导致二次绕组中的磁通量随之变化，从而在二次绕组中产生了感应电动势。二次绕组的匝数比一次绕组多得多，所以，产生的感应电动势的数值很大，二次绕组两端的电压非常高，可达上万伏，能在小球间隙中引起火花放电。为了保护断续器，在感应圈线路中常接入电容器 C，形成交变高压通路，以防止螺钉与软铁触点处发生电弧而烧坏断续器。

图 13-12 感应圈外形

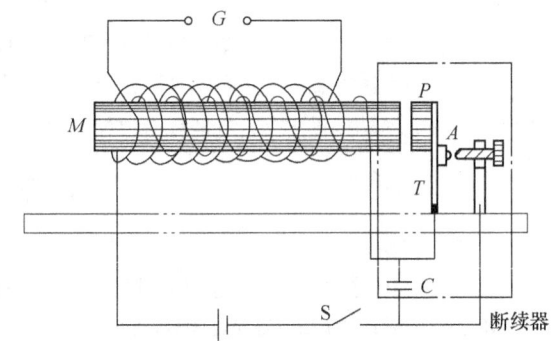

图 13-13 感应圈构造原理示意图

感应圈的应用很广泛，汽油发动机的点火装置（见图 13-14）就是一个感应圈（二次绕组的匝数比一次绕组多），它产生的高压放电火花可迅速将混合气体点燃。

自感　在图 13-15 所示实验中，闭合开关 S，调节变阻器 R_2 的电阻使同样规格的两个灯泡 A_1 和 A_2 的明亮程度相同。再调节变阻器 R_1，使两个小灯泡都正常发光。然后断开开关。

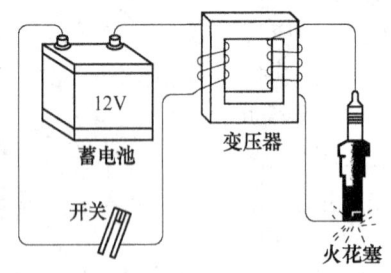

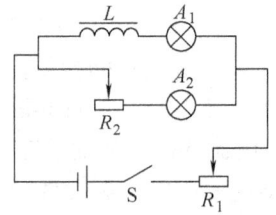

图 13-14 汽车发动机的点火装置示意图　　　　图 13-15 自感实验原理图

当再次接通电路时，可以看到，与变阻器 R_2 串联的灯泡 A_2 立刻正常发光，而与有铁心的线圈 L 串联的灯泡 A_1 却是逐渐亮起来。为什么会出现这种现象呢？原来在接通电路的瞬间，电路中的电流增大，穿过线圈中的磁通量也随之增加，在线圈 L 中产生了感应电动势。根据楞次定律可知，这个电动势要阻碍线圈中电流的增大，所以，灯泡 A_1 的电流只能逐渐地增加，灯泡也就逐渐地亮起来。

从以上实验可以看出，当导体中的电流发生变化时，导体本身就会产生感应电动势，这个电动势总是要阻碍导体中原来电流的变化。这种由于导体本身的电流发生变化而产生的电磁感应现象，称为**自感现象**，简称自感。在自感现象中产生的电动势，称为**自感电动势**，用 ε_L 表示。

自感系数　与其他感应电动势一样，自感电动势与穿过线圈的磁通量变化率 $\Delta\Phi/\Delta t$ 成正比，而磁通量与磁感强度 B 成正比，磁感强度 B 又与产生磁场的电流变化率成正比。于是自感电动势与电流的变化率成正比，即

$$\varepsilon_L = L\frac{\Delta I}{\Delta t} \tag{13-3}$$

式中，比例常量 L 称为线圈的**自感系数**。它的值由线圈本身的几何尺寸、匝数及有无铁心等条件决定。在国际单位制中，自感系数的单位是亨利，简称亨，符号为 H。

自感现象在各种电气设备和无线电技术中有着广泛的应用，如荧光灯电路中的镇流器（见图 13-16）就是常见的根据自感现象制造的实例。镇流器由一个带铁心的自感系数较大的线圈构成。

变压器　图 13-17 中，在一个用硅钢片叠制而成的闭合铁心上，用绝缘导线绕着两组匝数不同的导线，这就是一个最简单的变压器。与电源相连的线圈称为一次绕组，与负载相连的线圈称为二次绕组。交变的电流通过一次绕组时，由于互感作用而在二次绕组中感应出交变电压。

图 13-16　荧光灯电路中的镇流器

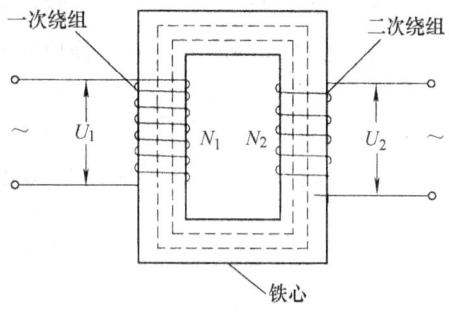

图 13-17　变压器结构原理示意图

当交变电流通过一次绕组时，铁心内将产生交变的磁通量，因此，穿过一次绕组、二次绕组的磁通量都在变化。这种变化在一次绕组里感生了电动势 ε_1，而在二次绕组里则感生了电动势 ε_2。前者是因为自感作用产生的电动势，后者是因为互感作用产生的电动势。假设加在一次绕组两端的交变电压是 U_1，通过它的电流是 I_1，它的电阻是 r_1，则可以认为

$$U_1 = \varepsilon_1 - I_1 r_1$$

如果二次绕组电路是闭合的，其路端电压是 U_2，通过的电流是 I_2，电阻是 r_2，则可以有关系式

$$U_2 = \varepsilon_2 - I_2 r_2$$

由于一般变压器线圈的电阻都很小，自感系数却很大，所以 $\varepsilon_1 \gg I_1 r_1$，$\varepsilon_2 \gg I_2 r_2$，当忽略内部电压降，将变压器视为无损耗的理想变压器时，可以近似地得到

$$\frac{U_1}{U_2} = \frac{\varepsilon_1}{\varepsilon_2} \tag{13-4}$$

另一方面，因为在一次绕组、二次绕组里磁通量的变化相同，所以根据法拉第电磁感应公式：不论是一次绕组还是二次绕组，每一匝线圈里的感生电动势都相同，都是 $\varepsilon = \frac{\Delta \Phi}{\Delta t}$。因此，若一次绕组、二次绕组的匝数分别是 N_1 和 N_2，则一次绕组、二次绕组内的感生电动势分别是

$$\varepsilon_1 = N_1 \varepsilon_0 = N_1 \frac{\Delta \Phi}{\Delta t} \quad \varepsilon_2 = N_2 \varepsilon_0 = N_2 \frac{\Delta \Phi}{\Delta t}$$

所以

$$\frac{\varepsilon_1}{\varepsilon_2} = \frac{N_1}{N_2} \tag{13-5}$$

综合公式(13-4)和公式(13-5)即可得到一次绕组、二次绕组的电压与线圈匝数之间的关系是

$$\frac{U_1}{U_2} = \frac{N_1}{N_2} \tag{13-6}$$

即变压器一次绕组和二次绕组路端电压之比等于它们的匝数比。

从公式(13-6)很容易知道：当二次绕组匝数 N_2 大于一次绕组匝数 N_1 时，二次绕组输出的电压比一次绕组高，这种变压器称为**升压变压器**，反之，当二次绕组匝数 N_2 小于一次绕组匝数 N_1 时，则变压器就是**降压变压器**。

由于变压器的能量损失很小，它的效率通常高于95%，大型变压器的损耗往往小于1%，所以，变压器的输入功率和输出功率几乎相等，即 $I_1 U_1 = I_2 U_2$，因而

$$\frac{I_1}{I_2} = \frac{U_2}{U_1} \tag{13-7}$$

综合公式(13-6)和公式(13-7)即可得到一次绕组、二次绕组电流大小与线圈匝数的关系是

$$\frac{I_1}{I_2} = \frac{N_2}{N_1} \tag{13-8}$$

公式(13-8)表明：变压器在工作时，一次绕组和二次绕组的电流大小与它们的匝数成反比。由此，可以采用升高电压的办法来减小电路里的电流大小，从而达到减少电路里的热损耗。

变压器的种类　在日常生活和工作中可以见到各种类型的变压器，如自耦变压器(见图13-18)、调压变压器、互感器(电压互感器和电流互感器)等。

例4　用一个降压变压器从110V的电源向某一电器提供6.3V的电压，试计算：(1)一次绕组和二次绕组的匝数比；(2)如果输入的电流是0.5A，则二次绕组上可以得到的最大电流是多大？

解　由公式 $\frac{U_1}{U_2} = \frac{N_1}{N_2}$，得

$$\frac{N_1}{N_2} = \frac{U_1}{U_2} = \frac{110\text{V}}{6.3\text{V}} = 17.5$$

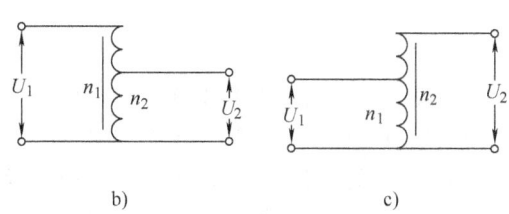

图 13-18 自耦变压器
a) 自耦变压器外形 b) 降压原理图 c) 升压原理图

在由公式 $\dfrac{I_1}{I_2} = \dfrac{U_2}{U_1}$，得

$$I_2 = I_1 \dfrac{U_1}{U_2} = 0.5\text{A} \times \dfrac{110\text{V}}{6.3\text{V}} = 8.73\text{A}$$

答：一次绕组和二次绕组的匝数比是 17.5；如果输入的电流是 0.5A，二次绕组上可以得到的最大电流是 8.73A。

自感现象与荧光灯电路　荧光灯发光效率高、省电，在电气照明中应用很广。荧光灯主要由荧光灯管、镇流器、辉光启动器三部分组成。图 13-19 所示是荧光灯的电路图与辉光启动器的结构示意图。

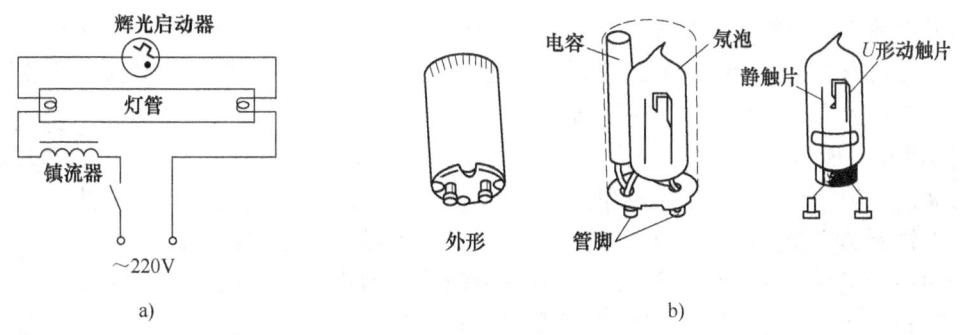

图 13-19 荧光灯电路与辉光启动器结构图
a) 荧光灯电路图 b) 辉光启动器结构图

荧光灯管（图 13-20）内壁涂有一层薄而均匀的荧光粉，灯管两端各有一组用钨丝制成的灯丝，灯丝上涂有一层易发射电子的碳酸钙化合物，管内充有少量的惰性气体和水银蒸气，当水银蒸气导电时，就发出紫外线，使涂在管壁的荧光粉发出柔和的白光。

辉光启动器有一个铝制外壳，内装一个充有氖气的小玻璃泡，泡内有一个静触片和一个动触片，动触片是呈 U 形的双金属片。在玻璃泡引出线两端还并联一只容量很小的电容器，它的作用是在动、静触片分离时不产生火花，以免烧坏动触片、静触片及减少对附近无线电设备的干扰。镇流器由一个带铁心的自感系数较大的线圈构成。当接通电源时，荧光灯的灯

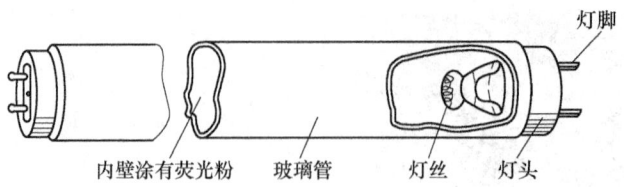

图 13-20 荧光灯管

丝、镇流器、辉光启动器是串联在一起的，电源电压加在启动器相互分离的动触片和静触片上，使氖气放电而发生辉光，辉光产生的热量使动触片膨胀伸展与静触片接触而把电路接通，于是镇流器的线圈和灯丝中就有了电流通过，这时镇流器起到降压限流的作用，避免了电路的短路现象。由于辉光启动器的氖气停止放电，U形触片冷却收缩，两个触片分离，电路自动断开，就在两个触片突然分离瞬间，由于自感现象，镇流器中产生了一个很高的自感电动势，加在荧光灯管两端，使荧光灯管内氩气电离而导通，氩气放电产生的热量使水银变为水银蒸气开始导电，荧光灯管成为电流通路而发光。此时，辉光启动器就不起作用了，而镇流器则发挥扼制电流和降压作用，使荧光灯在低于220V电压下工作，保证荧光灯正常发光。

涡流现象及其应用　在变压器正常工作过程中，由于交变的磁通量会在变压器铁心中垂直于磁力线的平面上感应出电流。由于这种电流很像水流中围绕物体旋转的涡旋，所以称为**涡流**。变压器中的涡流会产生热量，这样就会从输入的电功中消耗一部分能量。为了减小涡流，设计制作变压器时，采用很薄并涂抹绝缘材料的硅钢片叠放在一起制成变压器铁心，而不采用整体的硅钢片来制作变压器铁心。这样做可以使涡流的通路切断，使感应出的电流只能限制在单个硅钢片上，从而使涡流较小，因此，以热能形式损失掉的功率也就很小。

虽然涡流产生的焦耳热对许多变压器、电动机和仪表来说是有害的，它使变压器、电动机和仪表温度升高，从而影响变压器、电动机和仪表的使用性能，但是，涡流也有它有利的一面，可以给人们的生活和生产带来方便。

如图 13-21 所示，如果在铁制的容器上绕上绝缘线圈，就可制成熔化金属的电炉。当线圈中通上交流电后，由于线圈中磁通量不断变化，在铁制的容器上便产生了自成回路的涡流。虽然铁制的容器的电阻很小，但涡流却可以非常大，从而使铁制的容器产生大量的焦耳热。利用涡流产生的焦耳热可以对金属进行加热，甚至可以使金属熔化。例如，一台功率是 890kW 的工频感应电炉，每小时可以熔铁 1.9t。

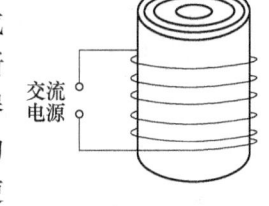

图 13-21　感应电炉

电磁灶是现代家庭烹饪食物的一种新型炊具，它也是利用电磁感应产生的涡流加热食物的。电磁灶主要是由高频感应加热线圈、高频电力转换装置、控制装置、灶台板和烹饪锅（铁磁性物质）等组成，如图 13-22 所示。电磁灶以加热快、效率高、省时省力、安全卫生和使用方便等优点被越来越多的人所接受。

电磁灶的台面下布满了线圈，当通上交流电时，在台板与铁锅之间产生交变磁场，磁力线穿过锅体，产生感应电流——涡流。这种感应电流在金属锅体中产生热效应，从而达到加热和烹饪食物的目的。

电磁灶产生的交变磁场，不但会产生涡流热，而且还会促使金属锅体的分子运动并使其

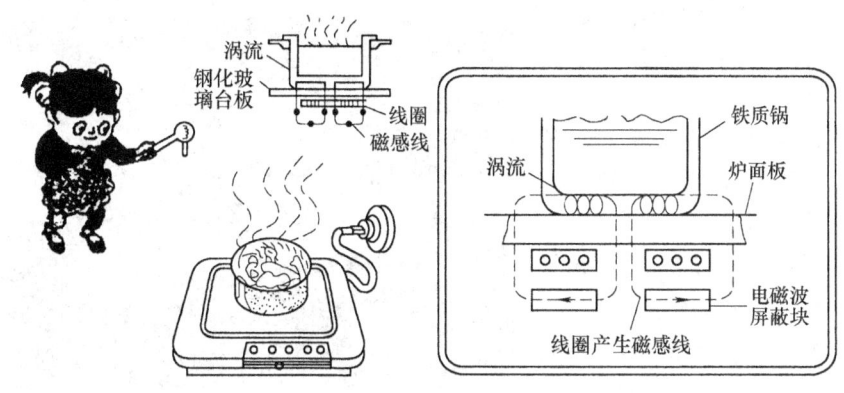

图 13-22 电磁灶工作原理示意图

互相碰撞，造成分子间摩擦生热。这两种热直接发生在锅体本身，其热能损耗很小，所以，电磁灶的热效率可达 80%，约比煤气灶高一倍，而且加热均匀，烹调迅速，节能省电。

由于电磁灶在工作时会产生较强的电磁场，所以凡能产生涡流的铁磁性小物体，如铁质叉和汤匙等，均不能放在灶台上。电磁灶的辐射波对直径在 3m 范围内的收音机、录音机、电视机等电器有干扰；还能使放在近处的手表、磁带等物品被磁化；对于携带心脏起搏器及佩带磁疗仪的人，应慎用电磁灶。

此外，金属片在磁场中运动时，也会产生涡流，引起的涡流要阻止金属片的运动。因而总是使金属的运动缓慢下来，涡流制动器就是根据这个原理制作的。

思考与练习

1. 一个线圈的电流在 0.001s 内变化 30.02A，产生了 40V 的自感电动势，求该线圈的自感系数。如果线圈中电流的变化率是 30A/s，线圈的自感系数又是多少？此时的感应电动势是多大？

2. 升压变压器的一次绕组有 200 匝，接在 120V 的交流电上，二次绕组上得到 10000V 的电压和 20mA 的电流。求：(1)二次绕组上有多少匝线圈？(2)一次绕组中的电流是多大？

3. 降压变压器使 110V 的电压在二次绕组上降为 6V，并得到 20A 的电流，如果一次绕组有 100 匝，且变压器的效率是 100%。求：(1)二次绕组的匝数是多少？(2)一次绕组中的电流是多大？

物理科学应用实例

人类进入宇航时代后，逐渐对天体的磁场有了深刻的认识。例如，太阳上有磁场，太阳黑子和太阳耀斑的产生总是伴随着磁场的变化，这种变化会对地球上的通信、磁爆和极光等产生显著影响。工业上利用脉冲强磁场产生的巨大磁压力可以将金属件压制成各种形状，实现对金属件进行变形加工。有些国家还在研究利用电流和磁场的相互作用，使物体获得高速运动，如磁悬浮列车、电磁轨道炮等。

磁悬浮列车 自 1979 年日本研制出世界上第一列磁悬浮列车的样机以来，许多发达国家都在推广应用磁悬浮列车，中国于 2001 年 3 月 1 日在上海浦东新区开始建设磁悬浮列车（见图 13-23），并于 2003 年年底竣工并投入商业运营。磁悬浮列车具有行进平稳无颠簸、噪声小、无污染等特点，所需牵引力也很小，只需几个兆瓦的功率就能使磁悬浮列车的运行速度达到 500km/h。随着超导技术的发展和高温超导体的发现，对磁悬浮列车的研制和推广应用起到了积极的推动作用。超导磁悬浮列车的运动原理包括悬浮原理和推进原理。

悬浮原理 超导磁悬浮列车的铁轨是 U 字形，在 U 字形铁轨底部铺设有若干悬浮用的铝线圈，在每列车厢的两侧底部装有 6~8 个超导线圈。磁悬浮列车起动或进站时，列车依靠车轮行驶。超导线圈通电后，超导线圈可产生 5T 的磁场强度。当超导线圈随列车向前运动时，固定在铁轨上的铝线圈产生感应电

图 13-23 磁悬浮列车

流，感应电流产生的磁场方向与超导线圈产生的磁场方向相反，两者互相排斥，使列车悬浮，车体与铁轨之间保持约 10cm 的空隙，从而大大减少运行阻力，如图 13-24 所示。

推进原理 磁悬浮列车的推进系统是提供列车前进的动力装置。在列车两侧装置着由超导线圈制成的电磁铁，即图 13-24 中的推进用地面线圈。当列车通过时，该处的轨道电磁铁按顺序接通和断开电流。图 13-25 所示是列车左侧电磁铁和列车轨道电磁铁排列示意图。每个图的上排是轨道电磁铁，下排是列车电磁铁。

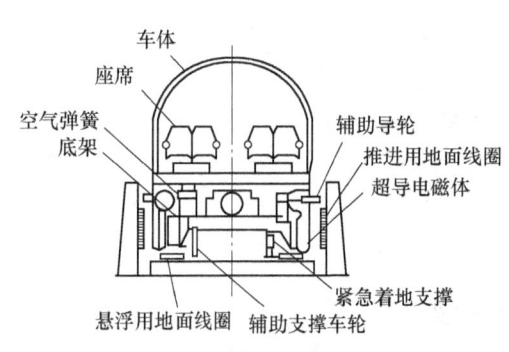

图 13-24 超导磁悬浮列车结构示意图

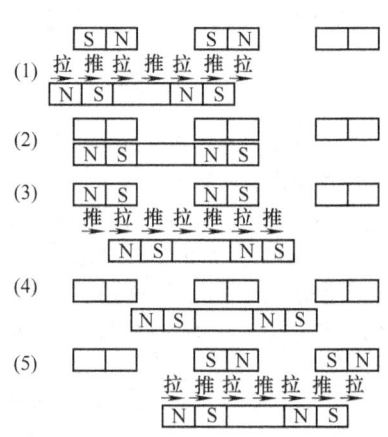

图 13-25 超导磁悬浮列车推进系统示意图

当列车到达图 13-25 中的位置(1)时，仅有两组轨道电磁铁接通电源，磁铁的极性如图所示。由于列车电磁铁与轨道电磁铁相对，此时存在四组 N-S 拉力和 S-S 或 N-N 推力，所有拉力和推力的总效果就形成了列车向前的合力。

当列车到达图 13-25 中的位置(2)时，轨道电磁铁电流断开，列车依靠惯性前进，直至到达位置(3)时，两组轨道电磁铁的电流又接通，但磁铁的极性与位置(1)相反，其结果仍然使列车加速。

当列车到达位置(4)时，轨道电磁铁的电流又断开，列车又依靠惯性前进，到达位置(5)。这时所接通的轨道电磁铁已经有一组错位了，即列车沿着前进方向前进了一段距离，此时列车电磁铁与轨道电磁铁的状态与位置(1)相同。

因此，轨道电磁铁的接通与断开是按一定顺序进行的，是磁悬浮列车前进的动力。

电磁轨道炮　目前利用火药将几千克的炮弹加速到 1.8km/s(炮弹的出口速度)，已经是火药发射炮弹的极限速度了(不包含火箭推进方式)，而且火炮的自重大，机动性低。但是随着军事科学技术的发展，传统的炮弹已经不适应目前的反装甲、防空及拦截高速导弹的需要了，此时利用电能发射炮弹的电磁轨道炮就应运而生。

电磁轨道炮是一种利用电磁力将弹丸发射出去的新型武器。如图 13-26 所示，电磁轨道炮是由两条与大电流源相连的平行固定导轨以及一个沿导轨轴线方向可滑动的电枢组成。发射时，电流由一条导轨流经电枢，再由另一条导轨流回，并构成闭合回路。强大的电流经过两平行导轨时，在两导轨之间产生强大的磁场，这个磁场与流经电枢的电流相互作用，产生强大的电磁力，该力推动电枢和置于电枢前面的炮弹沿导轨加速运动，从而获得高速度。

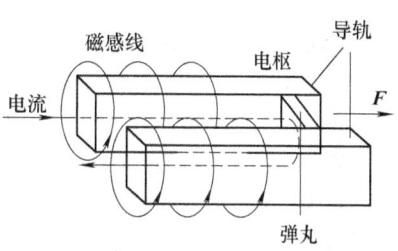

图 13-26　电磁轨道炮原理图

电磁轨道炮结构简单，适用范围广，所用的强大电流在兆安级，电流的脉冲宽度在毫秒数量级。在强大脉冲电流的作用下，电磁轨道炮的炮弹的加速度可达重力加速度的几十万倍，即使在较短的导轨上，电磁轨道炮的炮弹也可获得高速度，目前试验获得的最高速度是：初速度可达 10.1km/s(炮弹质量是 3.1×10^{-3} kg)。但用于天基战略防御及拦截导弹的武器，需要质量为几克至几十克的炮弹，炮弹的速度要在 20km/s 以上。虽然电磁轨道炮还处于研制阶段，但可以预期，随着高温超导材料及相关技术的发展，电磁轨道炮必将成为一种有效的武器。

你会了吗？

本章主要从产生感应电流的条件、感应电动势大小和方向、常见的电磁感应现象等方面，讨论了电磁感应现象及其规律。

1. 产生感应电流的条件是什么？
2. 如何应用法拉第电磁感应定律？
3. 如何应用楞次定律？
4. 举例说明互感和自感现象。

复 习 题

一、分析判断题

1. 要使导线中产生如图 13-27 所示方向的感应电流，问导线怎样运动？
2. 如图 13-28 所示，当磁铁的 S 极接近金属环或从金属环内移开时，试用楞次定律确定金属环中感应电流的方向。
3. 如图 13-29 所示，在开关 S 闭合瞬间，确定线圈 B 中感应电流的方向？
4. 制造电阻箱时，所用电阻线要采取双线绕法，如图 13-30 所示，这样可以使自感现象

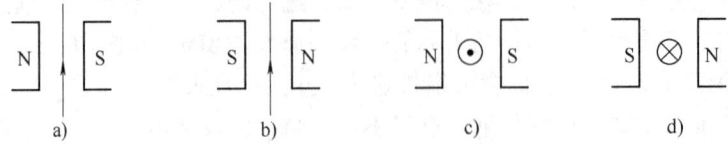

图 13-27

的影响减弱到可以忽略的程度,为什么?

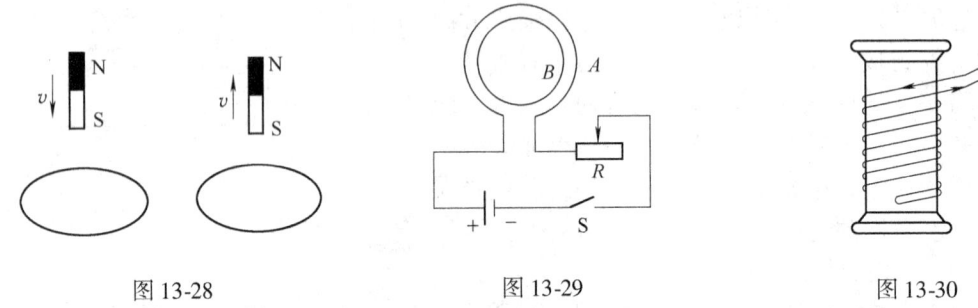

图 13-28　　　　图 13-29　　　　图 13-30

二、判断题(正确的画"×",错误的画"√")

1. 变化的磁场一定能在线圈中产生感应电动势。(　　)
2. 有感应电动势就一定有感应电流。(　　)
3. 闭合回路的部分导体只要在磁场中运动就能产生感应电动势。(　　)
4. 线圈中的自感电流总是要阻碍其中原来电流的变化。(　　)
5. 涡流是一种电磁感应,所以在电动机中只能使其减小,而不能阻止它产生。(　　)

三、计算题

1. 在 $B=0.25T$ 的匀强磁场中,长 $L=0.20m$,$r=0.1\Omega$ 的直导线 AB 以 $v=3.0m/s$ 的速度垂直切割磁力线,运动方向与导线本身垂直,如图 13-31 所示。已知线框的电阻是 $R=0.4\Omega$。试求:(1)导线中感应电动势大小与方向如何?(2)电路中的电流多大?(3)导体所受的安培力多大?导体保持匀速直线运动的外力是多大?(4)外力做功的功率多大?

2. 在 $B=0.8T$ 的匀强磁场中,一个面积 $S=0.10m^2$、匝数 $N=100$ 的线圈,当线圈平面从与磁力线平行的位置匀速转动到与磁力线垂直的位置所需时间 $\Delta t=0.50s$,求线圈的平均感应电动势的大小。

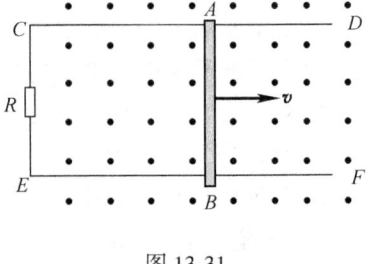

图 13-31

四、分析题

试分析左手定则和右手定则的异同点。

第十四章 电磁振荡和电磁波

无线电广播、移动电话、电视信号的传播，人造卫星、宇宙飞船等与地面的通信联系等，都是利用电磁波实现的。电磁振荡和电磁波是无线电技术的基础，本章将阐述电磁波振荡与电磁波的基本概念，并简要介绍电磁波的发射与接收原理。

第一节 电磁振荡

电磁振荡 正像机械振动能够产生机械波一样，电磁振荡也能够产生电磁波。为了研究电磁振荡，先来分析下面的实验。

如图 14-1 所示，把开关 S 从触点 1 扳向触点 2 时，充过电的电容器 C 通过线圈 L 放电，这时可以看到电流计的指针在左右摆动，这表明在电路中产生了大小和方向都在做周期性变化的电流。这种周期性变化的电流称为**振荡电流**，产生振荡电流的电路称为**振荡电路**。由线圈和电容器组成的振荡电路称为 **LC 振荡电路**，它是一种基本的振荡电路。由 LC 振荡电路产生的振荡电流是按正弦规律变化的。

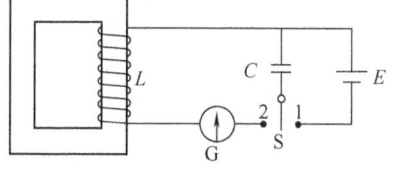

图 14-1 *LC* 振荡电路

LC 振荡电路为什么会产生振荡电流呢？当开关 S 刚扳到触点 2 的瞬间，电容器尚未放电，极板上电荷量最大，极板间电压为最大值，电路中电流为零，极板间的电场最强，电路中的能量全部以电场能的形式储存在电容器里，如图 14-2a 所示。

随后，电容器开始放电，由于线圈的自感作用，使得放电电流逐渐增加，但不会立刻达到最大值。同时，电容器极板上的电荷量不断减少，板间电压逐渐减小。这样线圈周围的磁场逐渐增强，电容器里的电场逐渐减弱，当电容器极板间电压为零时，电容器放电结束，电路中电流达到最大值。电场能全部转化为磁场能，如图 14-2b 所示。

电容器放完电后，由于线圈的自感作用，使得电流不可能立即变为零，而是仍要沿原方向流动，这样就使电容器反向充

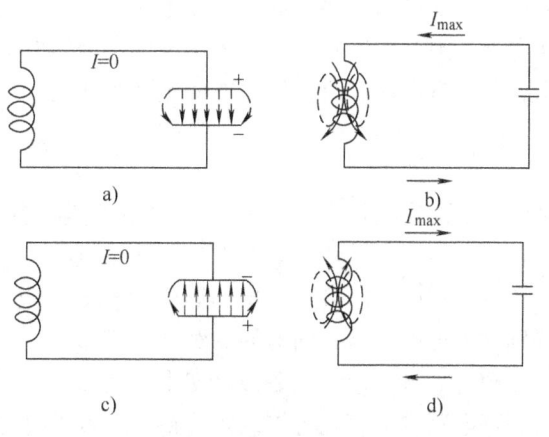

图 14-2 电磁振荡过程

电。随着不断地充电，电路中的电流逐渐减小，电容器极板上电荷量逐渐增大，其电压也逐渐增大，但电压的极性与图 14-2a 所示的相反。这样线圈周围的磁场逐渐减弱，电容器里的反向电场逐渐增强。当电流减小到零时，电容器反向充电结束，电容器极板间的电压达到最

大值。磁场能又全部转化为电场能,如图 14-2c 所示。

接着电容器又开始反向放电,电流方向与图 14-2b 相反。电流逐渐增大,电容器极板上的电荷量逐渐减少,电路周围的磁场逐渐增强,电场逐渐减弱,电场能又逐渐转化为磁场能。当电容器极板间电压为零时,电容器反向放电完毕,放电电流达到最大值,如图 14-2d 所示。

此后,电流又对电容器充电。充电结束时,电流为零,电容器极板上的电荷量最大,磁场能又全部转化为电场能。上述过程不断循环,电路中就产生了振荡电流。相关联的电场和磁场发生的周期性的转化,称为**电磁振荡**。

自由振荡与阻尼振荡 在电磁振荡中,如果没有能量损耗,振荡电流的振幅不变,这种振荡称为**自由振荡**或**等幅振荡**,如图 14-3a 所示。

实际电路中,由于电阻存在的原因,能量是不断损耗的,若没有外界能量的补偿,振荡电流的振幅将逐渐减小,这种振荡称为**阻尼振荡**或**减幅振荡**,如图 14-3b 所示。

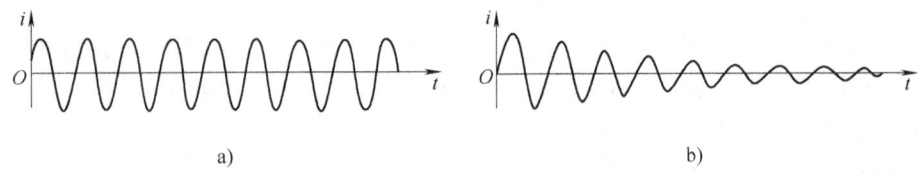

图 14-3 等幅振荡和阻尼振荡
a) 等幅振荡 b) 阻尼振荡

要想维持振幅不变,实现等幅振荡,就需要从外界不断地给振荡电路补充能量,并且要同步,使补偿的能量刚好等于损耗的能量。

振荡电路的固有周期和固有频率 电磁振荡时,完成一次全振荡所需的时间称为**周期**。单位时间内完成周期性变化的次数称为**频率**。

电磁振荡的周期与什么因素有关呢? 在振荡电路中,如果电容器的电容 C 大,在一定电压下充的电荷量多,放电和充电所需的时间就长,因而周期长。如果线圈的自感 L 大,阻碍电流增强或减弱的作用也大,电容器充电和放电时间也就越长,振荡周期就长。理论推导出,发生自由振荡时,振荡的周期和频率是

$$T = 2\pi\sqrt{LC}, \quad \nu = \frac{1}{2\pi\sqrt{LC}} \qquad (14\text{-}1)$$

其中,L 的单位是亨利(H),C 的单位是法拉(F),T 的单位是秒(s),ν 的单位是赫兹(Hz)。

由公式(14-1)可知:振荡周期(T)或频率(ν)只由振荡电路的结构所决定。因此,T 和 ν 分别称为振荡电路的**固有周期**和**固有频率**。

改变 C 和 L 就可达到改变 T 和 ν 的目的,如旋动收音机的调谐旋钮时,实际上是通过改变振荡电路中可变电容器的正对面积来改变其电容,从而改变振荡电路的固有频率。

例 1 一个 LC 振荡电路,如果自感系数 $L = 200\text{mH}$,电容 $C = 200\text{pF}$,则此电路的固有周期和固有频率是多少?

解 由公式(14-1)得

$$T = 2\pi\sqrt{LC} = 2\pi\sqrt{200 \times 10^{-3} \times 200 \times 10^{-12}}\text{s} = 3.97 \times 10^{-5}\text{s}$$

$$\nu = \frac{1}{T} = \frac{1}{3.97 \times 10^{-5}} \text{Hz} = 2.52 \times 10^4 \text{Hz}$$

答：此电路的固有周期是 3.97×10^{-5} s，固有频率是 2.52×10^4 Hz。

思考与练习

1. 试用能量转换的观点，把 LC 振荡电路的电磁振荡与弹簧振子的振动相比较，并说明相似之处。
2. 怎样增大 LC 振荡电路的固有频率？

第二节 电磁场和电磁波

英国物理学家麦克斯韦(1831—1879)在总结前人研究成果的基础上，深入地研究了电磁振荡中电场和磁场的转化规律，于1836年建立了完整的电磁场理论，成功地预言了电磁波的存在。**麦克斯韦电磁场理论**的要点是：

(1) 变化的磁场能够在周围空间产生电场；变化的电场能够在周围空间产生磁场。

(2) 如果电场或磁场的变化是均匀的，即变化率是常数，则产生的磁场或电场是稳定的；如果电场或磁场的变化是不均匀的，即变化率是变量，则产生的磁场或电场是变化的。

变化的磁场产生电场 在图 14-4a 所示的实验中，当穿过闭合回路的磁通量变化时，闭合电路中就产生感应电流。而电流的形成，必须有使电荷做定向运动的电场。在该电路中没有其他电源，因此，麦克斯韦认为这个电场只能是由变化的磁场产生的。

麦克斯韦还指出：不管有无闭合回路，只要磁场在变化，它周围就会产生电场，如图 14-4b 所示。就像人们可以用收音机显示周围空间存在电磁场一样，即使没有收音机，在人们周围的空间里也仍然存在电磁场。变化磁场产生的电场与静电场的不同之处在于，不需要场源电荷，它的电场线是闭合的。

变化的电场产生磁场 麦克斯韦在电流产生磁场的实验基础上深入地分析和研究了电容器充电、放电的过程，提出变化的电场如同电流一样，也可以在其周围空间产生磁场，如图 14-5 所示。

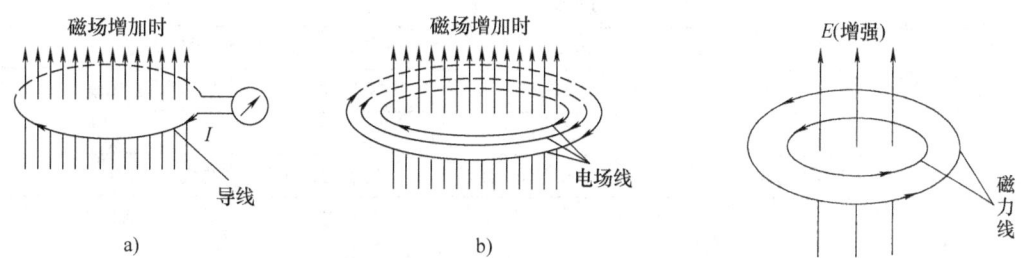

图 14-4 变化的磁场产生电场示意图   图 14-5 变化的电场产生磁场示意图

麦克斯韦进一步推断：如果空间某区域存在周期性变化的电场，那么，它的周围产生的磁场也是周期性变化的，而这个周期性变化的磁场在它周围又产生新的周期性变化的电场……变化的电场和变化的磁场这样相互激发，互为因果，形成一个不可分割的统一体，这就是**电磁场**(electromagnetic field)。

电磁波 电磁场在空间由近及远地向外传播，称为**电磁波**(electromagnetic wave)，如图

14-6 所示。

麦克斯韦从理论上预言了电磁波的存在，在这个预言提出 20 年后的 1888 年，德国物理学家赫兹，首先用实验证实了电磁波的存在。电磁波具有如下性质：

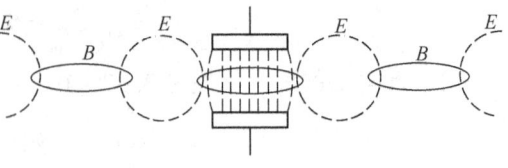

图 14-6

（1）沿电磁波的传播方向上，电场 E 和磁场 B 在同一时刻、同一平面位置上达到最大值或零，并且变化趋势相同。

（2）电场 E 和磁场 B 都随时间做正弦或余弦变化，它们之间的方向互相垂直，而且都与波的传播方向垂直。因此，电磁波是横波。

电磁波可以在真空中传播。因为电磁场是物质，所以，它的传播不需要靠别的媒质。电磁波在真空中传播的速度与光速相同，都是 $3×10^8 \text{m/s}$。电磁波在确定的媒质里，其传播速度是固定的。电磁波还能产生反射、折射、干涉、衍射等现象。其实光也是一种电磁波。

电磁波的周期和频率，就是激起它的振荡电流的周期和频率。在一个周期的时间内，电磁波传播的距离称为**电磁波的波长**（wave length）。

电磁波的波长、波速、周期的关系与机械波中这些量之间的关系相同，即

$$\lambda = cT \quad 或 \quad \lambda = \frac{c}{v} \tag{14-2}$$

无线电波（wireless wave）　无线电技术里应用的电磁波，称为**无线电波**。通常根据波长不同，把无线电波分成许多波段，见表 14-1。近年来，由于超短波无线电技术的发展，无线电波的范围不断向波长更短的方向发展。

表 14-1　无线电波波段划分范围

波　段		波　长	频　率	主要用途
长波		3000m 以上	低于 100kHz	远洋长距离通信，电报通信
中波		3000～200m	100～1500kHz	无线电广播，航海及航空定向
中短波		200～50m	1500～6000kHz	无线电广播，电报通信
短波		50～10m	6～30MHz	同上
超短波（米波）		10～1m	30～300MHz	广播，电视，导航等
微波	分米波	1～0.1m	300～3000MHz	电视，雷达，导航及其他专门用途
	厘米波	0.1～0.01m	3000～30000MHz	同上
	毫米波	0.01～0.001m	30000～300000MHz	雷达，导航及其他专门用途

思考与分析

1. 麦克斯韦电磁场理论的要点是什么？电磁波具有哪些性质？
2. 电磁波的波速是多少？电磁波的频率、周期和波速之间有何关系？

第三节　无线电波的发射、传播和接收

无线电波的发射　当振荡电路有振荡电流时，就会发射电磁波。但是，普通电容器和线

圈组成的振荡电路,电场和磁场分别集中在电容器和线圈里,如图 14-7a 所示,几乎不向外辐射,这种振荡电路称为**闭合振荡电路**。

为了有效地发射电磁波,必须尽可能地使电场和磁场向外部空间敞开。如果把电容器的两极板拉开,把线圈的一部分拉直(减少匝数),如图 14-7b 所示,则振荡电路向外辐射电磁波的本领就有所增强。如果改造成图 14-7c 所示的电路,则振荡电路辐射电磁波的本领就更强了。图 14-7c 所示线圈的下端用导线接地,称为**地线**;线圈的上端接到高处的导线上,这个导线称为**天线**,这样的电路称为**开放振荡电路**。实际上是天线和地线组成了振荡电路的电容器。

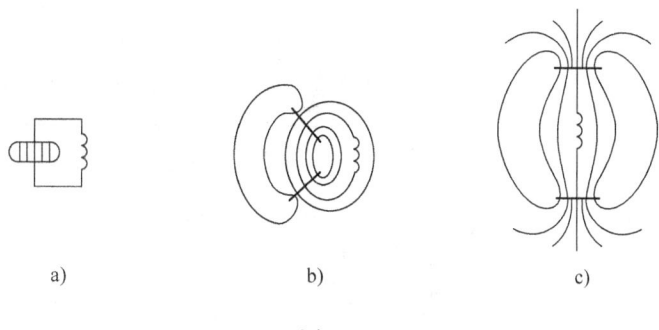

图 14-7

研究表明:振荡电路的辐射本领与振荡频率有关。电磁振荡的频率越高,向外辐射电磁波的本领越强。因此,无线电波的频率要在几百千赫以上。开放式振荡电路有很高的固有频率,所以能很好地发射电磁波。

为了使开放振荡电路中产生振荡电流,常用图 14-8 所示的电路。该电路通过线圈 L_1、L_2 的互感作用,使开放振荡电路中产生同频率的振荡电流,这种方法称为**感应耦合**。发射电磁波的目的是传递声音、文字、图像等信号,因此,首先要把传递的信号变成电信号。由于转换过来的电信号频率较低,不能直接发射,需要把这种电信号"加"在高频等幅电流上发射出去,这种"运载"信号的电磁波称为**载波**(*carrier wave*),把信号"加"到载波上的过程称为**调制**。把所要传递的电信号称为**调制信号**;把进行调制的装置称为**调制器**。

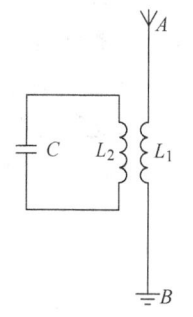

图 14-8

常用的调制方法有**调幅**和**调频**两种。调幅是让载波的振幅随调制信号的变化而变化,如电台中的短波广播采用的就是调幅调制;调频是让载波的频率随调制信号的变化而变化,如电台中的立体声、电视台的电视伴音采用的就是调频调制。

图 14-9 所示为调幅广播电台无线电波发射的方框图。送话器将声波变为音频电流,经过音频放大器放大后,与高频信号振荡器产生的振荡电流一起,在调制器中调制,成为高频调幅振荡电流,又经过高频放大器放大,最后,将有足够强大功率的高频调幅电流耦合到发射天线,向外发射电磁波。

电磁波的传播 电磁波的传播有地波、天波和直线波等方式,如图 14-10 所示。

地波 沿着地球表面在空间传播的无线电波称为**地波**。由于波的衍射特性,长波与中波比较容易绕过地面上的障碍物,而以地波的形式传播。但由于地面的吸收,地波不能传得很远,一般在几百公里范围内,所以,收音机的长波和中波段一般只能收听本地或邻近省、市电台的广播。

天波 利用电离层的反射来传播的无线电波称为**天波**。在离地球表面 60~400km 范围内的大气层,由于太阳光照射而使气体分子电离,这层大气层称为电离层。电离层会吸收长

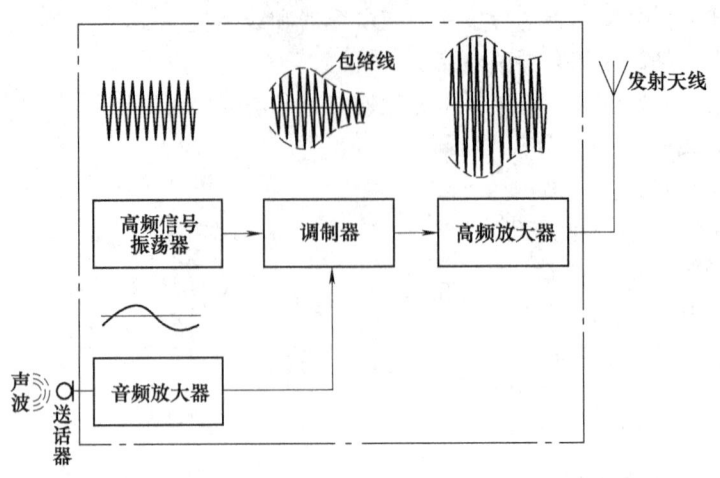

图 14-9 无线电波发射机构造示意图

波和中波，又会让超短波和微波穿越，只有短波可以被电离层反射而以天波形式传播，其传播距离可达几千公里。但是电离层不稳定，它的密度和高度经常变化，电磁波到达接收地点的强弱也因此而变化，所以收听短波广播时，声音忽大忽小。

直线波 沿直线传播的无线电波称为**直线波**。超短波和微波就是以直线方式传播的。由于地球是圆的，所以，直线波传播的距离一般只有几十公里。为了使直线波传播得较远，发射天线就要架得较高，所以，电视发射天线(电视塔)和电视接收天线要尽量架得高些。但是，在进行远距离传播时，则要设立地面微波中继站或同步通信卫星。只要恰当地放置三颗同步地球通信卫星(见图 14-11)，就可以把微波信号传遍全球。

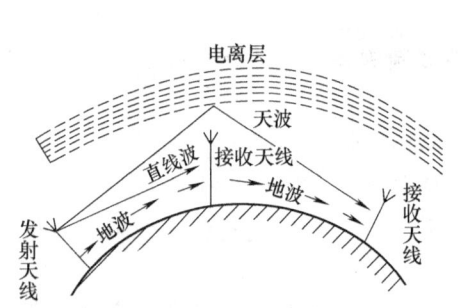

图 14-10 电磁波的传播

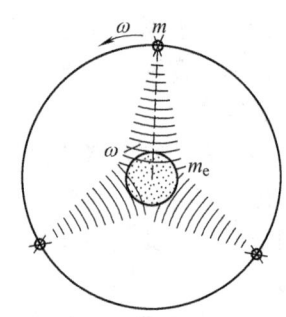

图 14-11 三颗同步卫星

电磁波的接收 电磁波在空间传播时，如果遇到导体，就会把一部分能量传给导体，使导体中产生与电磁波频率相同的感应电流。因此，利用放在空间的导体(接收天线)就可以接收电磁波。

人们周围空间充满了各种频率的无线电波，在天线上就会感应出各种相应频率的感应电流。如果不加选择地全部接收下来，使之变为声音，那将是一片嘈杂声。因此，必须设法使所需要的某个频率的电磁波激起的感应电流最强，其他频率的电磁波激起的感应电流极弱。在无线电技术中是利用电谐振来实现这个目的的。

当传来的电磁波的频率与接收电路的固有频率相同时，它在电路中激起的感应电流最强，这种现象称为**电谐振**。调节接收振荡电路频率使之与某一频率的载波发生电谐振的过程，称为**调谐**。调谐的基本方法有两种：一种是改变线圈的电感，如图14-12a所示；另一种是改变电容器的电容，如图14-12b所示。

经过调谐电路得到的高频振荡电流，不能直接使耳机或扬声器产生人们能听到的声音，需要把调制信号从高频振荡电流中"取"出来，这个过程称为**检波**。检波是调制的逆过程，进行检波的装置，称为**检波器**。

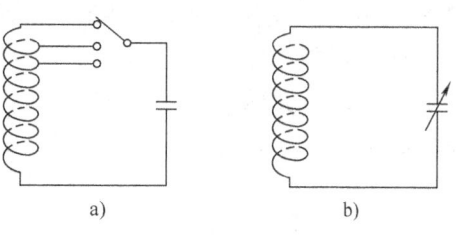

图 14-12 调谐电路

图 14-13a 所示为收音机的工作原理图。在调谐电路中产生的高频振荡电流经高频放大器放大后，送入检波器，检波器具有单向导电性，将高频振荡电流的下半周全部滤掉，再经过接地电容将其中的高频部分去掉，最后剩下的是原来电台发射时的音频电流，如图14-13b所示。同时，为了提高响度，还需经音频放大器进行功率放大，最后由扬声器还原成声音。

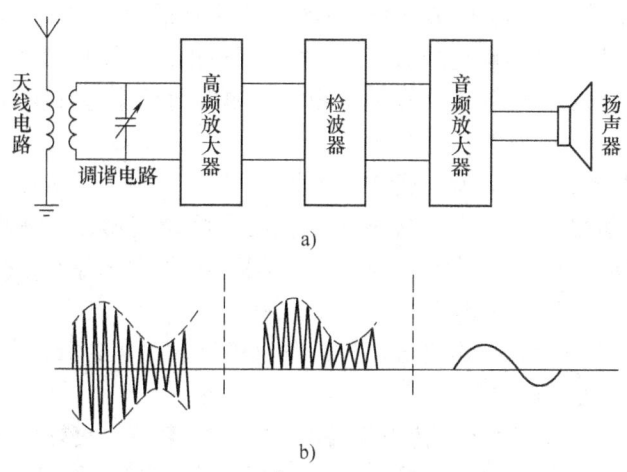

图 14-13 无线电接收机构造示意图

思考与练习

1. 电磁波有哪几种传播方式？它们的适用范围分别是什么？
2. 简述无线电波的发射、传播和接收。

物理科学应用实例

电磁波充满人们周围的空间，给人们的生活和工作带来了很多的便利和好处，但是电磁波也有不利的一面，会给人们的环境带来污染和危害。下面分析电磁污染的来源、危害及其防护措施。

电磁污染的来源 电磁污染是指天然的、人为的各种电磁波的干扰及有害的电磁辐射。随着科学技术的发展，遍布全球的无线电通信、广播、电视、雷达、微波炉、计算机、移动通信设备以及来自远处、地下或高空的无数看不见、摸不着的电磁波，都可能成为环境的污染源。任何交流电路都会向周围的空间放射电磁能，形成交变电磁场，当交流电的频率达到

10^5 Hz 以上时，交流电路周围便形成了射频电磁场。

通常将射频电磁辐射按频率划分为高频、超高频和特高频(微波)的频段。

电磁辐射的危害　电磁辐射对人体的危害主要反应在神经系统和心血管系统等几方面。神经系统症状以头晕(或头痛)、乏力、记忆力减退、失眠(或嗜睡)为最多见，也会有多汗、脱发、易疲劳、易激动等症状。心血管系统症状一般表现为胸闷、心悸、心前区不适、心律不齐、心动过缓、轻度传导阻滞等反应。此外，微波辐射还能使眼睛晶体衰老，以及使白细胞与血小板减少、降低免疫功能，有的人还会出现恶心、食欲减退、轻度上腹部疼痛及大便异常、胃炎及溃疡等症状。

射频电磁辐射，如无线电广播、电视、微波通信等各种射频设备的辐射，频率范围宽，影响区域也较大，能危害近场区的工作人员。目前，射频电磁辐射已经成为电磁污染环境的主要因素。射频电磁波对人体的影响是：

(1) 场强越大，其对人体的影响越严重。

(2) 长波对人体影响较弱，随着波长的缩短，对人体的影响加重，微波作用最突出。

(3) 作业周期越长，影响也越严重；连续作业所受的影响要比间断作业明显得多。

(4) 一般来说，辐射强度随着与辐射源距离的加大而迅速递减，对人体的影响也迅速减弱。

(5) 脉冲波对人体的不良影响比连续波严重。

(6) 作业现场环境温度越高，人体所表现出的症状越突出；作业现场环境湿度越高，越不容易散热，也不利于作业人员的身体健康，所以，加强通风降温，控制作业场的温度和湿度，是减少射频电磁场对人体影响的一个重要手段。

(7) 初步认为，女性对射频电磁波辐射的刺激敏感度最大，其次是少年儿童。关于年龄，目前尚未发现规律性的东西。

电磁污染的防护　为了防止或减少电磁辐射对人体的影响，更好地做好劳动保护和环境保护，世界各国近年来都把此项工作作为一个新的研究课题给予重视，并做了大量的工作。目前，电磁污染的主要防护措施有：

(1) 屏蔽防护。"屏蔽"是减少或者避免高频电磁辐射的一种最有效的方法。屏蔽的目的是为了把高频电磁场强度降低到一定限度内。屏蔽网、屏蔽罩或屏蔽室就是为了实现上述目的所采用的装置。这些装置都是将一个薄的金属板或者金属网插入高频电磁波的传播路径中，以便反射或吸收高频电磁能，阻止电磁能的进一步传播扩散。

(2) 微波防护。基本原则是：减弱辐射源的直接辐射；屏蔽辐射源及辐射源附近的工作位置；加大工作位置与辐射源之间的距离；采用个人防护用具；对发射微波的器具如微波炉等要正确使用和维护，防止及减少微波泄漏。

你会了吗？

1. 什么是振荡电路？什么是振荡电流？
2. *LC* 振荡电路的固有周期和固有频率是什么？
3. 麦克斯韦电磁理论要点是什么？
4. 振荡电路辐射电磁波的条件是什么？

5. 电磁波的调制方式主要有哪两种?
6. 无线电波传播的方式主要有哪三种?

复 习 题

一、概念简答

1. 简要说明,在 LC 振荡电路里发生电磁振荡的过程中,电容器两板间的电压和线圈中的电流是怎样变化的?电容器两板间的电场与线圈里的磁场是怎样变化的?

2. 将一个带电体和一块磁铁放在一起,它们所形成的电场和磁场能称为电磁场吗?

3. 接收电路中为什么要调谐?在收音机里是怎样实现调谐的?

4. 附近有汽车通过或有电焊机作业时,收音机和电视机会受到干扰,解释这一现象。

二、分析计算题

1. 如果 LC 振荡电路中线圈的自感系数是 2×10^{-6} H,要使电路的固有频率是 7.5 MHz,它的电容器的电容应该选多大?

2. 我国第一颗人造地球卫星采用 20.009 MHz 和 19.995 MHz 的电磁波发回各项科学实验数据,它们发出的电磁波波长各是多少?

3. 我国广播电视频率分是 VHF(甚高频)1~12 频道和 VHF(超高频)13~68 频道,每个频道的频带宽度(该频道最高与最低频率之差)是 8 MHz。电视游戏机使用的一种频道,其频道中心波长(中心频率对应的波长)是 4.38 m,求这个频道的频率范围。

第十五章 几何光学

人类很早就开始对光进行观察和研究了,并逐渐积累了丰富的有关光学方面的知识,使光学成为物理学中发展最早的分支之一。我国古代学者在光学研究上有过杰出贡献,远在 2400 年前的《墨经》里就系统地记载了光的直进、影的形成、光的反射、平面和球面镜成像等现象。北宋的沈括(1031—1095)在他的著作《梦溪笔谈》中详细记录了小孔成像、霓虹、日食等现象。本章以几何光学为基础,重点介绍光的反射、折射、全反射以及一些常见光学元件的成像原理,并解释一些常见的光学现象。

第一节 光线 光的反射 折射

光线(ray) 在均匀介质中,光是沿直线传播的。阳光从小孔进入暗室,由于室内灰尘对光的散射,可以清楚地看到这束阳光的传播路线是笔直的。

光能够在其中传播的物质称为**光介质**,简称**介质**。

由于光是沿直线传播的,所以在研究光的传播过程中,可用一条直线表示光束,这样的直线就称为**光线**。光线是个抽象概念,并非实际存在的。在画图时,人们经常用带箭头的线段来表示沿箭头所指方向传播的光线。自然界中的许多光现象,如影子、日食、月食、小孔成像等,都是光直线传播的结果。

光的反射(reflection) 当光在一种均匀介质里传播的过程中遇到另一种介质时,它的传播方向会发生变化,其中有一部分光反射回原来的介质中,这就是**光的反射**。实验证明光在反射时遵循以下的规律:反射光线与入射光线和法线在同一平面内,反射光线和入射光线分别位于法线两侧,反射角等于入射角,如图 15-1 所示。

根据光的反射定律可知,如果光线逆着反射光线的方向射到反射面上,则一定可以在原来入射光的角度上得到这束光的反射光,所以,反射现象遵循光路可逆规律。

日常生活中,人们遇到的光的反射大多发生在粗糙、不光滑的表面上,即便是用平行光作为入射光,反射光也会指向许多不同的方向,这种反射称为**漫反射**,如图 15-2 所示。与其相反,有些非常光滑的反射面将平行入射的光线反射后,反射光仍是平行的,这种反射称为**镜面反射**,如图 15-3 所示。

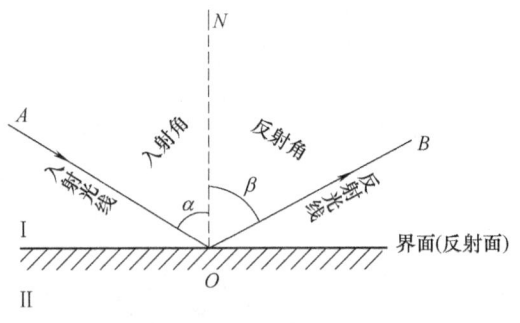

图 15-1 反射光线与入射光线

镜面反射和漫反射都遵循光的反射定律。在日常生活中,根据实际需要,人们可以发挥它们的有利因素,克服它们造成的不利影响。

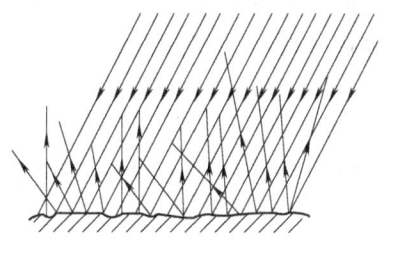
图 15-2 漫反射

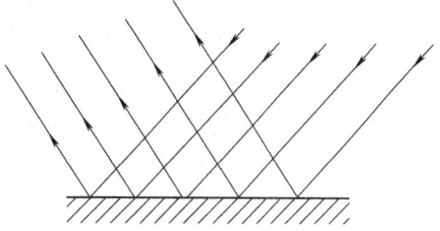
图 15-3 镜面反射

光的折射(*refraction*) 如图 15-4 所示,插入水中的直尺好像向上折了,这是因为当光从一种介质进入另一种不同的介质时,其传播方向发生了变化。光从一种介质进入另一种介质时,光的传播方向发生改变的现象称为**光的折射**。如图 15-5 所示,定义入射光线与法线的夹角 i 为入射角,定义折射光与法线的夹角 γ 是折射角。1621 年,荷兰数学家斯涅耳经过长期研究总结出了折射现象所遵循的规律:折射光线和入射光线与通过入射点的法线在同一平面上,并且折射光线与入射光线分居在法线两侧;入射角正弦与折射角正弦之比为一常数,它等于光在两种介质中的传播速度的比值,即

$$\frac{\sin i}{\sin \gamma} = \frac{v_1}{v_2} \tag{15-1}$$

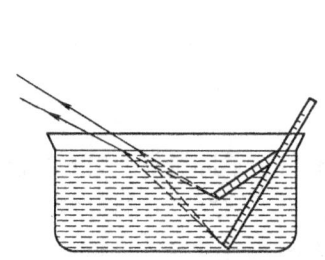
图 15-4 光的折射现象

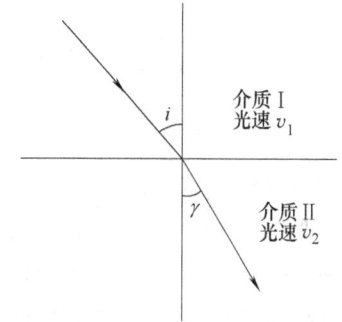
图 15-5 光的折射原理示意图

当光从真空射入某种介质时,入射角 i 的正弦与折射角 γ 的正弦之比 n,称为这种介质的**绝对折射率**,简称**折射率**(*refractive index*),它等于光在真空中的传播速度 c ($c = 3.0 \times 10^8$ m/s)与光在这种介质中传播的速度 v 的比值,即

$$n = \frac{\sin i}{\sin \gamma} = \frac{c}{v} \tag{15-2}$$

由于光在真空中的传播速度大于光在任何其他介质中的传播速度,所以,折射率 n 总是大于 1 的。光从真空进入任何其他介质时入射角总是要大于折射角。又因为光在真空中的传播速度与在空气中的传播速度相差很小,因此,可以认为光从空气进入某种介质的折射率就是那种介质的折射率。常见介质的折射率见表 15-1。

表 15-1 常见介质的折射率

介 质	金 刚 石	玻 璃	水 晶	水	酒 精	空 气
折射率	2.42	1.5~1.9	1.55	1.33	1.36	1.0003

折射率反映了介质对光在折射方面的性质是由光在该介质中的传播速度决定的。两种介质比较,折射率大的称为**光密介质**;折射率小的称为**光疏介质**。光密介质与光疏介质是相对的,单说一种介质是光密介质还是光疏介质是没有意义的,不同介质折射率的大小与密度无关,同种介质密度增大时折射率也增大。

由于 c 是已知的,如根据公式(15-2)测出介质的折射率,就可求出光在该介质中的传播速度。当光从折射率是 n_1 的介质射入折射率是 n_2 的介质时

$$\frac{v_1}{v_2}=\frac{\frac{c}{n_1}}{\frac{c}{n_2}}=\frac{n_2}{n_1}$$

根据公式(15-1),有

$$\frac{\sin i}{\sin \gamma}=\frac{n_2}{n_1} \quad \text{或} \quad n_1\sin i = n_2\sin\gamma \tag{15-3}$$

例1 音乐喷泉的光源置于水中,设有一束光从水中射入空气,折射角 $\gamma=90°$,如图 15-6 所示,求入射角 i。

解 据公式(15-3),有

$$\frac{\sin i}{\sin \gamma}=\frac{n_\text{空}}{n_\text{水}}$$

$$\sin i=\frac{n_\text{空}}{n_\text{水}}\cdot\sin\gamma=\frac{1}{1.33}\sin 90°=\frac{1}{1.33}$$

所以, $i=\arcsin\frac{1}{1.33}\approx 48°45'$

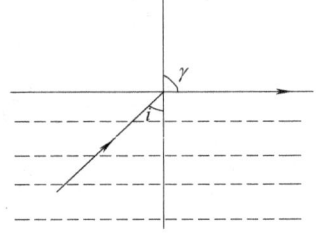

图 15-6 例1图

答:入射角 i 约为 $48°45'$。

由上例可知,当光从光密介质射入光疏介质时,入射角小于折射角。当光线逆着折射光线的方向射入光密介质时,一定可以在原来入射光的角度上得到这束光的折射光,所以,折射现象也遵循光路可逆的规律。同时,可以证明,光从光疏介质射入光密介质时,入射角大于折射角。

平行透明板 两个表面是相互平行的平面透明体称为**平行透明板**。例如,平板玻璃、玻璃砖等都是平行透明板。下面研究光通过玻璃砖时,光路的变化情况。如图 15-7 所示,光线通过玻璃砖后,光线方向并不发生改变,只是发生了侧移。证明如下:

根据折射定律,在 AB 界面上

$$n_1\sin i_1 = n_2\sin\gamma_1$$

在 $A'B'$ 界面上

$$n_2\sin\gamma_2 = n_1\sin i_2$$

因为 $AB/\!/A'B'$, $\gamma_1=\gamma_2$,所以

$$\sin i_1 = \sin i_2, \quad i_1 = i_2$$

即光线 $MO/\!/O'N$,可见,光通过两面平行的透明板后并不改变方向,只是发生了侧向偏移。透明板越厚或入射角越大,光线侧向偏移就越大。

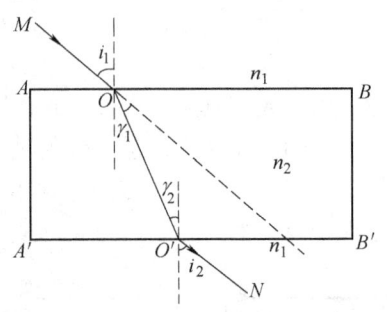

图 15-7 光的侧移现象示意图

思考与练习

1. 晚上在灯下读书，如果书的纸面很光滑，有时会看到纸面上发出刺眼的光泽，感到很不舒服。为什么会出现这种现象？
2. 神枪手对准停在水中的鱼开枪，能打中鱼吗？为什么？
3. 一束光以60°的入射角从水中射入水晶中，画出光路图，并求出折射角。

【课外活动】 如图15-8所示，"魔柜"的上方，在演员颈部以上的门框部位安装了一面厚玻璃块，它能产生演员"身首异处"的视觉效果。请同学们分析这种效果的光学道理。

图15-8 "魔柜"示意图

第二节 全 反 射

根据光的折射定律，光从光密介质射入光疏介质时，折射角大于入射角。

如图15-9a所示，一束光线由水中斜射入空气，可以看到光线射在水面上时，同时发生了反射和折射，并且折射角大于入射角。此时，如果我们不断增大入射角，将会看到折射角

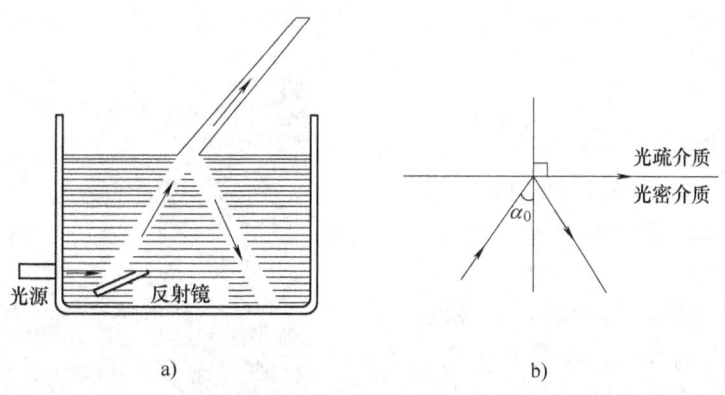

图15-9 全反射现象和原理示意图
a）光从水里射到水与空气界面时的情形 b）全反射原理示意图

也越来越大,并且反射光越来越强,当入射角增大到某一角度时,折射角等于90°,折射光完全消失,光线全部被反射到水中。

这种入射光在介质表面被全部反射的现象,称为**全反射现象**。发生全反射时的入射角称为**临界角**,用 α_0 表示,如图 15-9b 所示。

全反射事实上是折射角先于入射角达到 90°而产生的一种特殊的光学现象。根据实验得出,发生全反射现象必须具备以下两个条件:

(1) 光由光密介质进入光疏介质;
(2) 入射角等于或大于临界角。

临界角的计算 根据临界角的定义,可以求出光从折射率是 n_1 的光密介质进入折射率是 n_2 的光疏介质时的临界角。设入射角是 α_0 时,折射角是 90°,如图 15-9b 所示,根据公式(15-3),有

$$\frac{\sin\alpha_0}{\sin 90°} = \frac{n_2}{n_1}$$

所以
$$\sin\alpha_0 = \frac{n_2}{n_1} \tag{15-4}$$

$$\alpha_0 = \arcsin\frac{n_2}{n_1}$$

可见,光疏介质的折射率 n_2 越小,光密介质的折射率 n_1 越大,发生全反射的临界角越小,即越容易发生全反射。表 15-2 是几种常见物质对真空(或空气)的临界角。

表 15-2 几种常见物质对真空(或空气)的临界角

介 质	金 刚 石	二硫化碳	玻 璃	甘 油	酒 精	水
临界角/(°)	24.4	38.1	30~42	42.9	47.3	48.6

全反射在技术上应用很广。例如,用全反射棱镜可以制造潜望镜;此外,光导纤维的传光、传像等也是利用光的全反射原理制成的。

例2 已知玻璃的折射率是 1.52,水的折射率是 1.33,问光线从哪个方向射入,可在玻璃和水的交接面上发生全反射?它的临界角是多大?

解 因为玻璃相对水来说是光密介质,所以,只有当光从玻璃射入水里时,才可能发生全反射。

由
$$\sin\alpha_0 = \frac{n_\text{水}}{n_\text{玻}} = \frac{1.33}{1.52} = 0.875$$

得
$$\alpha_0 = \arcsin 0.875 \approx 61°$$

答:当光从玻璃射入水里发生全反射的临界角约为 61°。

全反射现象是自然界中的常见现象。例如,水中(或玻璃中)的气泡,看起来很亮,就是由于光线从水中(或玻璃中)射向气泡内时,一部分光线在界面上发生了全反射现象造成的,如图 15-10 所示。

图 15-10 水中发亮的气泡

利用全反射现象可以鉴别钻石和玻璃饰品。由金刚石雕琢成形的钻石有若干个棱面，顶面呈八角形，其余为三角形或棱形，下部呈倒锥状，其折射率是 2.42，与空气界面发生全反射的临界角是 24.4°，金刚石折射率大，白光进入金刚石后色散强烈，各种色光分别射向不同的方向，在钻石与空气的界面上多次发生全反射后从表面折射出来，人们看钻石时，钻石显得特别晶莹灿烂，好像眼睛直接面对光源一样。而外形像钻石的玻璃，由于它的折射率比金刚石小，不仅色散本领比金刚石差，而且由于其临界角比金刚石的临界角大，全反射的光也没有金刚石那么强，因此，有经验的人用肉眼就能把用玻璃冒充的假钻石识别出来。

光导纤维　光导纤维又称光学纤维，是应用光的全反射原理进行光信号传导的新型材料。光导纤维一般是用玻璃纤维或塑料纤维制作，它由芯线和包层组成，如图 15-11 所示。芯线折射率比包层的折射率大得多。当光的入射角大于临界角时，光就在芯线与包层之间发生多次全反射而曲折前进，把光从一端传到另一端，就好像自来水只能在水管里流动一样。

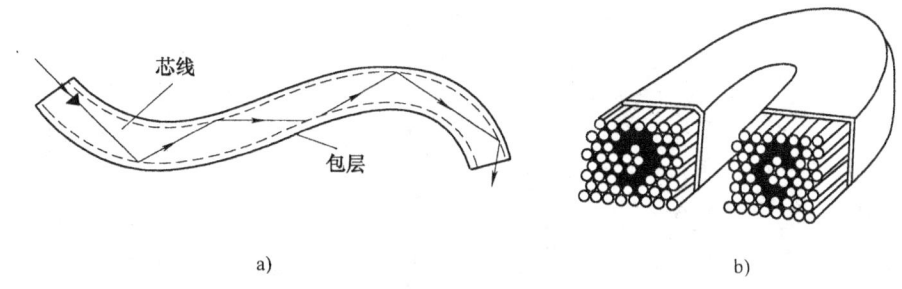

图 15-11　光导纤维
a) 光导纤维传输光线原理图　b) 光导纤维传输图像原理图

光导纤维在医学、工业、通信等领域有广泛的应用。医学上可以用光导纤维制造医用内窥镜等仪器，用以观察人体内部的病变并进行一些复杂的内科手术。工业生产中用光纤代替人可以完成各种特殊条件下的工作，还可以利用光纤制成传感器，完成要求较高的检测工作，如监测温度等。光导纤维材料因其具有功耗小、抗干扰、灵敏度高等优点，在现代通信的各个领域发挥着不可替代的重要作用，如光纤通信—信息高速公路网络。在照明和光能传送方面，利用光导纤维可以实现一个光源多点照明，即光缆照明。利用塑料光导纤维光缆传输太阳光作为水下、地下照明。此外，光导纤维光缆还可用于易燃、易爆、潮湿和腐蚀性强的环境中不宜架设输电线及电气照明的地方作为安全光源。

【课外实践活动】　收集光导纤维在生活中的应用实例，并相互交流，探讨其制作原理。根据光导纤维的特点自己试想一下光导纤维的新用途或发明一些新产品。

思考与练习

1. 光从光疏介质进入光密介质能否发生全反射？为什么？
2. 光从水晶射入水中发生全反射的临界角是多大？
3. 光导纤维一般是用_____纤维或_____纤维制作，它由_____线和_____层组成。
4. 光导纤维是如何传输光线的？

第三节 透镜 透镜成像

光学元件中有一种两个侧面都磨成球面，或一面是球面另一面是平面的透明体，这种透明体称为**透镜**(lens)。所有的透镜可以分为以下两大类：中部比边缘厚的透镜称为**凸透镜**(convex lens)，中部比边缘薄的透镜称为**凹透镜**(concave lens)，如图 15-12 所示。

通过透镜两球面球心 C_1、C_2 的直线称为透镜的**主光轴**。主光轴与透镜两球面的交点对薄透镜而言可以看做一点，称为透镜的**光心**。平行于主光轴的光线，经过凸透镜后会聚于主光轴上的一点，这个点称为透镜的**实焦点**；平行于主轴的光线经过凹透镜后会被发散，这些发散光线反向延长时也会聚于一点，这个点称为凹透镜的**虚焦点**。透镜的焦点与光心的距离称为**焦距**，用 f 表示；像与光心的水平距离称为**像距**，用 v 表示；物体与光心的水平距离称为**物距**，用 u 表示，如图 15-13 所示。

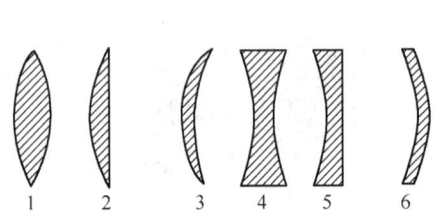

图 15-12 各种形状的透镜

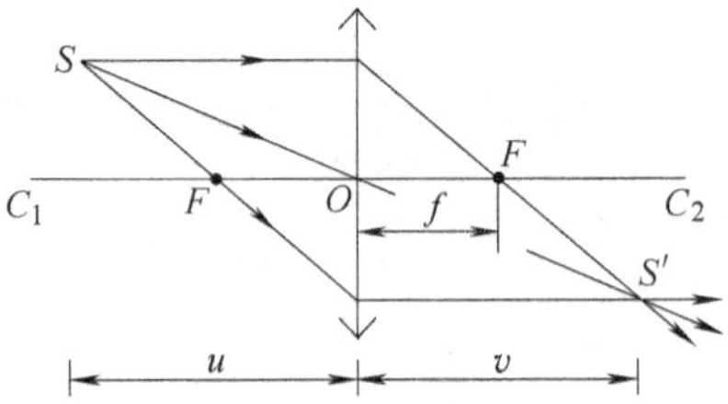

图 15-13 透镜几何参数示意图

凸透镜所成的像可以用作图法求出，其具体方法如下：

用通过光心且与主光轴垂直的直线来表示薄透镜，要确定某一发光点的像的位置只需作出以下三条特殊光线中的两条就可以加以确定，如图 15-14 所示。

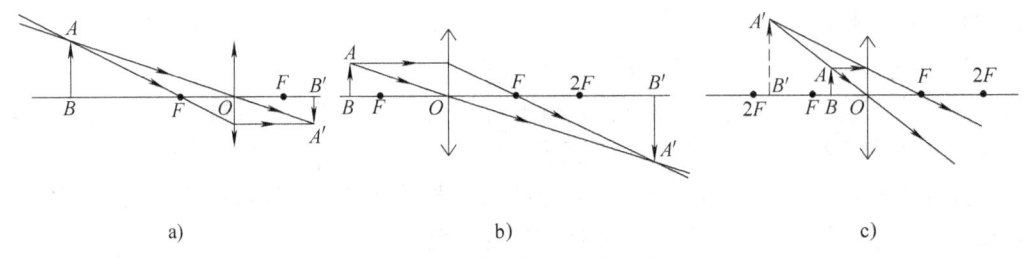

图 15-14 凸透镜成像作图法

a) $u>2f$ b) $f<u<2f$ c) $u<f$

（1）通过焦点的光线，经凸透镜折射后与主轴平行；

（2）与主光轴平行的光线，通过透镜折射后要通过焦点；

（3）通过光心的光线，经过透镜后方向不变。

凹透镜所成的像同样可以用作图的方法求出。如图 15-15 所示，经过凹透镜所成的像为正立的和缩小的像。

在作图过程中，如果像是实际光线的交点，则称之为**实像**；如果像是由实际光线反向延长得到的，

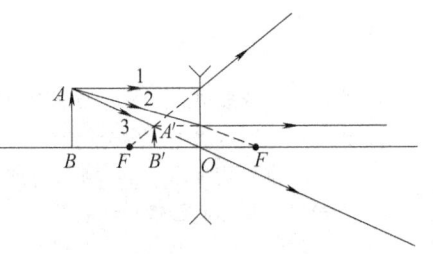

图 15-15 凹透镜成像作图法

则称之为**虚像**。

思考与练习

1. 物体发出的光线通过透镜，既可成实像又可成虚像，请问该透镜是何种透镜？如果物体发出的光线通过透镜，只能成虚像，该透镜又是何种透镜？
2. 完成下列表格中未填写的内容。

物 距	像的位置	像的大小	像的倒正	像的虚实	像 距
$u<f$					$v>u$
	异侧	等大			
		缩小	倒立		
$f<u<2f$					
				实像	$f<v<2f$

第四节 透镜成像公式

如图 15-16 所示，透镜成像过程中，像距是 v、物距是 u、透镜焦距是 f，则由 $\triangle AOB$ ∽ $\triangle A'OB'$，得，$\dfrac{AB}{A'B'}=\dfrac{u}{v}$，又由于 $\triangle COF'$ ∽ $\triangle A'B'F'$，得

$$\frac{AB}{A'B'}=\frac{CO}{A'B'}=\frac{f}{v-f}$$

所以，$\dfrac{u}{v}=\dfrac{f}{v-f}$，整理后得

$$\frac{1}{v}+\frac{1}{u}=\frac{1}{f} \tag{15-5}$$

使用此公式时要注意：此公式适用于凸透镜和凹透镜，物距总是正值，凸透镜的焦距是正值，凹透镜的焦距是负值，实像的像距是正值，虚像的像距是负值。

如图 15-16 所示，像的长度 $A'B'$ 与物体实际长度 AB 之比称为透镜的放大率，用 k 来表示，由于图中 $\triangle AOB$ ∽ $\triangle A'OB'$，所以

$$k=\frac{A'B'}{AB}=\frac{|v|}{u} \tag{15-6}$$

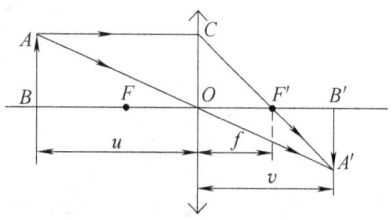

图 15-16 透镜成像公式示意图

例 3 一物体放在距凸透镜 8cm 处，形成的像距透镜 24cm，求：(1) 透镜的焦距；(2) 若物体高 2cm，求像高。

解 (1) 像距透镜 24cm，则有物像同侧和物像异侧两种可能性。

1) 如果是物像位于透镜同侧，像距是负。根据透镜成像公式，得

$$\frac{1}{8}+\frac{1}{-24}=\frac{1}{f}$$

$$f=12(\text{cm})$$

像是正立放大虚像。

2) 如果物像分别位于透镜两侧，像距是正。根据透镜成像公式，得

$$\frac{1}{8} + \frac{1}{24} = \frac{1}{f}$$

$$f = 6 (\text{cm})$$

像是倒立放大实像。

（2）已知物高2cm，不论虚像还是实像，由放大公式，得

$$A'B' = \frac{|v|}{u} \times AB = \frac{24}{8} \times 2\text{cm} = 6\text{cm}$$

答：如果物像位于同侧，透镜焦距是12cm，像高6cm；如果物像分别位于异侧，透镜焦距是6cm，像高6cm。

思考与练习

1. 凸透镜的焦距是10cm，要得到放大率是2的像，问物体应放在何处？请画出光路图。
2. 凹透镜的焦距是12cm，要得到缩小3倍的像，问物体应放在何处？请画出光路图。

第五节 光 学 仪 器

眼睛（*eyes*）**和眼镜**（*glasses*） 人眼的主要结构如图15-17所示。人眼睛的内角膜、水样液、晶状体和玻璃体的共同作用相当于一个凸透镜。物体射出的光线经过这个凸透镜折射后，在视网膜上形成一个倒立缩小的实像，视网膜上的感光细胞感光后经视神经传送给大脑。

近视眼是视网膜距晶状体过远或晶状体比正常眼睛凸一些，物体成像于视网膜之前，如图15-18a所示。矫正方法是选用适当的凹透镜做眼镜，如图15-18b所示。

远视眼是视网膜距晶状体过近或晶状体比正常眼睛扁平些，物体成像于视网膜之后，如图15-18c所示。矫正方法是选用适当的凸透镜做眼镜，如图15-18d所示。

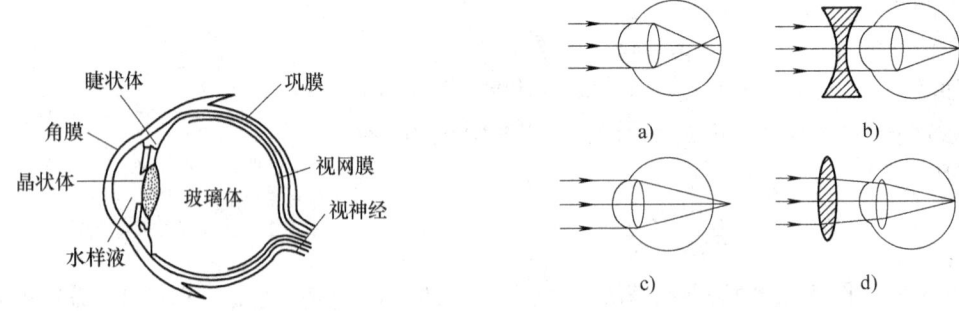

图15-17 眼睛结构示意图　　图15-18 近视与远视分析示意图

从晶状体的光心向物体上下两端所引的直线（视线）的夹角δ称为**视角**。视角大小决定了视网膜上成像的大小。视角不仅与物体的大小有关，还与观察的距离有关，如图15-19所示。正常眼睛（包括已矫正视力的眼睛），在适合的照明条件下，观察离眼睛25cm的物体，不容易感到疲劳，因此，把25cm称为**明视距离**，用d表示。实验表明：在明视距离处的物

体,如果视角小于1′(或物体长度或高度小于0.1mm),人眼就不能分辨它。人们使用光学仪器助视的目的,就是为了既增大视角,又保证明视距离。

放大镜(*magnifying glass*) 放大镜是一个凸透镜。当物体放在焦点以内靠近焦点处,人在透镜的另一侧可以看到物体所成的正立放大的虚像,如图15-20所示。通常放大镜焦距为1~10cm,放大倍数为2.5~25倍。

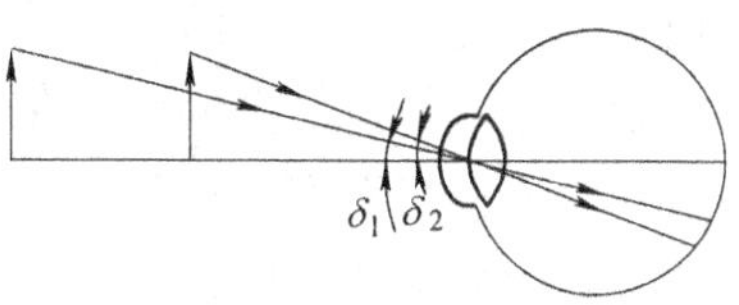

开普勒望远镜 开普勒望远镜又称为**天文望远镜**,它由两组凸透镜组成(物镜组和目镜组),焦距$f_物 \gg f_目$,物镜的后焦点与目镜的焦点重合,即$f_物 + f_目 =$ 筒长。

图15-19 视角与观察者的距离关系

望远镜(*telescope*)与被观察物体相距很远,物体上每个点发射到物镜上的光几乎是平行的,经物镜汇聚后,在物镜焦点F外离焦点很近的地方成一个倒立缩小的实像A_1B_1,物镜起增大视角作用。A_1B_1在目镜前焦点之内,目镜就是放大镜,A_1B_1在明视距离处得一正立放大的虚像A_2B_2,如图15-21所示。开普勒望远镜所成的像对物体来讲是倒立的,若在开普勒望远镜筒里装一组改变光线方向的倒转棱镜,那么,看到的就是正立的虚像。

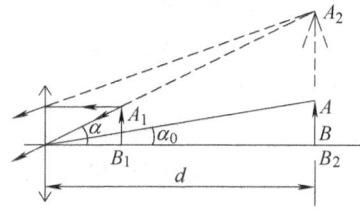

图15-20 放大镜成像原理示意图

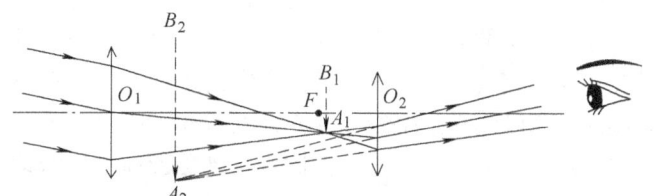

图15-21 开普勒望远镜成像原理示意图

物理科学应用实例

隐形眼镜 隐形眼镜又称角膜接触镜,是一种镶嵌在眼内的微型眼镜片,能矫正近视、远视和散光。隐形眼镜的内表面的曲率半径应与人的角膜曲率半径相吻合,外表面的曲率半径由配戴者根据矫正的视力度数而定,镜片分为硬片和软片,硬性镜片价格低、寿命长,软性镜片亲水性和透气性好。隐形眼镜镜片与角膜及两者之间的液体组合在一起,组成光学系统。

照相机 照相机由镜头、光圈、快门、暗匣等主要部件组成。镜头一般由一组透镜组成,相当于一个凸透镜,透镜组内一般第一片透镜位置可以调节,从而调节透镜组的焦距。物体发出的光通过透镜折射在感光片上,形成倒立缩小的实像,如图15-22所示。

光圈由若干片弧形金属片组合成,一般用2.8、4、5.6、8、11、16、22等数字表示光圈的级数,级数越小光圈越大,级数越大光圈越小。调节光圈大小就可控制镜头进光量和调整景深(景物清晰的范围)。

快门是用来控制镜头进光时间的,即底片曝光

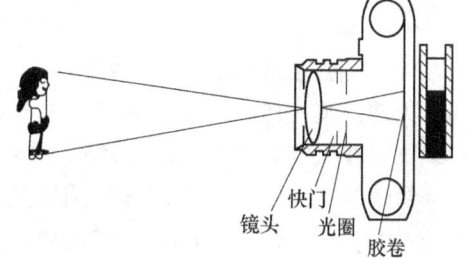

图15-22 照相机结构及成像原理示意图

时间。常见的照相机快门开启的时间有 1/8s、1/15s、1/30s、1/60s、1/125s、1/300s 等，分别由 8、15、30、60、125、300 等数字来表示，数字越大快门开启的时间越短，拍摄速度越快。拍照时只有将快门与光圈合理配合，才能拍摄出比较满意的照片。

暗匣是照相机机身部分，在确保快门未打开时，暗匣内展开的感光胶片不会被曝光。

除以上主要部件外，照相机机身上还有取景窗、计数孔、闪光灯、快门按钮等装置。

彩虹　雨中或雨后，空气中大量悬浮的小水滴像一个个小棱镜。彩虹是阳光经小水滴两次折射和一次反射后产生的色散现象，如图 15-23 所示。只有当大气层里有较多直径在 1mm 左右的小水滴时才会出现彩虹，并且只有当太阳和人在适当的位置时，人们才能看见彩虹。夏天雷阵雨多，雨的范围小，经常出现雨后出太阳或东边日出西边雨的情景，因此，人们就容易看到彩虹。

星星闪烁　宇宙浩渺，星体发出的光穿越地球大气层到达地面。因为地球大气层的密度随着时间和空间不断变化，大气中各层的折射率是不同的，因此，经过多次折射的星光方向不断地发生改变，所以，人们在夜晚观察星星时，星星给人以闪烁的感觉。

另外，人们观察到的星体位置比它的实际位置要高些，如图 15-24 所示。这是因为越靠近地球表面大气密度越大，折射率也越大。假设把大气层分成若干折射率不断增大的气层，遥远星体发出的光穿越大气层时，不断地由光疏介质进入光密介质，折射光线就不断向法线靠拢，而观察者以为光线是直线方向射来的，从而造成观察误差，这种误差称为蒙气差。当早晨的太阳刚刚从地平线上升起来的时候，霞光万道，大地充满了生机，而此时的太阳其实际位置却在地平线的下方。天体位置越接近地平线时蒙气差越大，这是天文观测中必须要考虑的问题。

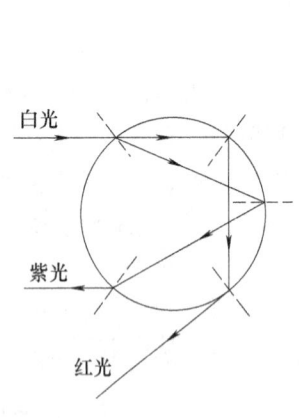

图 15-23　彩虹形成示意图

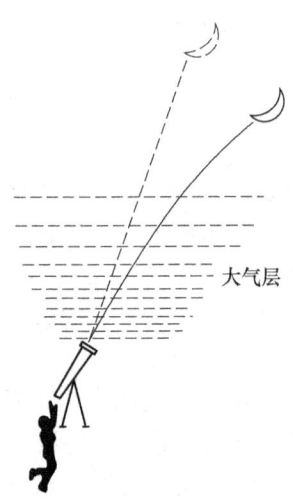

图 15-24　蒙气差现象

人造月亮　1993 年 2 月 4 日，人类第一个"人造月亮"实验装置太阳伞由"进步"号运载飞船在太空打开，向地球背向太阳一面反射太阳光。太阳伞是由厚度是 5μm 的聚酯纤维涤纶薄膜制成的直径为 22m 的圆形光盘，巨大的太阳伞向正处于黑夜的欧洲发射了一道宽约 10km 的太阳光，实验时间持续时间约 6min，其亮度相当于月亮光的 2~3 倍。

"人造月亮"可以使黑夜变成白昼，节约大量能源，但也存在影响生物圈的生物节律，改变遗传性状等副作用。科学家拟于21世纪在太空设置100多把太阳伞组成永久性的太阳反射光环，按地球需求反射太阳光。有人设想，在太阳伞上附设光电微波发射器，可将光能转为电能，发射到地球，造福人类。

你会了吗？

本章主要学习了光的直线传播、光的反射、折射、全反射以及透镜成像的规律，并在此基础上向大家介绍了主要光学仪器的工作原理。

1. 光在同一种介质中是如何传播的？光在不同介质中传播会发生哪些光学现象？
2. 什么是光的反射、折射现象？它们遵循什么规律？
3. 什么是光的全反射现象？如何计算临界角？
4. 如何用作图法确定透镜的成像规律？
5. 透镜的成像公式是什么？

复 习 题

一、填空题（将正确答案填写在横线上）

1. 用平面镜可以改变光线的_____，当光线与镜面成30°角入射时，入射角是_____度，反射角是_____度。

2. 光在真空中传播的速度 c =_____ km/s，在空气中传播的速度或在粗略计算中都可取这个值。

3. 水的折射率是 $\frac{4}{3}$，玻璃的折射率是1.5，则光在水中的传播速度是_____ m/s，在玻璃中的传播速度是_____ m/s。

4. 光从光_____介质射入光_____介质，可能发生全反射，发生全反射的条件是_____，_____。

5. 凸透镜的焦距是20cm，物距是25cm，则物与像之间的距离是_____ cm。

二、单项选择题（将正确答案的序号填写在圆括弧内）

1. 蜡烛火焰通过小孔在光屏上可以成像，在小孔直径由5mm逐渐缩小到0.5mm过程中，所成像会变得(　　)。
   A. 渐清晰　　　B. 渐模糊　　　C. 渐清晰后又渐模糊　　　D. 渐模糊后又渐清晰

2. 在教室里某个同学看不清黑板上写的字，是由于光线照在黑板上发生(　　)。
   A. 漫反射　　　B. 镜面反射　　　C. 全反射　　　D. 折射

3. 人在岸上看到水中的鱼，下列结论中正确的是(　　)。
   A. 看到的是鱼的实像，但位置比实际位置更深
   B. 看到的是鱼的虚像，但位置比实际位置更深
   C. 看到的是鱼的虚像，但位置比实际位置更浅
   D. 看到的是鱼的实像，但位置比实际位置更浅

4. 下列光现象中属于全反射现象的是(　　)。

A. 海市蜃楼的壮观景象　　　　　B. 平面镜成像一定是在镜的后面,并且是虚像

C. 水中的气泡看起来特别明亮

5. 用焦距为 f 的凸透镜获得放大率是 n 的实像,物距应是(　　)。

A. nf　　　　B. $\dfrac{f}{n}$　　　　C. $\dfrac{(n+1)f}{n}$　　　　D. $\dfrac{(n-1)f}{n}$

三、判断题(正确的画"×",错误的画"√")

1. 光在任何介质中的传播速度都相同。(　　)

2. 光从光密介质射向光疏介质时一定会发生全反射。(　　)

3. 任何透镜都能成实像。(　　)

4. 凸透镜成的像都是放大的像。(　　)

5. 近视眼睛相当于凹透镜。(　　)

四、计算题

1. 太阳光线与水平面成 40° 角,要想使太阳光线照亮井底,平面镜应与水平面成多大角度?

2. 光在水中的传播速度正好是光速的四分之三,水的折射率是多少?

3. 光线从某种物质射入空气,测得入射角是 18°,折射角是 30°,求这种物质的折射率和光在其中的传播速度。

4. 在距地面 300m 的飞机上拍摄地面图,想要得到比例尺是 1∶5000 的照片,照相机的焦距应该多大?

五、综合分析题

1. 晚上在灯下读书,如果书的纸面很光滑,则会看到纸面上发出刺眼的光泽,感到很不舒服。为什么会出现这种现象?

2. 一束平行光通过两个透镜后仍能保持平行,这两个透镜应如何放置?画出光路图。

(1) 两个凸透镜;(2) 凸、凹透镜各一个。

第十六章 光的本性

本章将介绍光的干涉、衍射现象和光电效应及其规律，认识光既有波动性又有粒子性，同时还将说明一切微观粒子与光一样也具有波粒二象性。此外，对在工业技术上应用较广的光谱、激光等知识，也作一些简单的介绍。

第一节 光的波动性 色散 电磁波谱

光的波动性 在对光的本性进行研究过程中，形成了两种学说，一种是牛顿主张的微粒说，认为光是从发光体发出的以一定速度传播的微粒；另一种是惠更斯提出的波动说，认为光是从光源发出的在介质中以一定速度传播的波。干涉现象和衍射现象是波的重要特性，如果光是一种波，就必然会产生光的干涉现象和衍射现象。

1801 年，英国医生、物理学家托马斯·杨在实验室里成功地观察到光的干涉现象。图 16-1 所示是他改进后的实验装置示意图。让单色光通过一个狭缝 S 形成一束很细的光，这一束很细的光同时穿过两个十分靠近的并与狭缝 S 平行且等距的狭缝 S_1 和 S_2，分成两束光投射到屏幕上，两束光重叠部分便显示出了明暗相间的干涉条纹。

为什么在上述杨氏实验中的两束光能产生干涉现象呢？原来一束光投射到单缝屏上，这个狭缝就成了一个"线光源"，它"发出"的光射到第二个屏的狭缝上，由于这两个狭缝相距很近，并且与单缝屏上狭缝的距离相等，所以如果光是传播某种振动的波，那么，任何时刻从单缝屏"发出"的光都会同时到达两个狭缝，这两个狭缝就成了两个振动情况完全相同

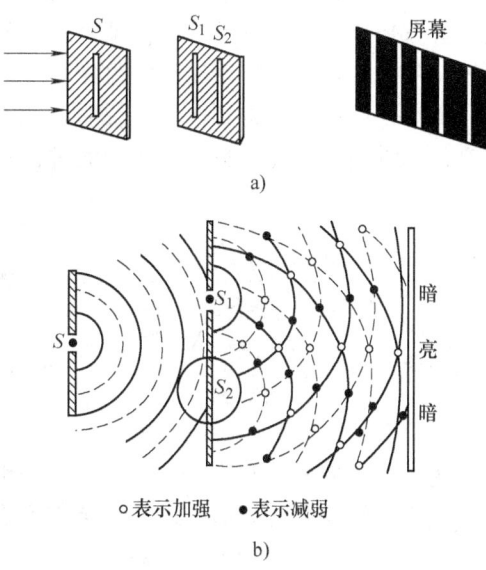

图 16-1 光的干涉现象

的相干波源。相干波源发出的波频率相同、振动方向一致，在屏上叠加就会出现**干涉现象**。即两列光波相遇，波峰与波峰相遇或波谷与波谷相遇的地方光波的振动加强了，呈现出亮条纹；波峰与波谷相遇的地方光波的振动被抵消或削弱，呈现出暗条纹。这就是屏幕上产生明暗相间条纹的过程。

如图 16-2 所示，用点光源照射到带有一个较大圆孔的屏上，在后一个屏上可得到一个光亮的圆，圆的大小与光沿直线传播产生的结果是一致的。但是，如果不断地缩小圆孔就会发现，当圆孔缩小到一定程度时，屏上会得到一些明暗相间的圆环（衍射环），其中部分圆环达到的范围远远超出了光沿直线传播所能达到的范围。这种光离开直线方向而绕到障碍物

阴影里去的现象称为光的**衍射现象**。

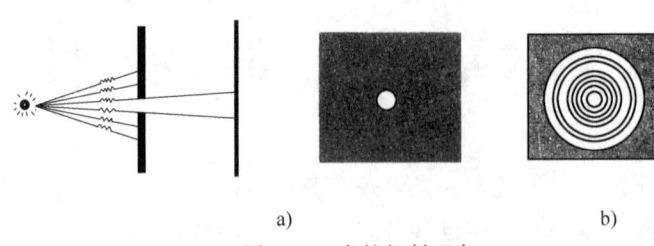

图 16-2　光的衍射现象
a）较大孔得到的光斑　b）较小孔得到的衍射环

1818 年，法国物理学家菲涅耳提出了波的数学理论，并用高超的实验技术进一步成功地证明了光的干涉和衍射现象。光的干涉现象和衍射现象有力地证明了光具有**波动性**。

光的干涉现象在精密测量和生产检验中起着重要作用。例如，利用光的干涉现象可以检验平面的平整度，检验材料的热膨胀性等。

色散　用一束平行的白光通过狭缝 S 照射到光屏上，将看到屏上出现一条白色光。如果在图 16-3 所示的位置上放置一个三棱镜，将会在屏上得到一条宽而带有各种颜色的光带。它的位置离开白光投射的方向而折向棱镜的底面，其中偏折最大的是紫光，偏折最小的是红光，并且按照红、橙、黄、绿、蓝、靛、紫的顺序排列，这七种光称为**单色光**。如图 16-4 所示，将从三棱镜中折射出的各色光通过另一个相同的但放置位置相反的三棱镜，各色光就会合起来，在屏幕上得到白光，说明白光是由各色光组成的。由单色光复合而成的光称为**复色光**。这种由复色光分解为单色光的过程称为光的**色散**。

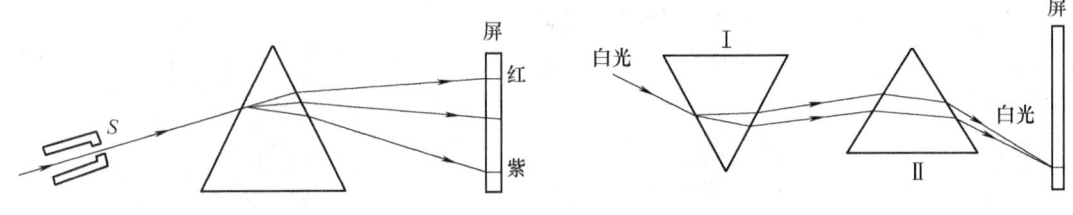

图 16-3　白光的色散　　　　　图 16-4　证明白光由各色光组成

色散的光依一定次序（波长）排列形成的光带称为**光谱**。色散得到的光谱是由红到紫的各种色光连续排列的光谱，这种光谱称为**连续光谱**。能引起人们视觉感觉的光称为**可见光**，可见光形成的光谱称为**可见光谱**。

在实验中可以看到，各种不同颜色的光在同一介质（玻璃制的三棱镜）中发生不同程度的折射，说明同一介质对不同颜色的光具有不同的折射率。人们常用的白光的折射率只是一个平均数值。

根据光的偏振现象可以证明，光是横波。各种色光在真空中的传播速度是相同的（都等于 c），但它们在同一介质中的折射率不同，由折射率公式 $n=c/v$ 可以看出，它们在同一介质中的传播速度是不同的。频率高的紫光折射率大，其传播速度小；频率低的红光折射率小，其传播速度大。另外，光波频率不随介质而改变，但是同一频率的光在不同介质中的传播速度是不同的，所以，当介质改变时，其波长是会改变的。

电磁波谱　光虽然是一种波，但是人们不能完全以机械波的模型去理解光的传播。19 世纪 70 年代麦克斯韦根据自己对电磁现象的研究，指出光是一种电磁波，这就是光的电磁理论，它使人们对光的认识更加深入。许多实验都有力地证明：电磁波的传播速度等于光速，在真空中是 $3\times10^8\text{m/s}$；电磁波与光一样能发生反射、折射、干涉和衍射等现象。各种电磁波按照波长的长短依次排列，就可组成电磁波谱，见表 16-1。

表 16-1　电磁波谱

电磁波种类	频率/Hz	在真空中的波长/m	电磁波种类	频率/Hz	在真空中的波长/m
无线电波	$10^4 \sim 3\times10^{12}$	$3\times10^4 \sim 10^{-4}$	紫外线	$7.7\times10^{14} \sim 3\times10^{16}$	$3.9\times10^{-7} \sim 6\times10^{-9}$
红外线	$10^{12} \sim 3.9\times10^{14}$	$3\times10^{-4} \sim 7.7\times10^{-7}$	伦琴射线	$3\times10^{16} \sim 3\times10^{20}$	$10^{-8} \sim 10^{-12}$
可见光	$3.9\times10^{14} \sim 7.7\times10^{14}$	$7.7\times10^{-7} \sim 3.9\times10^{-7}$	γ 射线	3×10^{20} 以上	10^{-12} 以下

无线电波是由电磁振荡产生的；从红外线到伦琴射线是由分子、离子和原子内电磁振荡产生的；γ 射线是由放射性物质在原子核变化过程中产生的。

对各种性质的电磁波的研究表明：一定波长范围内的电磁波具有一定的性质，随着波长的变化，不同波段的电磁波表现出各种不同的性质。例如，波长较长的无线电波，容易发生干涉现象和衍射现象，而波长较短的伦琴射线、γ 射线就不容易发生干涉现象和衍射现象，但它们对物体的穿透本领却是随着波长的变短而提高。

思考与练习

1. 光的干涉现象和光的衍射现象有何区别？
2. 在阳光下的肥皂泡上，能看到鲜艳瑰丽的色彩，为什么？
3. 光的色散现象说明了什么？
4. 白光是由　　　　　光组成的。由　　　　　光复合而成的光称为复色光。

第二节　光电效应　光的粒子性　光的波粒二象性

光的电磁说使光的波动理论发展到相当完美的地步，取得了巨大成就。但是，德国物理学家赫兹在他首先验证了电磁波存在的同时，也在 1887 年发现了后来被人们称为光电效应的现象，这使得光的波动说遇到了无法克服的困难。

如图 16-5 所示，把一块擦得很亮的锌板连接在灵敏验电器上，用弧光灯照射锌板，验电器的指针就张开一个角度，表明锌板带了电。经过检验锌板带的是正电。这说明在弧光灯的照射下，锌板中有一部分自由电子从表面飞了出去，锌板中缺少了电子，于是带正电。

物质在光（包括不可见光）照射下，发射电子的现象称为**光电效应**（*photoelectric effect*），发射出来的电子称为**光电子**，产生的电流称为**光电流**。能够发生光电效应的金属元素有锌、银、铂、锂、钠、钾、铯等碱金属，

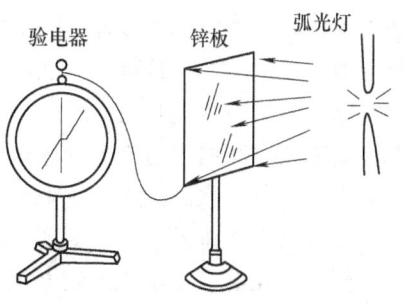

图 16-5　光电效应

这些金属产生的光电效应属于外光电效应。而在半导体材料中产生的光电效应属于内光电效应，即当光照射半导体材料时，内部的原子会释放出价电子成为自由电子，增加了半导体的导电性，并使半导体材料产生电势差。由于自由电子仍然在半导体内部，故称内光电效应。

光电效应实验结果表明如下规律：

（1）在单位时间内，从物体表面发射出的光电子数与照射光的强度成正比。

（2）光电子的初动能仅随照射光的频率增加而增大，与照射光的强度无关。

（3）任何一种金属都有一个极限频率，照射光的频率必须大于或等于某一极限频率才能产生光电效应。这个极限频率称为金属的红限。如果照射光的频率低于金属的红限，不管照射光的强度多强，均不能产生光电效应。

（4）照射光照射到金属时，光电子的发射几乎是瞬时的，一般不超过 10^{-9} s。

因为从金属发射出的光电子的能量，是由照射光提供的。按照波动理论，照射光的能量的大小是由光的强度决定的，而光的强度取决于光波的振幅，跟频率无关。因此，只要照射光的强度足够大或者照射的时间足够长，都能够使电子获得足够的能量产生光电效应。

然而，实验结果表明：产生的光电效应仅与照射光的频率有关。每一种金属都有一个极限频率，照射光的频率必须大于这个极限频率，才能产生光电效应。并且照射光的频率越高，产生的光电子的初动能越大；照射光的强度只影响产生光电子数量的多少，而不影响光电子的初动能。这些都是用波动说的理论无法解释的。

1900 年，德国物理学家普朗克在研究电磁辐射的能量分布时发现，只有认为电磁波的发射和吸收不是连续的，而是一份一份地进行的，每一份的能量等于 $h\nu$，只有这样进行假设才能使理论计算的结果与实验结果完全符合，这里的 ν 是照射光的频率，h 是普朗克常量（实验测出的 $h = 6.63 \times 10^{-34}$ J·s）。

在这个学说的启发下，为了解释光电效应的规律，爱因斯坦于 1905 年提出，在空间传播的光也不是连续的，而是一份一份的，每一份称为一个**光子**(light quantum)。光子的能量与它的频率成正比，即 $E = h\nu$，这个学说后来称为**光子说**。光子说能很好地解释光电效应。

当光子照射到金属上时，它的能量可以被金属中的某个电子全部吸收，电子吸收光子的能量后，动能立刻增加，不需要积累能量过程。如果电子的动能足够大，能够克服内部原子核对它的引力，就可以离开金属表面逃逸出来，成为光电子。当然，电子吸收光子的能量后可能向各个方向运动，有的向金属内部运动，并不出来。向金属表面运动的电子，经过的路程不同，途中损失的能量也不同。而金属表面上的电子，只要克服金属原子核的引力做功，就能从金属中逸出，因而具有最大的初动能。光电子的最大初动能与入射光子的频率有关，如果入射光子的频率比较低，它的能量被电子吸收后，不足以克服金属原子核的引力，就不能产生光电效应了，这就是存在极限频率的原因。不同金属的电子飞出金属表面，需要克服金属原子核的引力做功的大小是不同的，所以，它们的极限频率也不同。如果入射光比较强，则单位时间内入射光子的数目较多，因此，产生的光电子也多。这样光子说就圆满地解释了光电效应，从而使人们认识到光是具有粒子性的。

光电效应可将光信号转变为电信号，因此，它在科研、生产和日常生活中得到了广泛应用。例如，光电管就是利用光电效应原理制成的，而光电管又可以应用于自动控制（如计数器）、无线电、传真、有声电影、光电池等方面。

光的波粒二象性 光的干涉现象和衍射现象表明光具有波动性，光电效应又证实光具有粒子性，光既具有波动性，又具有粒子性，这种性质就是**光的波粒二象性**。

在宏观现象中，波动性和粒子性是互不相容、截然不同的两种性质，没有任何宏观物体既有波动性又有粒子性。但是，对于光子这种微观粒子必须用波粒二象性才能圆满地解释其各种现象。

在爱因斯坦提出的光子说中，光子的能量 $E=h\nu$，频率 ν 就是波的特征，由此可见，光子说并没有否定光的电磁说。在这里必须明确，光既不是宏观概念中的微粒，也不是宏观的波，而是一种具有波粒二相性的微观客体。

光的波粒二象性理论不仅使人们对光的本性有了更深入的认识，而且把物理学家对微观世界的认识推进了一大步。1924 年，物理学家德布罗意在光的波粒二象性的启发下，提出了一切微观粒子，如电子、质子等，都具有波动性。之后的物理学家们又在实验中观察到了电子、质子等的衍射图样，并且根据图样计算出的波长与德布罗意的预料完全一致。于是人们承认了德布罗意的假说，并且把这种波称为德布罗意波或物质波。

思考与练习

1. 钠的极限频率是 6.00×10^{14} Hz，用紫外线照射时它会发生光电效应吗？为什么？
2. 在单位时间内，从物体表面发射出的光电子数与照射光的_____成正比。
3. 光电子的初动能仅随照射光的_____增加而增大，与照射光的_____无关。

第三节 激光的特性及应用

激光的产生 **激光**是基于物质受激辐射原理而产生的一种高强度的相干光。美国休斯实验室饿梅曼采用红宝石晶体作为激光器的工作物质，氙灯作为激励源，在 1960 年 5 月制成了世界上第一台激光器。我国第一台激光器诞生于 1961 年 9 月，钱学森教授给"Laser"起了中国名字"激光"。

高温物体能够发光，因为处于激发状态的原子是不稳定的，经过很短的时间（通常约为 10^{-8} s）就自发地辐射光子，跃迁到较低的能级上去，这种辐射称为**自发辐射**。在自发辐射过程中，各个原子发出的光是彼此独立、向四面八方辐射的，频率也不相同，这就是普通光源发出的自然光。

另一种情形就是当原子处于高能级 E_2 时，恰好有能量 $h\nu=E_2-E_1$ 的光子从附近通过，在入射光子的电磁场影响下，原子会发出一个同样的光子而跃迁到低能级 E_1 去，这种辐射称为**受激辐射**。原子发生受激辐射时，发出的光子的频率、发射方向等，都与入射光子完全一样。这样一个入射光子由于引起受激辐射就变成了两个同样的光子。如果这两个光子在媒质中传播时再引起其他原子发生受激辐射，就会产生越来越多的频率和发射方向都相同的光子，使光得到加强（也称光放大），这就是激光。

激光的特性 激光主要由同频率、同相位和同方向的光子构成。它具有普通光所不具有的特性：单色性好、相干性好、方向性好和亮度高，即"三好一高"。

单色性好 普通光源发射的光子，在频率上是各不相同的，所以包含有各种颜色。而激光发射的各个光子频率相同，因此激光是最好的单色光源。例如，氦-氖激光器发出的波长为 632.8 nm 的红光，对应的频率是 4.74×10^{14} Hz，频率宽度只有 9.0×10^{-2} Hz。而普通的氦-氖混合气体放电管发出的同样频率的光时，其频率宽度是 1.52×10^9 Hz，比激光的频率宽度大 10^{10} 倍以上，也就是说，激光的单色性比普通光高 10^{10} 倍。普通光源中最好的单色光源是氪灯，激光的单色性比氪灯还要高一万倍。激光的这一特性可用于光谱技术、光学测量、激光通信和等离子体测试等方面。

相干性好　由于受激辐射的光子在相位上是一致的，再加之谐振腔的选模作用，从而使激光束横截面上各点间有固定的相位关系，所以激光的空间相干性很好（由自发辐射产生的普通光是非相干光）。例如，特制的氦-氖激光器输出的激光束相干长度达 $2 \times 10^7 \mathrm{km}$，而普通单色光的相干长度只有米的量级，对于单色性最好的氪灯发射的红光来说，其相干长度也只有 38.5cm。激光的相干性为人们提供了最好的相干光源，也使得相干技术获得飞跃发展，如利用激光干涉仪进行检测，比普通干涉仪速度快、精度高。用激光测量几米长的物体时，其测量精度可达 $0.1\mu m$ 以内。此外，利用激光作为光源，还可以进行全息照相。

方向性好　激光几乎是一束定向发射的平行光线，其发散角很小，约在 1″ 以下。用红宝石激光器将直径是 1mm 的光束射向月球，通过 380000km 的距离，激光照射到月球上形成的光斑直径仅有 1.6km。而普通光源发出的光射向四面八方，为了将普通光沿某个方向集中起来常使用聚光装置，但即便使用最好的探照灯，当其光投射到月球上时，光斑直径也将扩大到 1000km 以上。激光束的方向性好这一特性可用于定位、导向、测距等方面。

亮度高　激光由于方向性好，光束可以集中于细窄的范围内，能量在发射方向可以高度集中，因此，在亮度上比普通光源有极大的提高。一台功率仅为 1mW 的氦-氖激光器的亮度也比太阳约高 100 倍，而一台功率较大的红宝石巨脉激光器的亮度比太阳要高 10^{10} 倍，有些激光器能产生 $10^{12}\mathrm{W}$ 的峰值功率。可以毫不夸张地说，激光是现代最亮的光源，迄今为止，只有氢弹爆炸瞬间的强烈闪光，才能与之相比。

功率较大的脉冲激光器发出的激光，能在不到千分之一秒的时间内使透镜焦点附近产生几千甚至几万度的高温，即使是最难熔化的材料，在这一瞬间也要被熔化或气化。利用激光的这一特性，可以对各种材料进行打孔、焊接、切割等。在医学上，可用激光作为手术刀，对患者进行无痛或微痛手术。

激光的应用　利用激光测量距离可以达到很高的精度。对准目标发出一个极短时间的激光脉冲，测出激光从发射到反射回发射点经过的时间 t，就可以按公式 $L = \dfrac{1}{2}ct$ 求出从激光发射点到被测目标的距离 L，式中 c 是光速。根据上述原理设计制造的激光测距仪就是激光雷达。多用途的激光雷达不仅可以测量距离，还能测定被测目标的方位、运动速度、运动轨迹，甚至能描绘出目标的形状，并进行识别和自动跟踪。所以，激光雷达可以用在导航、气象、天文、大地测量、军事、人造卫星、宇宙飞船等方面。

例如，利用激光良好的方向性，可以制成激光制导炸弹。如图 16-6 所示，从飞机上发出的激光束，照射到所要攻击的目标，在炸弹的头部装上一个"激光寻的器"（寻找目标的装置），它接收到从目标上反射回来的激光束后，通过控制炸弹的尾翼来引导炸弹飞向指定目标。采用这种制导方法制成的炸弹，命中率非常高。

利用激光的高亮度和高功率密度，可以进行精密加工，尤其是对高熔点、高硬度、难加工的材料进行的精密加工，如激光打孔（可在喷丝头上加工出 12000 个直径是 0.06mm 的孔）、激光切割、激光焊接、激光雕刻、激光热处理等。而且激光加工无需与被加工零件直接接触，具有加工精度高、节能、自动化程度高等优

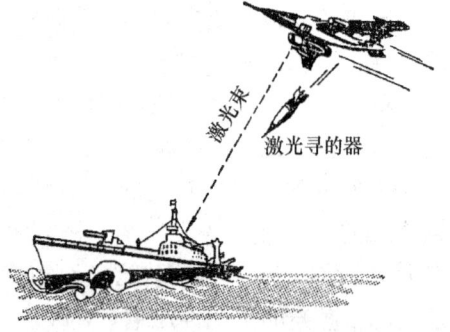

图 16-6　激光制导炸弹

点。图 16-7 所示是激光打孔示意图。

在产品质量检验中，利用激光的相干性和单色性特性，可以快速地对产品进行检查与分析，如利用激光全息技术可以不用解剖样品就可探查出产品内部是否存在缺陷，以及缺陷的位置、大小等，从而实现无损检测。

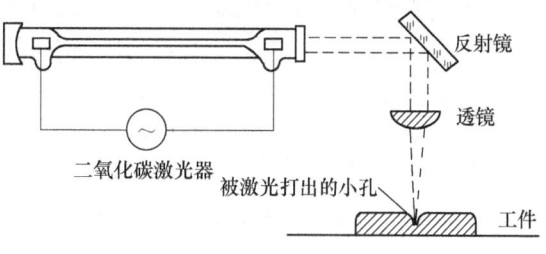

图 16-7　激光打孔示意图

利用激光相干性好的特性，可以将激光束聚焦得很小、很细，缩短信息写入时所占的空间，因而激光制作的光盘可以提高信息存储密度，也能缩短信息读取时间，大幅度提高信息处理能力。同时，由于读取信息时，光点与光盘无摩擦，因此，光盘的使用寿命也可以延长。激光信息处理包括光盘制作、光纤通信、光计算、激光印刷技术等。

利用高亮度激光束产生的热效应以及单色性好的激光束产生的生物效应，医学上可以用激光作"光刀"来切开皮肤、切除肿瘤或做其他外科手术。例如，利用激光可以医治眼科、妇科、皮肤科、内科、肿瘤科在内的 200 多种疾病。具体治疗方法有：激光刀、光凝治疗、光照射治疗等。

在化学反应中，用一定频率的红外激光照射反应物，可以破坏反应物分子中的某些化学键，引发某些特定的反应，抑制不希望发生的反应，制取用普通方法难以合成的化合物。

在农业上，用一定波长、一定剂量的激光按一定方式照射农作物种子或生物体，可能改变其遗传性，培育新的优良品种。

【拓展知识】

全 息 照 相

图 16-8 所示是拍摄全息照片的原理图。将同一束激光分成两部分，一部分激光(称为参考光)直接照射到底片上，另一部分激光(称为物光)经反射镜发射后先照射到被拍摄物体上，然后经过物体反射后再反射到底片上。参考光和物光是相干光，在底片上相遇时会发生干涉现象，形成复杂的干涉条纹。因为从物体上各点反射回来的物光明暗和相位不同，所以，底片上各处的干涉条纹也不同。明暗不同使条纹变黑程度不同；相位不同使条纹的密度、形状不同。因此，底片上记录的是物光的全部信息。但它不像普通照相底片那样冲洗后直接显示出物体的形象，而是显示一张形状迥异的干涉条纹图(简称全息图)。

如图 16-9 所示，观看全息照片时，需要用拍摄该照片时所用的相同波长的激光，沿原

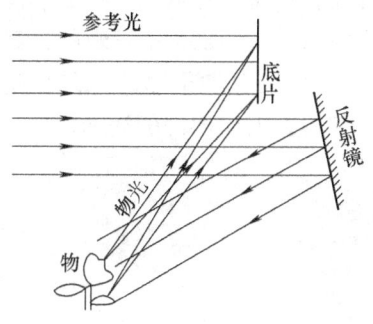

图 16-8　全息照相的记录原理图

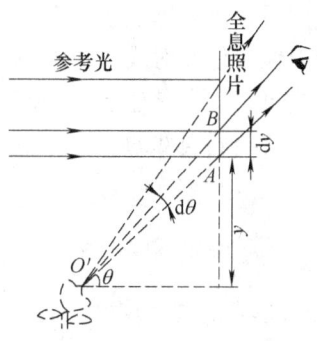

图 16-9　全息图像的再现

参考光方向照射冲洗后的底片。观看者在底片的背面向底片观看时，就可看到在原来位置上物体完整的立体形象，而底片本身就像一个窗口。当人眼换一个角度观看时，还会看到物体的侧面像。由于底片上每一点都有物体的全部信息，因此，即使截取底片上的一小块来观看，也能够观看到整个物体的立体形象。

【课外实践活动】 收集激光技术在生活、生产和军事中的应用实例，并相互交流，探讨其制作原理。对于激光技术的发展，你还有其他设想吗？

思考与探讨

1. 激光是基于物质_____辐射原理而产生的一种高强度的_____光。
2. 激光主要由同_____、同_____和同_____的光子构成。
3. 激光有哪些优异的特性？

物理科学应用实例

红外线 1800 年，英国物理学家赫谢耳在用灵敏温度计研究光谱中各种色光的热作用时，发现在红光区域的外侧仍然具有热效应。这表明存在着波长比红光还长的看不见的射线，这种射线称为红外线，其波长范围大约是 $770 \sim 10^6$ nm。红外线最显著的特点是热效应大，所以，可以利用红外线来加热物体，如烘干油漆和谷物以及进行理疗等。一切物体都在不停地发射红外线，并且不同的物体发射的红外线的波长和强度不同。因此，利用红外线探测器吸收物体发出的红外线，然后用电子仪器对接收到的信号进行处理，就可以得到被探测物体的特征，这就是人们常说的红外遥感技术。将红外遥感技术用于飞机或卫星上，可以勘测地热、寻找水源、监测森林火情、估计农作物的长势与收成、预报台风与寒潮等。

紫外线 紫外线是德国物理学家里特在 1801 年发现的，其波长范围大约是 $5 \sim 400$ nm。一切高温物体，如太阳、弧光灯，发出的光中都有紫外线。紫外线的主要作用有：

（1）紫外线极易使底片感光，用紫外线照相能辨认出非常细微的差别，如可以将非常模糊的字迹、指纹清晰地成像在底片上。

（2）紫外线能使许多物质发出荧光，如可以激发纸币上的荧光油墨发出荧光，进行防伪设计。

（3）紫外线在医学方面有着广泛的应用，如用它可以杀菌消毒和进行理疗等。但过强的紫外线照射会使人体导致病变，如电焊机产生的紫外线会伤害操作人员的眼睛和皮肤等。

伦琴射线 伦琴射线，即 X 射线，它是德国物理学家伦琴在 1895 年发现的，其波长范围比紫外线更短。它最显著的特点是有很强的穿透能力，可以穿过很厚的障碍物使底片感光，可以探测金属内部的裂纹、砂眼等缺陷，可以透视和检查人体内部的病变。

你会了吗？

1. 什么是光的波动性？
2. 什么是电磁波谱？

3. 什么是光的粒子性?

4. 什么是光电效应现象?

5. 什么是光的波粒二象性?

复 习 题

一、概念简答

1. 色散。　2. 可见光。　3. 电磁波谱。　4. 光电效应。

二、填空题(将正确答案填写在横线上)

1. 光是一种_____波,电磁波与_____一样能发生反射、折射、干涉和衍射等现象。

2. 光既具有_____性,又具有_____性,这种性质就是光的波粒二象性。

三、单项选择题(将正确答案的序号填写在圆括弧内)

1. 单色光从真空射入玻璃时,下列哪些说法正确(　　)。

A. 波长变长,波速变小　　　　B. 波长变短,波速变大

C. 波长变长,波速变大　　　　D. 波长变短,波速变小

2. 以下射线中光子能量最大的是(　　)。

A. 红外线　　　B. 紫外线　　　C. X射线　　　D. γ射线

第十七章 原子和原子核

随着物理学研究的深入和实验技术的提高，19 世纪以来，物理学出现了许多重大发现，如阴极射线、伦琴射线、放射性元素等。这些新发现证明了原子不是不可分的，原子核也具有复杂的结构。20 世纪以来，随着原子物理和核物理科学理论的相继建立，原子能的应用也取得了很大的发展。本章介绍原子和原子核的初步知识。

第一节 核式结构的发现

100 多年前，人们从化学实验中知道，物质是由分子组成的，分子(*numerator*)是由原子组成的，由于在化学反应中原子的种类和数目不变，于是形成了原子是组成物质的最小微粒的概念。直到 19 世纪末，人们一直认为原子(*atom*)是不可再分的。

汤姆生的原子模型 1897 年，汤姆生(1856—1940)发现了电子。后来发现，在 X 射线使气体电离以及光电效应等现象中，都从物质的原子中击出了电子。这就表明电子是原子的组成部分。电子是带负电的，而原子是中性的，可见原子里还有带正电的物质。这些带正电的物质和带负电的电子是怎么样构成原子的，就成了当时物理学家们最关心的问题之一。

在 20 世纪的头十年中，科学家们提出了几种原子模型，其中最有影响的是汤姆生的原子模型。在这个模型里，原子是一个球体，正电荷均匀分布在整个球内，而电子却像枣糕里的枣子那样镶嵌在原子里，如图 17-1 所示。原子受到激发以后，电子开始振动发光，就形成了原子光谱。汤姆生模型能解释一些实验事实，但是不久，就被新的实验事实否定了。

卢瑟福的原子模型 1909—1911 年，英国物理学家卢瑟福(1871—1937)同他的合作者们做了用 α 粒子轰击金箔的实验，实验做法如下：

在一个小铅盒里放有少量的放射性元素钋，它发出的 α 粒子从铅盒的小孔射出，形成很细的一束射线射到金箔上。α 粒子穿过金箔后，打到荧光屏上产生一个个的闪光，这些闪光可以用显微镜观察到。整个装置放在一个抽成真空的容器里，荧光屏和显微镜能够围绕金箔在一个圆周上转动，如图 17-2 所示。

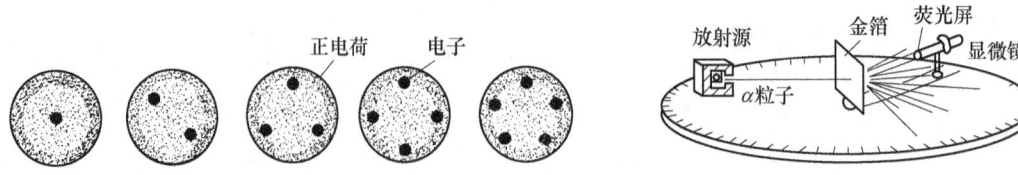

图 17-1 汤姆生的原子模型　　　　图 17-2 α 粒子散射实验装置示意图

根据汤姆生模型计算的结果，α 粒子穿过金箔后偏离原来方向的角度是很小的，因为电子的质量很小，不到 α 粒子的七千分之一，α 粒子碰到它，就像飞行着的子弹碰到一粒尘埃一样，运动方向不会发生明显的改变；正电荷又是均匀分布的，α 粒子穿过原子时，它受到的原子内部两侧正电荷的斥力相当大一部分互相抵消，使 α 粒子偏转的力不会很大，如图 17-3 所示。

然而实验却得到了出乎意料的结果。绝大部分 α 粒子穿过金箔后仍沿原来的方向前进，少数 α 粒子却发生了较大的偏转，并且有极少数 α 粒子偏转角超过了 90°，有时甚至被弹回，偏转角几乎达到 180°。这种现象称为 **α 粒子的散射现象**，实验中产生的 α 粒子大角度散射现象，使卢瑟福感到惊奇，因为这需要有很强的相互作用力，除非原子的大部分质量和电荷集中到一个很小的核上，否则，大角度的散射是不可能的。

为了解释这个实验结果，卢瑟福在 1911 年提出了如下的原子的核式结构学说：在原子的中心有一个很小的核，称为**原子核**(nucleus)，原子的全部正电荷和几乎全部质量都集中在原子核里，带负电的电子在核外空间里绕着核旋转。原子核所带的单位正电荷数等于核外的电子数，所以，整个原子是中性的。

按照这个学说，α 粒子穿过原子时，如果离核较远，受到的库仑斥力就很小，运动方向也就改变很小，只有当 α 粒子与核十分接近时，才会受到很大的库仑力，发生大角度的偏转，如图 17-4 所示。由于原子核很小，α 粒子十分接近它的机会很小，所以，绝大多数 α 粒子基本上仍按直线方向前进，只有极少数发生大角度的偏转。

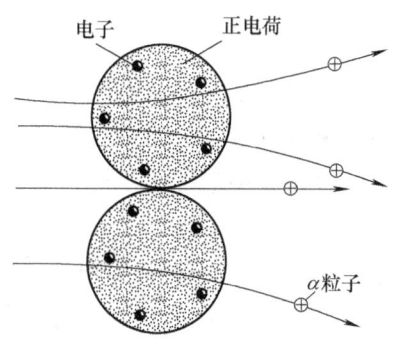
图 17-3　根据汤姆生原子模型
预言的 α 粒子偏转

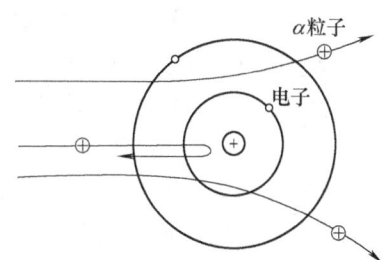
图 17-4　α 粒子十分接近原子核时
发生大角度偏转

从 α 粒子散射实验的数据还可以估计出原子核的直径约为 $10^{-15} \sim 10^{-14}$ m，原子直径大约是 10^{-10} m，两者相差十万倍，如果把原子比作直径为百米的大球，那么，原子核只有毫米左右的米粒大小。原子核虽小，却集中着原子的几乎全部的质量，因为核外电子的质量与原子的质量比较起来是很微小的。

玻尔的原子模型　卢瑟福的原子核式结构学说很好地解释了 α 粒子散射实验，初步建立了原子结构的正确图景，但它与经典的电磁理论发生了矛盾。原来，电子没有被库仑力吸引到核上，它一定是以很大的速度绕核运动，就像行星绕着太阳运动那样。按照经典电磁理论，绕核运动的电子应该辐射出电磁波，因此，它的能量要逐渐减少。随着能量的减少，电子绕核运行的轨道半径也要减小，于是电子将沿着螺旋线的轨道落入原子核，就像绕地球运动的人造卫星受到上层大气阻力不断损失能量后要落到地面上一样。这样看来，原子应当是不稳定的，然而实际上并不是这样。同时，按照经典电磁理论，电子绕核运行时辐射电磁波的频率应该等于电子绕核运行的频率，随着运行轨道半径的不断变化，电子绕核运行的频率要不断变化，因此，原子辐射电磁波的频率也要不断变化。这样，大量原子发光的光谱就应该是包含一切频率的连续谱，然而实际上原子光谱是由一些不连续的亮线组成的线状谱。

这些矛盾表明，从宏观现象总结出来的经典电磁理论不适用于像原子这样小的物体所产生的微观现象。为了解决这个矛盾，1913 年玻尔在卢瑟福学说的基础上，把普朗克的量子理论运用到原子系统上，在原子物理的研究上迈出了重要的一步。玻尔理论的主要内容是如下的假设：

（1）原子只能处于一系列不连续的能量状态中，在这些状态中原子是稳定的，电子虽然绕核运动，但并不向外辐射能量。这些状态称为**定态**。

（2）原子从一种定态（设能量是 $E_初$）跃迁到另一种定态（设能量是 $E_终$）时，它辐射（或吸收）一定频率的光子，光子的能量由这两种定态的能量差决定，即

$$h\nu = E_初 - E_终$$

（3）原子的不同能量状态与电子沿不同的圆形轨道绕核运动相对应。原子的定态是不连续的，因此，电子的可能轨道的分布也是不连续的。

玻尔在上述假设基础上，利用经典电磁理论和牛顿力学，计算出了氢的电子的各条可能的轨道半径，还计算出了电子在各条轨道上运动时的能量（包括动能和电势能）。

玻尔的计算结果可以概括为两个公式：

$$r_n = n^2 r_1, \qquad E_n = \frac{1}{n^2} E_1 \qquad (n = 1, 2, 3, \cdots)$$

式中，r_1、E_1 分别代表第一条（即离核最近的）可能轨道的半径和电子在这条轨道上运动的能量；r_n、E_n 分别代表第 n 条可能轨道的半径和电子在第 n 条轨道上运动时的能量；n 是正整数，称为**量子数**。玻尔计算出了氢的 r_1 和 E_1 数值：$r_1 = 5.3 \times 10^{-11}$ m，$E_1 = -13.6$ eV。

能级　氢原子的各个定态的能量值，称为**能级**。上面计算出的 E_n 就是氢原子的能级公式。通常把用上式计算出的氢原子的各个能级 E_n 表示为图 17-5 所示的能级图。

在正常状态下，原子处于最低能级，这时电子在离核最近的轨道上运动，这种定态称为**基态**。当物体受到加热或光照时，物体中的某些原子能够从相互碰撞或从入射光子中吸收一定的能量，电子就可以从内层轨道跃迁到离核较远的轨道上运动，即从基态跃迁到较高能级，这种定态称为**激发态**。原子从基态向激发态跃迁的过程是吸收能量的过程。原子从能级较高的激发态向能级较低的激发态（或基态）跃迁的过程是辐射能量的过程，这个能量以光子的形式辐射出去，这就是原子发光现象。原子无论吸收能量或辐射能量，这个能量都不是任意的，而是等于原子发生跃迁的两个能级间的能量差。

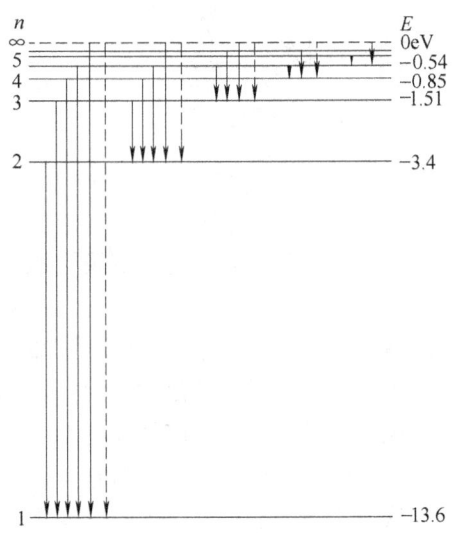

图 17-5　氢原子能级图

同时，由于辐射的能量是两个能级的能量差，是一个定值，所以辐射的光子的频率和波长都是一定的。由于能级的不连续性，所以高低能级间的能量差及由此产生的光子的频率、波长也是不连续的，因此，原子光谱是一系列不连续的明线光谱。

思考与练习

1. 从 α 粒子的散射实验中可以得到哪些结论?
2. 原子的全部正电荷和几乎全部质量都集中在_____里,带负电的电子在核外空间里绕着_____旋转。
3. 在正常状态下,原子处于_____能级,这时电子在离核最近的轨道上运动,这种定态称为_____。
4. 什么是能级?如何理解原子发光现象?
5. 计算氢原子的第二轨道半径及核外电子在该轨道上运动时的能量是多少。

第二节 天然放射现象

天然放射现象(*natural radioactivity*) 人类认识原子核的复杂结构和它的变化规律是从发现天然放射现象开始的。1896 年,法国物理学家贝克勒耳(1852—1908)发现,铀和含铀的矿物能发出某种看不见的射线,这种射线可以穿透黑纸使照相底片感光。物质能自发地产生射线的性质,称为**放射性**(*radioactivity*);具有放射性的元素,称为**放射性元素**(*radioactive element*)。

在贝克勒耳的建议下,玛丽·居里(1867—1934)和她的丈夫皮埃尔·居里(1859—1906)对铀和铀的各种矿石进行了深入研究,并且发现了两种放射性更强的新元素。玛丽·居里为了纪念她的祖国波兰,把其中一种元素命名为钋(读作"坡",元素符号是 Po),另一种元素命名为镭(元素符号是 Ra)。

铀、钋和镭放出的射线到底是什么呢?人们用电场和磁场来研究放射线的性质。先把放射性样品由窄孔放在铅盒底上,在孔的对面放着照相底片。被放射线照射过的底片,显影后在正对着窄孔的方向上有一个暗斑。再在铅盒和底片之间放上一对电极,使电场的方向与射线的方向垂直。把底片显影,底片上就出现了三个暗斑。这说明在电场作用下,射线分成了三束,如图 17-6 所示,其中的一束沿原来的方向前进,另外两束向相反方向偏转,表明这两束射线是由带电粒子组成的,并且电荷的符号相反,无偏转的射线是电中性的。由三个暗斑的

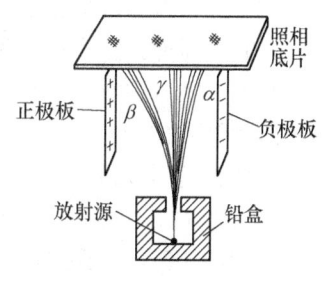

图 17-6 放射线

位置可知,带正电的射线偏转较小,带负电的射线偏转较大。人们把带正电的射线称为 **α 射线**,把带负电的射线称为 **β 射线**,把无偏转的射线称为 **γ 射线**。

放射线的性质 卢瑟福首先根据实验研究确定了 α 射线的粒子就是 α 粒子,其电荷量等于基本电荷的 2 倍,其质量是氢原子质量的 4 倍。经过进一步确认,α 粒子就是氦原子核。

α 粒子射出的速度约为光速的 1/10,贯穿物质的本领很小,在空气中只能飞行几厘米,一张薄铝箔或一张薄纸就能把它挡住;不过它有很强的电离作用,很容易使空气电离,使照相底片感光的作用也很强。

研究 β 射线在电场和磁场中偏转,证明了 β 射线是高速运动的电子流。β 射线的贯穿本领较强,能穿透黑纸,还能穿透几毫米厚的铝板,但它的电离作用比较弱。

γ射线的性质非常像 X 射线，只是它的贯穿能力比 X 射线大得多，甚至能贯穿几厘米厚的铅板，但它的电离作用却很小。后来发现 γ 射线在晶体上的衍射现象，并测定了它的波长以后，证明了它是波长极短的电磁波，它的波长小于 10^{-11} m。

放射性元素的衰变　放射性并不是少数几种元素具有的，实际上原子序数大于 83 的所有天然存在的元素，它们的原子核都是不稳定的，会自发地衰变为其他元素的原子核。原子序数小于 83 的天然存在的元素，也有一些具有放射性。

具有放射性元素的原子核，如铀核放出一个 α 粒子后，就变成了新的原子核。放射性元素放出射线转变为其他元素，并在变化时原有元素的原子数量逐渐减少的现象，称为原子核的**放射性衰变**（decay）。在放射性衰变中，原子的电荷数和质量数都是守恒的。如果用 $^{238}_{92}$U 代表铀原子核，上标"238"表示核的质量数，下标"92"表示核的电荷数（可以省去下标，简写为 ^{238}U，还可以简写为铀 238 或 U238）；用 $^{4}_{2}$He 代表氦原子核（即 α 粒子）；用 $^{234}_{90}$Th 代表钍原子核，于是铀 238 核放出 α 粒子变成钍 234 核的衰变过程可用下面的方程表示

$$^{238}_{92}\text{U} \rightarrow \,^{234}_{90}\text{Th} + \,^{4}_{2}\text{He}$$

从这个方程可以看出，方程两边的质量数和电荷数都是相同的，即在衰变过程中，原子核的质量数和电荷数都是守恒的。这种放出 α 粒子的衰变称为 **α 衰变**。

$^{238}_{92}$U 发生 α 衰变产生的 $^{234}_{90}$Th 也具有放射性，它能放出一个 β 粒子而变成 $^{234}_{91}$Pa（镤）。由于 β 粒子就是电子，电子的质量比核的质量小得多，一个原子核放出一个 β 粒子后，它的质量数不变。因此，可以认为电子的质量数是零，电荷数是 -1，于是若用 $^{0}_{-1}$e 来表示电子（即 β 粒子），则上述的衰变可表示为

$$^{234}_{90}\text{Th} \rightarrow \,^{234}_{91}\text{Pa} + \,^{0}_{-1}\text{e}$$

这个方程两边的质量数和电荷数也是相同的。这种放出 β 粒子的衰变，称为 **β 衰变**。

具有放射性的原子核在发生 α 衰变或 β 衰变时，产生的新核中有的具有过多的能量（核处于激发态中），这时它就会辐射出 γ 光子。因此，γ 射线是伴随 α 射线或 β 射线产生的。当放射性物质连续发生衰变时，各种原子核中有的发生 α 衰变，有的发生 β 衰变，同时伴随有 γ 辐射，这时在放射线中就会同时有 α、β 和 γ 三种射线。

半衰期（half-life）　放射性元素的衰变有一定的规律。例如，氡 222 经过 α 衰变变为钋 218，如果隔一定时间测定一次剩余的氡的数量，就会发现，大约每过 3.8 天以后，就有一半的氡发生了衰变。也就是说，经过第一个 3.8 天后，氡剩余 1/2，经过第二个 3.8 天后，氡剩余 1/4，再经过第三个 3.8 天后，氡就只剩下 1/8 了，如图 17-7 所示。因此，可以用**半衰期**来表示放射性元素衰变的快慢：半衰期是放射性元素的原子核在衰变中，减少到原有原子核数量一半时所需要的时间。每一种放射性元素都

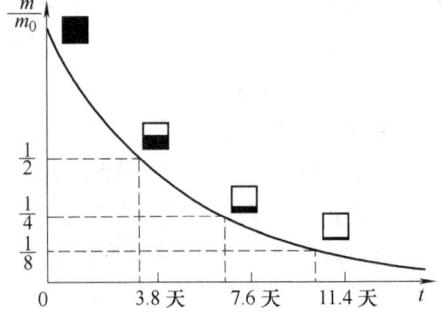

图 17-7　氡元素的衰变规律

有一定的半衰期，不同的放射性元素半衰期不同，甚至差别非常大。例如，前面说的氡 222 变为钋 218 的半衰期是 3.8 天，而镭 226 变为氡 222 的半衰期是 1620 年，铀 238 变为钍 234 的半衰期竟长达 4.5×10^{9} 年！

放射性元素衰变的快慢是由核内部本身的因素决定的，与原子所处的物理状态或化学状

态无关。例如，一种放射性元素，不管它是以单质存在还是以化合物存在，或者对它施加压力，或者增高它的温度，都不能改变它的半衰期。

思考与练习

1. 物质能自发地产生射线的性质，称为_____；具有放射性的元素，称为_____。
2. α、β、γ 射线各有什么特点？
3. 放射性元素放出射线转变为其他元素，并在变化时原有元素的原子数量逐渐减少的现象，称为_____。在衰变过程中，原子核的_____和_____都是守恒的。
4. 半衰期是放射性元素的原子核在衰变中，减少到原有原子核数量_____时所需要的时间。
5. 已知钍 234 元素的半衰期是 24 天，1g 钍 234 元素经过 120 天后还剩余多少？

第三节　原子核的人工转变　原子核的组成

放射性现象的发现，使人们认识到原子核仍然具有复杂结构，并且是能够发生变化的。但是，能不能用人工的方法使原子核发生变化呢？原子核是由什么组成的呢？

原子核的人工转变　1919 年，卢瑟福做了用 α 粒子轰击氮原子核的实验，第一次使原子核人为地发生转变，其实验装置如图 17-8 所示。容器里放有放射性物质，从放射性物质射出的 α 粒子射到一片铝箔上，适当选取铝箔的厚度，使 α 粒子恰好被它完全吸收，而不能透过。在铝箔的后面放置一个荧光屏，用显微镜来观察荧光屏上是否出现闪光。通过阀门往容器里通入氮气后，卢瑟福从荧光屏 S 观察到了闪光。这个实验表明，闪光一定是 α 粒子击中氮核后产生的新粒子透过铝箔引起的。

后来，测出了这种粒子的质量和电量，确定它就是氢原子核，又称**质子**（proton），通常用符号 $_1^1H$ 或 $_1^1P$ 表示。

为了进一步证实这个实验的结果，英国物理学家布拉凯特在充氮的云室里做了这个实验，拍摄了两万多张云室照片，终于从 40 多万条 α 粒子径迹的照片中，发现有 8 条产生了分叉，如图 17-9 所示。分析径迹的情况可以确定，分叉后的细长径迹是质子的径迹，另一条短粗的径迹是新产生的核的径迹，α 粒子的径迹在与核碰撞后不再出现。由质量数守恒和电荷数守恒可以知道，新产生的核是质量数等于 17 的氧。这个变化过程可以用下面的核反应方程来表示

$$_7^{14}N + _2^4He \rightarrow _8^{17}O + _1^1H$$

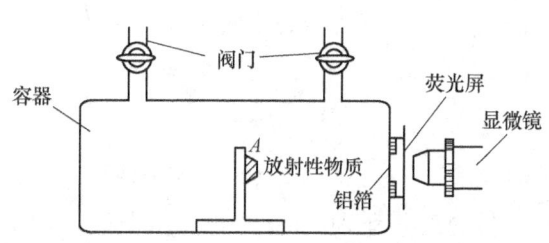

图 17-8　原子核的人工转变实验装置示意图

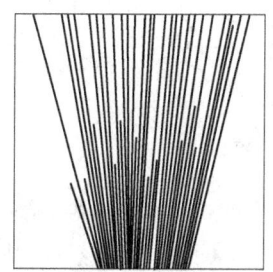

图 17-9　云室照片

后来，人们用同样的方法使氟、钠、铝等核发生类似的转变，并且都产生了质子。由于

各种原子核里都能打出质子来,可见质子是原子核的组成部分。

中子的发现　到20世纪20年代,原子核中包含着质子的事实已经为大多数人所公认。由于原子核的质量大体上是质子质量的整数倍,因此,有人认为原子核可能是由质子组成的。但是不久人们就发现这种想法是不正确的。如果原子核只是由质子组成的,它的电荷数(以基本电荷为单位)应该与质量数相等。实际上原子核的电荷数只是质量数的一半或者还少一些。卢瑟福根据以上事实,预想到原子内可能还存在着质量与质子相等的不带电的中性粒子,他把它称为**中子**。

1930年,人们发现用天然放射性元素钋放出的α射线轰击铍时,会产生一种看不见的贯穿能力很强的不带电粒子,它能够贯穿10～20cm的铅板。起初人们认为这种中性粒子可能是能量很高的光子,即γ射线。但是在1932年用这种射线轰击石蜡时,竟从石蜡中打出了质子,如图17-10所示。能量的测量和计算表明,这绝不是钋与铍反应时放出的光子所能做到的。卢瑟福的学生查德威克经过进一步的研究,证明了放射性钋轰击铍时发出的贯穿力极强的射线不是γ射线,而是一种质量差不多与质子相等的不带电粒子。卢瑟福设想过的中子的实际存在终于被证实了。

中子的质量数是1,电荷数是零,用$^1_0 n$表示。发现中子的核反应方程是

$$^9_4 Be + ^4_2 He \rightarrow ^{12}_6 C + ^1_0 n$$

实验证明,从许多原子核里都能打出中子来,可见中子也是原子核的组成部分。

原子核的组成　发现中子以后,人们看到,如果认为原子核是由质子和中子组成的,那么以前在原子结构理论中遇到的问题都可以解决。因此,原子是由质子、中子和电子组成的,而原子核是由质子和中子组成,质子和中子挤在原子中心的原子核里,电子在原子核周围运动,在原子核外形成不同的壳层,就像模糊的云飘移在天空中,如图17-11所示。这一结论很快得到人们的公认。

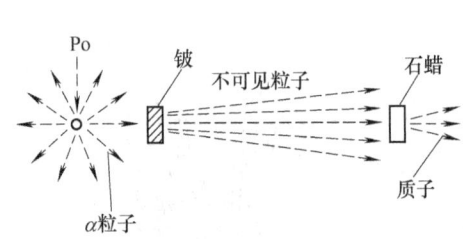

图17-10　查德威克实验示意图

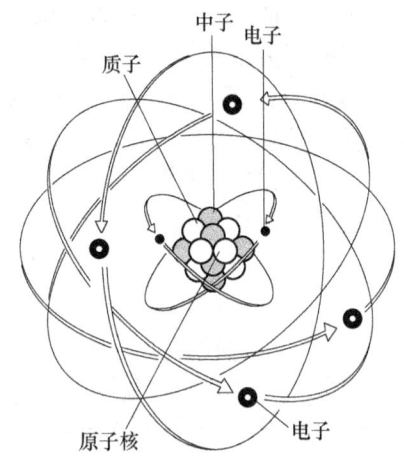

图17-11　原子结构示意图

质子和中子统称为**核子**。由于质子带一个单位的正电荷,中子不带电,质子和中子的质量几乎相等,都等于一个质量单位,所以,原子核的电荷数就等于它的质子数,原子核的质量数就等于它的质子数与中子数的和。具有相同质子数的原子,它们核外的电子数也相同,因而具有相同的化学性质,属于同一种元素。但它们的中子数可以是不同的,这些具有相同

的质子数和不同的中子数的原子互称**同位素**(*isotope*)。例如,氢有三种同位素:氢1(简称氢)、氢2(简称氘)和氢3(简称氚);碳有同位素:碳12、碳13和碳14等;氧有同位素:氧17、氧18等。

原子核的半径很小,其中质子之间的静电斥力是很大的,然而通常的原子核却是很稳定的,不会因静电斥力而分裂。这表明,在原子核里,除了质子间的静电力,还有另一种力,它把各种核子紧紧地拉在一起,这种力称为**核力**(*nuclear force*)。从实验知道,核力是一种很强的力,它在质子和质子间、质子和中子间、中子和中子间都存在,并且只在 2.0×10^{-15} m 极短的距离内起作用,超过了这个距离,核力就迅速减小到零。质子和中子的半径大约是 0.8×10^{-15} m,因此,每个核子只与它相邻的核之间才有核力的作用。关于核力的本质问题现在仍在深入研究中。

思考与练习

1. 完成下列核反应方程式
 (1) $^{13}_{6}C + ^{2}_{1}H \rightarrow ^{1}_{0}n + ($　　$)$　　(2) $^{13}_{6}C + ^{2}_{1}H \rightarrow ^{11}_{5}B + ($　　$)$
 (3) $^{238}_{92}U \rightarrow ^{4}_{2}He + ($　　$)$　　(4) $^{223}_{87}Fr \rightarrow ^{0}_{-1}e + ($　　$)$
2. 具有_____的质子数和_____的中子数的原子互称同位素。
3. 写出下列情况的核反应方程式:
 (1) 用 α 粒子轰击铝核($^{27}_{13}Al$)时打出一个中子;
 (2) 氮核($^{14}_{7}N$)俘获一个 α 粒子后放出一个质子。

第四节　放射性同位素

1934 年,约里奥·居里和伊丽芙·居里夫妇在用 α 粒子轰击铝箔时,除探测到预料中的中子外,还探测到了正电子。正电子的质量与电子的质量相同,带一个单位的正电荷,与电子的电荷正好相反。更意外的是,拿走 α 放射源以后,铝箔虽不再发射中子,但仍继续发射正电子,而且这种放射性也有一定的半衰期。原来,铝核被 α 粒子击中后发生了下面的反应

$$^{27}_{13}Al + ^{4}_{2}He \rightarrow ^{30}_{15}P + ^{1}_{0}n$$

反应生成物 $^{30}_{15}P$ 是磷的一种同位素,也有放射性,像天然放射性元素一样发生衰变,衰变时放出正电子。若用符号 $^{0}_{1}e$ 表示正电子,则 $^{30}_{15}P$ 的衰变反应可写为

$$^{30}_{15}P \rightarrow ^{30}_{14}Si + ^{0}_{1}e$$

用人工方法得到放射性同位素是一个重要发现。后来人们用质子、氘核、中子和 γ 光子轰击原子核,也得到了放射性同位素。天然放射性同位素只有 40 余种,而目前人工制造的放射性同位素已达 1000 多种,每种元素都有了放射性同位素。放射性同位素在工业、农业、医疗卫生和科学研究的许多方面得到了广泛应用。放射性同位素主要有两方面的应用。

放射线的利用　利用放射性同位素放出的 γ 射线的贯穿本领,可以检查金属内部有没有砂眼或裂纹,这种检验称为 **γ 射线探伤**,如图 17-12 所示。而且使用 γ 射线进行探伤比使用 X 射线效果好,因为用 X 射线只能检查 2~3cm 厚的钢板,而用 γ 射线可以检查 30cm 厚的钢铁部件,还可以把放射性同位素放进器件的内部进行探伤,操作很方便。

利用放射线的电离作用，可以消除机器在运转中因磨擦而产生的有害静电。在实际生产中，可以把用钚238、钋210等放射源制成的静电消除器安装在生产设备的适当部位，放射性物质发出的射线就可以使空气分子电离，变成导电气体，从而把积累起来的电荷泄出。

利用γ射线对生物组织的物理、化学效应，通过射线照射可以使种子发生变异，培育出新的优良品种；可以杀死食物中的致腐细菌，使其长期保鲜；可以防止马铃薯、大蒜等块根块茎作物发芽，便于长期保存。射线照射还能抑制农业害虫的生长，甚至直接消灭害虫。在医疗卫生上，可以应用放射性钴60的γ射线治疗肿瘤等疾病；还可以消毒灭菌，处理医院排放的污泥污水，杀死各种病原体，保护环境免受污染。

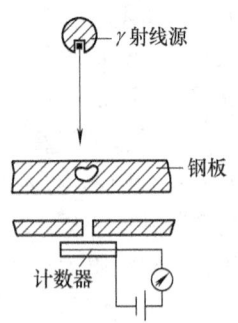

图 17-12　γ 射线探伤示意图

另外，利用放射性同位素可以作为"时钟"，来测定漫长时间，这种方法称为放射性同位素**鉴年法**。例如，我国考古人员用放射性同位素鉴年法对马王堆一号墓外椁盖板杉木进行鉴定，结果表明该墓距今 2130±95 年。而通过历史文献考证得出的结论是：该墓是西汉早期，约在 2100 前，两者非常吻合。

示踪原子的利用　把放射性同位素的原子掺到其他物质中去，让它们一起运动、迁移，再用放射性探测仪器进行追踪，就可以知道放射性原子通过什么路径，运动到哪里了，是怎样分布的，从而可以了解某些不容易查明的情况或规律。人们把这种用途的放射性同位素称为**示踪原子**。

示踪原子的应用是多方面的，在生物科学研究方面，同位素示踪技术发挥着重要作用。在生物大分子结构及其功能的研究中，几乎都要借助于示踪原子。例如，在农业生产中，可以把含有放射性元素的肥料施给作物，然后用检测放射性的办法确定放射性元素在作物内的转移和分布情况，可以帮助人们确定植物在生长过程中究竟需要哪几种肥料，需要多少，何时施肥最为适宜。在医学上，可以把示踪原子放到药物中去，通过动物实验，发现药物在动物体内吸收、分布、聚积和排泄的规律，从而为指导临床使用提供信息。

我国科学家于 1965 年 9 月首先用人工方法合成了牛胰岛素，这是我国科学家在医学领域取得的一项重大成就。在这一工作中需要证明人工合成的牛胰岛素结晶体与天然牛胰岛素的结晶体是否是同一种物质。因此，在合成过程中掺入放射性碳 14 作为示踪原子，然后把掺入碳 14 的人工合成的牛胰岛素与天然牛胰岛素混合到一起，经过多次重新结晶后，得到了放射性碳 14 分布均匀的牛胰岛素结晶体，这就证明了人工合成的牛胰岛素与天然牛胰岛素完全融为一体，它们是同一种物质，从而为我国在国际上首先合成牛胰岛素提供了有力的证据。

放射线污染与防治　过量的放射性物质产生的放射线泄露对环境造成的污染，对人类和自然界产生的破坏作用，称为**放射线污染**。放射线对人体组织是有伤害作用的，过量的放射线对人体内的 DNA 发生作用，会使之发生突变，造成对人体的伤害。科研或生产中使用的放射源物质丢失、遗落、核爆炸、贫铀弹、核电站泄露等都会导致放射性污染。此外，一些人工合成的放射性物质以及一些天然物质（如矿石、大理石等）所放出的过量的放射线也会对人类和自然产生严重的危害。

为了防止有害的放射线对人类和自然的破坏，人们所采取的有效防范措施，称为**放射线**

防治。例如，在核电站的核反应堆外层用厚厚的水泥来防止放射线的外泄；用过的核废料要放在很厚很重的重金属箱内，并埋在深海里；在生活中对那些有放射线的物质要有防范的意识，尽可能远离放射源等，都是对放射线的有效防治措施。在使用放射性同位素时必须注意安全，要防止放射性物质对水源、空气、用具、工作场所的污染，并且要防止放射线过多地照射人体。

思考与练习

1. 放射性同位素有哪些作用？
2. 正电子的质量与电子的质量_____，带一个单位的正电荷，与电子的电荷正好_____。

第五节 核 能

核能 核能就是原子能，是原子核裂变或聚变过程中所释放出的能量。核能包括重核裂变释放的能量（如原子弹爆炸释放的能量）、轻核聚变释放的能量（如太阳发光发热的能量来源）及原子核衰变时释放出的放射能（如放射电池就是利用钚-239 在衰变过程中释放出来的能量来发电的）。

由于核子间存在着强大的核力，所以，核子结合成原子核或原子核分解为核子时，都伴随着巨大的能量变化。例如，一个中子和一个质子结合成氘核时，要放出 2.22 兆电子伏的能量，这个能量以 γ 光子的形式辐射出去，其核反应（*nuclear reaction*）方程为

$$_0^1 n + _1^1 H \rightarrow _1^2 H + \gamma$$

与上述过程相反的过程是用 γ 射线轰击氘原子，其核反应方程为

$$_1^2 H + \gamma \rightarrow _1^1 H + _0^1 n$$

从实验得知，当 γ 光子的能量小于 2.22 兆电子伏时，这个反应并不发生，只有光子的能量等于或大于 2.22 兆电子伏时，氘核才能分解为质子和中子。

质量亏损 物理学家们通过研究质子、中子和氘核之间的质量关系发现，氘核虽然是由一个中子和一个质子组成的，它的质量却不等于一个中子和一个质子的质量之和。比较精确的计算表明，氘核的质量比中子和质子的质量之和要小一些：

中子的质量 = 1.008665u

质子的质量 = 1.007276u

中子和质子的质量和 = 2.015941u

氘核的质量 = 2.013553u

质量差 = 0.002388u

u 表示原子质量单位，$1u = 1.660566 \times 10^{-27} kg$。组成原子核的核子的质量与原子核的质量之差，称为核的**质量亏损**。

质能方程 质量亏损现象可从爱因斯坦的质能方程 $E = mc^2$ 得到解释。这个方程告诉人们：物体具有的能量与它的质量之间存在着简单的正比关系。即物体的能量增大，其质量也增大；物体的能量减小了，其质量也减小。核子在结合成原子核时出现的质量亏损 Δm，恰恰表明它们在互相结合过程中放出了能量

$$\Delta E = \Delta m c^2$$

因此，知道了原子核的质量亏损，就能够计算出核子在结合成原子核时放出的能量。在前面介绍的中子和质子结合成氘核的案例中，质量亏损 $\Delta m = 0.002388\text{u}$，根据爱因斯坦的质能方程，得

$$\Delta E = \Delta mc^2 = 0.002388 \times 1.66 \times 10^{-27} \times (3.00 \times 10^8)^2 / 1.60 \times 10^{-19}\,\text{eV} = 2.22\,\text{MeV}$$

此计算结果与实验结果符合得很好。通常在衡量原子的能量时，能量单位用电子伏特来表示，符号是"eV"。1 电子伏特就是一个电子经过 1 伏特电势差时所获得的能量。在原子核反应中，常用一百万电子伏特作为单位，并称为百万电子伏特，简称兆电子伏，用符号"MeV"表示。

通过上面的例子可以看到，有些核反应能释放出巨大的核能。1mol（摩尔）的碳完全燃烧释放出的能量是 393.5kJ。每个碳原子在燃烧过程中释放出来的化学能不过 4.1eV，而核反应中放出的核能通常在几兆电子伏以上，两者相差数十万倍。

思考与练习

1. 什么是质能方程？从质能方程中可以得到哪些启示？
2. 一个质子与两个中子结合成氚核（^3_1H）时发生的质量亏损是多少？释放出的能量是多少？（氚核的质量 $=3.0180\text{u}$）
3. 在某些恒星内，3 个 α 粒子结合成 1 个 $^{12}_6\text{C}$ 核，$^{12}_6\text{C}$ 原子的质量是 12.0000 u，^4_2He 原子的质量是 4.0026u。这个反应中放出_____能量。

第六节　重核裂变　轻核聚变

铀核裂变　原子核里蕴藏着巨大的能量，物理学家们很早就认识到了，但是在相当长的时间里却一直找不到释放核能的实际方法。**重核裂变**是指一个重核（核子数多）的原子核分裂成两个或两个以上中等质量原子核的变化过程，如 U235 的裂变。重核裂变的条件是中子的撞击。

质能关系告诉人们，如果反应后的原子核质量之和小于反应前的原子核质量之和，那么，这个反应过程就可以释放出巨大的能量。

1938 年 12 月，德国化学家哈恩和斯特拉斯曼在用中子轰击 $^{235}_{92}\text{U}$ 原子核时，发现铀核分裂成两个或两个以上中等质量的新核，同时释放出 2~3 个中子，并释放出近 200MeV 的能量，如图 17-13 所示。这一发现为核能的利用开辟了道路。

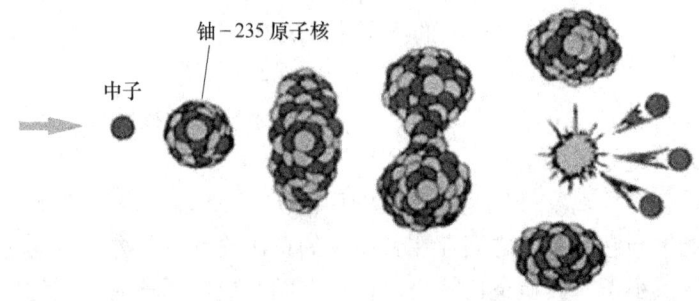

图 17-13　铀-235 裂变过程示意图

铀核裂变的产物是多种多样的，有时裂变为氙(Xe)和锶(Sr)，有时裂变为钡(Ba)和氪(Kr)或锑(Sb)和铌(Nb)，同时放出2～3个中子。铀核还可能分裂成三部分或四部分，不过这种情形比较少见。实验还证明，当入射中子的能量小于1.1MeV时，只有铀235俘获中子后能产生核裂变，铀238俘获中子后并不产生核裂变。

铀核裂变的许多可能的核反应中的一个是

$$^{235}_{92}U + ^{1}_{0}n \rightarrow ^{90}_{38}Sr + ^{136}_{54}Xe + 10^{1}_{0}n$$

在这个反应中释放的能量计算如下：

裂变以前		裂变以后	
		$^{90}_{38}Sr$	89.9077 u
$^{235}_{92}U$	235.0439 u	$^{136}_{54}Xe$	135.9072 u
$^{1}_{0}n$	1.0087 u	$10^{1}_{0}n$	10.0867 u
	236.0526 u		235.9016 u

反应过程中质量减少了 $\Delta m = 0.1510u$，核反应中释放的能量是

$$\Delta E = \Delta mc^2 = 141 \text{MeV}$$

在不同的核反应中，铀核释放的能量是不同的。一般说来，铀核裂变时，平均每个核子放出的能量约为2MeV。如果1kg铀全部裂变，它放出的能量就相当于2500t优质煤(或2000t石油)完全燃烧时放出的化学能。

链式反应(*chain reaction*) 铀核裂变时，同时放出2～3个中子，如果这些中子再引起其他铀235核裂变，就可使裂变反应不断地进行下去，人们将这种反应称为**链式反应**，如图17-14所示。在连续不断的链式反应过程中，核能将被源源不断地释放出来。为了使核裂变的链式反应容易发生，最好是利用纯铀235。

铀块的体积对于产生链式反应也是一个重要因素。因为原子核非常小，如果铀块的体积不够大，中子从铀块中通过时，可能还没有碰到铀核

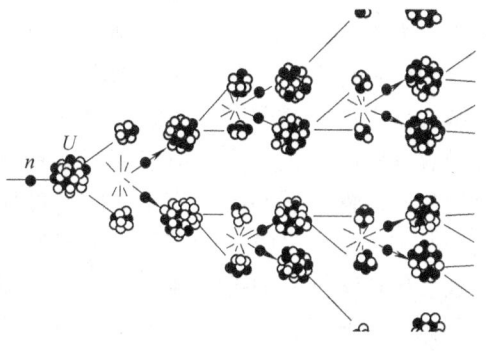

图17-14 链式反应

就跑到铀块外面去了，因此，铀块必须有一定的体积。能够发生链式反应的铀块的最小体积，称为铀块的**临界体积**。

如果铀235的体积超过了它的临界体积，只要有中子进入铀块，将会立即引起铀核的链式反应，在极短时间内就会释放出大量的核能，发生猛烈的爆炸。原子弹就是根据这个原理制成的，如图17-15所示。

核反应堆 原子弹爆炸时链式反应的速度是无法控制的。那么，怎样才能使原子核内部蕴藏的巨大能量释放出来呢？科学家通过实验和研究发现，用人工方法控制链式反应的速度，可以使核能比较平衡地释放出来，于是人们制成了核反应堆。

反应堆是核电站的核心设施。**反应堆**是一种利用核燃料的可控裂变链式反应来工作的设备，如图17-16所示。**核燃料**是反应堆(或原子弹)中用来进行原子核链式反应的物质，也称为**裂变物质**。常用核燃料是天然铀或浓缩铀(其中铀235元素占3%～4%)，一般制成圆柱

 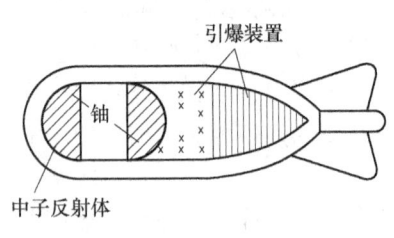

a) b)

图 17-15 原子弹

a) 早期的原子弹"胖子"　b) 原子弹引爆原理示意图

形、长方形、球形等，其中以圆柱形最多。

由于裂变产生的是速度很大的快中子，很容易被铀 238 俘获而不发生裂变，因此，必须设法使快中子变成慢中子，因为慢中子更容易被铀 235 俘获，产生裂变。为此在铀棒周围放上不吸收或很少吸收中子的物质，使快中子与这些物质的原子核碰撞后，能量减少，变成慢中子。这种用来使中子减速的物质称为**减速剂**。常用的减速剂有石墨、重水和普通的水。为了调节中子数目以控制链式反应速度，还需要在铀棒之间插进一些镉棒。镉吸收中子的能力很强，当链式反应过于激烈时，使镉棒插入得深一些，让它多吸收一些中子，链式反应速度就会慢一些；当链式反应过于缓慢，达不到所需功率时，可使镉棒插入得浅一些，让它少吸收一些中子，链式反应速度就可以增大。这种镉棒称为**控制棒**。用电子仪器自动地调节控制镉棒的升降，就能使反应堆保持一定的功率，并安全地工作。

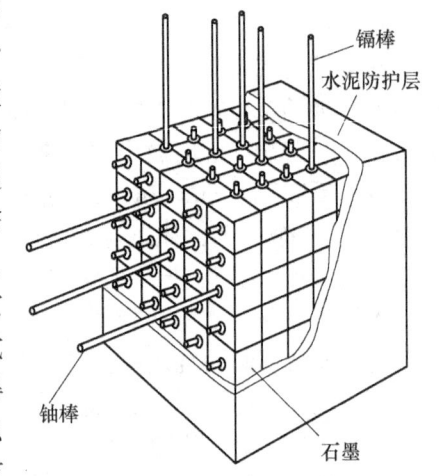

图 17-16 核反应堆示意图

反应堆工作时，核燃料裂变释放出来的能量大部分转化为热能，使反应区温度升高。为了控制反应堆的温度，使它能正常工作，需要用水、液体金属钠或空气等流体做冷却剂，并在反应堆内外循环流动，把反应堆内的热能传输出去。这就是反应堆的冷却系统，它同时可以用来输出热能。目前国际上技术最为成熟的核反应堆是压水式反应堆。我国的大亚湾核电站和岭澳核电站都是压水堆机组。

为了防止铀核裂变产物放出的各种射线对人体造成危害，在反应堆的外面需要修建很厚的水泥防护层，用来屏蔽放射线，不让它们透射出来。具有放射性的废料，需装入特制的容器，深埋入地层或深海进行处理。

核电站　核电站是利用原子核内部蕴藏的能量大规模生产电力的新型发电站。如图 17-17 所示，它与我们常见的火力发电厂一样，利用反应堆工作时释放出的热能使水汽化，用蒸汽推动汽轮发电机进行发电，这就是核电站基本的工作原理。核电站大体上可分为两部分：一部分是利用核能产生蒸汽的系统，包括核反应堆和热交换器；另一部分是利用蒸汽发电的系统，包括汽轮发电机。

火力发电厂与核电站的区别在于蒸汽供应系统不同：火力发电厂依靠燃烧煤、石油或天然气等释放的化学能量制造蒸汽，而核电站则依靠核燃料的核裂变反应释放的核能来制造蒸汽。核电站消耗的"燃料"很少，一座百万千瓦级的核电站，每年只消耗30t浓缩铀，而同样功率的火力发电厂，每年却要消耗250万吨煤。

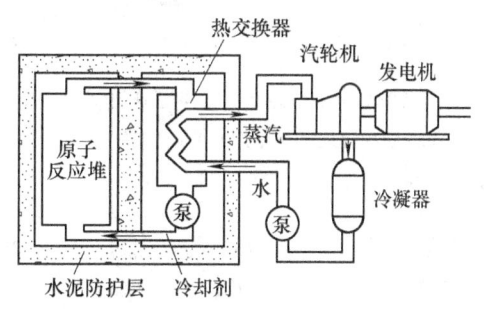

图17-17 核电站工作原理示意图

目前，核能发电技术已经成熟，在经济效益上也与火力发电厂不相上下，而且核能发电对环境的污染也比火力发电站小得多。我国已具备了大规模发展核电的基本条件。我国已经探明具有相当的核资源储量，已经拥有了相当规模的核技术装备和掌握核能技术的工程技术人员。为了适应现代化建设对能源日益增长的需要，以及改善和保护环境，发展核电是一项利国利民和具有战略意义的重大措施。

轻核聚变 某些轻核结合成质量较大的核时，能释放出更多的能量。例如，一个氘核和一个氚核结合成一个氦核时，释放出17.6兆电子伏的能量，平均每个核子放出的能量在3兆电子伏以上，其核反应方程是

$$_1^2\text{H} + _1^3\text{H} \rightarrow _2^4\text{He} + _0^1\text{n}$$

轻核结合成质量较大的原子核的过程称为**聚变**(fusion)。使核发生聚变，必须使它们接近到10^{-15}m范围内，也就是接近到核力能够发生作用的范围。由于原子核都是带正电的，要使它们接近到这种程度，必须克服电荷之间的很大的斥力作用。这就要使核具有很大的动能。用什么办法能使大量的轻核获得足够的动能来产生聚变呢？有一种办法，就是把它们加热到很高的温度。从理论分析知道，当物质达到摄氏几百万度以上的高温时，原子的核外电子已经完全与原子脱离，成为等离子体，这时小部分原子核就具有足够的动能，能够克服相互间的静电力，在互相碰撞中接近到可以发生聚变的程度。因此，这种反应又称为**热核反应**(thermonuclear reaction)。怎样产生这样高的温度呢？利用原子弹爆炸时产生的高温，可以引起热核反应。氢弹就是根据这种原理制造出来的，如图17-18所示。

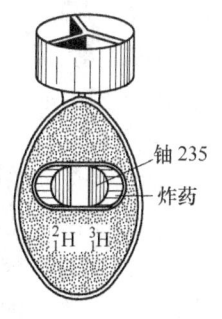

图17-18 氢弹主要结构

热核反应在宇宙中是很普通的现象。在太阳和许多恒星内部，温度都高达10^7K以上，在那里热核反应激烈地进行着。太阳每秒钟辐射出来的能量约为3.8×10^{26}J，这些能量就是从热核反应中产生的。地球只接受了其中的二十亿分之一，就使地面温暖，产生风云雨露，河川流动，万物生长。

受控热核反应 如果热核反应能够控制，把它作为一种能源，那是非常理想的。它释放出的能量，就每一个核子平均来说，比裂变反应还要大好几倍。而且裂变反应会产生带有强放射性的物质，会对环境造成放射性污染；热核反应对环境的污染要轻得多，也比较容易处理。热核反应需要的原料——氘，在世界上的储量是非常丰富的。1L海水中大约有0.03克的氘，如果用来发生热核反应，那么，它放出的能量就与燃烧300L汽油相当。

思考与练习

1. 什么是链式反应？怎样控制链式反应的速度？
2. 为了防止铀核裂变产物放出的各种射线对人体的危害，在反应堆的外面需要修建很厚的_____，用来屏蔽_____，不让它们透射出来。具有_____的废料，需装入特制的容器，深埋入_____进行处理。
3. 中国秦山核电站第一期装机容量是30万千瓦。假如1g铀235完全裂变时产生的能量是 8.2×10^{10} J，且所产生的能量都变成了电能，那么每年要消耗多少铀235？（一年按365天计算）
4. 使核发生聚变的条件是什么？

物理科学应用实例

基本粒子 直到19世纪末，人们都认为原子是组成物质的最小的不可再分的微粒。后来人们发现了电子、质子和中子，并且知道了质子和中子组成了原子核，原子核和电子组成了原子。这时许多人又认为电子、质子和中子是组成物质的最基本的粒子，把它们称为**基本粒子**。随着物理科学的发展，从20世纪30年代以来，人们不断地从宇宙射线和原子核物理实验中发现了大量的基本粒子。

宇宙射线是从宇宙空间射来的高能粒子，其中主要是质子，还有少量的α粒子和其他粒子。这些粒子的能量很高，大部分高达 $10^9 \sim 10^{10}$ eV，少数粒子具有更高的能量。宇宙射线进入地球大气层后，与大气中的原子核碰撞，会引起很多种核反应，产生各种核反应产物。在对宇宙射线的研究中，科学家陆续发现了一些新的基本粒子：1932年发现正电子，1937年发现μ介子(后来称为μ子)，1947年又发现K介子和π介子。这些介子的质量是介于质子和电子之间的，因此，称为**介子**(meson)。后来又发现了质量比质子大的粒子，称为**超子**(hyperon)。

1932年发明了回旋加速器，后来建成了各种加速器，在用加速器进行实验的过程中，人们发现了更多的基本粒子，并且发现许多粒子都有与它的质量相同而电荷相反的粒子，称为**反粒子**(antiparticle)。例如，电子的反粒子就是正电子，正π介子的反粒子就是负π介子。质子的反粒子称为**反质子**，反质子是1955年发现的，它带有单位负电荷。目前已发现的基本粒子已有几百种了。

绝大多数基本粒子都是不稳定的，在很短时间内就发生衰变，并且能相互转变。例如，正负π介子的平均寿命约为 2.6×10^{-8} s，它衰变为μ子，同时产生一种中微子，用ν表示。μ子也是不稳定的，平均寿命约为 2.2×10^{-6} s，衰变为电子和正反两个中微子。按照基本粒子之间的主要相互作用，可以把它们分为三类：

(1) 强子。核子之间的核力是一种比电磁作用大得多的相互作用，称为**强相互作用**。凡是参与强相互作用的粒子，都称为**强子**。质子是最早发现的强子。强子又分重子(中子、质子、超子)和介子两类。

(2) 轻子。不参与强相互作用的粒子，称为**轻子**，目前只发现六种。电子是最早发现的轻子。μ子从它的许多性质来看，也属于轻子。1975年，又发现了一种质量很大的轻子，称为τ子，也称为**重轻子**。此外，还有三种中微子也属于轻子。

(3) 媒介子。传递粒子间相互作用的粒子，称为**媒介子**。例如，光子就是其中的一种，是传递电磁相互作用的。

目前发现的基本粒子,绝大部分是强子。许多实验事实证明,强子都是有内部结构的。因此,有些物理学家倾向于不再使用"基本粒子"这个名称,改称为"粒子"。为了探索强子的内部结构,先后提出了多种模型。这些模型中比较成功的、能与大量实验事实相符的是 1963 年由盖尔曼等人提出的夸克模型。目前,这个模型里有六类(共 18 种)夸克,还有同样数目的反夸克,它们所带的电荷是原电荷的 ±1/3(或 ±2/3)。一切强子都是由夸克组成的。重子是由三个夸克组成的,介子是由一个夸克和一个反夸克组成的。但在实验中还没有发现自由夸克。关于强子结构的理论正在进一步发展中。按照目前的认识,组成强子的夸克和前面讲过的轻子,是属于同一层次的粒子。

核潜艇 使用核反应堆作为动力,可以使军舰的性能大为改善,如提高航行速度,续航力提高几十倍等。对潜艇和航空母舰来说,这些优点是至关重要的。因为核反应堆与内燃机不同,运行时不用氧,因此,核潜艇(见图 17-19)就不必经常浮出水面上,只要携带足够的给养和装备,

图 17-19 核潜艇

就可在海下连续航行两三个月,甚至更长的时间。现代核潜艇,总续航力可达 900000km 左右,可以 10 年不换燃料。

你会了吗?

1. 卢瑟福的原子模型的基本内容是什么?
2. 卢瑟福的原子模型与经典的电磁理论有哪些矛盾?玻尔是怎样解决这些矛盾的?玻尔理论的主要内容是什么?玻尔理论是怎样解释氢光谱的?
3. 什么是放射性元素?α 射线、β 射线和 γ 射线的本质是什么?三种射线的性质有什么异同?怎样表示放射性元素衰变的快慢?
4. 什么是质子?怎样知道质子是原子核的组成部分?原子核是怎样组成的?
5. 怎样根据原子核反应前后的质量差额来计算核反应中释放的能量?
6. 什么是重核裂变?什么是链式反应?在核反应堆中怎样控制核裂变的速度?
7. 什么是轻核聚变?产生核聚变的条件是什么?研究受控热核反应有什么意义?

复 习 题

一、简答题

1. 如果把剥离了电子的原子核一个挨一个地叠放在一起,这种材料的密度将达到 $1.0 \times 10^8 \text{t}/\text{cm}^3$。说明为什么会有这么大的密度。

2. 许多物质在受到紫外线照射时能发出荧光，但是发出的荧光波长总是大于照射光的波长。你能解释这种现象吗？

3. $^{118}_{50}X, ^{3}_{2}X, ^{50}_{22}X, ^{197}_{79}X$ 是 4 种元素的同位素的原子核。请将 X 改为元素符号，并说明每个原子核中的中子数。

4. 卢瑟福的原子模型与汤姆生的原子模型的主要区别是什么？卢瑟福实验中少数 α 粒子大角度偏转的原因是什么？

二、填空题（将正确答案填写在横线上）

1. 钍 232 经过 6 次 α 衰变和 4 次 β 衰变后变成一种稳定的元素。这种元素是_____. 它的质量数是_____，原子序数是_____。

2. 在某些恒星内，3 个 α 粒子结合成 1 个 $^{12}_{6}C$ 核，$^{12}_{6}C$ 原子的质量是 12.0000 u，$^{4}_{2}He$ 原子的质量是 4.0026 u。这个反应中放出_____能量.

3. 已知 $^{226}_{88}Ra$、$^{222}_{88}Rn$ 和 $^{4}_{2}He$ 及其原子量分别是 226.0254、222.0175 和 4.0026，在 $^{226}_{88}Ra$ 的 α 衰变（$^{226}_{88}Ra \rightarrow ^{222}_{88}Rn + ^{4}_{2}He$）中，放出的能量是_____eV。

4. 用 α 粒子轰击硼 10，产生一个中子和一个具有放射性的核，它是_____。这个核能放出正电子，它衰变成_____，写出核反应方程：_____。

5. 用中子轰击铝 27，产生钠 24，核反应方程是_____，钠 24 是具有放射性的，衰变后变成镁 24，核反应方程是_____。

6. $^{232}_{92}U$（原子量是 232.0372）衰变为 $^{228}_{92}Th$（原子量是 228.0287）时，释放出 α 粒子（$^{4}_{2}He$ 的原子量是 4.0026）。核反应方程是_____，并且衰变过程中释放出_____能量。

三、计算题

碳原子的质量是 12.000000u，可以看做是由 6 个氢原子（每个氢原子的质量是 1.007825u）和 6 个中子（每个中子的质量是 1.008665u）组成的。求核子结合成碳原子核时释放的能量。（在计算中可以用碳原子的质量代替碳原子核的质量，用氢原子的质量代替质子的质量，因为电子的质量可以在相减过程中消去。）

复习题参考答案

第一章 直线运动

一、填空题

1. 5，5；2. 1.5，2.5，2；3. 2，4；4. 约11；5. 2，1.5，10，10.5。

二、单项选择题

1. D；2. A；3. A；4. D；5. A；6. B；7. B；8. B。

三、判断题

1. √；2. √；3. √；4. √；5. ×；6. √；7. √。

四、计算题

1. 速度是 28 m/s。

2. 加速度是 $2m/s^2$，速度是 5m/s。

3. 汽车在 3s 内前进了 27 m，小于 30 m，故汽车不会撞上马车。

4. 火车的速度大约是 17.5m/s。

5. 塔高是 122.5m。

第二章 牛顿运动定律

一、填空题

1. 力，力；2. 100，0；3. 静止或匀速直线运动，合外力等于零；4. $\tan\theta$，$mg\sin\theta$，沿斜面向上；5. 720；6. 加速，减速。

二、单项选择题

1. C；2. C；3. B；4. D；5. A。

三、判断题

1. ×；2. ×；3. ×；4. ×；5. ×；6. ×；7. √；8. ×。

四、计算题

1. 汽车通过的路程是 100m，所受的阻力是 11000N。

2. 钢绳所受拉力分别是 7772N，5972N 和 4172N。

3. 木箱与斜面的动摩擦因数是 0.483。

第三章 冲量与动量

一、填空题

1. $2mv$；2. 质量较轻的汽车（m_2）；3. $2mv$，$2mv/t$；4. 4.95m/s；5. 49kg·m/s；6. 1∶3。

二、单项选择题

1. B；2. B；3. B；4. B；5. C；6. A。

三、判断题

1. ×；2. √；3. ×；4. √；5. ×；6. √。

四、计算题

1. 钢球对钢板的平均冲力是 14.85N。

2. 经过 t 时间的速度是 $gt/2$。

3. （1）物体受到的冲量是 -120kg·m/s；（2）物体受到的力的方向与物体初速度方向相反，大小为 30N；（3）受力前的动量是 100kg·m/s，受力后的动量是 -20kg·m/s。

4. 船以 1.33m/s 的速度向反方向运动。

5. 两车厢挂接后的共同速度是 2.4m/s。

第四章 机 械 能

一、填空题

1. 250J；2. 1000J，2000J；3. 176；4. 201.88J，201.88J，相等。

二、单项选择题

1. D；2. B；3. C；4. C。

三、判断题

1. ×；2. ×；3. ×；4. ×；5. ×；6. √。

四、计算题

1. 拉力对物体所做的功是 17.32J；摩擦力对物体所做的功是 -8.76J；外力对物体所做的总功是 8.56J。

2. 汽车发生速度变化所通过的路程是 200m。

3. 物体与水平面间的滑动摩擦因数是 h/s。

第五章 曲线运动 万有引力定律

一、填空题

1. 匀速直线，自由落体；2. 60s，3600s；3. 1∶1，4∶1；4. 8m/s^2，24N；5. 7.9km/s，11.2km/s，16.7km/s。

二、单项选择题

1. B；2. B；3. D；4. A。

三、判断题

1. √；2. ×；3. ×；4. √；5. √；6. √；7. ×；8. ×。

四、计算题

1. 载货车通过桥中央时作用在桥面上的压力是 4×10^4N。

2. 物体的重力是 245N。

第六章 机械振动与机械波

一、填空题
1. 2，0.8；2. 振幅，振幅；3. 共振。

二、单项选择题
1. C；2. A；3. A；4. D；5. C。

三、判断题
1. ×；2. √；3. ×；4. ×；5. √。

四、计算题
1. 摆钟走得快，是由于 T 变小所致，因此，可以通过延长摆长 L 来适当增加周期 T，即可调整时间。

2. 实验地点的重力加速度是 9.78m/s^2。

3. 两个不同频率的音叉在空气中产生的声波的波长是 1.28m 和 0.66m。

4. 声波在这种介质中的传播速度是 1074.4m/s。

第七章 分子运动论 理想气体

一、填空题
1. 固，液，气；2. 分子，间隙；3. 体积，温度，压强；4. 760，1.013×10^5；5. 不太大，不太低。

二、单项选择题
1. D；2. B；3. C；4. C。

三、判断题
1. ×；2. √；3. ×；4. ×；5. ×；6. ×。

四、计算题
1. 可储存 9.6m^3 的空气。

2. 轮胎里空气的压强 p_2 为 $4.25 \times 10^5 \text{Pa}$。

3. 灯泡内压强为 $1.26 \times 10^6 \text{Pa}$。

4. 空气的压强是 $2.28 \times 10^8 \text{Pa}$。

第八章 流体力学基础知识

一、填空题
1. 100cm/s，7850cm³/s；2. 小于，大于。

二、计算题
1. 潜艇受到的绝对压强是 $9.033 \times 10^5 \text{Pa}$。

2. 刚刚打开阀门的水从桶底小孔中流出的速度是 4.85m/s。

3. 管内空气的绝对压强是 $1.079 \times 10^5 \text{Pa}$。

三、简答题

由于两船并排前进,两船间水的流速变大,单位体积水的动能变大,根据伯努利方程,其压强就要变小。因而两船间水的压强小于两船外侧的水压,因此,在两船内外水的压力差作用下,两船便逐步相互靠近。

第九章 热 量 与 功

一、填空题

1. 吸热1000J,对外做功1000J;2. 物态变化;3. 分子势能;4. 气体的内能(因温度不变,增大的是分子势能),做功;5. 化学,内,机械。

二、单项选择题

1. C;2. C;3. C;4. D;5. D。

三、判断题

1. ×;2. √;3. ×;4. ×。

四、计算题

1. 需供给 3.9×10^5 J 的热量。

2. 空气向外界传递的热量是 4.5×10^3 J,空气吸热。

3. 气体内能的改变量是340J(增加)。

4. 外界对气体所做的功的为 -2000J(放热)。

5. 打桩机每打一次,对桩做了 9.31×10^3 J 的功。

第十章 静 电 场

一、填空题

1. 1.8×10^{-7} N;2. 9.0×10^4 N/C,3.6×10^{-8} C;3. 负,1.5×10^{-8};4. B,-3.125×10^4。

二、单项选择题

1. B;2. A;3. A;4. A;5. C;6. C;7. C;8. C。

三、判断题

1. ×;2. √;3. ×;4. ×;5. √;6. ×;7. ×;8. ×。

四、计算题

1. (1) 连线中点的场强是 7.2×10^4 N/C,方向由 5.0×10^{-8} C 的电荷指向 3.0×10^{-8} C 的电荷。(2) 点电荷在该点受到的电场力是 3.6×10^{-10} N。

2. 油滴带负电,电荷量是 3.2×10^{-15} C。

3. 电荷从 A 到 B 电场力做功 4.0×10^{-10} J;电荷从 A 到 C 电场力做功 4.0×10^{-10} J。

4. 两金属上的偏转电压是7.515V。

5. 此时通过的板材间的厚度是:$d = \dfrac{C_0 d_0}{C_0 + \Delta C}$

复习题参考答案

第十一章 直流电流

一、填空题
1. 200，240；2. 9；3. 10；4. 2，1；5. 40，0.3。

二、单项选择题
1. C；2. A；3. C；4. C。

三、判断题
1. ×；2. √；3. √；4. √；5. ×；6. √；7. ×；8. ×。

四、计算题
1. A、B 两端的总电阻是 6.3Ω。通过电阻 R_1 的电流是 $0.37A$，R_1 上的电压是 $5.56V$；通过电阻 R_2 的电流是 $0.37A$，R_2 上的电压是 $0.74V$；通过电阻 R_3 的电流是 $0.63A$，R_3 上的电压是 $6.3V$。

2. 15W 的灯泡亮。15W 灯泡的实际功率是 9.6W；60W 灯泡的实际功率是 2.4W。

3. 内电路消耗的功率 $P_内=2W$，电源的输出功率 $P_出=10W$，电源的总功率为 $P_总=12W$。

4. 电源的内阻是 0.99Ω。

第十二章 电流的磁场

一、分析判断题
1. N 极向里转；2. 通电螺线管的 N 极在右端，S 极在左端；

3. 如附图 1 所示(黑色表示 N 极)；

4. a) I 向外；b) B 向上；c) F 向下。

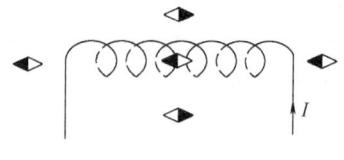

附图 1

二、单项选择题
1. D；2. C；3. C；4. C。

三、判断题
1. ×；2. √；3. √；4. ×；5. ×；6. ×。

四、计算题
1. (1) 加速电场的电压为 $8.35\times10^4 V$；(2) 质子在该磁场中受到的洛仑兹力是 $5.12\times10^{-13}N$。

2. 应在 AB 中通过 49A 的电流，方向由 A 到 B。

第十三章 电磁感应

一、分析判断题
1. 图 13-27a 中的导线向外运动；图 13-27b 中的导线向里运动；图 13-27c 中的导线向下运动；图 13-27d 中的导线向下运动。

2. 金属环中感应电流的方向分别是顺时针和逆时针。

3. 感应电流的方向是逆时针。

4. 因为双股绕法使双股导线中的电流反向,因此,产生的自感作用可相互抵消。

二、判断题

1. √；2. ×；3. ×；4. √；5. √。

三、计算题

1. (1) 导线中的感应电动势为 0.15V,由 A 到 B；(2) 电路中的电流为 0.3A；(3) 导体所受的安培力为 0.015N,外力为 0.015N；(4) 外力做功的功率为 0.045W。

2. 16V。

四、分析题

1. 相同点：(1) 拇指和四指垂直且在同一平面；(2) 磁力线垂直穿过手心；(3) 四指指示电流方向,拇指指示安培力方向或导体运动方向。

2. 不同点：左手定则中,四指所示的电流方向为条件(因),拇指所示的安培力方向或导体运动方向为效果(果)；右手定则中,拇指所示的导体运动方向为条件(因),四指所示的感应电流方向为效果(果)。

第十四章　电磁振荡和电磁波

一、概念简答

1. 电容器两极板间电压最大时,线圈中的电流为零,电场能最大,磁场能为零；电容器两极板间电压为零时,线圈中的电流最大,电场能完全转化为磁场能。

2. 不能。电磁场是变化的电场和变化的磁场交替产生、紧密联系,形成不可分离的统一体。

3. 通过调谐可以使某一频率的电磁波与振荡电路的固有频率相同,使它在电路中激起的感应电流最强。收音机一般用自感线圈和可变电容器组成调谐电路。

4. 任何交流电路都会向周围空间放射电磁能,形成交变电磁场,进而影响收音机、电视机信号的接收。

二、分析计算题

1. 电容器的电容应选 225.3pF。

2. 它们发出的电磁波波长分别为：$\lambda_1 = 14.993$m 和 $\lambda_2 = 15.004$m。

3. 频道的频率范围是：64.5 ~ 72.5MHz。

第十五章　几何光学

一、填空题

1. 传播方向,60,60；2. 3.0×10^5；3. 2.25×10^8,2.0×10^8；4. 密,疏,光由光密介质射向光疏介质,入射角大于或等于临界角；5. 125。

二、单项选择题

1. A；2. B；3. C；4. C；5. C。

三、判断题

1. ×；2. ×；3. ×；4. ×；5. √。

四、计算题

1. 平面镜应与水平面成65°角。

2. 水的折射率是1.33。

3. 这种物质的折射率是1.618，光在其中的传播速度是1.85×10^8 m/s。

4. 照相机的焦距应是0.06m。

五、综合分析题

1. 光在纸面上发生了镜面反射。

2. 光路图如附图2所示：

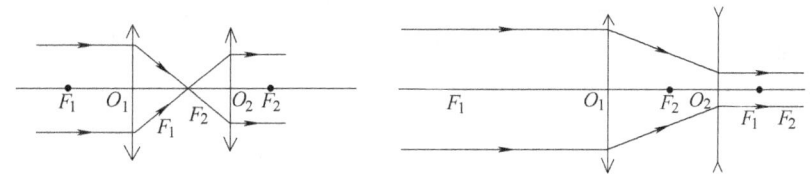

附图2

第十六章 光 的 本 性

一、概念简答

1. 色散：由复色光分解为单色光的过程称为光的色散。
2. 可见光：能引起我们视觉感觉的光称为可见光。
3. 电磁波谱：各种电磁波按照波长(或频率)的长短依次排列，就组成了电磁波谱。
4. 光电效应：物质在光(包括不可见光)照射下，发射电子的现象称为光电效应。

二、填空题

1. 电磁，光； 2. 波动，粒子。

三、单项选择题

1. D； 2. D。

第十七章 原子和原子核

一、简答题

1. 原子的直径是10^{-10}m，原子核的直径是10^{-15}m，并几乎集中了原子的全部质量，相对来说，原子核的外部非常空旷。

2. 物体受紫外线照射，物体中的原子从入射光子(能量是$h\nu$)中吸收能量，又以光子的形式辐射能量。由于紫外线光子在物体原子内部与其他粒子发生作用，会损失一部分能量，所以，辐射光子的能量要小于$h\nu$，由$\nu = c/\lambda$可知，物体发出的荧光的波长要大于紫外线的波长。

3. 原子核是$^{118}_{50}\text{Sn}, ^{3}_{2}\text{He}, ^{50}_{22}\text{Ti}, ^{197}_{79}\text{Au}$。中子数分别是68、1、28、118。

4. 汤姆生原子模型中，原子是一个球体，正电荷均匀分布在整个球内，电子像枣糕里的枣子那样嵌在原子里。而卢瑟福的原子模型里，原子的中心是一个很小的原子核，集中着原子的全部正电荷和几乎全部质量，带负电的电子在核外空间绕核旋转。α粒子大角度偏转是由于α粒子与原子核十分接近，受到很大的静电力产生的。

二、填空题

1. 铅，208，82；
2. 这个反应中放出的能量为 7.28MeV。
3. 这个反应中放出的能量为 4.95MeV。
4. 氮13，碳13， $^4_2\text{He} + ^{10}_5\text{B} \rightarrow ^{13}_7\text{N} + ^1_0\text{n}$，$^{13}_7\text{N} \rightarrow ^{13}_6\text{C} + ^0_1\text{e}$。
5. $^1_0\text{n} + ^{27}_{13}\text{Al} \rightarrow ^{24}_{11}\text{Na} + ^4_2\text{He}$，$^{24}_{11}\text{Na} \rightarrow ^{24}_{12}\text{Mg} + ^{\ 0}_{-1}\text{e}$。
6. $^{232}_{92}\text{U} \rightarrow ^{228}_{90}\text{Th} + ^4_2\text{He}$，5.51MeV。

三、计算题

92.4MeV。

参 考 文 献

[1] 黄伟民. 物理[M]. 北京：高等教育出版社，1992.
[2] 陕西中专物理教材编写组. 物理[M]. 北京：高等教育出版社，1999.
[3] 邵长泰. 物理(上册、下册)[M]. 北京：高等教育出版社，2001.
[4] 张大昌. 物理(提高版)[M]. 北京：人民教育出版社，2001.
[5] 王银明. 物理[M]. 北京：高等教育出版社，2001.
[6] 王荣成，李石熙. 物理[M]. 苏州：苏州大学出版社，2002.
[7] 陈早生，任才贵. 大学物理实验[M]. 上海：华东理工大学出版社，2003.
[8] 赵建彬. 物理学[M]. 北京：机械工业出版社，2004.
[9] 王英杰，邹彬. 物理[M]. 北京：机械工业出版社，2006.
[10] 杨庆芬，张闪，李同锴. 大学物理[M]. 北京：中国铁道出版社，2007.
[11] 王美玉. 物理[M]. 北京：机械工业出版社，2009.